高等院校机电类工程教育系列规划教材

数 控 技 术

（第2版）

主编　马宏伟

副主编　张旭辉　贺辛亥

电子工业出版社
Publishing House of Electronics Industry
北京·BEIJING

内 容 简 介

本书秉承"工程教育"的教学理念,在省级精品课程建设积累的基础上编写而成。在编写过程中紧密结合教学大纲,重视基础理论,侧重工程应用,强化经验总结,丰富经典例题、突出工程例题、融合实验训练,以适应工程教育型的定位。主要内容包括:绪论、数控机床的程序编制、计算机数控系统、插补原理与刀具补偿技术、数控机床的驱动与位置控制、数控机床的机械结构与部件、数控机床的故障诊断、现代数控技术和9个实验。配套电子课件可登录华信教育资源网(www.hxedu.com.cn)注册免费下载。

本书可作为高等院校机械设计制造及其自动化、机械电子工程、测控技术与仪器等相关专业的高年级本科生及研究生的教材和参考用书,也可作为机械制造领域中从事科学研究、产品开发及工程应用的科研人员和工程技术人员的参考用书。

图书在版编目(CIP)数据

数控技术/马宏伟主编. —2版. —北京:电子工业出版社,2014.1
高等院校机电类工程教育系列规划教材
ISBN 978-7-121-21801-9

Ⅰ. ①数… Ⅱ. ①马… Ⅲ. ①数控技术-高等学校-教材 Ⅳ. ①TP273

中国版本图书馆 CIP 数据核字(2013)第 261622 号

策划编辑:余　义
责任编辑:余　义
印　　刷:涿州市般润文化传播有限公司
装　　订:涿州市般润文化传播有限公司
出版发行:电子工业出版社
　　　　　北京市海淀区万寿路 173 信箱　邮编　100036
开　　本:787×1092　1/16　印张:19.75　字数:506 千字
版　　次:2014 年 1 月第 2 版
印　　次:2024 年 8 月第 15 次印刷
定　　价:39.00 元

凡所购买电子工业出版社图书有缺损问题,请向购买书店调换。若书店售缺,请与本社发行部联系,联系及邮购电话:(010)88254888。

质量投诉请发邮件至 zlts@phei.com.cn,盗版侵权举报请发邮件至 dbqq@phei.com.cn。

服务热线:(010)88258888。

序

2008 年 7 月间，电子工业出版社邀请全国 20 多所高校几十位机电领域的老师，研讨符合"工程教育"要求的教材的编写方案。大家认为，这适应了目前我国高等院校工科教育发展的趋势，特别是对工科本科生实践能力的提高和创新精神的培养，都会起到积极的推动作用。

教育部于 2007 年 1 月 22 日颁布了教高（2007）1 号文件《教育部财政部关于实施高等学校本科教学质量与教学改革工程的意见》。同年 2 月 17 日，紧接着又颁布了教高（2007）2 号文件《教育部关于进一步深化本科教学改革全面提高教学质量的若干意见》。由这两份文件，可以看到国家教育部已经决定并将逐步实施"高等学校本科教学质量与教学改革工程"（简称质量工程），而质量工程的核心思想就在于培养学生的实践能力和创新精神，提高教师队伍整体素质，以及进一步转变人才培养模式、教学内容和方法。

教学改革和教材建设从来都是相辅相成的。经过近两年的教改实践，不少老师都积累了一定的教学经验，借此机会，编写、出版符合"工程教育"要求的教材，不仅能够满足许多学校对此类教材的需求，而且将进一步促进质量工程的深化。

近一年来，电子工业出版社选派了骨干人员与参加编写的各位教授、专家和老师进行了深入的交流和研究。不仅在教学内容上进行了优化，而且根据不同课程的需要开辟了许多实践性、经验性和工程性较强的栏目，如"经验总结"、"应用点评"、"一般步骤"、"工程实例"、"经典案例"、"工程背景"、"设计者思维"、"学习方法"等，从而将工程中注重的理念与理论教学更有机地结合起来。此外，部分教材还融入了实验指导书和课程设计方案，这样一方面可以满足某些课程对实践教学的需要，另一方面也为教师更深入地开展实践教学提供丰富的素材。

随着我国经济建设的发展，普通高等教育也将随之发展，并培养出适合经济建设需要的人才。"高等院校机电类工程教育系列规划教材"就站在这个发展过程的源头，将最新的教改成果推而广之，并与之共进，协调发展。希望这套教材对更多学校的教学有所裨益，对学生的理论与实践的结合发挥一定的作用。

最后，预祝"高等院校机电类工程教育系列规划教材"项目取得成功。同时，也恳请读者对教材中的不当、不贴切、不足之处提出意见与建议，以便重印和再版时更正。

中国工程院院士、西安交通大学教授

教材编写委员会

主 任 委 员　赵升吨(西安交通大学)

副主任委员　(按姓氏笔画排序)

芮延年(苏州大学)　　胡大超(上海应用技术学院)

钱瑞明(东南大学)　　袁清珂(广东工业大学)

参 编 院 校

(按拼音排序)

※ 安徽工业大学　　　　　　※ 沈阳工业大学

※ 长安大学　　　　　　　　※ 苏州大学

※ 东南大学　　　　　　　　※ 苏州科技学院

※ 广东工业大学　　　　　　※ 同济大学

※ 华南理工大学　　　　　　※ 五邑大学

※ 华南农业大学　　　　　　※ 武汉科技学院

※ 淮海工学院　　　　　　　※ 西安电子科技大学

※ 吉林师范大学　　　　　　※ 西安工程大学

※ 南通大学　　　　　　　　※ 西安工业大学

※ 山东建筑大学　　　　　　※ 西安交通大学

※ 陕西科技大学　　　　　　※ 西安科技大学

※ 上海应用技术学院　　　　※ 西安理工大学

※ 深圳大学　　　　　　　　※ 西安文理学院

第 2 版前言

多年来，为适应工程应用型人才培养的迫切需求，编写组借助"数控技术"省级精品课程和相关教学改革项目，加强对"数控技术"课程内涵建设，有效地提升了数控课程的教学水平，第一版问世后，以其鲜明的工程应用背景、完整的知识体系和丰富的教学内容得到了同行专家和使用院校的好评，于 2011 年获得陕西省优秀教材奖。

在本书第一版使用过程中，许多教师和读者提出了进一步完善的意见和建议，编写组表示感谢。根据这些中肯的意见和建议以及国家对工程应用型人才培养的新要求，结合多年数控技术方面的教学经验和近五年数控技术省级精品课程的建设成果，我们对相关内容做了适当的删减与补充。再版教材以数控机床应用为背景，系统地论述了数控系统原理和数控系统设计方法。从数控系统的组成、工作原理、各构成模块使能技术，到典型数控系统和数控机床故障诊断，均进行了深入的分析和研究，使教材的结构更完善，内容更丰富，特色更突出。

本书在修订过程中紧密结合教学大纲，充分吸收国内外最新的数控技术和实际应用成果，融基础理论、工程实例、经典例题、经验总结、实践训练于一体，着力追求实用性、系统性和先进性。再版教材主要介绍了数控技术的基础知识、数控机床的主要组成部分、现代制造系统的发展趋势、数控程序的编制、计算机数控系统和数控机床用可编程控制器、插补原理、进给伺服系统及位置控制、数控机床机械结构及部件、数控机床的故障诊断，以及现代数控技术——开放式数控系统和并联机床。

本书可作为普通高等院校（非研究型大学）机械设计制造及其自动化、机械电子工程、测控技术与仪器等相关专业主干技术基础课程"数控技术"的教科书，也可供从事数控机床设计和研究的工程技术人员参考。

本书由西安科技大学马宏伟担任主编，张旭辉、贺辛亥担任副主编。全书共 9 章，第 1 章由马宏伟编写，第 3、8、9 章由张旭辉编写，第 2、7 章由刘凌编写，第 4 章由魏娟编写，第 5 章由史晓娟编写，第 6 章由贺辛亥编写。

本书编写时参阅了有关高校、企业、科研院所的一些教材、资料和文献，并得到了许多同行专家教授的支持和帮助，在此谨向他们表示衷心的感谢。

限于编者水平有限，加之数控技术发展很快，不断有新的理论和方法产生，书中难免存在错误疏漏和不妥之处，恳请同行专家和读者提出宝贵意见。

作　　者
2013 年 10 月于西安

第1版前言

制造业是国民经济的支柱产业，数控机床及其先进制造系统是制造业的基础，数控技术是现代制造系统的核心，对制造系统水平和制造能力具有决定性的作用。因此，数控技术水平的高低和数控设备拥有量是体现国家制造能力、综合国力、工业现代化水平的重要标志之一。

当今世界科学技术日新月异，装备制造业突飞猛进，以数控技术为基础的先进制造系统越来越凸显其重要作用，培养和造就掌握数控技术、具有数字化制造能力和创新精神的工程应用型人才，对提升制造能力、打造制造强国具有极其重要的现实意义和战略意义。

为适应工程应用型人才培养的要求，本书在编写过程中紧密结合教学大纲，充分吸收国内外最新的数控技术和国内实际应用成果，融基础理论、工程实例、经典例题、经验总结、实践训练于一体，力求做到实用性、系统性和先进性。主要介绍了数控技术的基础知识、数控机床的主要组成部分、现代制造系统的发展趋势、数控程序的编制、计算机数控系统和数控机床用可编程控制器、插补原理、进给伺服系统及位置控制、数控机床机械结构及部件、数控机床的故障诊断，以及现代数控技术——开放式数控系统和并联机床。

本书可作为普通高等院校（非研究型大学）机械设计制造及其自动化、机械电子工程、测控技术与仪器等相关专业主干技术基础课程"数控技术"的教科书，也可供从事数控机床设计和研究的工程技术人员参考。

本书由西安科技大学马宏伟担任主编，张旭辉、贺辛亥担任副主编。全书共9章，第1章由马宏伟编写，第3、8、9章由张旭辉编写，第2、7章由刘凌编写，第4章由魏娟编写，第5章由史晓娟编写，第6章由贺辛亥编写。

本书编写时参阅了有关院校、工厂、科研院所的一些教材、资料和文献，并得到了许多同行专家教授的支持和帮助，在此谨向他们表示衷心的感谢。

限于编者水平有限，书中难免存在错误疏漏和不妥之处，敬请读者提出宝贵意见。

作　者

2009 年 10 月于西安

目　录

第 **1** 章 绪 论

工程背景

制造业是各种产业的支柱，直接影响一个国家的经济发展和综合国力，关系到一个国家的战略地位。数控技术是集计算机技术、现代控制技术、传感检测技术、信息处理技术、网络通信技术及机电技术于一体的一门交叉学科，是现代制造技术的基础。数控技术的应用已成为衡量一个国家工业化程度和技术水平的重要标志。发展数控技术是当前制造工业技术改造、技术更新的必由之路。

内容提要

课程以制造自动化底层设备——数控机床为主要研究对象，研究数控系统的工作原理、组成、关键技术及应用，使学生掌握本专业所必需的数控技术方面的知识和基本技能，为今后从事数控机床的安装、调试、使用和维护保养及设备改造打下良好的基础。本章介绍数控相关的基本概念、组成及基本原理、分类和发展趋势。

学习方法

课程不仅具有较强的理论性，同时具有较强的实用性。建议在学习过程中，紧密结合课程进行上机、实验或者参加实践环节，以加深对数控系统关键技术和功能的认识和理解。

1.1 概述

1.1.1 机床数字控制的基本概念

数字控制（Numerical Control，NC）是近代发展起来的一种自动控制技术。数字控制相对于模拟控制而言，其控制信息是数字量。数字控制系统有如下特点：

（1）可用不同字长表示不同的精度信息，表达信息准确；

（2）可进行逻辑运算、数字运算，也可进行复杂的信息处理；

（3）具有逻辑处理功能，可根据不同的指令进行不同方式的信息处理，从而可用软件来改变信息处理的方式或过程，而不用改动电路或机械机构，因而具有柔性化。

由于数字控制系统具有上述优点，故被广泛应用于机械运动的轨迹控制。轨迹控制是机床数控系统和工业机器人的主要控制内容。此外，数字控制系统的逻辑处理功能可方便地用于机械系统的开关量控制。

数字控制系统的硬件基础是数字逻辑电路。最初的数控系统是由数字逻辑电路构成的，因而被称为硬件数控系统。随着微型计算机的发展，硬件数控系统已逐渐被淘汰，取而代之的是计算机数字数控（Computer Numerical Control，CNC）。由于计算机可完全由软件来确定数字信息的处理过程，从而具有真正的"柔性"，并可以处理硬件逻辑电路难以处理的复杂信息，使数字控制系统的性能大大提高。

数字控制机床（简称数控机床）是一种将数字计算技术应用于机床的控制技术，是一种典型的机电一体化产品。数控机床较好地解决了复杂、精密、小批量、多品种的零件加工问题，是一种柔性的、高效能的自动化机床，代表了现代机床控制技术的发展方向。

1.1.2 数控加工原理

传统金属切削机床加工是操作者根据图纸要求，手动控制机床，不断改变刀具与工件相对运动参数（位置、速度等），从工件上切除多余材料，最终获得符合技术要求的尺寸、形状、位置和表面质量的零件。

数控加工的基本工作原理则是将加工过程所需的各种操作（如主轴变速、工件夹紧、进给、启停、刀具选择、冷却液供给等）步骤及工件的形状尺寸，用程序——数字化代码来表示，再由计算机数控装置对这些输入的信息进行处理和运算。将刀具与工件的运动坐标分割成一些最小位移量，然后由数控系统按照零件程序的要求控制机床伺服驱动系统，使坐标移动若干个最小位移量，从而实现刀具与工件的相对运动，以完成零件的加工。当被加工工件改变时，除了重新装夹工件和更换刀具之外，只需更换程序。

在数控加工中，使数控机床动作的是数控装置给数控机床传递运动命令的脉冲群，每一个脉冲对应于机床的单位位移量。

在进行曲线加工时，可以用一给定的数字函数来模拟线段ΔL，即知道了一个曲线的种类、起点、终点和速度后，根据给定的数字函数，如线性函数、圆函数或高次曲线函数，在理想的轨迹或轮廓上的已知点之间，进行数据点的密化，确定一些中间点，这种方法称为插补。处理这些插补的算法，称为插补运算。

由此可见，要实现数控加工，必须有一台能达到下述要求的数控设备：

（1）数控装置能接收零件图样加工要求的信息，并按照一定的数学模型进行插补运算，实时地向各坐标轴发出速度控制指令及切削用量的数字控制计算机；

（2）驱动装置可快速响应，并具有足够功率的驱动装置；

（3）为实现数控加工，还必须有能满足上述加工方式要求的机床本体、刀具、辅助设备以及各种加工所需的辅助功能。

综上所述，只要具备了机床本体、数控装置、驱动装置及相应的配套设备，就可以组成一台数控机床，完成各种零件的数控加工了。

1.1.3 数控机床的组成

数控机床一般由程序载体、数控装置、伺服驱动系统、机床本体和其他辅助装置组成，如图1-1所示。

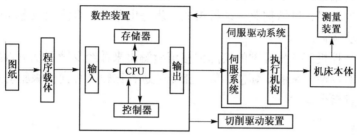

图 1-1　数控机床的加工过程

1．程序载体

数控机床工作时，不需要人直接操作机床，但若要对数控机床进行控制，则必须编制加工程序。零件加工程序包括机床上刀具和工件的相对运动轨迹、工艺参数（进给量、主轴转速等）和辅助运动等。将零件加工程序用一定的格式和代码存储在一种程序载体上，如穿孔纸带、盒式磁带、软磁盘等，通过数控机床的输入装置，将程序信息输入到 CNC 单元。

2．数控装置

计算机数控装置是数控机床的核心部分，也是区别于普通机床最重要的特征之一。数控装置完成加工程序的输入、编辑及修改，实现信息存储、数据转换、代码交换、插补运算及各种控制功能。

输入装置将数控指令输入给数控装置。根据程序载体的不同，相应地有不同的输入装置，如纸带输入、键盘输入、磁盘输入、CAD/CAM 系统直接通信方式输入、连接上级计算机的DNC（直接数控）输入及网络化远程输入等。在柔性制造系统（Flexible Manufacturing System，FMS）或计算机集成制造系统（Computer Integrated Manufacturing System，CIMS）中，生产具有较高的灵活性，要求能够充分利用制造设备资源，因此目前大多数 CNC 装置具有网络通信功能，可以实现加工程序的高速、可靠传输和加工状态的实时反馈，以保证加工资源和加工信息的共享。

信息处理功能将包含输入零件的轮廓（起点、终点、直线、圆弧等）、加工速度及其他辅助加工（如换刀、变速、冷却液开关等）等信息的加工代码编译成计算机能识别的数据，并进行刀具半径补偿、速度计算及辅助功能的处理，然后通过输出单元发出位置和速度指令给伺服系统和主运动控制部分。

输出装置与伺服机构相连，根据控制器的命令接收运算器的输出脉冲，送到各坐标的伺服控制系统，经过功率放大，驱动伺服系统，从而控制机床按规定要求运动。

3. 伺服驱动系统

伺服驱动系统是数控机床的必备部件，其接收数控装置发出的指令信息，经功率放大、整形处理后，驱动相应电动机实现数控机床的主轴和进给运动控制。当几个进给轴实现联动时，就可以完成具有点位、直线、平面曲线，甚至空间曲线特征的复杂零件加工。

伺服驱动系统的性能直接影响数控机床的加工精度和生产率，因此，要求伺服驱动系统具有良好的快速响应性能，准确而稳定地跟踪和执行数控装置发出的数字指令信号，提高系统的稳态跟踪精度和瞬态跟随特性。

伺服驱动系统包括驱动装置和执行机构两大部分。驱动装置由主轴驱动单元、进给驱动单元和主轴伺服电动机、进给伺服电动机组成。步进电动机、直流伺服电动机和交流伺服电动机是常用的驱动装置。

测量元件将数控机床各坐标轴的实际位移值检测出来并经反馈系统输入到机床的数控装置中，数控装置对反馈回来的实际位移值与指令值进行比较，并向伺服驱动系统输出达到设定值所需的位移量指令。

4. 机床本体

机床本体包括床身、主轴、进给机构、刀架及自动换刀装置等，是在数控机床上自动地完成各种切削加工的机械部分。与传统的机床相比，数控机床在本体设计上已有重大变化，其结构特点如下。

（1）采用具有高刚度、高抗震性及较小热变形的机床新结构。通常用提高结构系统的静刚度、增加阻尼、调整结构件质量和固有频率等方法来提高机床本体的刚度和抗震性，使机床本体能适应数控机床连续自动地进行切削加工的需要。采取改善机床结构布局、减小发热量、控制温升及采用热位移补偿等措施，可减小热变形对机床本体的影响。

（2）广泛采用高性能的主轴伺服驱动和进给伺服驱动装置，使数控机床的传动链缩短，简化了机床机械传动系统的结构。

（3）采用高传动效率、高精度、无间隙的传动装置和运动部件，如滚珠丝杠螺母副、塑料滑动导轨、直线滚动导轨和静压导轨等。

5. 数控机床的辅助装置

辅助装置是保证充分发挥数控机床功能所必需的配套装置。常用的辅助装置包括：气动、液压装置，排屑装置，冷却、润滑装置，回转工作台和数控分度头，防护和照明等各种辅助装置。

1.1.4　数控机床的特点

数控机床是一种高效能的自动加工机床，与普通机床相比，其具有如下优点。

（1）能加工普通机床难以完成或不能加工的复杂零件。采用二轴或二轴以上联动的数控机床，可加工母线为曲线的旋转体曲面零件、凸轮零件和各种复杂空间曲面类零件，如整体涡轮、发动机叶片和螺旋桨叶片等复杂零件。

（2）数控加工可以获得更高的加工精度和质量。数控机床是按照预定的程序自动加工的，加工质量由机床保证，无人为干扰，而且加工精度还可以利用软件来进行校正和补偿，因此可以获得比机床本身精度更高的加工精度和重复精度。

（3）具有更高的生产效率。数控机床的主轴转速和进给量范围比普通机床的范围大，良好的结构刚性允许数控机床采用大的切削用量，从而有效地节省机动时间；采用带有自动换刀装置的数控加工中心，可一次装夹完成多工序的连续加工，实现一机多用，大大缩短工件周转时间，生产率的提高更为明显，也节省了厂房面积。与普通机床相比，可以提高生产率 2～3 倍，尤其对某些复杂零件的加工，生产率可提高十几倍甚至几十倍。

（4）具有广泛的适用性和较大的灵活性。可以适应不同尺寸规格的零件，一般借助通用工夹具，只需更换程序即可适应不同工件的加工，从而为单件、小批量新试制产品加工和产品结构频繁更新提供了极大的方便。

（5）监控功能强，具有故障诊断的能力。CNC 系统不仅控制机床的运动，而且可对机床进行全面监控。例如，可对一些引起故障的因素提前报警，进行故障诊断等，从而极大地提高了检修的效率。

（6）可实现较精确的成本核算和生产进度安排。以数控机床为基础建立起来的 FMC、FMS、CIMS 等综合自动化系统使机械制造的集成化、智能化和自动化得以实现。采用数字信息与标准化代码输入并具有通信接口的数控机床之间可实现网络通信，构建工业控制网络，从而实现自动化生产过程的计算、管理和控制。

1.1.5 数控机床的适用范围

一般来说，数控机床特别适合于加工零件较复杂、精度要求高、产品更新频繁、生产周期要求短的场合。实际中，还要考虑设备投资费用较高，以及对操作、维护和编程人员素质要求高等问题。图 1-2 可粗略地表示数控机床的适用范围。图 1-2(a)所示的是当零件复杂度和生产批量不同时三种机床应用范围的变化。通用机床多适用于零件结构不太复杂、生产批量较小的场合；专用机床适用于生产批量很大的零件；数控机床对于形状复杂的零件尽管批量小也同样适用。随着数控机床的普及，数控机床的适用范围也越来越广，对一些形状不太复杂而重复工作量很大的零件，如印制电路板的钻孔加工等，由于数控机床生产率高，也已大量使用。因而，数控机床的适用范围已扩展到图 1-2(a)中阴影所示的范围。

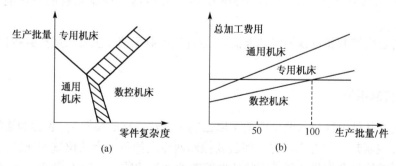

图 1-2 数控机床的适用范围

图 1-2(b)表示当采用通用机床、专用机床及数控机床加工时，零件生产批量与总加工费用之间的关系。据有关资料统计，当生产批量在 100 件以下、加工具有一定复杂度的零件时，

数控机床的加工费用最低，能获得较高的经济效益。由此可见，数控机床最适宜加工以下类型的零件：

（1）生产批量小的零件；

（2）需要进行多次改型设计的零件；

（3）加工精度要求高、结构形状复杂的零件，如箱体类零件，曲线、曲面类零件；

（4）需要精确复制和尺寸一致性要求高的零件；

（5）价值昂贵的零件，即虽然生产量不大，但若出现加工差错则会产生巨大经济损失的零件。

1.2 数控机床的分类

数控技术现已广泛应用于各类机床及非金属切削机床，如绘图仪、弯管机等，品种繁多。根据数控机床的功能和组成的不同，可以从多种角度对数控机床进行分类。

（1）按运动轨迹分类，有点位控制、直线控制与轮廓（连续轨迹）控制。

（2）按伺服驱动系统控制方式分类，可分为开环、闭环和半闭环伺服驱动系统。

（3）按功能水平分类，可分为高、中、低（经济型）三类。

（4）按工艺用途分类，有金属切削类、金属成形类、特种加工类等数控机床。

1.2.1 按运动轨迹分类

1. 点位控制系统

一些孔加工数控机床只要求获得准确的孔系坐标位置，对刀具相对工件的移动定位过程中的运动轨迹没有严格要求，可以采用点位控制系统。如数控坐标镗床、数控钻床、数控冲床、数控点焊机和数控测量机等都采用此类系统，如图1-3(a)所示。

2. 直线控制系统

除了控制起点与终点之间的准确位置外，加工过程要求刀具由一点到另一点之间的运动轨迹为一条直线，并能控制位移的速度，此时可以采用直线控制系统。直线控制系统的刀具切削路径只沿着平行于某一坐标轴方向运动，或者沿着与坐标轴成一定角度的斜线方向进行直线切削加工，如图 1-3(b)所示。采用这类控制系统的机床有数控车床、数控铣床等。

同时具有点位控制和直线控制功能的点位/直线控制系统，主要应用在数控镗铣床、加工中心机床上。

3. 轮廓控制系统

轮廓控制系统能够同时对两个或两个以上的坐标轴进行连续控制，也称为连续控制系统。加工时不仅要控制起点和终点位置，而且要控制两点之间每一点的位置和速度，使机床加工出符合图纸要求的复杂形状（任意形状的曲线或曲面）的零件。CNC 装置一般都具有直线插补和圆弧插补功能。如数控车床、数控铣床、数控磨床、数控加工中心、数控电加工机床、数控绘图机等，都采用此类控制系统。

这类数控机床绝大多数具有二坐标或二坐标以上的联动功能，不仅有刀具半径补偿、刀具长度补偿功能,而且还具有机床轴向运动误差补偿,丝杠、齿轮的间隙补偿等一系列功能,如图1-3(c)所示。

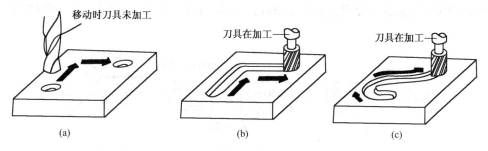

移动时刀具未加工

刀具在加工

刀具在加工

(a)　　　　　　　(b)　　　　　　　(c)

图 1-3　数控系统控制方式

1.2.2　按伺服驱动系统控制方式分类

1. 开环伺服驱动系统

开环伺服驱动系统是早期及当前一些经济型数控机床采用的伺服驱动系统。其特点是不带位置检测元件,采用的伺服驱动元件为步进电动机或电液脉冲马达。数控系统将零件程序处理后,发出指令脉冲信号,使伺服驱动元件转过一定的角度,并通过传动齿轮、滚珠丝杠螺母副,使执行机构(如工作台)移动或转动。图1-4为开环控制系统的框图。此控制方式没有来自位置测量元件的反馈信号,对执行机构的动作情况不进行检测,指令流向为单向,被称为开环控制系统。

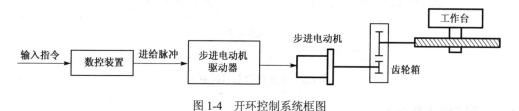

输入指令　数控装置　进给脉冲　步进电动机驱动器　步进电动机　齿轮箱　工作台

图 1-4　开环控制系统框图

步进电动机伺服系统是最典型的开环控制系统。其优点是结构简单,调试维修方便,成本较低。但是,开环系统的精度主要取决于伺服元件和机床传动元件的精度、刚度和动态特性,因此控制精度较低。目前,该系统多用于经济型数控机床或对旧机床的改造。

2. 闭环伺服驱动系统

伺服驱动系统不仅接收数控系统的驱动指令,还同时接收由工作台上检测元件测出的实际位置反馈信息,可进行比较,并根据其差值及时进行修正。此类伺服控制系统可以消除因传动系统误差而引起的误差,也称为闭环控制系统。

图1-5为闭环控制系统框图。数控装置发出指令脉冲后,若工作台没有移动,即无位置反馈信号时,伺服电机转动,经过齿轮副、滚珠丝杠螺母副等传动元件带动机床工作台移动。装在机床工作台上的位置测量元件将测量所得工作台的实际位移值进行反馈,位置比较环节实现实际位移与指令位移比较,若二者存在差值,经放大器放大后,再控制伺服驱动电动机转动,直至差值为零时,工作台才停止移动。

采用闭环伺服控制系统可以获得很高的加工精度,但是由于系统包含很多机械环节,如丝杠副、导轨副的摩擦特性、各部件刚度及传动精度等都是可变因素，直接影响伺服驱动系统的调节参数。因此，闭环系统的设计和调整存在较大困难，处理不当会导致系统不稳定。

闭环伺服驱动系统主要用在精度要求较高的数控镗铣床、数控超精车床、数控超精镗床等机床上。

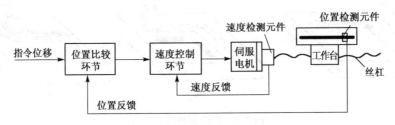

图1-5　闭环控制系统框图

3. 半闭环伺服驱动系统

将测量元件安装在丝杠副端或电动机轴端，测量伺服机构中电动机或丝杠的转角，来间接测量工作台的位移，就构成了半闭环伺服驱动系统。常用的测量元件有旋转变压器、感应同步器、光电编码盘或分解器等。系统中滚珠丝杠螺母副和工作台均在反馈环路之外，环路短，刚性好，容易获得稳定的控制特性，因此，目前大多数数控机床都采用半闭环伺服驱动系统。图1-6为半闭环控制系统框图。

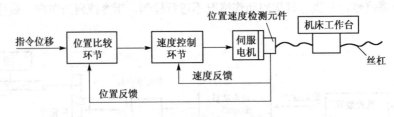

图1-6　半闭环控制系统框图

1.2.3　按功能水平分类

数控机床按数控系统的功能水平可分为低、中、高三档。低、中、高档的界限是相对的，尚没有一个确切的定义，不同时期的划分标准有所不同。从目前的发展水平来看，大体可从表1-1所列的几个方面来区分。

表1-1　当前机床功能水平区分点

项　　目	低　　档	中　　档	高　　档
分辨率和进给速度	10 μm，8～15 m/min	1 μm，15～24 m/min	0.1 μm，15～100 m/min
伺服进给类型	开环、步进电动机系统	半闭环直流或交流伺服驱动系统	闭环直流或交流伺服驱动系统
联动轴数	2轴	3～5轴	3～5轴
主轴功能	不能自动变速	自动无级变速	自动无级变速、C轴功能
通信能力	无	RS-232C 或 DNC 接口	MAP 通信接口、联网功能
显示功能	数码管显示、CRT 字符	CRT 显示字符、图形	三维图形显示、图形编程
内装 PLC	无	有	有
主 CPU	8 位 CPU	16 或 32 位 CPU	64 位 CPU

1.2.4　按工艺用途分类

　　数控机床可按不同工艺用途分类。在金属切削类机床中有数控车床、铣床、磨床与齿轮加工机床等；在金属成形类机床中有数控的冲压机、弯管机、裁剪机等；在特种加工类机床中有数控电火花切割机、火焰切割机、点焊机、激光加工机等。近年来，在非加工设备中也大量采用数控技术，如数控测量机、自动绘图机、装配机、工业机器人等。

　　加工中心是一种带有自动换刀装置的数控机床，其突破了一台机床只能进行一种工艺加工的传统模式，能以工件为中心，实现一次装夹后多种工序的自动加工。常见的有以加工箱体类零件为主的镗铣类加工中心和几乎能够完成各种回转体类零件所有工序加工的车削中心。

　　近年来，一些复合加工的数控机床也开始出现，其基本特点是集中多工序、多刀刃、复合工艺加工在一台设备中完成。

1.3　数控技术的应用与发展

1.3.1　数控技术的发展历程及趋势

　　从 1947 年美国人帕森（John C. Parson）提出用电子装置控制坐标镗床来精确制作直升机叶片样板的方案，并于 1952 年与麻省理工学院合作研制成功世界上第一台三坐标数控铣床开始，在电子、计算机等技术的推动下，半个多世纪以来数控技术发展迅速。在体系结构上，数控系统经历了 NC（硬线数控）、CNC（计算机数控）和目前的 PC-NC（PC 数控）三个阶段，如图 1-7 所示。从硬件角度看，数控系统经历了八代发展，NC 阶段以电子管、晶体管和小规模集成电路应用为标志，经历了三代，特点是完全由硬件逻辑电路构成的专用硬件数控系统；CNC 阶段是以小型计算机、微机、超大规模集成电路、32 位微机应用于数控系统为标志，经历了四代；而 PC-NC 阶段是借助 PC 丰富的软硬件资源，构建基于 PC 的数控系统。

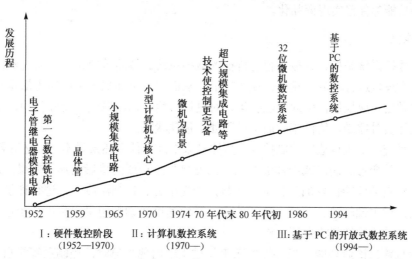

图 1-7　数控系统的发展历程

　　随着先进生产技术的发展，要求现代数控机床向高速度、高精度、高可靠性、智能化、开放式和更完善的功能方向发展。

1）高速度、高精度化

数控机床高速切削和高速进给的目标是在保证加工精度的前提下，提高加工速度。这不仅要求数控系统的处理速度快，同时还要求数控机床具有大功率和大转矩的高速主轴、高速进给电动机、高性能的刀具和稳定的高频动态刚度。

高精度包括高进给分辨率、高定位精度和重复定位精度、高动态刚度、高性能闭环交流数字伺服驱动系统等。数控机床由于装备有新型的数控系统和伺服驱动系统，使机床的分辨率和进给速度达到 0.1 μm（24 m/min），1 μm（100～240 m/min），现代数控系统已经逐步由 16 位 CPU 过渡到 32 位 CPU。日本产的 FANUCl5 系统开发出 64 位 CPU 系统，能达到当最小移动单位 0.1 μm 时，最大进给速度为 100 m/min。FANUCl6 和 FANUCl8 采用简化与减少控制基本指令的 RISC（Reduced Instruction Set Computer）精简指令计算机，能进行更高速度的数据处理，使一个程序段的处理时间缩短到 0.5 ms，连续 1 mm 移动指令的最大进给速度可达到 120 m/min。

日本交流伺服电机安装了每转可产生 100 万个脉冲的位置传感器，其位置检测精度可达到 0.01mm/脉冲，并在位置伺服驱动系统中采用前馈控制与非线性控制等方法。在补偿技术方面，除采用齿隙补偿、丝杠螺距误差补偿、刀具补偿等技术外，还开发了热补偿技术，以减小由热变形引起的加工误差。

2）开放式

新一代数控机床的控制系统应该是一种开放式、模块化的体系结构，即系统的构成要素应是模块化的，同时各模块之间的接口必须是标准化的；系统的软件、硬件构造应是"透明的"、"可移植的"；系统应具有"连续升级"的能力。

为满足现代机械加工的多样化需求，新一代数控机床机械结构更趋向于"开放式"。机床结构按模块化、系列化原则进行设计与制造，以缩短供货周期，最大限度地满足用户的工艺需求。数控机床机械部件的品种规格逐渐增加，质量指标不断提高，机电一体化内容更加丰富，且各种功能部件已实现商品化。

3）智能化

智能化数控系统是指具有拟人智能特征的数控系统。智能数控系统可通过对影响加工精度和效率的物理量进行检测、建模、提取特征，从而自动感知加工系统的内部状态及外部环境，快速地做出实现最佳目标的智能决策，对进给速度、切削深度、坐标移动、主轴转速等工艺参数进行实时控制，使机床的加工过程处于最佳状态。

在数控系统中引进自适应控制技术。数控机床中因工件毛坯余量不匀、材料硬度不一致、刀具磨损、工件变形、润滑或冷却液等因素的变化将直接或间接影响加工效果。通过在加工过程中不断检查某些能代表加工状态的参数，如切削力、切削温度等，进行评价函数计算和最佳化处理，对主轴转速、刀具（或工作台）进给速度等切削用量参数进行校正，使数控机床能够始终在最佳的切削状态下工作。

可设置故障自诊断功能。当数控机床工作过程中出现故障时，控制系统能自动诊断，并立即采取措施排除故障，以适应长时间在无人环境下的正常运行要求。

可应用图像识别和声控技术。该技术使机床自己辨别图样，并自动地运用数控加工的智能化技术和根据人的语言声音对数控机床进行自动控制的智能化技术。

4）复合化

复合化加工指在一台机床上一次装夹便可以完成多工种、多工序的加工。通过缩短装卸刀具、装卸工件、调整机床的辅助时间，实现一机多能，从而最大限度地提高机床的开机率和利用率。

20 世纪 60 年代初期，在一般数控机床的基础上开发了带刀库可自动换刀的数控加工中心（MC），实现工件一次装夹，后连续地对工件的各加工面进行多种工序加工。目前，加工中心的刀库容量可多达 120 把左右，自动换刀装置的换刀时间为 1～2 s。在加工中心中，除了镗铣类加工中心和车削类车削中心外，还出现了集成型车/铣加工中心、自动更换电极的电火花加工中心和带有自动更换砂轮装置的内圆磨削加工中心等。

随着数控技术的不断发展，打破了原有机械分类的工艺划分界限，出现了相互兼容、扩大工艺范围的趋势。复合加工技术不仅是加工中心、车削中心等在同类技术领域内的复合，而且正向不同类技术领域内的复合方向发展。

5）高可靠性

高可靠性的数控系统是提高数控机床可靠性的关键。选用高质量的印制电路和元器件，对元器件进行严格的筛选，建立稳定的制造工艺及产品性能测试等一整套质量保证体系。在新型的数控系统中采用大规模、超大规模集成电路，进一步将典型的硬件结构集成化，制成专用芯片，提高系统的可靠性。

现代数控机床均采用 CNC 系统，数控系统的硬件由多种功能模块制成，对于不同功能的模块可根据机床数控功能的需要选用，并可自行扩展，组成满意的数控系统。在 CNC 系统中，只要改变一下软件或控制程序，就能制成适应各类机床不同要求的数控系统。

现代数控机床都装备有各种类型的监控、检测装置，并且具有故障自动诊断与保护功能。能够对工件和刀具进行监测，当发现工件超差、刀具磨损或破裂时，能及时报警，给予补偿，或对刀具进行调换，具有故障预报和自恢复功能，以保证数控机床长期可靠地工作。数控系统一般能够对软件、硬件进行故障自诊断，能自动显示故障部位及类型，以便快速排除故障。此外，系统还具有增强保护功能，如行程范围保护功能、断电保护功能等，以避免损坏机床和报废工件。

6）多种插补功能

数控机床除具有直线插补、圆弧插补功能外，有的还具有样条插补、渐开线插补、螺旋线插补、极坐标插补、指数曲线插补和圆柱插补等。

7）友好的人机界面

现代数控机床具有丰富的显示功能，大多数系统都具有实时图形显示、PLC 梯形图显示和多窗口的其他显示功能；丰富的编程功能，像会话式自动编程功能、图形输入自动编程功能，有的还具有 CAD/CAM 功能；方便的操作，有引导对话方式帮助操作者很快熟悉操作，设有自动工作手动参与功能；根据加工的要求，各系统都设置了多种方便于编程的固定循环；伺服驱动系统数据和波形的显示，参数的自动设定；系统具有多种管理功能，刀具及其寿命的管理、故障记录、工作记录等；PLC 程序编制方法增加，目前有梯形图编程（Ladder Language Program）方法和步进顺序流程图编程（Step Sequence Program）方法，现在越来越广泛地用 C 语言编写 PLC 程序；帮助功能，系统不但显示报警内容，而且能指出解决问题的方法。

1.3.2 数控技术与现代制造系统

1. 现代制造系统的发展趋势

随着市场需求个性化与多样化，现代制造系统正向精密化、柔性化、网络化、虚拟化、智能化、清洁化、集成化、全球化的方向发展。当前先进制造技术的发展大致有以下特点。

1）信息技术、管理技术与工艺技术紧密结合

信息技术正促进着制造技术不断发展。信息使制造系统的技术含量提高，促进了加工制造的精密化、快速化，自动化技术的柔性化、智能化，整个制造过程的网络化、全球化。相继出现的各种先进制造模式，如 CIMS、并行工程、精益生产、敏捷制造、虚拟企业与虚拟制造等，均以信息技术的发展为支撑。

2）计算机辅助设计、辅助制造、辅助工程分析（CAD/CAM/CAE）

制造信息的数字化，将实现 CAD/CAPP/CAM/CAE 的一体化，使产品向无图纸制造方向发展。在发达国家的大型企业中，已广泛使用 CAD/CAM，实现 100%数字化设计。将数字化技术注入产品设计开发，提高了企业产品自主开发能力和产品档次，同时也提高了企业对市场的应变能力和快速响应能力。通过局域网实现企业内部并行工程，通过 Internet 建立跨地区的虚拟企业，实现资源共享，优化配置，也使制造业向互联网辅助制造方向发展。

3）加工制造技术向着超精密、超高速和发展新一代制造装备的方向发展

超精密加工技术是为了获得被加工件的形状、尺寸精度和表面粗糙度均优于亚微米级的一门高新技术。超精加工技术的加工精度由红外波段向可见光和不可见光的紫外波段发展，目前加工精度达到 0.025 μm，表面粗糙度达 0.045 μm，已进入纳米级加工时代。美国为了适应航空、航天等尖端技术的发展，已研制出多种数控超精密加工车床，最大的加工直径可达 1.63 m，定位精度为 28 nm（10^{-9} m）。

目前铝合金超高速切削的切削速度已超过 1600 m/min，铸铁为 1500 m/min，超耐热镍合金为 300 m/min，钛合金 200 m/min。超高速切削的发展已转移到一些难加工材料的切削加工。现代数控机床主轴的最高转速可达到 10 000～20 000 r/min，采用高速内装式主轴电动机后，使主轴直接与电动机连接成一体，可将主轴转速提高到 40 000～50 000 r/min。

市场竞争和新产品、新技术、新材料的发展推动着新型加工设备的研究与开发，如并联桁架式结构数控机床（俗称"六腿"机床），突破了传统机床的结构方案，采用可以伸缩的六条"腿"连接定平台和动平台，每条"腿"均由各自的伺服电动机和精密滚珠丝杠驱动，控制这六条"腿"的伸缩就可以控制装有主轴头的动平台的空间位置和姿势，从而满足刀具运动轨迹的要求。

4）工艺研究由经验判断走向定量分析

先进制造技术的一个重要发展趋势是通过计算机技术和模拟技术的应用，使工艺研究由经验判断走向定量分析，加工工艺由技艺发展为工程科学。

5）虚拟现实技术在制造业中获得越来越多的应用

虚拟现实（Virtual Reality, VR）技术主要包括虚拟制造技术和虚拟企业两个部分。前者从根本上改变了设计、试制、修改设计、规模生产的传统制造模式，后者实现了产品的全球化制造。

在产品真正制造出之前，首先在虚拟制造环境中生成了软产品原型（Soft Prototype）代替传统的硬样品（Hard Prototype）进行试验，对其性能和可制造性进行预测和评价，从而缩短产品的设计与制造周期，降低产品的开发成本。虚拟企业通过信息高速公路，将产品涉及的不同企业临时组建成为一个没有围墙、超越空间约束、靠计算机网络联系、统一指挥的合作经济实体，从而快速响应市场的需求。

2. 从单机数控加工到计算机集成制造系统

在所有品种的机床实现单机数控化的同时，现代制造系统进一步加快了向柔性制造系统、柔性制造单元及计算机集成制造系统全面发展的步伐。20世纪50年代末，出现了用于箱体类零件的数控加工中心并得到迅速发展。随着 CNC 技术、信息技术、网络控制技术的发展，为单机数控化向计算机控制的多机制造系统自动化方向发展创造了必要的条件。20世纪60年代末出现的直接数控（DNC）系统正是这一发展趋向的具体体现，即用一台计算机控制和管理多台数控机床和加工中心。

1）柔性制造技术

1967 年英国莫林斯（Molins）公司提出的柔性自动化制造技术（简称柔性制造技术），强调管理技术和制造技术的有机集合。经过多年的发展，柔性制造技术已成为现代先进制造技术的统称，其以数控技术为核心，集自动化技术、信息技术和制作加工技术于一体，把以往工厂企业中相互孤立的工程设计、制造、经营管理等过程，在计算机及其软件和数据库的支持下，构成了一个覆盖整个企业的有机系统。

柔性制造技术的应用，既解决了近百年来中小批量和中大批量多品种加工自动化的问题，也很好地适应了产品不断迅速更新的需求。高效、灵活的特性使柔性制造技术成为实施敏捷制造、并行工程、精益生产和智能制造系统的基础，被世界各国所重视，并在发达国家的制造业中得到了广泛的应用。

柔性制造技术是技术密集型的技术群，一般认为凡是侧重于柔性，适应于多品种、中小批量（包括单件产品）的加工技术都属于柔性制造技术。目前，按规模大小可进行如下划分：

（1）柔性制造系统（FMS）

关于柔性制造系统（Flexible Manufacturing System，FMS）的定义很多，权威性的定义有如下几个。美国国家标准局把 FMS 定义为："由一个传输系统联系起来的一些设备，传输装置把工件放在其他联结装置上送到各加工设备，使工件加工准确、迅速和自动化。中央计算机控制机床和传输系统，柔性制造系统有时可同时加工几种不同的零件。"国际生产工程研究协会指出"柔性制造系统是一个自动化的生产制造系统，在最少人的干预下，能够生产任何范围的产品族，系统的柔性通常受到系统设计时所考虑的产品族的限制"。而我国国家军用标准定义为："柔性制造系统是由数控加工设备、物料运储装置和计算机控制系统组成的自动化制造系统，它包括多个柔性制造单元，能根据制造任务或生产环境的变化迅速进行调整，适用于多品种、中小批量生产。"简单地说，FMS 是由若干数控设备、物料运储装置和计算机控制系统组成的，并能根据制造任务和生产品种变化而迅速进行调整的自动化制造系统。

目前，常见的组成通常包括 4 台或更多台全自动数控机床（加工中心与车削中心等），由集中的控制系统及物料搬运系统连接起来，在不停机的情况下实现多品种、中小批量的加工及管理。

（2）柔性制造单元（FMC）

FMC（Flexible Manufacturing Cell）的问世并在生产中使用约比 FMS 晚 6～8 年。FMC 可视为一个规模最小的 FMS，是 FMS 向廉价化及小型化方向发展的一种产物。它由 1～2 台加工中心、工业机器人、数控机床及物料运送存储设备构成，其特点是实现单机柔性化及自动化，具有适应加工多品种产品的灵活性。迄今，FMC 已进入普及应用阶段。

（3）柔性制造线（FML）

FML（Flexible Manufacturing Line）是处于单一或少品种、大批量、非柔性自动线与中小批量、多品种 FMS 之间的生产线，其加工设备可以是通用的加工中心、CNC 机床，也可采用专用机床或 NC 专用机床，对物料搬运系统柔性的要求低于 FMS，但生产率更高。FML 以离散型生产中的柔性制造系统和连续生过程中的分散型控制系统（DCS）为代表，其特点是实现生产线柔性化及自动化，其技术已日臻成熟，迄今已进入实用化阶段。

（4）柔性制造工厂（FMF）

FMF（Flexible Manufacturing Factory）是将多条 FMS 连接起来，配以自动化立体仓库，并用计算机系统进行联系，采用从订货、设计、加工、装配、检验、运送至发货的完整 FMF。它包括了 CAD/CADM，并使计算机集成制造系统（CIMS）投入实际，实现生产系统柔性化及自动化，进而实现全厂范围的生产管理、产品加工及物料储运进程的全盘化。

FMF 是自动化生产的最高水平，反映出世界上最先进的自动化应用技术。它将制造、产品开发及经营管理的自动化连成一个整体，以信息流控制物质流的智能制造系统（Intelligent Manufacturing System, IMS）为代表，其特点是实现工厂柔性化及自动化。

2）计算机集成制造系统

计算机集成制造系统（Computer Integrated Manufacturing System，CIMS）是自动化制造技术发展的更高阶段，CIMS 概念是由美国的 J. Harrington 于 1973 年首次提出的。自动化制造技术不仅需要发展车间制造过程的自动化，而且要全面实现从生产决策、产品设计、市场预测直到销售的整个生产活动的自动化。CIMS 正是在计算机网络和分布式数据库的支持下，将上述要求综合成一个完整的生产制造系统，从而获得更高的整体效益，缩短产品开发制造周期，提高产品质量，提高生产率，提高企业的应变能力，以赢得竞争。CIMS 是工厂自动化的发展方向和未来制造业工厂的模式。

CIMS 一般可以划分为如下四个功能子系统和两个支撑子系统，其构成框图如图1-8所示。

四个功能子系统包括：

（1）管理信息子系统，以 MRPII 为核心，包括预测、经营决策、各级生产计划、生产技术准备、销售、供应、财务、成本、设备、人力资源的管理信息功能。

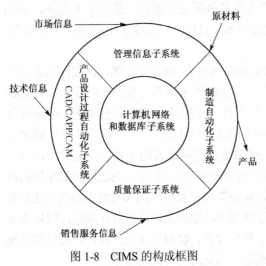

图 1-8　CIMS 的构成框图

（2）产品设计过程自动化子系统，通过计算机来辅助产品设计、制造准备及产品测试，即 CAD/CAPP/CAM 阶段。

（3）制造自动化或柔性制造子系统，是 CIMS 信息流和物料流的结合点，是 CIMS 最终产生经济效益的聚集地，由数控机床、加工中心、清洗机、测量机、运输小车、立体仓库、多级分布式控制计算机等设备及相应的支持软件组成。根据产品工程技术信息、车间层加工指令，完成对零件毛坯的作业调度及加工制造。

（4）质量保证子系统，包括质量决策、质量检测、产品数据的采集、质量评价、生产加工过程中的质量控制与跟踪功能。系统保证从产品设计、产品制造、产品检测到售后服务全过程的质量监控。

两个辅助子系统指计算机网络和数据库子系统。

（1）计算机网络子系统，即企业内部的局域网，支持 CIMS 各子系统的开放型网络通信系统。采用标准协议可以实现异机互联、异构局域网和多种网络的互联。系统满足不同子系统对网络服务提出的不同需求，支持资源共享、分布处理、分布数据库和适时控制。

（2）数据库子系统，支持 CIMS 各子系统的数据共享和信息集成，覆盖了企业全部数据信息，在逻辑上是统一的，在物理上是分布式的数据管理系统。公用数据库是 CIMS 的核心，对信息资源进行存储与管理，并对各个计算机系统进行通信，实现企业数据的共享和信息集成。

CIMS 是建立在多项先进制造技术基础上的高技术制造系统。为赶上工业先进国家的机械制造水平，我国 863 计划将 CIMS 作为自动化领域中的一个主题项目进行研究，开展了关键技术的攻关工作，确定了若干试点工厂，取得了一批重要的研究成果。在 CIMS 的实施过程中，要实现工程设计、制造过程、信息管理、工厂生产等技术和功能的集成，这种集成不是现有生产系统的计算机化，而原有的生产系统集成很困难，独立的自动化系统异构同化非常复杂，所以要考虑在实施 CIMS 计划时的收益和支出。

1.4 习题与思考题

1. 数控机床由哪些部分组成？各有什么作用？

2. 数控机床适合加工什么样的零件？

3. 加工中心与普通数控机床的区别是什么？

4. 什么是点位控制、直线控制、轮廓控制数控机床？有何特点及应用？

5. 简述开环、闭环、半闭环伺服驱动系统的区别。

6. 现代制造系统的发展与数控技术的关系如何？

7. FMC 有什么特点？有哪些类型？

8. 什么是 FMS？由哪几部分组成？

9. 什么是 CIMS 系统？

数控机床的程序编制

第2章

工程背景

　　数控机床是按照事先编制好的加工程序自动地对工件进行加工的高效自动化设备。当在数控机床上加工零件时，要把加工零件的全部工艺过程、工艺参数和位移数据，以信息的形式记录在控制介质上，用控制介质上的信息来控制机床，实现零件的全部加工过程。深入了解程序编制是数控加工的一项重要工作，理想的加工程序不仅应保证加工出符合图纸要求的合格工件，同时应能使数控机床得到合理的应用，功能得到充分的发挥，使数控机床安全、可靠、高效地工作。

内容提要

　　本章主要介绍与数控机床编程有关的标准、数控编程中的数值计算、手工编程和自动编程。主要内容包括数控机床的坐标轴和运动方向、编程中的数值计算方法、常用基本编程指令及其应用、语言式自动编程系统软件的总体结构，以及数控编程技术的发展等。

学习方法

　　在学习本章内容时，应注重理论联系实际，可以先通过机床说明书了解该机床编程的一些规则和基本编程功能，然后再结合零件图进行建模，并自动或手工生成程序，以强化对本章内容的理解。

2.1 概述

随着数控技术的广泛应用，对数控机床在设计、制造、维修和使用等方面的系列化、标准化和通用化的要求日益迫切。经过多年的实践与发展，程序中所使用的输入代码、坐标系统、加工指令、辅助功能及程序格式等逐渐形成了一系列国际标准，我国也相应制定了一系列标准。由于各厂家生产的各类数控机床所使用的代码、指令其含义并不完全相同，因此编程人员还必须严格按照数控机床使用手册的具体规定进行编程。

1. 数控编程的定义

所谓数控编程，就是把零件的图形尺寸、工艺过程、工艺参数、机床的运动及刀具位移等内容，按照数控机床的编程格式和能识别的语言记录在程序单上的全过程。这样编制的程序还必须按规定把程序单制备成控制介质，如程序纸带、磁盘等，变成数控系统能读取的信息，再送入数控系统。当然，也可以用手动数据输入方式（MDI）将程序输入数控系统。因为这个程序称为零件加工程序，所以这个过程简称为加工程序编制。

2. 数控编程的作用

数控加工与通用机床加工相比较，在许多方面遵循的原则基本上是一致的，在使用方法上也大致相同。但由于数控机床本身自动化程度较高，设备费用也高，因此使数控加工也有其自身的特点。

（1）数控加工的内容十分具体。在普通机床上加工零件，首先由工艺人员事先制订好零件加工工艺规程（工艺卡），然后由操作工人按工艺卡的要求和自己的生产经验手工操作机床，加工出合格的零件。

在通用机床加工中，原来可由操作工人灵活掌握并通过适时调整来处理的许多工艺问题，在数控加工时就转变为编程人员必须事先设计和安排的内容。

（2）数控加工的工艺相当严密。数控机床虽然自动化程度较高，但自适应性差。即使现代数控机床在自适应调整方面做出了不少努力和改进，但自由度也不大。例如，数控机床在钻深孔时，它并不知道孔中是否挤满了切屑，是否需要退一下刀，或先清理一下切屑再钻削。所以，在编制数控加工程序时必须注意加工过程中的每一个细节，力求准确无误，否则，将会由于编程人员疏忽、大意，如出现一个小数点或一个逗号的差错，而酿成重大机床事故和质量事故。

（3）数控加工工序相对集中。数控机床一次装夹可完成多工序加工。例如，加工中心在一次装夹后，除定位表面不能加工外，其余表面均可加工；生产准备周期短，加工对象变化时，一般不需要专门的工艺装备设计制造时间；切削加工中可采用最佳切削参数和走刀路线。

3. 数控编程的目的

数控编程的目的就是选出最合适的工艺加工路线，这样，既可以节省生产成本，又可以提高工件的精度和加工效率。也就是说，加工程序的编制工作是数控机床使用中最重要的一环，它直接影响数控机床的正确使用和数控加工特点的发挥。

2.2　数控编程基础知识

2.2.1　与数控机床编程有关的标准

数控的国际标准由国际标准化组织 ISO（International Organization of Standard）制定。我国以采用或参照采用 ISO 的有关标准为主，并且也根据我国的实际情况制定了相应的数控标准。

2.2.2　数控机床坐标轴和运动方向的确定

数控机床的坐标轴命名和运动方向的规定，是一个十分重要的问题。数控机床的设计者、操作者和维修人员，都必须对其有一个统一、正确的理解，否则将可能发生编程混乱、数据通信出错、操作出事故、维修不能正确进行等问题。

我国在此方面的标准文件是 1983 年原机械工业部制定的 JB 3208—1983。这等效于 ISO 841—1974。随着数控技术的发展，1989 年将 ISO/DP 841 提出的"机床数控——坐标轴和运动方向专用术语"的建议作为 ISO 841 的修订本。

1. JB 3208—1983 规定的要点

（1）标准坐标系。以右手笛卡儿坐标系为标准坐标系。基本坐标为 X、Y、Z 笛卡儿坐标，对应于每个坐标轴的旋转运动符号分别为 A、B、C，如图 2-1 所示。

图 2-1　笛卡儿坐标系

① Z 坐标轴。Z 坐标轴作为平行于机床主轴的坐标轴。如果机床有一系列主轴，则选尽可能垂直于工件装夹面的主要轴为 Z 坐标轴。对于没有主轴的机床，Z 坐标轴垂直于工件装夹面。Z 坐标轴的正方向是增大工件和刀具距离的方向（或者从工件到刀具夹持的方向）。

② X 坐标轴。X 坐标轴是水平的，平行于工件装夹面。对 X 坐标轴的正方向规定：在刀具旋转的机床上（如铣床、钻床、镗床），如果 Z 坐标轴是水平的，则由主轴向工件看时，X 坐标轴的正方向指向右方；如果 Z 坐标轴是垂直的，则由主轴向立柱（对双立柱机床应为左侧立柱）看时，X 坐标轴的正方向指向右方；在工件旋转的机床上（如车床、磨床），主刀架

上的刀具离开工件旋转中心的方向是 X 坐标轴的正方向；在没有旋转的刀具或工件的机床（如牛头刨床）上，平行于主要切削的方向是 X 坐标轴的正方向。

③ Y 坐标轴。Y 坐标轴及其正方向应根据 X 和 Z 坐标轴，按右手笛卡儿坐标系确定。

④ 旋转坐标 A、B、C。A、B、C 相应地表示其轴线平行于 X、Y、Z 的旋转运动。A、B、C 的正方向相应地表示在 X、Y、Z 坐标轴正方向上按右旋螺纹前进的方向。

⑤ X'、Y'、Z' 坐标轴。X、Y、Z 坐标系是按刀具相对工件运动的原则命名的。带"'"的坐标地址则表示工件相对刀具运动的坐标系，或者说表示工件运动的坐标和正方向。车床、铣床和牛头刨床的标准坐标系简图如图 2-2 至图 2-6 所示。

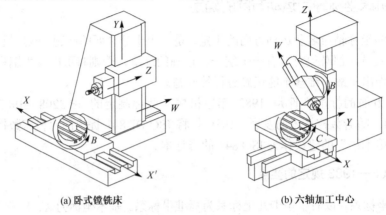

(a) 卧式镗铣床　　　　　　　　　　(b) 六轴加工中心

图 2-2　多轴数控机床坐标系示例

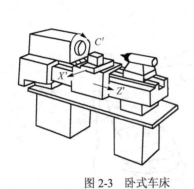

图 2-3　卧式车床

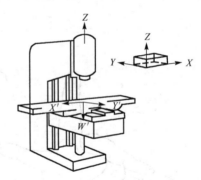

图 2-4　立式升降台铣床

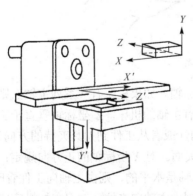

图 2-5　卧式升降台铣床

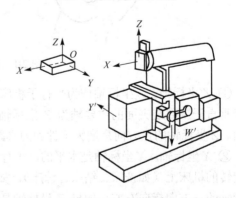

图 2-6　牛头刨床

上述坐标轴正方向，均是假定工件不动、刀具相对于工件进行进给运动而确定的方向，即刀具运动坐标系。但在实际机床加工时，有很多都是刀具相对不动、工件相对于刀具移动而实现进给运动的情况。此时，应在各轴字母后加上"′"表示工件运动坐标系。按相对运动关系，工件运动的正方向恰好与刀具运动的正方向相反，即有

$$X = -X' \qquad Y = -Y' \qquad Z = -Z' \qquad A = -A' \qquad B = -B' \qquad C = -C'$$

（2）附加坐标（辅助坐标）。除 X、Y、Z 主要直线运动外，当另有第二组或第三组平行于它们的坐标运动时，应分别指定为 U、V、W 和 P、Q、R。

（3）主轴旋转运动的方向。主轴顺时针旋转运动的方向按照右螺纹进入工件的方向确定。

经验总结【2-1】　数控机床坐标轴及方向的确定

（1）Z 坐标轴：平行于主轴，刀具离开工件的方向为正；

（2）X 坐标轴：Z 坐标轴垂直，且刀具旋转，则面对刀具主轴向立柱方向看，向右为正；Z 坐标轴水平，则从主轴向工件看，向左为正；

（3）Y 坐标轴：在 Z、X 坐标轴确定后，用右手笛卡儿坐标系来确定。

2. 数控机床的坐标系统

（1）机床坐标系。机床坐标系是机床上固有的坐标系。机床坐标系的原点在机床说明书中均有规定，一般利用机床机械结构的基准线来确定。例如，有的机床设有零位，在相应的轴运动方向，刀具离开工件最远处设置一个行程开关，它和检测装置、伺服驱动系统一起在数控系统的控制下，确定这个轴的零点位置，则这个零位就是机床坐标系在该轴的原点。这个机床的零位在机床制造出来时就已调整确定，不能随意改变。

（2）工件坐标系。编程时，一般是由编程员选择工件上的某一点作为坐标原点，此坐标系称为工件坐标系。可见，工件坐标系的原点是任意的，这与机床坐标系不同。

（3）绝对坐标与增量（相对）坐标。在坐标系中，描述运动点位置常采用绝对值方式和增量方式。

数控编程通常都是按照组成图形的线段或圆弧的端点坐标来进行的。当运动轨迹的终点坐标相对于线段的起点计量时，称为相对坐标或增量坐标表达方式。若按这种方式进行编程，则称为相对坐标编程。当所有坐标点的坐标值均从某一固定的坐标原点计量时，称为绝对坐标表达方式，按这种方式进行编程即为绝对坐标编程。例如，要从图 2-7 中的 A 点走到 B 点。

若用绝对坐标编程，则为 X12.0　Y15.0

若用相对坐标编程，则为 X–18.0　Y–20.0

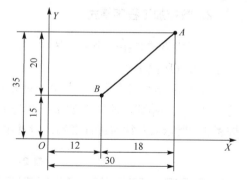

图 2-7　绝对坐标和相对坐标

采用绝对坐标编程时，程序指令中的坐标值随着程序原点的不同而不同；而采用相对坐标编程时，程序指令中的坐标值则与程序原点的位置没有关系。同样的加工轨迹，既可用绝对编程，也可用相对编程，但有时候采用恰当的编程方式，可以大大简化程序的编写。因此，实际编程时应根据使用状况选用合适的编程方式，这可在以后章节的编程训练中体会出来。

2.2.3 数控加工程序格式

每种数控系统，根据系统本身的特点及编程的需要，都有一定的程序格式。对于不同的机床，其程序格式也不尽相同。因此，编程人员必须严格按照机床说明书的规定格式进行编程。

1. 数控加工程序结构

一个完整的程序由程序号、程序内容和程序结束三部分组成。例如：

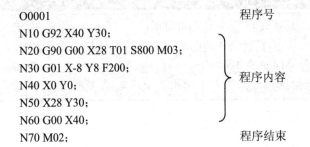

(1) 程序号。在程序的开头要有程序号，以便进行程序检索。程序号就是零件加工程序的一个编号，并说明该零件加工程序开始。如 FUNUC 数控系统中，一般采用英文字母 O 及其后的数字表示（"O××××"），如"O0101"。而其他系统有时也采用符号"%"或"P"及其后的数字表示程序号。

(2) 程序内容。程序内容部分是整个程序的核心，它由许多程序段组成，每个程序段由一个或多个指令构成，它表示数控机床要完成的全部动作。

(3) 程序结束。程序结束以程序结束指令 M02、M30 或 M99（子程序结束）作为程序结束的符号，用来结束零件加工。

2. 数控加工程序格式

程序段格式是指一个程序段中字、字符和数据的书写规则。目前，国内外广泛采用字-地址可变程序段格式。

所谓字-地址可变程序段格式，就是在一个程序段内数据字的数目及字的长度（位数）都是可以变化的格式。不需要的字以及与上一程序段相同的续效字可以不写。一般的书写顺序按表 2-1 所示从左往右进行书写，对其中不用的功能应省略。

表 2-1 程序段书写顺序格式

1	2	3	4	5	6	7	8	9	10	11
N—	G—	X— U— P— A— D—	Y— V— Q— B— E—	Z— W— R— C—	I—J—K—R—	F—	S—	T—	M—	LF （或 CR）
程序段 序号	准备 功能	坐标字				进给 功能	主轴 功能	刀具 功能	辅助 功能	结束符号
		数据字								

该格式的优点是程序简短、直观且容易检验、修改。

例如：N20 G01 X25 Z-36 F100 S300 T02 M03；

1）程序段序号（Sequence Number）

用来表示程序从启动开始操作的顺序，即程序段执行的顺序号。它用地址码"N"和后面的若干位数字表示。当数控装置读取某一程序段时，该程序段序号可在七段数码管上或 CRT 上显示出来，以便操作者了解或检查程序执行情况，程序段序号还可用做程序段检索。

2）准备功能字（Preparatory Function or G-Function）

准备功能字也称为"G"指令。准备功能字用字母"G"和其后的两位数码表示，从 G00 至 G99，共 100 个。G 指令的作用，主要是指定数控机床运动方式，为数控系统的插补运算做好准备，所以在程序中 G 功能字一般位于尺寸字的前面。

3）尺寸字（Dimension Word）

尺寸字是给定机床各坐标轴位移的方向和数据，它由各坐标轴的地址代码"+"、"–"符号和绝对值（或增量值）的数字构成。尺寸字安排在 G 功能字的后面。尺寸字的地址代码，对于进给运动为：X、Y、Z、U、V、W、P、Q、R；对于回转运动的地址代码为：A、B、C、D、E。此外，还有插补参数字（地址代码）：I、J 和 K 等。尺寸字的作用主要是确定机床上刀具运动终点的坐标位置。

4）进给功能字（Feed Function or F-Function）

进给功能字也称为 F 功能，可以指定各运动坐标轴或其任意组合的进给量或刀架的螺纹导程。用 F 字符作为进给字的地址符，其后的数据位数由详细格式分类规定，有代码法和直接给定法两种表示方法。

（1）代码法。即 F 后跟两位数字，这些数字不直接表示进给速度的大小，而是机床进给速度数列的序号，进给速度可以是算术级数，也可以是几何级数从 F00～F99 共 100 个等级。

（2）直接给定法。F 后面按照预定的单位用数字直接表示进给速度。进给速度有两种表示方法：一种是以 r/min 或 rpm 作为计量单位，另一种是以 mm/min 作为计量单位。

5）主轴转速功能字（Spindle Speed Function or S-Function）

主轴速度功能字也称为 S 功能字，主要用来指定主轴转速或速度，单位为 r/min 或 rpm，也可以通过准备功能字进行定义。主轴速度功能字可用随主轴速度增加而增加的两位代码数表示，也可直接用数字指定。S 功能字的指定方法与 F 功能字相似。主轴速度功能字的数字位数应在详细格式分类中规定。对于有恒线速度控制功能的机床，还要用 G96 或 G97 指令配合 S 代码来指定主轴的速度。G96 为恒线速度控制指令，如"G96 S200"表示切削速度为 200 m/min；"G97 S2000"表示注销 G96，使用每分钟转速，主轴转速为 2000 r/min。

6）刀具功能字（Tool Function or T-Function）

刀具功能字也称为 T 功能字，主要用来选择刀具，也可用来选择刀具偏置和补偿。T 功能字由地址字符 T 和几位数字组成，在详细格式分类中规定。如"T0502"，则前两位数字表示刀号为 05，后两位数字表示刀补号为 02。

7）辅助功能字（Miscellaneous Function or M-Function）

辅助功能字也称为 M 功能字，用来指定机床辅助动作及状态的功能，如主轴的启停、冷却液的通断、更换刀具等。辅助功能字由地址字符 M 及其后的两位数字构成。

2.2.4 数控编程的内容和步骤

1. 数控编程的一般过程

数控机床的程序编制一般要经过以下几个步骤，如图 2-8 所示。

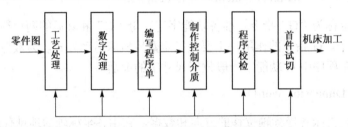

图 2-8 数控机床程序编制步骤

2. 数控编程的步骤

1）分析零件图纸

分析零件的材料、形状、尺寸、精度及毛坯形状和热处理要求等，以便确定该零件是否适宜在数控机床上加工，适宜在哪台数控机床上加工。有时还要确定在某台数控机床上加工该零件的哪些工序或哪几个表面。

2）工艺处理阶段

工艺处理阶段的主要任务是确定零件加工工艺过程。换言之，就是确定零件的加工方法（如采用的工夹具、装夹定位方法等）、加工路线（如对刀点、走刀路线等）和加工用量等工艺参数（如走刀速度、主轴转速、切削宽度和深度等）。主要内容如下：

（1）确定装夹方法和对刀点

首先分析零件图纸，选择装夹方法和定位基准。装夹方法的确定与普通机床一样，应尽可能采用通用的已有夹具，其定位基准应尽量与设计基准重合。

在数控加工中要确定对刀点。对刀点是刀具加工零件时，刀具相对零件运动的起点，因此对刀点也称为程序的坐标零点。对刀点可以定在零件上，也可以定在零件外，但必须与零件的定位基准有一定的关系，这样才能确定机床坐标系与工件坐标之间的关系。

（2）确定加工路线

加工路线就是加工过程中刀具运动的轨迹。加工路线应保证零件的加工精度和表面粗糙度，如采用顺铣还是逆铣等；加工路线还应使数值计算工作简单、程序段少，以缩短程序长度，减小编程工作量。

（3）选择刀具和确定切削用量

选择刀具的要求是：安装调整方便，刚性好，精度高，耐用度好。对于粗精加工，可以采用不同的刀具。切削用量包括主轴转速、切削深度和宽度、进给速度等。当粗加工、精加工、钻孔、攻丝、拐角处铣削等切削用量不同时，都应编在程序单内。具体数值应根据机床使用说明书和切削原理中有关方法，并结合实践予以确定。

（4）确定编程中的工艺指令

程序编制中的工艺指令大体上分为两大类。一类是准备性工艺指令。这类指令是为插补运算做好准备的工艺指令，如刀具沿哪个坐标平面运动的指令等，必须在数控系统进行插补运算之前予以确定。另一类是辅助性工艺指令。这类指令与插补运算无关，如主轴的启停、正反转等，是根据机床加工时操作机床的需要予以规定的。

（5）确定程序编制中的误差

零件的加工误差包括两部分：一部分是整个工艺系统（包括数控系统、机床、工装及工件毛坯）本身各种因素所产生的误差，另一部分就是编程误差。编程误差由三部分组成。

$$S_p = f(\Delta a, \Delta b, \Delta c)$$

式中，S_p 为编程误差；Δa 为算法误差；Δb 为插补误差；Δc 为圆整误差。

在编程中要尽可能减小上面的误差，特别是不能使它们有累积效应。

3）数学处理阶段

根据零件图及确定的加工路线和加工用量，计算出数控机床所需的输入数据。数值计算主要内容如下。

（1）基点和节点计算

① 基点的定义

一个零件轮廓曲线可能由许多不同的几何元素所组成，如直线、圆弧、二次曲线等。各几何元素之间的连接点称为基点，如两直线的交点、直线与圆弧的交点或切点、圆弧与二次曲线的交点或切点等。

【工程实例 2-1】 ▎**基点的求法**

现以图 2-9 所示的零件为例，说明平面轮廓加工中只有直线和圆弧两种几何元素的数值计算方法。该零件轮廓由四段直线和一段圆弧组成，其中 A、B、C、D、E 即为基点。基点 A、B、D、E 的坐标值从图样尺寸可以很容易找出。C 点是过 B 点的直线与中心为 O_2、半径为 30 mm 的圆弧的切点。这个尺寸，图样上并未标注，所以要用解联立方程的方法来找出切点 C 的坐标。

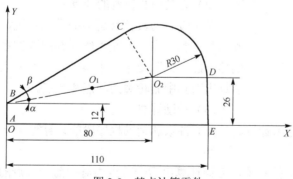

图 2-9　基点计算零件

求 C 点的坐标可以用下述方法：求出直线 BC 的方程，然后与以 O_2 为圆心的圆的方程联立求解。为了计算方便可将坐标原点选在 B 点上。

由图2-9可知，以 O_2 为圆心的圆的方程为

$$(X - 80)^2 + (Y - 14)^2 = 30^2$$

其中，O_2 坐标为(80，14)，可从图上尺寸直接计算出来。

过 B 点的直线方程为 $Y = kX$。从图2-9上可以看出 $k = (\alpha + \beta)$。这两个角的正切值从已知尺寸可以很容易求出 k，然后将两方程联立求解，即

$$k = \tan(\alpha + \beta)$$

$$= \frac{\tan\alpha + \tan\beta}{1 - \tan\alpha \times \tan\beta}$$

$$\approx 0.6153$$

联立方程组

$$\begin{cases} (X-80)^2 + (Y-14)^2 = 30^2 \\ Y = 0.6153X \end{cases}$$

解得

$$X = 64.2786，Y = 39.5507$$

则 C(64.2786，51.5507)。

在计算时，要注意将小数点以后的位数留够。

对这个 C 点也可以用另一种求法。如果以 BO_2 连线中点为圆心 O_1，以 O_1O_2 距离为半径画一个圆。这个圆与以 O_2 为圆心的圆相交于 C 点和另一对称点 C'。将这两个圆的方程联立求解也可以求得 C 点的坐标。

② 节点的定义

节点是在满足容差要求条件下当用若干插补线段（如直线段或圆弧段等）去逼近实际轮廓

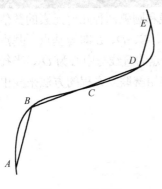

图 2-10　节点图

曲线时，相邻两插补线段的交点。节点的计算比较复杂，方法也很多，是手工编程的难点。当有条件时，应尽可能借助计算机来完成，以减小计算误差并减小编程人员的工作量。显然，由直线组成的零件轮廓其基点也就是节点。当图2-10中的曲线用直线逼近时，其交点 A、B、C、D、E 等即为节点。

（2）刀具中心轨迹的计算

对于没有刀具偏移运动的数控系统，应计算出刀具中心轨迹的基点和节点。而在直线插补的数控系统中，虽然具有刀具偏移功能，但除要求算出零件轮廓的基点和节点外，往往还要求算出刀具中心轮廓的基点和节点。

（3）辅助计算

辅助计算包括增量值计算、计算脉冲数和辅助程序段的计算等。

① 增量值计算

对于增量坐标的数控系统，应该计算出后一节点相对于前一节点的增量值。对于绝对坐标的数控系统，无须计算增量。

② 计算脉冲数

数值计算是以毫米（mm）为单位进行的，而数控系统要求输入脉冲数，故应将计算数值换算为脉冲数。

③ 辅助程序的数值计算

由对刀点到切入点的程序，由切削完了返回到对刀点的程序都是辅助程序。在数值计算中，也应算出辅助程序所需的数据。

4）编写程序单

根据计算出的数值和已确定的运动顺序、刀号、切削参数及辅助动作，按照数控装置规定使用的功能指令代码及程序段格式，逐段编写加工程序单。在程序段之前加上程序的顺序号，在其后加上程序段结束符号。

5）制作控制介质

程序单编写完之后，还必须将其内容记录在控制介质上，作为数控机床的输入信息。控制介质多为穿孔带，也可以是磁带。对于有的数控机床，还可以将程序单的内容直接用数控装置的键盘输入存储。

6）程序校验和首件试切

程序单和程序介质制备完毕后必须经过校验和试切才能正式输入使用。一般方法是将控制介质上的内容直接输入到 CNC 装置进行机床的空运转检查。在具有 CRT 屏幕图形显示的数控机床上，可用图形模拟刀具相对于工件的运动。但这些方法只能检查运动是否正确，不能检查由于刀具调整不当或编程计算不准而造成的工件误差的大小。因此，还必须用首件试切的方法进行实际切削检查。它不仅可检查出程序单和控制介质的错误，还可知道加工精度是否符合要求。当发现尺寸有误差时，应分析错误的性质，或者修改程序单，或者进行尺寸补偿。

2.2.5　数控加工程序编制方法

为了使数控机床能根据零件加工的要求进行动作，必须将这些要求以数控系统能识别的指令形式告知数控系统。这种数控系统可以识别的指令称为程序，制作程序的过程称为编程。

数控机床常见的编程方法有手工编程和自动编程两种。

1．手工编程（Manual Programming）

所谓手工编程，是指编制加工程序的全过程，即从图样分析、坐标计算、编制程序单、输入程序直至程序的校验等全部工作都通过人工完成。

手工编程的优点是不需要专门的编程设备，只要有合格的编程人员即可完成。同时，它从客观上要求编程人员熟悉工艺、了解机床、掌握编程知识，因此有利于人员素质的提高。其缺点是效率较低，特别是对于轮廓复杂的工件，计算十分困难、费时。因此，手工编程较适合于零件加工批量大、轮廓较简单的场合。

2．自动编程（Automatic Programming）

所谓自动编程，是指程序编制大部分或全过程都是由计算机完成的，即由计算机自动地进行坐标计算、编制程序清单、输入程序的过程。

自动编程的优点是效率高，程序正确性好。自动编程由计算机代替人完成了复杂的坐标计算和书写程序单的工作，它可以解决许多手工编程无法完成的复杂零件编程的难题。其缺点是必须具备自动编程系统或编程软件，因此较适合于形状复杂零件的加工程序编制，如模具加工、多轴联动加工等场合。

实现自动编程的方法主要有语言式自动编程和图形交互式自动编程两种。前者是通过高级语言的形式，表示出全部加工内容，计算机采用批处理方式，一次性处理、输出加工程序；后者是采用人机对话的处理方式，利用 CAD/CAM 功能生成加工程序。

根据零件图样，按已经确定的加工路线和允许的编程误差，计算数控系统所需输入的数据，称为数值计算。数值计算是程序编制工作中的重要组成部分，对那些比较复杂的零件来说更是这样。

程序编制中数学处理的任务是根据零件图纸和加工路线计算出机床控制装置所需输入数据，也就是进行机床各坐标轴位移数据的计算和插补计算。在编制点位加工程序时，往往不需要数值计算。当形状较简单（由直线、圆弧构成轮廓零件，若控制系统具有直线、圆弧插补功能和刀具补偿功能，则数学处理也比较简单）时，只需算出零件轮廓上相连几何元素的交点或切点的坐标值。当零件形状比较复杂或零件形状与机床控制装置的插补功能不一致时，就需要进行比较复杂的计算。在用直线逼近曲线（APT 自动编程语言系统中，也采用直线逼近曲线的原则）时，用一段一段的直线来逼近曲线，此时数学处理的任务是计算出各分隔点的坐标值，并使逼近误差小于允许值。

对于飞机、舰船、航天器等上面的许多零件轮廓并不是用数学方程式描述的，而是用一组离散的坐标点描述的。编程时，首先需要决定这些离散点（Discrete Point）之间轨迹变化的规律。现在经常使用样条（Spline）插值函数达到这一目的，但用样条拟合的轮廓曲线仍然是任意曲线，而一般控制系统只有直线、圆弧插补功能，于是还需要将样条曲线进一步处理成直线信息或圆弧信息，以便作为机床控制装置的输入。关于曲面的数学处理，尤其是用离散点描述的曲面处理就更为复杂。

2.3.1　二维轮廓零件的数学处理

所谓二维轮廓通常是指垂直于刀轴平面上的曲线轮廓，又称为平面轮廓，其编程方法分为按零件轮廓编程和按刀具中心编程。相应的数学处理就是求出零件轮廓或刀具中心轨迹的基点和节点。

基点的计算可以用平面几何、解析几何、矢量代数等方法求解，也可以利用计算机辅助求解。下面介绍用直线逼近零件轮廓曲线的节点计算。常用的计算方法有等间距法、等弦长法、等误差法和曲线的插值拟合。

1. 用直线逼近零件轮廓曲线的节点计算

1）等间距直线逼近法

等间距直线逼近法就是将某一坐标轴划分成相等的间距。如图 2-11 所示，沿 X 轴方向取 ΔX 为等间距长，根据已知曲线的方程 $Y = f(X)$，可由 X_i 求得 Y_i，$X_{i+1} = X_i + \Delta X$，$Y_{i+1} = f(X_i + \Delta X)$。如此求得的一系列点就是节点。将相邻节点连成直线，用这些直线段组成的折线代替原来的轮廓曲线。坐标增量 ΔX 取得越小则逼近误差越小，这使得节点增多，程序段也增多，编程费用高，但等间距直线逼近法计算较简单。

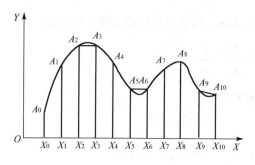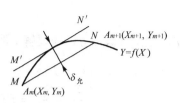

图 2-11　等间距直线逼近法图

有一曲线 $Y=f(X)$，先把 X 坐标等分，得到一系列 $X_0 \sim X_{10}$ 的值，然后根据曲线方程，计算一系列的 Y 的值。其检验计算如下：

MN 的方程为

$$AX + BY + C = 0$$

则 $M'N'$ 的方程为

$$AX + BY = C \pm \delta\sqrt{A^2 + B^2}$$

求解联立方程

$$\begin{cases} AX + BY = C \pm \delta\sqrt{A^2 + B^2} \\ Y = f(X) \end{cases}$$

$M'N'$是与 MN 平行且与曲线相切的直线，两条直线的间距为 $\delta_允$。由上式可求得 δ，要求 $\delta \leqslant \delta_允$（$\delta_允$ 为编程误差）。

将 $M'N'$ 的方程与曲线方程 $Y=f(X)$ 求解。如果无解，即没有交点，表示逼近误差小于 $\delta_允$；如果只有一个解，即等距线与轮廓曲线相切，表示逼近误差等于 $\delta_允$；如果有两个或两个以上的解，表示逼近误差大于 $\delta_允$，这时应缩小等间距坐标的增量值，重新计算节点和验算逼近误差，直至最大的逼近误差小于等于 $\delta_允$。一般 $\delta_允$ 取为零件公差的 $1/5 \sim 1/10$。

2）等弦长直线逼近法

等弦长直线逼近法就是使所有逼近直线长度相等，如图 2-12 所示。由于零件轮廓曲线 $Y=f(X)$ 的曲率各处不等，因此首先应求出该曲线的最小曲率半径 $R_{\min}$，由 $R_{\min}$ 及 $\delta_允$ 确定允许的步长 l，然后从曲线起点 a 开始，按等步长依次截取曲线，得点 b、点 c、点 d…，则 $ab = bc = \cdots = l$ 即为所求各直线段。

该法中每个逼近线段的直线长度相等。由于零件轮廓曲线各处的曲率不同，因此，各段逼近误差不相等，必须使最大误差小于 δ。一般而言，零件轮廓曲线的曲率半径最小的地方，逼近误差最大。据此，先确定曲率半径最小的位置。然后，在该处按照逼近误差小于等于 δ 的条件求出逼近直线段的长度，用此弦长分割零件的轮廓曲线，即可求出各节点的坐标。

在图2-12中，已知零件轮廓曲线的方程为 $F=f(X)$，则

（1）以起点 a 为圆心、允许误差 $\Delta_插$ 为半径画圆，其圆方程为

$$\Delta_插 = (X - X_a)^2 + (Y - Y_a)^2$$

式中，X_a、Y_a 为已知的 a 点坐标值。

（2）作 $\Delta_{插}$ 圆与曲线 $F=f(X)$ 的公切线 MN，则可求公切线 MN 的斜率 K，即

$$K=\frac{Y_N-Y_M}{X_N-X_M}$$

为求出 Y_N、Y_M、X_N、X_M，需要解下面的方程：

$$\begin{cases} Y_N=f(X_N) & （曲线方程）\\[4pt] \dfrac{Y_N-Y_M}{X_N-X_M}=f'(X_N) & （曲线线切线方程）\\[4pt] Y_M=f(X_M) & （允差圆方程）\\[4pt] \dfrac{Y_N-Y_M}{X_N-X_M}=f'(X_M) & （允差圆切线方程）\end{cases}$$

式中，允差圆即 $\Delta_{插}$ 圆，$Y=f(X)$ 表示 $\Delta_{插}$ 圆的方程。

（3）过 a 点画斜率为 K 的直线，则得到直线插补段 ab，其方程为

$$Y-Y_a=K(X-X_a)$$

（4）求直线插补节点 b 的坐标。

联立方程组

$$\begin{cases} Y=f(X) & （曲线方程）\\[4pt] Y=K(X-X_a)+Y_a & （直线插补段方程）\end{cases}$$

求得交点 $b(X_b,Y_b)$ 的坐标值，以最小曲率半径处的加工精度确定弦长。

3）等误差法

等误差法是使逼近线段的误差相等，且等于 $\delta_允$，所以此法比上面两种方法合理，特别适合曲率变化较大的复杂曲线轮廓，如图2-13所示。下面介绍用等误差法计算节点坐标的方法，设零件轮廓曲线的数学方程为 $Y=f(X)$。

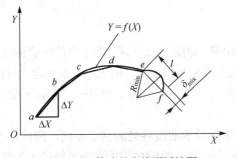

图 2-12　等弦长直线逼近法图

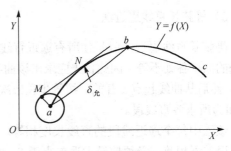

图 2-13　等误差法图

（1）以起点 $a(X_a,Y_a)$ 为圆心，以 $\delta_允$ 为半径画圆，其圆方程为

$$\delta_允^2=(X-X_a)^2+(Y-Y_a)^2 \tag{2-1}$$

式中，X_a、Y_a 为已知的 a 点坐标值。

（2）作 $\delta_允$ 圆与曲线 $Y=f(X)$ 的公切线 MN，则可求公切线 MN 的斜率 K，即

$$K=\frac{Y_N-Y_M}{X_N-X_M}$$

为求 Y_N、Y_M、X_N、X_M，需解下面的方程组：

$$\begin{cases} Y_N = f(X_N) & （曲线方程） \\ \dfrac{Y_N - Y_M}{X_N - N_M} = f'(X_N) & （曲线切线方程） \\ Y_M = F(X_M) & （允差圆方程） \\ \dfrac{Y_N - Y_M}{X_N - X_M} = F'(X_M) & （允差圆切线方程） \end{cases}$$

式中，允差圆即 $\delta_允$ 圆，$Y = F(X)$ 表示 $\delta_允$ 圆的方程。

（3）过 a 点作斜率为 K 的直线，则得到直线插补段 ab，其方程式为

$$Y - Y_a = K(X - X_a)$$

（4）求直线插补节点 b 的坐标。

联立方程组

$$\begin{cases} Y = f(X) & （曲线方程） \\ Y = K(X - X_a) + Y_a & （直线插补段方程） \end{cases}$$

求的交点 $b(X_b, Y_b)$ 的坐标值，即为第一个直线插补节点。

（5）按以上步骤顺次求得 $c, d, \cdots$ 各节点坐标。

用等误差法，虽然计算较复杂，但可在保证 $\delta_允$ 的条件下得到最少的程序段数目。此种方法的不足之处是，直线插补段的连接处不光滑，但使用圆弧插补段逼近，可以避免这一缺点。

2. 用圆弧逼近零件轮廓曲线的节点计算

用圆弧逼近非圆曲线，目前常用的算法有曲率圆法、三点圆法和相切圆法等。

1）曲率圆法圆弧逼近的节点计算

（1）基本原理

曲率圆法是用彼此相交的圆弧逼近非圆曲线。已知轮廓曲线 $Y = f(X)$ 如图 2-14 所示，从曲线的起点开始，作与曲线内切的曲率圆，求出曲率圆的中心。以曲率圆中心为圆心，以曲率圆半径加（减）$\delta_允$ 为半径，所作的圆（偏差圆）与曲线 $Y = f(X)$ 的交点为下一个节点，并重新计算曲率圆中心，使曲率圆通过相邻的两节点。

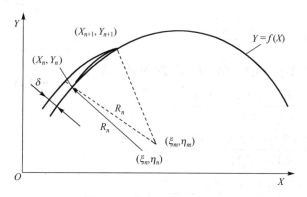

图 2-14　曲率圆法圆弧逼近

重复以上计算，即可求出所有节点坐标及圆弧的圆心坐标。

（2）计算步骤

① 以曲线起点(X_n, Y_n)开始画曲率圆，即

$$\xi_n = X_n - Y_n' \frac{1+(Y_n')^2}{Y_n''}$$

圆心为

$$\eta_n = Y_n + \frac{1+(Y_n')^2}{Y_n''}$$

半径为

$$R_n = \frac{\left[1+(Y_n')^2\right]^{3/2}}{Y_n''}$$

② 偏差圆方程与曲线方程联立求解：

$$\begin{cases} (X - \delta_n)^2 + (Y - \eta_n)^2 = (R_n \pm \delta)^2 \\ Y = f(x) \end{cases}$$

得交点(X_{n+1}, Y_{n+1})。

③ 求过(X_n, Y_n)和(X_{n+1}, Y_{n+1})两点，半径为R_n的圆的圆心为

$$\begin{cases} (X - X_n)^2 + (Y - Y_n)^2 = R_n^2 \\ (X - X_{n+1})^2 + (Y - Y_{n+1})^2 = R_n^2 \end{cases}$$

得交点(ξ_m, η_m)，该圆即为逼近圆。

2）三点圆法圆弧逼近的节点计算

三点圆法是在等误差直线段逼近求出各节点的基础上，通过连续三点画圆弧，并求出圆心点坐标和圆的半径。如图2-15所示，首先从曲线起点开始，通过P_1、P_2、P_3三点作圆。

圆方程的一般表达形式为

$$X^2 + Y^2 + DX + EY + F = 0$$

其圆心坐标为

$$X_0 = -\frac{D}{2}, \quad Y_0 = -\frac{E}{2}$$

半径为

$$R = \frac{\sqrt{D^2 + E^2 - 4F}}{2}$$

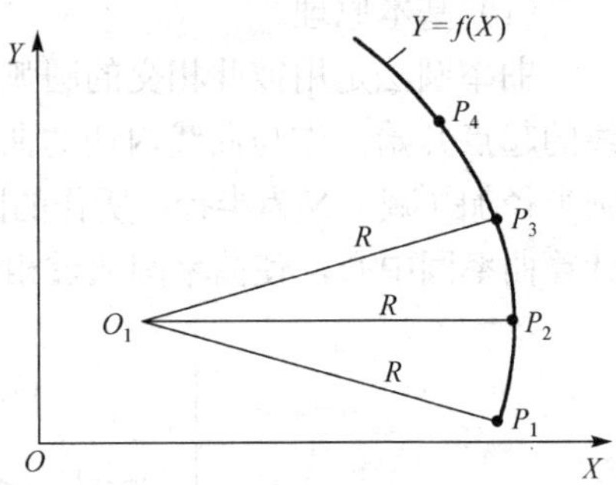

通过已知点$P_1(X_1, Y_1)$、$P_2(X_2, Y_2)$、$P_3(X_3, Y_3)$的圆，其

图 2-15 三点圆弧段逼近

$$D = \frac{Y_1(X_3^2 + Y_3^2) - Y_3(X_1^2 + Y_1^2)}{X_1 Y_2 - X_3 Y_2}$$

$$E = \frac{X_3(X_2^2 + Y_2^2) - X_1(X_2^2 + Y_2^2)}{X_1 Y_2 - X_3 Y_2}$$

$$F = \frac{Y_3 X_2(X_1^2 + Y_1^2) - Y_1 X_2(X_3^2 + Y_3^2)}{X_1 Y_2 - X_3 Y_2}$$

为了减少圆弧段的数目，应使圆弧段逼近误差$\delta = \delta_允$，为此应进一步计算。设已求出连续

三个节点 P_1、P_2、P_3 处曲线的曲率半径分别为 R_{P1}、R_{P2}、R_{P3}，通过 P_1、P_2、P_3 三点的圆的半径为 R，取 $R_P = \dfrac{R_{P1} + R_{P2} + R_{P3}}{3}$，按 $\delta = \dfrac{R\delta_允}{|R - R_P|}$ 算出 δ，按 δ 进行一次等误差直线段逼近，重新求得 P_1、P_2、P_3 三点，用此三点画一圆弧，该圆弧即为满足 $\delta = \delta_允$ 条件的圆弧。

3）相切圆法圆弧逼近的节点计算

（1）基本原理

如图 2-16 所示粗线表示工件廓形曲线，在曲线的一个计算单元上任选四个点 A、B、C、D，其中 A 点为给定的起点。AD 段（一个计算单元）曲线用两相切圆弧 M 和 N 逼近。具体来说，点 A 和点 B 的法线交于 M，点 C 和点 D 的法线交于 N，以点 M 和点 N 为圆心，以 MA 和 ND 为半径作两圆弧，则 M 和 N 圆弧相切于 MN 的延长线上 G 点。

曲线与 M、N 圆的最大误差分别发生在 B、C 两点，应满足的条件如下：

两圆相切 G 点，则

$$|R_M - R_N| = \overline{MN} \tag{2-2}$$

满足 $\delta_允$ 要求为

$$\begin{cases} |AM - BM| \leqslant \delta_允 \\ |DN - CN| \leqslant \delta_允 \end{cases} \tag{2-3}$$

（2）计算方法

求圆心坐标的公式。点 A 和点 B 处曲线的法线方程式为

$$\begin{cases} (X - X_A) - K_A(Y - Y_A) = 0 \\ (X - X_B) - K_B(Y - Y_B) = 0 \end{cases}$$

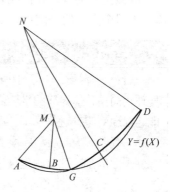

图 2-16　用相切圆弧逼近轮廓线

式中，K_A 和 K_B 为曲线在点 A 和点 B 处的斜率，$K = \mathrm{d}Y/\mathrm{d}X$。

解式(2-2)和式(2-3)，得两法线交点 M（圆心）的坐标为

$$\begin{cases} X_M = \dfrac{K_A X_B - K_B X_A + K_A K_B(Y_A - Y_B)}{K_A - K_B} \\[3mm] Y_M = \dfrac{(X_B - X_A) + (K_A Y_A - K_B Y_B)}{K_A - K_B} \end{cases} \tag{2-4}$$

同理，可通过 C、D 两点的法线方程求出 N（圆心）点坐标为

$$\begin{cases} X_N = \dfrac{K_C X_D - K_D X_C + K_C K_D(Y_C - Y_D)}{K_C - K_D} \\[3mm] Y_N = \dfrac{(X_D - X_C) + (K_C Y_C - K_D Y_D)}{K_C - K_D} \end{cases} \tag{2-5}$$

求 B、C、D 三点坐标。根据式(2-2)和式(2-3)，得

$$\begin{aligned} &\sqrt{(X_A - X_M)^2 + (Y_A - Y_M)^2} + \sqrt{(X_M - X_N)^2 + (Y_M - Y_N)^2} \\ &= \sqrt{(X_D - X_N)^2 + (Y_D - Y_N)^2} \end{aligned} \tag{2-6}$$

$$\begin{cases} \left| \sqrt{(X_A - X_M)^2 + (Y_A - Y_M)^2} - \sqrt{(X_B - X_M)^2 + (Y_B - Y_M)^2} \right| = \delta_允 \\ \left| \sqrt{(X_D - X_N)^2 + (Y_D - Y_N)^2} - \sqrt{(X_C - X_N)^2 + (Y_C - Y_N)^2} \right| = \delta_允 \end{cases} \quad (2\text{-}7)$$

式中，A、B、C、D 的 Y 坐标值分别由以下公式求出：

$$\begin{cases} Y_A = f(X_A),\ Y_B = f(X_B) \\ Y_C = f(X_A),\ Y_D = f(X_D) \end{cases}$$

再代入式(2-6)和式(2-7)，用迭代法可求出 B、C、D 的坐标值。

（3）求圆心 M、N 坐标值和 R_M、R_N 值

将 B、C、D 坐标值代入式(2-4)和式(2-5)即可求出圆心 M 和 N 的坐标值，并由此求出 R_M 和 R_N 值。

应该指出的是，在曲线有拐点和凸点时，应将拐点和凸点作为一个计算单元（每一计算单元为四个点）的分割点。

经验总结【2-2】　非圆曲线轮廓零件的数值计算过程的一般步骤

（1）选择插补方式，即采用直线还是圆弧逼近非圆曲线。如果采用直线段逼近，一般数学处理较简单，但计算的坐标数据较多，且各直线段间连接处存在尖角。由于在尖角处，刀具不能连续地对零件进行切削，零件表面会出现硬点或切痕，使加工质量变差。采用圆弧段逼近的方式，可以大大减少程序段的数目，同时若采用彼此相切的圆弧段来逼近非圆曲线，可以提高零件表面的加工质量，但采用圆弧段逼近，其数学处理过程比直线段逼近要复杂。

（2）确定编程允许误差，即使 $\delta \leq \delta_允$。

（3）选择数学模型，确定计算方法。目前生产中采用的算法比较多，在决定采用什么算法时，主要考虑的因素有两条：一是尽可能按等误差的条件，确定节点坐标，以便最大程度地减少程序段的数目；二是尽可能寻找一种简便的计算方法，以便于计算机程序的编写，及时得到节点坐标数据。

（4）根据算法，画出计算机处理的流程图。

（5）用高级语言编写程序，上机调试，并获得节点坐标数据。

3．列表曲线的插值拟合

上述的非圆曲线，其曲线方程是已知的。还有一类在数控机床上加工的零件，它们的轮廓是用一些实验或经验的数据点表示的，没有表达轮廓形状的曲线方程，如果这些数据点给的比较密集，则可以用这些点作为节点，用直线或圆弧连接起来逼近轮廓形状。但大部分零件给出的是很少几个点，为保证精度，这时要用插值的方法将型值点加密，或求出拟合曲线，然后再进行逼近。

数控编程中，常用以下拟合方法。

1）牛顿插值法

为避免高次方程计算复杂，又要顾及拟合精度，一般用相邻三个列表点（即型值点）建立二次抛物线方程，再按方程进行插值，加密节点。此法计算简单，插值加密，但相邻抛物线连接处的一阶导数往往不连续，求出的曲线整体上不光滑，现在已很少采用这种方法。

2）三次样条曲线拟合

样条是指用模拟弹性梁弯曲变形的方法模拟出的曲线方程，如图2-17所示。所拟合的曲线都通过给定的列表点（图中的支点），而且具有连续的曲率。在相邻三个列表点间建立的样条函数称为二次样条，在四点间建立的样条函数称为三次样条。四次样条是较难求解的，有了样条函数，即可进行第二次拟合（插值加密）。

三次样条函数的一阶和二阶导数都连续，故拟合效果好，整体光滑，应用较广。但其拟合曲线随其坐标的改变而变化，其图形不具有几何不变性；而当处理大挠度时，可能产生较大的误差，甚至会出现多余的拐点。

近年来，应用参数样条避免了三次样条的缺点。它的曲线形状与坐标系无关，而且处理大挠度时误差较小，如图2-18所示。

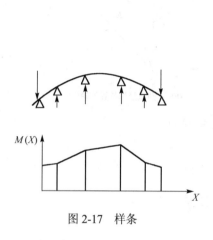

图 2-17　样条

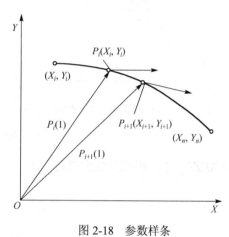

图 2-18　参数样条

3）圆弧样条拟合

圆弧样条是一种较简单的曲线拟合方法，它用若干个圆弧相切的线段组成的曲线来代替三次样条曲线。如图2-19(a)所示，P_1，P_2，…为给定的列表点，过每一个点画一段圆弧，并使相邻圆弧在相邻节点的垂直平分线上相切。取其一部分如图2-19所示，过 P_i 和 P_{i+1} 两个相邻的列表点分别画圆，在垂直平分线上的点 T 相交并相切。编程时，就按这两个圆（圆心、曲率半径、节点 T）编制两个圆弧程序。整个曲线的程序段数与列表点数相等。

圆弧样条曲线在总体上是一阶导数连续，分段为等曲率的圆弧，并直接按该分段的圆弧编程，将三次样条的两次拟合为一次，所以计算简单，程序段数少，也没有尖角过渡的处理问题，而且拟合精度也可满足一般的数控加工，在我国广为应用。但当型值点为曲线上的拐点时，此法拟合效果不好。

4）双圆弧样条拟合

与上述圆弧样条类似。如图2-19所示，设有 P_n 个列表点，在两列表点之间用两个在 T 点相切的圆弧拟合。这样由 $2(n-1)$ 段圆弧描述的曲线，在总体上一阶导数连续。由于在两点之间有两个圆弧，当型值点处有拐点的曲线也能拟合，图右上无拐点的情况和右下有拐点的情况可用凸圆和凹圆拟合。

采用双圆弧法逼近非圆曲线，双圆弧中各几何元素间的关系是在局部坐标系下计算完成的。如图2-19(b)所示，取相邻节点连线为局部坐标系的 U_i 轴，U_i 轴的垂线为 V_i 轴。过 P_i 的

圆弧切线与 P_iP_{i+1} 的夹角为 θ_i，过 P_{i+1} 的圆弧切线与 P_iP_{i+1} 的夹角为 θ_{i+1}。用 L_i 表示 P_i 与 P_{i+1} 两点之间的距离，则

$$L_i = \sqrt{(X_{i+1} - X_i)^2 + (Y_{i+1} - Y_i)^2}$$

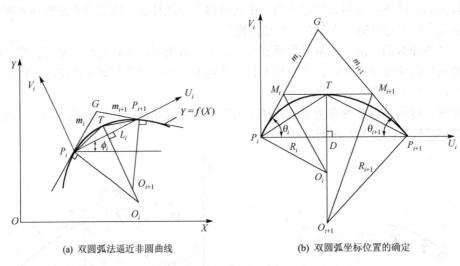

(a) 双圆弧法逼近非圆曲线　　　　　(b) 双圆弧坐标位置的确定

图 2-19　双圆弧法逼近非圆曲线

在 $\Delta P_i T P_{i+1}$ 中，根据正弦定理得

$$\overline{P_iT} = \frac{\sin\dfrac{\theta_{i+1}}{2}}{\sin\dfrac{\theta_i + \theta_{i+1}}{2}} \overline{P_{i+1}T}$$

可求得切点坐标为

$$U_T = \overline{P_iD} = \overline{P_iT}\cos\theta_i/2$$

$$V_T = \overline{DT} = \overline{P_iT}\sin\theta_i/2$$

圆心 O_i、O_{i+1} 的坐标分别为

$$Uo_i = U_T$$

$$Vo_i = \overline{DO_i} = \overline{P_iD}/\tan\theta_i$$

$$Uo_{i+1} = U_T$$

$$Vo_{i+1} = \overline{DO_{i+1}} = (L_i - \overline{P_iD})/\tan\theta_{i+1}$$

设两圆弧的半径分别为 R_i、R_{i+1}，则

$$R_i = \overline{DT} + \overline{DQ_i} = V_T + Vo_i, \quad R_{i+1} = \overline{DT} + \overline{DQ_{i+1}} = V_T + Vo_{i+1}$$

局部坐标系中的坐标求得后，还要换算成整体坐标系下的坐标，换算关系为

$$Vo_i = \overline{DO_i} = \overline{P_iD}/\tan\theta_i$$

$$Vo_i = \overline{DO_i} = \overline{P_iD} / \tan\theta_i$$

圆心坐标按同样的方法转换。

　　圆弧样条与双圆弧样条相比，二者都是一次逼近法，都用圆弧程序加工，曲线总体上为一阶光滑。不同点是，前者的程序只有后者的一半，但后者的拟合精度和光滑性比前者高，当曲线存在拐点时，后者较易处理。这两者拟合的方法都较为广泛。

2.3.2　空间曲线的数学处理

　　零件轮廓曲线用 $Y = f(X)$ 表示，并使圆弧逼近误差小于或等于 $\delta_允$。常采用彼此相交圆弧法和相切圆弧法。前者有回弧分割法、三点作圆法等。后者的特点是相邻各圆弧段彼此相切，逼近误差小于或等于 $\delta_允$。下面介绍如何用相切圆弧逼近法计算圆弧的半径和圆心的值。

　　三维解析曲面的基本元素有平面、圆柱面、圆锥面、球面和直纹鞍形面等。一般采用球头铣刀，以行切法进行加工，只要使球刀球心位于所加工曲面的等距面上，不论刀具路线如何安排，均能铣出所要求的几何形状。铣刀的有效刀刃角的范围大，可达 $180°$，因此可切削很陡的曲面，但切速随切削点变化而变化，且球刀端点的切速为零。有时也可用圆弧盘铣刀加工。此类加工的数学处理要把曲面方程转化成 $Z = f(X, Y)$ 的形式，划分切道，再进行刀具中心轨迹计算。

　　三坐标加工时，球刀或圆盘铣刀与被加工曲面的切线为一平面曲线，而刀具中心轨迹为一条空间曲线，一般应采用三坐标联动加工。当刀具中心轨迹为平面曲线时，可采用二维半坐标加工。

　　凸形曲面可用球刀在三坐标数控机床上用行切法加工，但表面不平度较大，增加加工截面数目，虽可提高表面光洁度，但生产率低。用端铣刀采用四坐标或五坐标加工时，可提高加工质量和生产率。

　　对某些凹形曲面，当用行切法三坐标加工时会产生干涉，而在五坐标数控机床上采用球头刀加工的效果会很好。

　　某些零件的表面廓形，如机翼外形、发动机叶片等，很难用一般的数学方程式描述，只能用离散的型值点来描述，这些型值点往往是通过试验或复杂的空气动力学运算求出的，用表格的形式表示出来，这种曲线称为列表曲线或自由曲线。只能用离散的三维型值点来描述的曲面称为列表曲面或自由曲面。对列表曲线和列表曲面首先要进行拟合，建立曲线和曲面的数学模型，然后再进行刀具中心轨迹计算。

　　（1）对于二维列表曲线，可采用二次拟合和一次拟合两种方法。所谓二次拟合是先将列表曲线拟合成分段的三次参数样条函数，然后再用直线或圆弧对三次参数样条进行逼近，以便进行数控加工编程，能满足曲线的一阶和二阶导数都连续的条件。所谓一次拟合是在两型值点间用单圆弧或双圆弧进行拟合，然后直接针对圆弧进行编程，计算方法比较简单，可减小二次拟合误差，但只能保证曲线的一阶导数连续。无论采用何种拟合方法，计算方法都比较复杂，必须在计算机上完成。

　　（2）对于三维列表曲面，为了建立曲面的数学模型，首先要在零件模型或实物表面上画出横向和纵向两组特征线，这两组线在零件表面上构成网格，这些网格定义了许多小的曲面片，每一块曲面片一般以四条光滑连续的曲线作为边界，然后相对于某一基准面测定这些网格顶点（交点或角点）的坐标值。这样，便可根据这些角点的坐标，对两组曲线和被曲线划分成网格的每块曲面片进行严格的数学描述求出曲面的数学模型，这就是所谓的曲面拟合。对曲线组和曲面片进行数学描述的方法很多，有双三次参数样条曲面、孔斯（Coons）曲面、弗格森（Ferguson）曲面、贝塞尔（Bezier）曲面、B样条曲面等，对此可参阅有关文献。根据曲面的数学模型，可计算刀具轨迹并生成加工程序，一般使用球形铣刀、采用曲面参数线行切加工法或截面行切法等，采用三坐标、四坐标或五坐标联动进行加工。许多 CAM 或 CAD/CAM 系统都具有处理自由曲线和自由曲面的功能，能自动生成数控程序。

2.4 手工编程

2.4.1 工艺规划

1. 数控加工工艺的基本特点和主要内容

数控编程人员首先是一个很好的工艺人员，在编程前要对所加工的零件进行工艺分析，拟订加工方案，选择合适的刀具，确定切削用量。在编程中，对一些工艺问题（如对刀点、加工路线等）也要做一些处理。

1）数控加工工艺的基本特点

在普通机床上加工零件时，是用工艺规程或工艺卡片来规定每道工序的操作程序，操作者按工艺卡片上规定的"程序"加工零件。而在数控机床上加工零件时，要把被加工的全部工艺过程、工艺参数和位移数据编制成程序，并以数字信息的形式记录在控制介质（如穿孔纸带、磁盘等）上，用它来控制机床加工。由此可见，数控机床加工工艺与普通机床加工工艺在原则上基本相同，但数控加工的整个过程是自动进行的，因而又有其特点。

（1）数控加工的工序内容比普通机床的工序加工内容复杂。由于数控机床比普通机床价格贵，若只加工简单工序在经济上不合算，所以在数控机床上通常安排较复杂的工序，甚至在普通机床上难以加工的工序。

（2）数控机床加工程序的编制比普通机床工艺规程的编制复杂。这是因为在普通机床的加工工艺中不必考虑的问题，如工序内工步的安排、对刀点、换刀点及走刀路线的确定等问题，在编制数控机床加工工艺时不能忽略。

2）主要内容

实践证明，数控加工工艺主要包括以下几方面。

（1）选择适合在数控机床上加工的零件，确定工序内容。

（2）分析被加工零件图样，明确加工内容及技术要求，在此基础上确定零件的加工方案，制订数控加工工艺路线，如工序的划分、加工顺序的安排与传统加工工序的衔接等。

（3）设计数控加工工序，如工步的划分、零件的定位与夹具的选择、刀具的选择、切削用量的确定等。

（4）调整数控加工工序的程序，如对刀点、换刀点的选择，加工路线的确定，刀具的补偿。

（5）分配数控加工的允差。

（6）处理数控机床上部分工艺指令。

2．机床的合理选用

在数控机床上加工零件时一般有两种情况：一是有零件图样和毛坯，要选择适合该零件的数控机床；二是已经有了数控机床，要选择适合在该机床上加工的零件。无论哪种情况，考虑的因素有：毛坯的材料和类型、零件轮廓形状复杂程度、尺寸大小、加工精度、零件数量、热处理要求等。概括起来有三点：① 要保证加工零件的技术要求，加工出合格的产品；② 要有利于提高生产率；③ 尽可能降低生产成本（加工费用）。

经验总结【2-3】　数控机床适合加工的零件

（1）数控机床最适合加工轮廓形状复杂、对加工精度要求较高的零件；
（2）多品种、小批量生产的零件或新产品试制中的零件。

3．工序与工步的划分

1）工序的划分

在数控机床上加工零件，工序可以比较集中，在一次装夹中尽可能完成大部分或全部工序。一般工序划分有以下三种方式。

（1）按零件装卡定位方式划分工序

由于每个零件结构形状不同，各加工表面的技术要求也有所不同，故加工时，其定位方式各有差异。一般加工外形时，以内形定位；加工内形时，又以外形定位。因而，可根据定位方式的不同来划分工序。

如图2-20所示的片状凸轮，按定位方式可分为两道工序，第一道工序可在普通机床上进行。以外圆表面和 B 平面定位加工端面 A 和 ϕ22H7 的内孔，然后再加工端面 B 和 ϕ4H7 的工艺孔；第二道工序以已加工过的两个孔和一个端面定位，在数控铣床上铣削凸轮外表面曲线。

（2）粗、精加工划分工序

当根据零件的加工精度、刚度和变形等因素来划分工序时，可按粗、精加工分开的原则来划分工序，即先粗加工再精加工。此时，可用不同的机床或不同的刀具进行加工。通常在一次安装中，不允许将零件某一部分表面加工完毕后，再加工零件的其他表面。如图 2-21 所示的零件，应先切除整个零件的大部分余量，再将其表面精车一遍，以保证加工精度和表面粗糙度的要求。

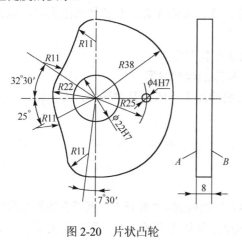

图 2-20　片状凸轮

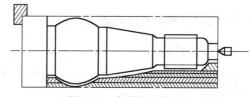

图 2-21　车削加工的零件

（3）按所用刀具划分工序

为了减少换刀次数，压缩空程时间，减小不必要的定位误差，可按刀具集中工序的方法加工零件，即在一次装夹中，尽可能用同一把刀具加工出可能加工的所有部位，然后再换另一把刀加工其他部位。在专用数控机床和加工中心中常采用这种方法。

2）工步的划分

工步的划分主要从加工精度和效率两方面考虑。在一个工序内往往需要采用不同的刀具和切削用量，对不同的表面进行加工。为了便于分析和描述较复杂的工序，在工序内又细分为工步。下面以加工中心为例来说明工步划分的原则。

（1）同一表面按粗加工、半精加工、精加工依次完成，或全部加工表面按先粗后精加工分开进行。

（2）对于既有铣面又有镗孔的零件，可先铣面后镗孔，使其有一段时间恢复，可减小由变形引起的对孔的精度的影响。

（3）按刀具划分工步。某些机床工作台回转时间比换刀时间短，可采用按刀具划分工步，以减少换刀次数，提高加工生产率。

总之，工序与工步的划分要根据具体零件的结构特点、技术要求等情况综合考虑。

4．确定零件的安装方法和选择夹具

1）零件的安装方法

在数控机床上加工零件时，定位安装的基本原则是合理选择定位基准和夹紧方案。在选择时应注意以下三点：

（1）力求设计、工艺和编程计算的基准统一。

（2）尽量减少装夹次数，尽可能在一次定位装夹后，加工出全部待加工表面。

（3）避免采用占机人工调整式加工方案，以充分发挥数控机床的效能。

2）数控加工对夹具的主要要求

数控加工的特点对夹具提出了两个基本要求：一是要保证夹具的坐标方向与机床的坐标方向相对固定；二是要协调零件和机床坐标系的尺寸关系。除此之外，还要考虑以下四点：

（1）当零件加工批量不大时，应尽量采用组合夹具、可调式夹具及其他通用夹具，以缩短生产准备时间、节省生产费用。

（2）在成批生产时才考虑采用专用夹具，并力求结构简单。

（3）零件的装卸要快速、方便、可靠，以缩短机床的停顿时间。

（4）夹具上各零部件应不妨碍机床对零件各表面的加工，即夹具要开敞，其定位、夹紧机构元件不能影响加工中的走刀（如产生碰撞等）。

5．对刀点和换刀点的确定

1）对刀点的定义

在编程时，应正确地选择"对刀点"和"换刀点"的位置。"对刀点"就是在数控机床上加工零件时，刀具相对于工件运动的起点。由于程序段从该点开始执行，所以对刀点又称为

"程序起点"或"起刀点"。对刀点可选在工件上，也可选在工件外面（如选在夹具上或机床上），但必须与零件的定位基准有一定的关系。如图 2-22 中的 X_0 和 Y_0，这样才能确定机床坐标系与工件坐标系的关系。

当对刀精度要求较高时，对刀点应尽量选在零件的设计基准或工艺基准上。如以孔定位的工件，可选孔的中心作为对刀点。刀具的位置则以此孔来找正，使"刀位点"与"对刀点"重合。所谓"刀位点"是指确定刀具位置的基准点，如平头立铣刀的刀位点一般为端面中心，球头铣刀的刀位点取为球心，钻头为钻尖，车刀、镗刀为刀尖。

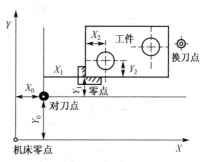

对刀点既是程序的起点又是程序的终点。因此，在成批生产中要考虑对刀点的重复精度，该精度可用对刀点相距机床原点的坐标值(X_0, Y_0)来校核，如图 2-22 所示。对刀时应使对刀点与刀位点重合。

图 2-22　对刀点和换刀点

对刀点的选择原则是：便于用数字处理和简化程序编制；在机床上找正容易，加工中便于检查；引起的加工误差小。

2）换刀点的定义

加工过程中需要换刀时，应规定换刀点。所谓"换刀点"是指刀架转位换刀时的位置。该点可以是某一固定点（如加工中心机床，其换刀机械手的位置是固定的），也可以是任意的一点（如车床）。换刀点应设在工件或夹具的外部，以刀架转位时不碰工件及其他部件为准。其设定值可用实际测量方法或计算确定，如图 2-22 所示。

6．工艺路线的确定

在数控加工中，刀具刀位点相对于工件运动的轨迹称为加工路线。编程时，加工路线的确定原则主要有以下三点：

（1）应能保证零件的加工精度和表面粗糙度的要求。

（2）应尽量缩短加工路线，缩短刀具空程移动时间。

（3）应使数值计算简单，程序段数量少，以减小编程工作量。

对点位控制的数控机床，只要求定位精度较高，定位过程尽可能得快，而刀具相对于工件的运动路线是无关紧要的，因此这类机床应按空程最短来安排走刀路线。

对于位置精度要求较高的孔系加工，特别要注意孔的加工顺序的安排。当安排不当时，就有可能将坐标轴的反向间隙代入，直接影响位置精度。如图 2-23(a) 所示，该零件上镗 6 个尺寸相同的孔，有两种加工路线。当按图 2-23(b)所示的路线加工时，由于孔 5、6 与孔 1、2、3、4 定位方向相反，Y 方向反向间隙会使定位误差增加，而影响孔 5、6 与其他孔的位置精度。

按图 2-23(c)所示路线，加工完孔 4 后往上多移动一段距离到 P 点，然后再折回来加工孔 5、6，这样方向一致，可避免反向间隙的引入，提高孔 5、6 与其他孔的位置精度。

在数控机床上车螺纹时，沿螺距方向的 Z 向进给应与机床主轴的旋转保持严格的速比关系，因此应避免在进给机构加速或减速过程中切削。为此，要有引入距离 δ_1 和超越距离 δ_2。如图 2-24 所示，δ_1 和 δ_2 的数值与机床拖动系统的动态特性有关，工件的螺距和转速有关。一般 δ_1 为 2～5 螺距，对于大螺距和高精度的螺纹，取大值；一般 δ_2 取 δ_1 的 1/4 左右。若螺纹收尾处没有退刀槽时，收尾处的形状与数控系统有关，一般按 45° 退刀收尾。

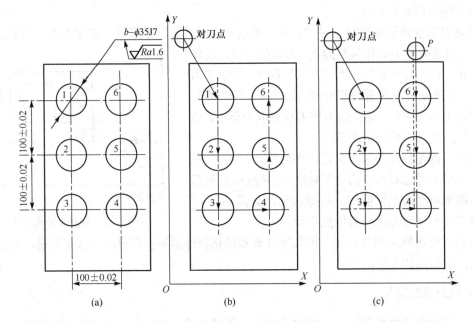

图 2-23 镗孔加工路线示意图

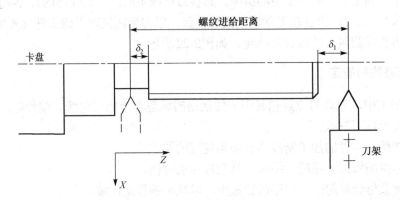

图 2-24 切削螺纹引入距离

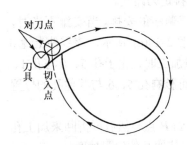

图 2-25 切入切出方式

铣削平面零件时，一般采用立铣刀侧刃进行切削。为减少接刀痕迹，保证零件表面质量，对刀具的切入和切出程序需要精心设计。如图2-25所示，当铣削外表面轮廓时，铣刀的切入和切出点应沿零件轮廓曲线的延长线上切向切入和切出零件表面，而不应沿法向直接切入零件，以避免加工表面产生划痕，保证零件轮廓光滑。

铣削内轮廓表面时，切入和切出无法外延，这时铣刀可沿零件轮廓的法线方向切入和切出，并将其切入、切出点选在零件轮廓两几何元素的交点处。图2-27所示的是加工凹槽的三种加工路线。

图2-26(a)和图2-26(b)分别为用行切法和环切法加工凹槽的走刀路线；图2-26(c)为先用行切法最后环切一刀光整轮廓表面。三种方案中，图2-26(a)方案最差，图2-26(c)图方案最好。

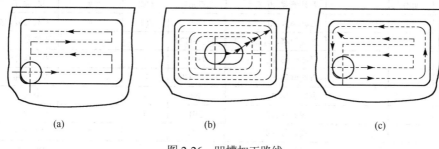

图 2-26　凹槽加工路线

在轮廓铣削过程中要避免进给停顿，否则会因铣削力的突然变化，在停顿处轮廓表面上留下刀痕。

2.4.2　常用基本编程指令及其应用

1. 准备功能 G 指令

准备功能 G 指令以地址符 G 为首；后跟两位数字（G00～G99），ISO 1056 标准对准备功能 G 指令的规定见表2-2，我国的标准为 JB 3208—1983，其规定与 ISO 1056—1975（E）等效。这些准备功能包括：坐标移动或定位方法的指定；插补方式的指定；平面的选择；螺纹、攻螺纹、固定循环等加工的指令，对主轴或进给速度的说明；刀具补偿或刀具偏置的指定等。当设计一个机床数控系统时，要在标准规定的 G 功能中选择一部分与本系统相适应的准备功能，作为硬件设计及程序编制的依据；标准中那些"不指定"的准备功能，必要时可用来规定本系统特殊的准备功能。

表 2-2　准备功能 G 代码（JB 3208—1983）

代 码	模 态	非 模 态	功 能	代 码	模 态	非 模 态	功 能
G00	a		点定位	G33	a		螺纹切削、等螺距
G01	a		直线插补	G34	a		螺纹切削、增螺距
G02	a		顺时针方向圆弧插补	G35	a		螺纹切削、减螺距
G03	a		逆时针方向圆弧插补	G36～G39	#	#	永不指定
G04		*	暂停	G40	d		刀具补偿/刀具偏置注销
G05	#	#	不指定	G41	d		刀具补偿——左
G06	a		抛物线插补	G42	d		刀具补偿——右
G07	#	#	不指定	G43	#(d)	#	刀具偏置——正
G08		*	加速	G44	#(d)	#	刀具偏置——负
G09		*	减速	G45	#(d)	#	刀具偏置+/+
G10～G16	#	#	不指定	G46	#(d)	#	刀具偏置+/-
G17	c		XY 平面选择	G47	#(d)	#	刀具偏置-/-
G18	c		ZX 平面选择	G48	#(d)	#	刀具偏置-/+
G19	c		YZ 平面选择	G49	#(d)	#	刀具偏置 0/+
G20～G32	#	#	不指定	G50	#(d)	#	刀具偏置 0/-

代码	模态	非模态	功 能	代码	模态	非模态	功 能
G51	#(d)	#	刀具偏置+/0	G68	#(d)	#	刀具偏置，内角
G52	#(d)	#	刀具偏置-/0	G69	#(d)	#	刀具偏置，外角
G53	F		直线偏移，注销	G70～G79	#	#	不指定
G54	F		直线偏移 X	G80	e		固定循环注销
G55	F		直线偏移 Y	G81～G89	E		固定循环
G56	F		直线偏移 Z	G90	J		绝对尺寸
G57	F		直线偏移 XY	G91	J		增量尺寸
G58	F		直线偏移 XZ	G92		*	预置寄存
G59	F		直线偏移 YZ	G93	K		时间倒数，进给率
G60	H		准确定位 1（精）	G94	K		每分钟进给
G61	H		准确定位 2（中）	G95	K		主轴每转进给
G62	H		快速定位（粗）	G96	I		恒线速度
G63		*	攻螺纹	G97	I		每分钟转数（主轴）
G64～G67	#	#	不指定	G98～G99	#	#	不指定

注：1. 表中凡用小写字母 a，b，c，d…指示的 G 代码为同一组代码，称为模态指令；

    2. 表中"#"代表如果选做特殊用途，必须在程序格式说明中说明；

    3. 表中第二栏括号中字母(d)可以被同栏中没有括号字母 d 所注销或代替，也可被有括号的字母(d)所注销或代替；

    4. 表中"不指定"、"永不指定"代码分别表示在将来修订标准时，可以被指定新功能和永不指定功能；

    5. 数控系统没有 G53 到 G59、G63 功能时，可以指定作为其他用途。

    G 代码有两种：一种是模态代码，这种 G 代码在同组其他 G 代码出现以前一直有效；另一种是非模态代码，这种 G 代码只在被指定的程序段才有意义。不同组的 G 代码，在同一程序段中可以指定多个。如果在同一程序段中指定了两个或两个以上的同一组 G 代码，则后指定的有效。下面对常用的 G 指令进行介绍。

    1）G00：快速点定位指令

    刀具分别按各轴的快速进给速度从刀具当前的位置移动到程序段给定的点。各坐标轴独自运动，没有关联，无运动轨迹要求。

    格式：G90（或 G91）G00 X—Y—Z—

其中，X、Y、Z 为尺寸字，在有些系统采用相对尺寸编程时，也用 U、V、W 表示。

```
G90 G00 X40 Y20
```

    刀具从当前位置快速移动到切削开始前的位置，在切削完之后，快速离开工件。一般在刀具非加工状态的快速移动时使用，该指令只是快速到位，其运动轨迹因具体的控制系统不同而异，进给速度 F 对 G00 指令无效。

    2）G01：直线插补指令

    用于产生直线和斜线运动。可使机床沿 X、Y、Z 方向执行单轴运动，或在各坐标平面内执行具有任意斜率的直线运动，也可使机床三轴联动，沿任一空间直线运动。

    格式：G90（或 G91）G01 X—Y—Z—F—

其中，用 F 指令指定进给速度，其他符号意义同上。

```
G01 X40 Y20 F100
```

3）G02，G03：圆弧插补指令

G02 为顺时针圆弧插补指令，G03 为逆时针圆弧插补指令。圆弧的顺、逆时针方向是由向垂直于运动平面的坐标轴的负方向看来决定的，如图2-27所示。

格式：（以 *XY* 平面顺圆弧插补为例）

第一种：G02 X—Y—I—J—F—

第二种：G02 X—Y—R—F—

第一种格式中，运动参数用圆弧终点坐标(X, Y)值（绝对尺寸）或圆弧终点相对于其起点的距离（X 和 Y 增量尺寸）。插补参数（I、J 或 K）为圆弧起点到圆心的坐标值，一般用增量坐标。圆心相对圆弧起点的 *X* 坐标距离为 I 值，圆心相对圆弧起点的 *Y* 坐标距离为 J 值。由于插补运动平面不同，可以分为三组：*XY* 平面，用 X、Y、I、J 地址符号；*XZ* 平面，用 X、Z、I、K 地址符号；*YZ* 平面，用 Y、Z、J、K 地址符号。编制一个整圆程序时，圆弧的终点等于圆弧的起点，并用 I、J 或 K 指定圆心。

第二种格式中，运动参数同第一种格式中的规定。插补参数为圆弧半径 R，R＞0 时，加工出"0°～180°"的圆弧。R＜0 时，加工出"180°～360°"的圆弧。R 值小于圆起点到终点距离的一半时，成为一个以圆弧起点和终点距离一半为半径的 180° 圆弧。

4）G04：暂停指令

该指令的功能是使刀具进行短暂的无进给加工（主轴仍然在转动），经过指令的暂停时间后再继续执行下一程序段，以获得平整而光滑的表面。G04 指令为非模态指令。

格式：G04　X1.6　或　G04　P1600；

其中，1.6 或 1600 表示 1.6 s，G04 为非续效指令。

5）G08，G09：自动加减速指令

G08 表示从当前的静止或运动状态以指数函数自动加速到程序规定的速度。G09 表示在接近程序规定位置时，开始从程序规定的速度以指数函数自动减速。

6）G17，G18，G19：平面选择指令

如图2-28所示，G17、G18、G19 用来选择圆弧插补的平面，刀具补偿的平面，G17 代表 *XY* 面、G18 代表 *ZX* 面、G19 代表 *YZ* 面，这三个指令均为续效代码。

格式：G17 (G18，G19)　G02 X—Y—I—J—(R—) F—
　　　G17 (G18，G19)　G03 X—Y—I—J—(R—) F—

X、Y、Z 的值是指圆弧插补的终点坐标值；I、J、K 是指圆弧起点到圆心的增量坐标，与 G90，G91 无关；R 为指定圆弧半径，当圆弧的圆心角≤180° 时，R 值为正，当圆弧的圆心角＞180° 时，R 值为负。

7）尺寸单位设定指令

尺寸单位设定指令有 G20、G21。其中 G20 表示英制尺寸，G21 表示公制尺寸。G21 为默认值。

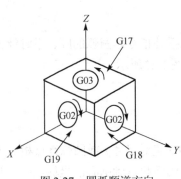

图 2-27　圆弧顺逆方向

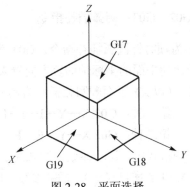

图 2-28　平面选择

8）G32：螺纹切削指令

格式：　G32 X（U）— Z（W）— R— E— P— F—

【工程实例 2-2】　螺纹加工程序的编制

加工如图2-29所示的螺纹。

编程思路：首先根据机床操作说明查出该机床加工螺纹的四步吃刀量，第一刀为0.8 mm、第二刀为0.6 mm、第三刀为0.4 mm、第四刀为0.16 mm，然后依次编程如下：

```
M03 S300
G00 X29.2 Z101.5
G32 Z19 F1.5
G00 X40
Z101.5
X28.6
G32 Z19 F1.5
G00 X40
Z101.5
X28.2
G32 Z19 F1.5
G00 X40
Z101.5
X28.04
G32 Z19 F1.5
G00 X40
X50 Z120 M05
M30
```

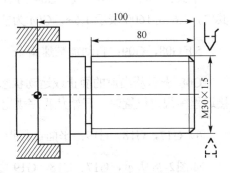

图 2-29　螺纹加工零件图

9）刀具补偿指令

刀具补偿分为刀具半径补偿和刀具长度补偿。

（1）刀具半径补偿：铣削加工的刀具半径补偿分为刀具半径左补偿和刀具半径右补偿。

① 刀具半径左补偿 G41 指令和刀具半径右补偿 G42 指令

格式：$\begin{Bmatrix} G41 \\ G42 \end{Bmatrix} \begin{Bmatrix} G00 \\ G01 \end{Bmatrix}$ X—Y—D—

其中，G41 为左刀补（在刀具前进方向左侧补偿）；G42 为右刀补（在刀具前进方向右侧补偿）；X、Y 为刀补建立或取消的终点；D 为刀具半径补偿寄存器地址字（D00～D99）。

② 取消刀具半径补偿 G40 指令

格式：$G40 \begin{Bmatrix} G00 \\ G01 \end{Bmatrix} X—Y—$

其中，G40 为取消刀具半径补偿。

指令中有 X、Y 值时，表示编程轨迹上取消刀补点的坐标值。当无 X、Y 值时，刀具中心点将沿旧矢量的相反方向运动到指定点。

（2）刀具长度补偿

格式：$\begin{Bmatrix} G43 \\ G44 \end{Bmatrix} Z—H—$

其中，G43 为刀具长度正补偿（补偿轴的终点加上偏置值）；G44 为刀具长度负补偿（补偿轴的终点减去偏置值）；Z 为程序中的指令值；H 为补偿功能代码，它后面的两位数为刀具补偿寄存器的地址字（H00～H99）。

当刀具磨损时，可在持续中使用刀具补偿指令补偿刀具尺寸的变化，而不必重新调整刀具和对刀。采用取消刀具长度补偿 G49 指令或用 G43 H00 和 G44 H00 可以撤销补偿指令。

10）工作坐标系的选取指令

工件坐标系选择指令有 G54、G55、G56、G57、G58 和 G59，均为模态指令。6 个工作坐标系皆以机床原点为参考点，分别以各自与机床原点的偏移量表示，使用前需要提前输入机床，如图2-30所示。

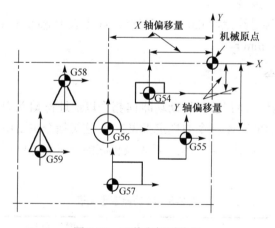

图 2-30　工件坐标系选择

加工之前，通过 MDI（手动键盘输入）方式设定这 6 个坐标系原点在机床坐标系中的位置，系统将它们分别存储在 6 个寄存器中。当程序中出现 G54～G59 中某一指令时，就相应地选择了这 6 个坐标系中的一个。

11）绝对坐标和相对坐标指令

绝对值编程指令是 G90，增量值编程指令是 G91，它们是一对模态指令。在 G90 出现以后，其后的所有坐标值都是绝对坐标；在 G91 出现以后，其后的坐标值则为相对坐标。

绝对尺寸的尺寸字的地址符用 X、Y、Z；增量尺寸的尺寸字的地址符用 U、V、W，如图2-31中从 *A* 到 *B*。

```
G90  X80    Y150
G91  X-120  Y90
```

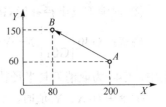

图 2-31　绝对、相对尺寸

12）坐标系设定指令

程序编制时，使用的是工件坐标系，其编程起点即为刀具开始运动的起刀点。但是在开始运动之前，应将工件坐标系告诉给数控系统。通过把编程中起刀点的位置在机床坐标系上设定，将两个坐标系联系起来。机床坐标系中设定的固定点（起刀点），称为参考点。G92指令能完成参考点的设定。利用返回参考点的功能，刀具很容易移动到这个位置。这样一来，机床坐标系中的参考点就是编程中（工件坐标系）的起刀点。用 G92 指令指定参考点在工件坐标系的位置。G92 为模态指令。

格式：G92X—Y—Z—γ—σ—

其中，X、Y、Z 为坐标值的基本直线坐标；γ、σ为旋转坐标 A、B、C 或与 X、Y、Z 平行的第二坐标。

该指令设定了刀具（具体为刀位点）在工件坐标系中的坐标为 X、Y、Z、γ和σ。从而建立了工件加工坐标系。

13）进给速度单位设定指令

G94、G95 均为模态指令，G94 为默认值。

格式：G94 F　或　G95 F

G94 用于设定每分钟进给量，G20 表示 in/min、G21 表示 mm/min；G95 设定每转进给量，G20 表示 in/r、G21 表示 mm/r。

2．辅助功能 M 指令

辅助功能 M 指令也称为 M 代码。辅助功能 M 指令以地址符 M 为首，后跟两位数字（M00～M99），ISO 标准对辅助功能 M 指令的规定见表2-3。这类指令主要用于机床加工操作时的一些通断性质的工艺指令。M 代码常因生产厂家及机床的结构和规格不同而各异。下面介绍一些常用的 M 代码。

表 2-3　M 功能字含义表

| 代码 | 功能开始时间 | | 模态 | 非模态 | 功　能 | 代码 | 功能开始时间 | | 模态 | 非模态 | 功　能 |
	与程序段指令运动同时开始	在程序段指令运动完成后开始					与程序段指令运动同时开始	在程序段指令运动完成后开始			
M00		*		*	程序停止	M05		*		*	主轴停止
M01		*		*	计划停止	M06	#	#		*	换刀
M02		*		*	程序结束	M07	*			*	2 号切削液开
M03	*		*		主轴顺时针方向	M08	*			*	1 号切削液开
M04	*		*		主轴逆时针方向	M09		*		*	切削液关

（续表）

代码	功能开始时间		模态	非模态	功 能	代码	功能开始时间		模态	非模态	功 能
	与程序段指令运动同时开始	在程序段指令运动完成后开始					与程序段指令运动同时开始	在程序段指令运动完成后开始			
M10	#	#	*		夹紧	M46~M47	#	#	#	#	不指定
M11	#	#	*		松开	M48		*	*		注销 M49
M12	#	#	#	#	不指定	M49	*			*	进给率修正旁路
M13	*			*	主轴顺时针方向,切削液开	M50	*			*	3 号切削液开
M14	*			*	主轴逆时针方向,切削液开	M51	*			*	4 号切削液开
M15	*			*	正运动	M52~M54	#	#	#	#	不指定
M16	*			*	负运动	M55	*			*	刀具直线位移,位置1
M17~M18	#	#	#	#	不指定	M56	*			*	刀具直线位移,位置2
M19				*	主轴定向停止	M57~M59	#	#	#	#	不指定
M20~M29	#	#	#	#	永不指定	M60		*		*	更换工件
M30		*		*	纸带结束	M61	*			*	工件直线位移,位置1
M31	#		#	*	互锁旁路	M62	*			*	工件直线位移,位置2
M32~M35	#	#	#	#	不指定	M63~M70	#	#	#	#	不指定
M36	*			*	进给范围1	M71	*			*	工件角度位移,位置1
M37	*			*	进给范围2	M72	*			*	工件角度位移,位置2
M38	*			*	主轴速度范围1	M73~M89	#	#	#	#	不指定
M39	*			*	主轴速度范围2	M90~M99	#	#	#	#	永不指定
M40~M45	#	#	#	#	若有需要作为齿轮换挡,此外不指定						

注：1. #号表示，若选作特殊用途，必须在程序说明中说明；

　　　2. M90~M99 可指定为特殊用途。

1）M00：程序停止指令

在完成程序段的其他指令后，用于停止主轴、冷却液，使程序停止。加工过程中需要停机检查，测量零件或手工换刀和交接班等，可使用程序停止指令。

2）M01：计划停止指令

M01 指令的功能与 M00 相似，但与 M00 指令不同的是：只有当操作面板上的"选择停止开关"处于接通状态时，M01 指令才起作用。

3）M03、M04、M05：主轴控制指令

M03、M04 和 M05 指令的功能分别为控制主轴顺时针方向转动、逆时针方向转动和停止。

4）M06：换刀指令

M06 为手动或自动换刀指令，不包括刀具选择，选刀用 T 功能指令。换刀过程分为换刀和选刀两类动作，换刀用 M06，选刀用 T 功能指令。

手动换刀指令 M06 用来显示待换刀号。对显示换刀号的数控机床，换刀是用手动实现的。采用手动换刀时，程序中应安排计划停止指令 M01，且安置换刀点，手动换刀后再启动机床开始工作。

5）M07、M08、M09：冷却液控制指令

M07 表示 2 号冷却液开，用于雾状冷却液开；M08 表示 1 号冷却液开，用于液状冷却液开；M09 表示冷却液关，注销 M07、M08、M50 及 M51（M50、M51 为 3 号、4 号冷却液开）。

6）M10、M11：夹紧、松开指令

M10、M11 分别用于机床滑座、工件、夹具、主轴等的夹紧和松开。

7）M13、M14：主轴及冷却液控制指令

M13 表示主轴顺时针方向转动并冷却液开，M14 表示主轴逆时针方向转动并冷却液开。

8）M02 和 M30

M02 为程序结束指令。它的功能是在完成程序段的所有指令后，使主轴进给和冷却液停止，常用于使数控装置和机床复位。M30 指令除完成 M02 指令功能外，还包括将纸带倒回到程序开始的字符等。

2.4.3 编程实例

1．车削加工编程

【工程实例2-3】 车削加工编程

如图2-32所示的零件，其材料为 45 钢，零件的外形轮廓有直线、圆弧和螺纹。欲在某数控车床上进行精加工，编制精加工程序。

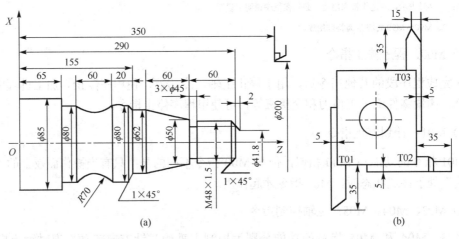

图 2-32 车削零件示例

1）依据图样要求，确定工艺方案及走刀路线

按先主后次的加工原则，确定其走刀路线。首先，切削零件的外轮廓，方向为自右向左加工，具体路线为：先倒角（1×45°）→切削螺纹的实际路径ϕ47.8→切削锥度部分→切削ϕ62→倒角（1×45°）→切削ϕ80→切削圆弧部分→切削ϕ80→再切槽→最后车削螺纹。

2）选用刀具并画出刀具布置图

根据加工要求需要选用三把刀具。1 号刀为外圆车刀，2 号刀为 3 mm 的切槽刀，3 号刀为螺纹车刀。刀具布置图如图 2-32(b)所示。对刀时采用对刀仪，以 1 号为基准。3 号刀刀尖相对于 1 号刀刀尖在 Z 向偏量 15 mm，由 3 号刀的程序进行补偿，其补偿值通过控制面板手工输入，以保持刀尖位置的一致。

3）工件坐标系确定

根据工件图样尺寸分布情况，确定工件坐标系原点 O 取在工件左端面（如图2-32 所示）处，刀具零点坐标为(200, 350)。

4）确定切削用量

切削用量应根据工件材料、硬度、刀具材料及机床等因素综合考虑，一般由经验确定。在本例中，各刀具切削用量情况如表 2-4 所示。

表 2-4　切削用量表

切削用量\切削表面	主轴转速 S/(r/min)	进给速度 f/(r/min)
车外圆	630	0.15
切槽	315	0.16
车螺纹	200	1.50

5）编制精加工程序

该系统可以采用绝对值和增量值混合编程，绝对值用 X、Z 地址，增量值用 U、W 地址，采用小数点编程。

```
O0020
N01 G54 X200.0 Z350.0; （工件坐标系设定）
N02 S630 T0101 M03; （用 1 号刀，主轴正转）
N03 G00 X41.8 Z292.0 M08;
N04 G01 X47.8 Z289.0 F0.15; （倒 1×45°角）
N05 W-59.0; （车$\phi$47.8 mm 外圆）
N06 X50.0; （退刀）
N07 X62.0 W-60.0; （车削锥度部分）
N08 Z155.0; （车$\phi$62 mm 外圆）
N09 X78.0; （退刀）
N10 X80.0 W-1.0; （倒角）
N11 W-19.0; （车$\phi$80 mm 外圆）
N12 G02 U0.0 W-60.0 I63.25 K-30.0; （车削圆弧）
N13 G01 Z65.0; （车$\phi$80 mm 外圆）
N14 X90.0 M09;
```

```
N15 G00 X200.0 Z350.0 M05 T0100; （退刀）
N16 X51.0 Z230.0 S315 T0202 M03; （换2号刀，快速趋近切槽起点）
N17 G01 X45.0 F0.16 M08; （切槽）
N18 G04 X5.0; （延时）
N19 G00 X51.0 M09; （退刀）
N20 X200.0 Z350.0 M05 T0200; （退刀）
N21 G00 X52.0 Z296.0 S200 T0303 M03; （换3号刀，快速趋近车螺纹起点）
N22 G33 X47.2 Z231.5 F1.5 M08; （车螺纹循环，循环4次）
N23 X46.6;
N24 X46.2;
N25 X45.8;
N26 G00 X200.0 Z350.0 T0300 M05; （退至起点）
N27 M30; （程序停止并返回）
```

2．铣削加工编程

【工程实例2-4】 ▊铣削加工编程▊

该零件的毛坯是一块 180 mm×90 mm×12 mm 的板料，要求铣削成图2-33中粗实线所示的外形。由图2-33可知，各孔已加工完，各边留有 5 mm 的铣削余量。

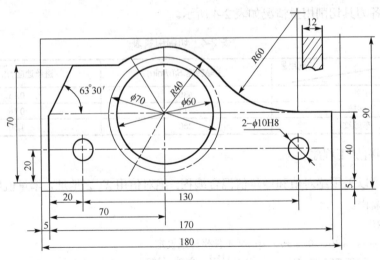

图 2-33　盖板零件图

1）工件坐标系的确定

编程时，工件坐标系原点定在工件左下角点 A（如图2-34所示）。

2）毛坯的定位和装夹

铣削时，以零件的底面和 2-ϕ10H8 的孔定位，从 60 mm 孔对工件进行压紧。

3）刀具选择和对刀点

选用一把 10 mm 的立铣刀进行加工。对刀点在工件坐标系中的位置为(−25, 10, 40)。

走刀路线刀具的切入点为点 B，刀具中心的走刀路线为：对刀点 1→下刀点 2→b→c→c'→…→下刀点 2→对刀点 1。

　　4）数值计算

　　该零件的特点是形状比较简单，数值计算比较方便。现按轮廓编程，根据图2-33 和图2-34 计算各基点及圆心点坐标如下：

$A(0，0)$	$B(0，40)$	$C(14.96，70)$	$D(43.54，70)$	$E(102，64)$
$F(150，40)$	$G(170，40)$	$H(170，0)$	$O_1(70，40)$	$O_2(150，100)$

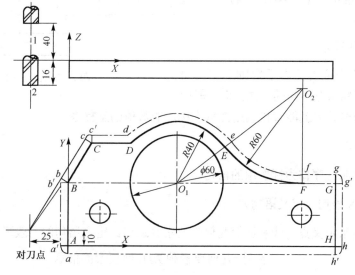

图 2-34　坐标计算简图

　　5）程序编制

　　依据以上数据和 FUNUC-BESK 6ME 系统的 G 代码进行编程，程序如下：

```
O0001
N01 G92 X-25.0 Y10.0 Z40.0;（工件坐标系的设定）
N02 G90 G00 Z-16.0 S300 M03;（按绝对值编程）
N03 G41 G01 X0 Y40.0 F100 D01 M08;（建立刀具半径左补偿，调1号刀具半径值）
N04 X14.96 Y70.0;
N05 X43.54;
N06 G02 X102.0 Y64.0 I26.46 J-30.0;（顺时针圆弧插补）
N07 G03 X150.0 Y40.0 I48.0 J36.0;（逆时针圆弧插补）
N08 G01 X170.0;
N09 Y0;
N10 X0;
N11 G00 G40 X-25.0 Y10.0 Z40.0 M09 M05;（取消刀补）
N12 M30;（程序停止并返回）
```

2.5　自动编程

　　借助计算机自动完成手工编程中的各种计算、零件加工程序单的编写、纸带的穿孔及校验，以及工艺处理等工作的方法，称为计算机辅助自动编程，简称自动编程或数控自动编程。

自动编程是通过数控自动编程系统实现的。图2-35表明了数控自动编程系统的组成和一般工作原理，也表明了程序自动编制过程。

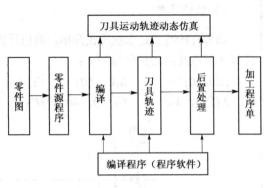

图 2-35　自动编程原理

2.5.1　语言式自动编程

用 APT 数控语言编写零件源程序具体包括下面一些内容。

1）坐标系的选定

在工件的适当位置按右手定则选定直角坐标系。选定坐标系有不同的方法，但一般应尽可能选择不需要计算就能直接利用图纸上标注的数值的坐标系。

2）初始语句

这是给零件源程序作为标题用的语句。

3）图形定义语句（定义语句）

定义语句用来定义点、线和面等几何学要素并赋名。定义语句的一般形式如下：

符号=几何要素种类/几何要素的信息

APT 中能够定义的几何要素有点、线、平面、圆柱、锥体、球和二次曲面等，极为丰富。各个几何要素又可以用各种方式定义。下面以图2-36为例说明图形定义语句。

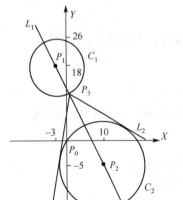

图 2-36　APT 编程图例

P0 = POINT/0, 0

P1 = POINT/−3, 18

P2 = P01NT/10, −5

C1 = CIRCLE/CENTER, P1, RADIUS, 8

C2 = CIRCLE/CENTER, P2, P0

L1 = LINE/P1,P2

P3 = POINT/YSMALL, INTOF, L1, C1

L2 = LINE/P3, LEFT, TANTO, C2

上述语句中 POINT（点）、CIRLE（圆）、RADIUS（半径）、CENTER（圆心）、LINE（线）、YSMALL（Y 小）、INTOF（相交）、LEFT（左）、TANTO（相切）等均为 APT 语句的词汇。

P_0、P_1、P_2 各点均由坐标 X、Y 定义、圆 C_1 由圆心 P_1 和半径 8 定义。圆 C_2 由圆心 P_2 并通过点 P_0 的圆定义。直线 L_1 通过点 P_1 和点 P_2。点 P_3 是直线 L_1 和圆 C_1 的两个交点中，位于 Y 坐标值偏小的一点。直线 L_2 是通过点 P_3，左切（由点 P_3 向圆 C_2 看，左面那条切线）C_2 的一条直线。APT 语言定义语句很多，在此不一一介绍。

4）刀具形状的描述

指定实际使用的刀具形状，这是计算刀具段点坐标所必需的。

5）允许误差的指定

在 APT 系统中，刀具的曲线运动用直线逼近，所以要指定其近似的允许误差的大小。允许误差值越小，越接近理论曲线，但是，计算机运算所需的时间也就随之增加。所以，选定合适的允许误差是很重要的。

6）刀具起始位置（起刀点）的指定

在运动语句之前，要根据工件毛坯形状、工具、夹具情况，指定刀具的起始位置。

7）初始（启动）运动语句

刀具沿控制面移动之前，先要使刀具向控制面移动，直到在允许误差范围内为止。此语句还规定了下一个运动的控制面。

8）运动语句

为了加工出所要求的工件形状，需要使刀具沿导动面和零件面移动并在停止面停止。此语句可以依次重复进行。

9）与机床有关的指令语句

根据指定使用的机床和数控装置，而调出有关后置处理程序用的指令语句和指示主轴旋转的启停、进给速度的转换、冷却液的开断等指令语句。

10）其他语句

例如，打印数据的指令语句、与计算机处理无关的注释语句等。

11）结束语句

当零件源程序全部写完时，最后一定要写上结束语句。

2.5.2　自动编程系统软件的总体结构

自动编程系统软件包括数控语言及系统程序（编译程序）。系统程序的总体结构由前置处理程序和后置处理程序组成。

1. 前置处理程序

首先，读入源程序进行编译，经过词法、语法分析，如果发现源程序语句有错误，则给出错误信息，以及时修改得到正确的语句。然后进入计算阶段，通过相应的各平面轮廓及空间曲面等各几何处理模块，进行数学处理，得到加工零件各几何元素之间的基点和节点坐标，以及零件加工的走刀轨迹，形成刀位数据（CLD）。

2. 后置处理程序

与语言编程一样，后置处理阶段是将刀位数据转换成数控加工程序。后置处理软件必须根据具体数控机床的指定代码及程序的格式来编写，否则不能生成数控机床所要求的数控加工程序。

2.5.3 图形交互式自动编程

图形交互式自动编程是建立在 CAD 和 CAM 基础上的。其处理过程与语言式自动编程有所不同，以下对其处理过程进行简要介绍。

1）几何造型

几何造型是利用图形交互自动编程软件的图形构建、编辑修改、曲线曲面造型等有关指令，将零件被加工部位的几何图形准确地绘制在计算机屏幕上，同时在计算机内自动形成零件图形的数据文件。这就相当于 APT 语言编程中，用几何定义语句定义零件几何图形的过程。其不同点在于，它不是用语言，而是用计算机绘图的方法将零件的图形数据输入到计算机中。这些图形数据是下一步刀具轨迹计算的依据。自动编程过程中，软件将根据加工要求自动提取这些数据，进行分析判断和必要的数学处理，以形成加工的刀位轨迹数据。图形数据的准确性，直接影响着编程结果的准确性，所以要求几何造型必须准确无误。

2）刀具路径的产生

刀具路径的生成是面向屏幕上的图形交互而进行的。首先，在刀具路径生成的菜单中选择所需的子菜单，然后根据屏幕提示，用光标选择相应的图形目标，点取相应的坐标点，输入所需的各种参数。软件将自动从图形文件中提取编程所需的信息，进行分析判断，计算节点数据，并将其转换为刀具位置数据，存入指定的刀位文件中或直接进行后置处理，生成数控加工程序，同时在屏幕上显示出刀具路径的图形。

3）后置处理

后置处理的目的是形成数控加工文件。由于各种机床使用的控制系统不同，因此所用的数控加工程序的指令代码及格式也有所不同。为了解决这个问题，软件通常设置一个后置处理惯用文件。在进行后置处理前，编程人员应根据具体数控机床指令代码、程序的格式及圆整化方式等事先编辑好这个文件。软件在执行后置处理命令时将自行按设计文件定义的内容，输出符合数控加工格式要求的 NC 加工文件。

4）程序输出

由于图形交互式自动编程软件在编程过程中可在计算机内自动生成刀位轨迹图形文件和数控加工文件，所以程序的输出可以通过计算机的各种外部设备进行。例如，使用打印机可以打印出数控加工程序单，并可在程序单上用绘图机绘制出刀位轨迹图，使机床操作者更加直观地了解加工的走刀过程；使用由计算机直接驱动的纸带穿孔机，可将加工程序穿成纸带，提供给有读带装置的机床控制系统使用，对于有标准通信接口的机床系统，可以和计算机直接联机，由计算机将加工程序直接送给机床控制系统。

2.6 数控编程技术的发展

目前，使用较多的图形交互数控自动编程系统有：国内北航海尔软件有限公司的 CAXA 软件、美国 UNIGRAPHICS 公司的 UG II 软件、以色列的 Cimatron 软件、英国的 Pro/E 软件、美国 CNC 软件公司的 MasterCAM 软件等。

2.6.1　典型的 CAD/CAM 软件介绍

CAD/CAM 软件是实现人机交互图形编程必不可少的应用软件。随着 CAD/CAM 技术的不断发展和推广应用，国内外不少公司与研究单位先后推出了各种 CAD/CAM 软件，其中比较成熟的 CAD/CAM 软件有十几个。下面对几个典型的软件进行简要介绍。

1. 宇航仿真软件

该软件具有 FANUC、SIEMENS 系统功能。学生通过在 PC 上操作该软件，能在很短的时间内操作 FANUC、SIEMENS 系统的数控车床、数控铣床及加工中心，可手动或 CAD/CAM 编程和加工。教师通过网络教学、监视窗口的滚动控制，可以随时获得学生信息。该软件兼容性强，可与国内数控设备配套使用。

2. CATIA 软件

具有三维设计、分析与数控编程的一体化功能。由法国达索飞机公司于1978年推出，并不断发展，目前已经成为应用最广泛的 CAD/CAM 集成软件之一。该系统在航空和汽车工业中被广泛应用。

3. UG 软件

Unigraphics（简称 UG）系统软件是 1983 年由美国研制开发的软件，至今已有20多年的历史。UG 系统软件以复杂曲面造型与数控加工见长，是同类产品中的佼佼者，并且有较好的二次开发环境和数据交换能力。该系统在国际上有庞大的用户群，其工作环境主要为工作站。现在已经推出了在微机平台上的版本，由此形成了从低端到高端，并且有 UNIX 工作站和 Windows NT 微机版的较完整的企业版 CAD/CAE/CAM/PDM 集成系统。

4. CIMTRON 软件

CIMTRON 软件是以色列 Cimatron 公司推出的 CAD/CAM/PDM 软件，是较早在微机平台上实现 3DCAD/CAM 全功能的系统。其运行于 Windows NT 系统，19.0 版本已于 1998 年在中国推广并进行了全面汉化。

5. CAXA-ME 软件

CAXA-ME 软件是我国北京北航海尔软件有限公司（原华正模具所）自主开发研制的软件，具有较强的三维曲面拟合功能，2～5 轴数控加工编程功能，特别适合模具加工的要求，并具有数控加工刀具功能仿真、检测和适合各种 CNC 系统的后置处理功能。

6. MasterCAM 软件

MasterCAM 软件是由美国 CNC 软件公司开发的基于微机平台的 CAD/CAM 集成系统。该系统具有几何造型功能，但均为数控编程而准备，设计功能相对较弱，具有 2～5 坐标数控加工编程能力，在模具制造业中应用非常广泛，是理想的教学用 CAM 系统软件。

MasterCAM 软件是在微机上开发的侧重数控加工方面的软件，针对性强，简单易学，价格便宜，是目前广泛应用的数控自动编程系统。

2.6.2　数控编程技术的国内外发展状况

数控编程是目前 CAD/CAPP/CAM 系统中最能明显发挥效益的环节之一，其在实现设计加工自动化、提高加工精度和加工质量、缩短产品研制周期等方面发挥着重要作用。在诸如航空工业、汽车工业等领域有着大量的应用。由于生产实际强烈的需求，国内外都对数控编程技术进行了广泛的研究，并取得了丰硕成果。

数控编程是从零件图纸到获得数控加工程序的全过程。它的主要任务是计算加工走刀中的刀位点。刀位点一般取为刀具轴线与刀具表面的交点。多轴加工中还要给出刀轴矢量。

为了解决数控加工中的程序编制问题，在 20 世纪 50 年代，MIT 设计了一种专门用于机械零件数控加工程序编制的语言，称为 APT（Automatically Programmed Tool）。其后，APT 几经发展，形成了诸如 APTII、APTIII（立体切削用）、APT（算法改进，增加多坐标曲面加工编程功能）、APT-AC（Advanced Contouring）（增加切削数据库管理系统）和 APT-/SS（Sculptured Surface）（增加雕塑曲面加工编程功能）等先进版本。采用 APT 语言编制数控程序具有程序简练、走刀控制灵活等优点，使数控加工编程从面向机床指令的"汇编语言"，上升到面向几何元素。但是，APT 仍有许多不便之处：采用语言定义零件几何形状，难以描述复杂的几何形状，缺乏几何直观性；缺少对零件形状、刀具运动轨迹的直观图形显示和刀具轨迹的验证手段；难以与 CAD 数据库和 CAPP 系统进行有效连接；不容易做到高度的自动化、集成化。

针对 APT 语言的缺点，1978 年，法国达索飞机公司开始开发集三维设计、分析、NC 加工一体化的系统，称为 CATIA。随后，很快出现了如 EUCLID、UGII、INTERGRAPH、Pro/Engineering、MasterCAM 及 NPU/GNCP 等系统，这些系统都有效地解决了几何造型，零件几何形状的显示，交互设计、修改及刀具轨迹生成，走刀过程的仿真显示、验证等问题，推动了 CAD 和 CAM 向一体化方向发展。到了 20 世纪 80 年代，在 CAD/CAM 一体化概念的基础上，逐步形成了计算机集成制造系统（CIMS）及并行工程（CE）的概念。目前，为了适应 CIMS 及 CE 发展的需要，数控编程系统正向集成化和智能化方向发展。

在集成化方面，以开发符合 STEP（Standard for the Exchange of Product Model Data）标准的参数化特征造型系统为主，目前已进行了大量卓有成效的工作，是国内外开发的热点；在智能化方面，工作刚刚开始，还有待我们去努力。

2.7　习题与思考题

1. 什么是数控编程？数控编程分为哪几类？
2. 手工编程的步骤是什么？
3. 数控机床的坐标轴与运动方向是怎样规定的？
4. 画出下列机床的机床坐标系。
   ① 卧式车床　　② 卧式铣床　　③ 牛头刨床　　④ 立式铣床　　⑤ 平面磨床
5. 什么是程序段？什么是程序段格式？数控系统现常用的程序段格式是什么？为什么？
6. 解释名词：刀位点，对刀点，换刀点，机床原点，工件零点，参考点。
7. 什么是数控加工的走刀路线？确定走刀路线时通常需考虑哪些问题？
8. G 代码表示什么功能？M 代码表示什么功能？
9. 试举例说明绝对值编程和增量值编程的区别。

10. 刀具补偿有哪几种？为什么要用刀具半径补偿？指令是什么？

11. 如图2-37所示，零件材料为45钢，欲在某数控车床上进行精加工，编制零件的精加工程序。

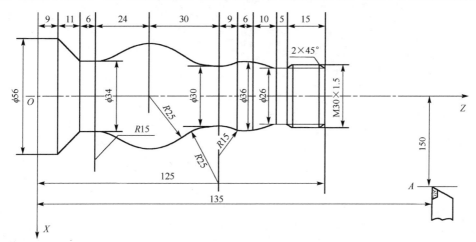

图 2-37　拟编程零件图

12. 图2-38所示的是一平面凸轮零件，它是由圆弧与圆弧相切组成的，试编制铣削此零件的加工程序。

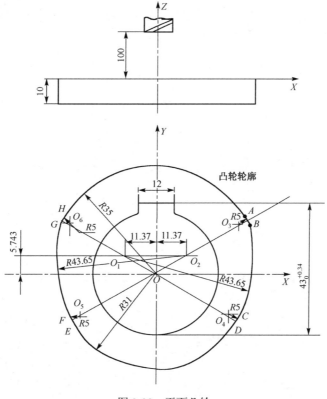

图 2-38　平面凸轮

13. 什么是自动编程系统？它用于什么场合？

14. 自动编程的种类有哪几种？

15. 什么是后置处理程序？简述其主要内容。

计算机数控系统

工程背景

数控系统是数控机床的核心，是实现机床精确加工功能的关键。计算机等技术有力地推动了数控系统的发展，特别是其主要组成部分——计算机数控装置的组成和体系结构等方面，与早期数控系统相比发生了很大变化。数控系统的物质基础是硬件，灵魂是软件。了解当前数控装置组成、体系结构、常用外设及通信接口，以及数控机床用 PLC，分析现有典型数控系统的硬件、软件结构特点，对掌握数控加工基本理论、数控机床的维修和改造，甚至设计开发具有十分重要的意义，有助于工程应用和实践能力的培养。

内容提要

本章介绍数控系统的发展历程，针对计算机数控（CNC）系统的组成和工作原理，介绍典型 CNC 装置的软硬件结构及技术特点，并对数控机床用可编程控制器及数控系统的输入/输出、通信系统等组成部分进行分析。主要内容包括数控系统的组成、功能和工作流程、CNC 装置的硬件和软件体系结构、数控机床用可编程控制器（PLC）、数控系统的输入/输出及通信接口，最后介绍几种典型的 CNC 系统。

学习方法

学习本章应注意通过多种途径查找典型数控系统的相关资料，理论联系实际，对不同数控系统进行对比分析，并结合课程实验或者实践环节的数控相关内容，加深对数控系统软硬件的认识和理解。

3.1 概述

将计算机应用于机床数控系统，使得数控机床的发展综合了现代计算机、自动控制、传感器及测量、机械制造等领域的最新成就，使机械加工技术达到了一个崭新的水平。CNC 系统与传统的硬线数控（NC）相比有很多的优点，其中最根本的一点是，CNC 的许多数控功能是由软件实现的，很容易通过软件的改变来实现数控功能的更改或扩展，因此具有更大的柔性。当前 NC 系统已基本被 CNC 系统所取代，因此，本章内容主要针对的是计算机数控（CNC）系统。

3.1.1 CNC 系统的功能

从自动控制角度看，数控系统是一种轨迹控制系统，本质上是以多执行部件（各运动轴）的位移量为控制对象并使其协调运动的自动控制系统。数控系统的功能通常包括基本功能和选择功能，其中基本功能是数控系统必备的功能，选择功能是供用户根据机床特点和用途进行选择的功能。CNC 系统的功能主要反映在准备功能 G 指令代码和辅助功能 M 指令代码上。根据数控机床的类型、用途、档次的不同，CNC 系统的功能有很大差别。

CNC 系统的主要功能如下。

1．控制功能

CNC 系统能控制的轴数和能同时控制（联动）的轴数是其主要性能之一。通过轴的联动，可以完成轮廓轨迹的加工。例如，数控车床至少需要二轴联动；一般数控铣床需要三轴控制、三轴联动或 2.5 轴联动；一般加工中心为多轴控制、三轴联动。

控制轴数越多，特别是联动控制轴数越多，CNC 系统就越复杂，编制程序也越困难。

2．准备功能

准备功能也称为 G 指令代码，它用来指定机床运动方式等功能，包括基本移动、平面选择、坐标设定、刀具补偿、固定循环等指令。对于点位式的加工机床，如钻床、冲床等，需要点位移动控制系统。对于轮廓控制的加工机床，如车床、铣床、加工中心等，需要控制系统有两个或两个以上的进给坐标具有联动功能。

3．插补功能

插补功能是 CNC 系统实现零件轮廓（平面或空间）加工轨迹运算的功能。一般数控系统仅具有直线和圆弧插补，一些高档数控还备有抛物线、椭圆、极坐标、正弦线、螺旋线及样条曲线插补等功能。

4．进给、主轴、刀具和辅助功能

实现进给速度、主轴、刀具管理及机床辅助操作等功能。在第 2 章中已详细介绍。

5．补偿功能

（1）刀具的尺寸补偿：包括刀具长度补偿、刀具半径补偿和刀尖圆弧补偿。这些功能可以补偿刀具磨损和换刀时对准正确位置，简化编程。

（2）传动链误差补偿：包括螺距误差补偿、反向间隙补偿和热变形补偿功能，即通过事先检测出丝杠螺距误差、反向间隙和热变形量，并输入到 CNC 系统中，在实际加工中进行相应补偿，从而提高数控机床的加工精度。

6. 人机对话功能

CNC 控制器可以配置单色或彩色 CRT 或 LCD，通过软件和硬件接口实现字符和图形的显示，方便用户的操作和使用。通常可以显示程序、参数、各种补偿量、坐标位置、故障信息、人机对话编程菜单、零件图形及刀具实际移动轨迹的坐标等。现代数控系统一般也要求具有人机交互图形编程功能。

7. 自诊断功能

为了防止故障发生或在发生故障后可以迅速查明故障的类型和部位，以缩短停机时间，CNC 系统中设置了各种诊断程序。不同 CNC 系统设置的诊断程序是不同的，诊断的水平也是不同的。诊断程序一般包含在系统程序中，在系统运行过程中进行检查和诊断。诊断程序也可以作为服务性程序，在系统运行前或故障停机后进行诊断，查找故障的部位。有的 CNC 可以进行远程通信诊断。

8. 通信功能

通信功能是数控系统与外界进行信息和数据交换的功能。通常 CNC 系统都具有 RS-232C 接口，可以与上级计算机进行通信，传输零件加工程序。有的 CNC 系统还备有 DNC 接口，以利于实现直接数控。更高档的 CNC 还可与 MAP（制造自动化协议）相连，接入工厂通信网络，以满足 FMS、CIMS、IMS 等制造系统集成的要求。

3.1.2　CNC 系统的组成及工作流程

1. CNC 系统的组成

计算机数控系统由硬件和软件共同完成数控任务，其基本组成如图3-1所示。数控系统有多种系列，性能各异，但一般都具有输入输出（I/O）装置、数控装置（CNC）、驱动控制装置和机床电器逻辑控制装置（PLC）四个部分，机床本体为被控对象。图3-1中数控系统的核心是计算机数控装置，或称为 CNC 控制器，主要处理机床轨迹运动的数字控制。CNC 装置通过系统控制软件配合系统硬件，合理地组织、管理数控系统的输入、数据处理、插补和输出信息，控制执行部件，使数控机床按照操作者的要求进行自动加工。此外，现在的数控装置可以通过键盘、网络通信等多种方式获得数控加工程序，高档的数控装置本身甚至包含一套自动编程系统或 CAD/CAM 系统，也可以实现系统诊断、各种复杂轨迹控制算法和补偿算法、智能控制、通信及联网功能等。

现代数控系统采用可编程控制器（PLC）取代了传统的机床电器逻辑控制装置，即继电器控制线路，用 PLC 控制程序实现数控机床的各种继电器控制逻辑，主要负责处理机床相关开关量的逻辑控制，进行机床操作面板和各种机床机电控制/监测机构的逻辑处理和监控，并为数控提供机床状态和有关应答信号。

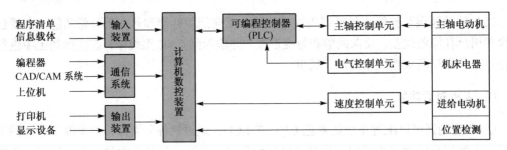

图 3-1　计算机数控系统的结构框图

2. CNC 系统的工作流程

数控机床加工零件时，首先根据被加工零件的图样进行工艺方案设计，用手工编程或自动编程方法，将加工零件所需的机床各种动作及工艺参数等编写成数控代码，并通过输入装置，或利用 CNC 系统多样的通信方式将数控程序输入到数控装置；数控装置对加工程序进行译码和运算处理，形成机床运动控制和 I/O 控制信号，分别完成零件的切削加工和机床电器的控制。系统的工作流程如图3-2所示。

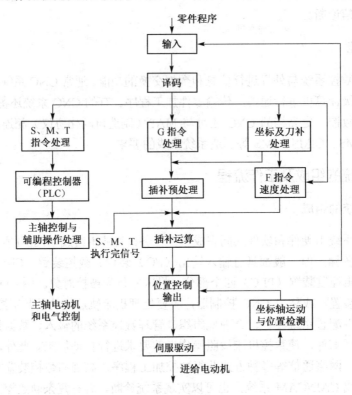

图 3-2　CNC 系统的工作流程

3.2　CNC 装置的硬件结构

CNC 装置是数控系统的控制核心。CNC 装置与通用计算机一样，是由中央处理器（CPU）及存储数据与程序的存储器等组成的。存储器分为系统控制软件程序存储器（ROM），加工程序存储器（RAM）和工作区存储器（RAM）。ROM 中的系统控制软件程序是由数控系统生产厂家写入的，用来完成 CNC 系统的各项功能。数控机床操作者将各自的加工程序存储在 RAM 中，供数控系统用于控制机床加工零件。工作区存储器是系统程序执行过程中的活动场所，用于堆栈、参数保存、中间运算结果保存等。中央处理器执行系统程序、读取加工程序，经过加工程序段译码、预处理计算，然后根据加工程序段指令，进行实时插补与机床位置伺服控制，同时将辅助动作指令通过可编程序控制器发往机床，并接收通过可编程序控制器返回的机床各部分信息，以决定下一步操作。

从不同角度可对数控装置进行分类。按 CNC 装置中各印制电路板的插接方式，可以分为大板式结构和功能模板式结构；按 CNC 装置中微处理器的个数，可以分为单微处理器和多微处理器结构；按 CNC 装置硬件的制造方式，可以分为专用型结构和个人计算机型结构；按 CNC 装置的开放程度，又可分为封闭式结构、PC 嵌入 NC 式结构、NC 嵌入 PC 式结构和软件型开放式结构。

1．大板式结构和功能模块式结构

1）大板式结构

早期的数控系统采用大板式结构，如 FANUC 公司的 3/5/6/7 系列和 A-B 公司的 8601 等。大板式结构 CNC 装置可由主电路板、位置控制板、PLC 板、图形控制板和电源单元等组成，各电路相关子板插在主电路板上，构成 CNC 装置。图3-3 为大板式结构示意图。

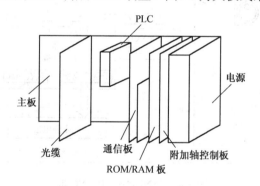

图 3-3　大板式结构示意图

大板式结构的 CNC 是专门设计的，结构紧凑、成本低、便于大批量生产且价格低，但功能固定，不易扩充、升级，一般用于批量大和定制用途的普及型系统。

【工程实例3-1】　**FANUC 6 MB CNC 大板式数控装置**

FANUC 6 MB 采用大板式结构，如图3-4所示。图中主电路板（大印制电路板）上有控制核心电路、位置控制电路、纸带阅读机接口、三个轴的位置反馈量输入接口和速度控制量输出接口、手摇脉冲发生器接口、I/O 控制板接口和六个小印制电路板的插槽。控制核心电路为微机基本系统。六个插槽内可分别插入用于保存数控加工程序的磁泡存储器板、附加轴控制板、CRT 显示控制和 I/O 接口、扩展存储器（ROM）板、可编程序控制器 PLC 板及旋转变压器或感应同步器的控制板。

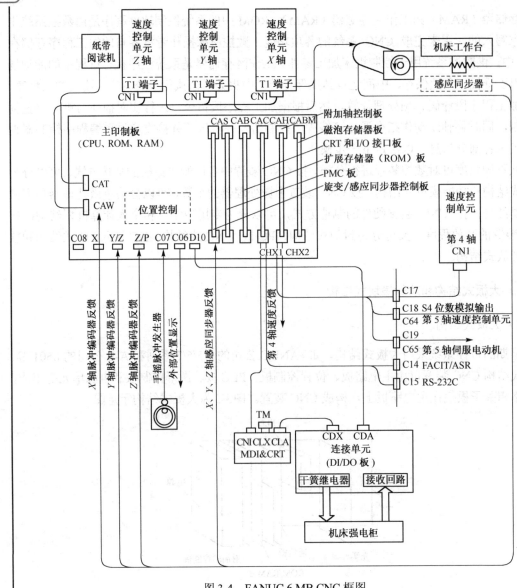

图 3-4 FANUC 6 MB CNC 框图

2）功能模块式结构

现代 CNC 采用总线式、模块式结构。模块式结构将 CNC 装置按功能划分为模块，硬件和软件的设计都采用模块化设计方法，各模块以积木方式组成 CNC 装置。

模块式结构克服了大板式结构功能固定的缺点，具有系统扩展性和通用性好，系统设计、维护和升级方便，可靠性高（部分损坏对整机系统影响小）等优点。

常见的功能模板有 CNC 控制板、位置控制板、PLC、图形板和通信板等。例如，一种功能模块式结构的全功能型车床数控系统框图如图 3-5 所示，系统由 CPU 板、扩展存储器板、显示控制板、手轮接口板、强电输出板、伺服接口板和三块轴反馈板等共 11 块板组成，连接各模块的总线可按需选用各种工业标准总线，如工业 PC 总线、STD 总线等。

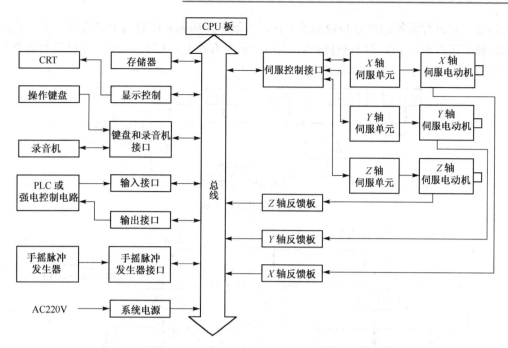

图 3-5 典型功能模块式全功能型车床数控系统框图

模块式结构的典型系统有日本 FANUC 的 15/16/18 系统、德国西门子的 840/880 系列及美国 A-B 公司的 8600 系列等。

2. 单微处理器结构和多微处理器结构

1）单微处理器结构

在单微处理器 CNC 中，CPU 采用集中控制和软件实时调度的方式，分时处理数控中的编辑、译码、插补、刀具补偿、位置控制、加工过程监控、显示等各个任务。单微处理器结构 CNC 装置的功能受到 CPU 运算速度的限制，为提高处理能力，采取增加硬件插补器、外部 PLC 和浮点协处理器等来提高系统性能。

采用单微处理器结构的 CNC 有 FANUC 的 6/7 系列，西门子的 810/820 系列等。

2）多微处理器结构

多微处理器的 CNC 采用模块式结构，把系统控制按功能划分为多个子系统模块，每个子系统分别承担相应的任务，各子系统协调动作，共同完成整个控制任务。子系统之间可采用紧耦合或松耦合方式。紧耦合有集中的操作系统，实现共享资源；松耦合采用多重操作系统，实现并行处理。多处理器 CNC 按照控制模式分为三类：分布式系统、主从式系统和总线式多主 CPU 系统。各模块间通过共享总线或共享存储器方式实现通信。

（1）分布式系统。如图3-6所示，各微处理器之间均通过一条外部的通信链路连接在一起，它们相互之间的联系及对共享资源的使用都要通过网络技术来实现。

（2）主从式系统。如图3-7所示，有一个微处理器称为主控微处理器，其他则称为从微处理器，各微处理器也都是完整独立的系统。只有主控微处理器能控制总线，并访问总线上的资源，主微处理器通过该总线对从微处理器进行控制、监视，并协调多个微处理器系统的操作；从微处理器只能被动地执行主微处理器发来的命令，或完成一些特定的功能，不能与主微处理器一起进行系统的决策和规划等工作，一般不能访问系统总线上的资源。主、从微处理器的通信可以通过 I/O 接口进行应答，也可以采用双端 RAM 技术进行，即通信的双方都通过自己的总线读/写同一个存储器。

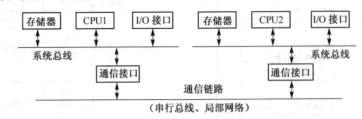

图 3-6　分布式多微处理器系统结构

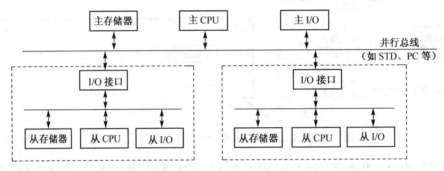

图 3-7　主从式多微处理器系统结构

（3）总线式多主 CPU 系统。如图3-8所示，有一条并行主总线连接着多个微处理器系统，每个 CPU 可以直接访问所有系统资源，包括并行总线、总线上的系统存储器及 I/O 接口，同时还允许自由而独立地使用各个 CPU 的资源，诸如局部存储器、局部 I/O 接口等。各微处理器从逻辑上分不出主从。为解决多个主 CPU 争用并行总线的问题，系统有一个总线仲裁器为各 CPU 分配总线优先级，保证每一时刻只有总线优先级较高的 CPU 可以使用并行总线。

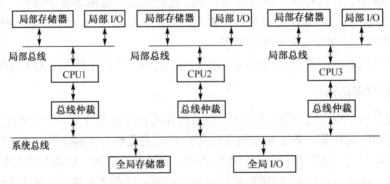

图 3-8　总线式多主 CPU 系统结构

3. 专用型结构和个人计算机型结构

1）专用型结构

CNC 装置的硬件由各制造厂专门设计和制造，布局合理，结构紧凑，专用性强，但硬件之间彼此不能交换和替代，没有通用性。如 FANUC 数控系统、SIEMENS 数控系统、美国 A-B 系统等都属于专用型。

2）个人计算机型结构

以工业 PC 作为 CNC 装置的支撑平台，再由各数控机床制造厂根据数控的需要，插入自己的控制卡和数控软件构成个性化数控系统。由于工业标准计算机的生产数以百万计，其生产成本很低，继而也就降低了 CNC 系统的成本。

4. 封闭式结构、PC 嵌入 NC 式结构、NC 嵌入 PC 式结构和软件型开放式结构

1）封闭式结构

FANUC 0 系统、MITSUBISHIM 50 系统、SIEMENS 810 系统等都是专用的封闭体系结构的数控系统。尽管也可以由用户设计人机界面，但必须使用专门的开发工具（如 SIEMENS 的 WS800A），耗费较多的人力。对系统的功能扩展、改变和维修，都必须求助于系统供应商。目前，这类系统还是占领了制造业的大部分市场。但由于开放体系结构数控系统的发展，传统数控系统的市场正在受到挑战。

2）PC 嵌入 NC 式结构

一些传统 CNC 系统的制造商，由于面临控制系统"开放化"浪潮和 PC 技术迅猛发展的形势，把专用结构的 CNC 部分和 PC 结合在一起，将非实时控制部分改由 PC 来承担，实时控制部分仍使用多年积累的专用技术，从而改善了数控系统的人机界面、图形显示、切削仿真、网络通信、生产管理、编程和诊断等功能，并使系统具有较好的开放性。此结构的系统特点是结构复杂、功能强大，但价格昂贵。此类系统具有一定的开放性，但其 NC 部分仍然是传统的数控系统，体系结构仍是不开放的，用户无法介入数控系统的核心。

【工程实例 3-2】　典型的 PC 嵌入 NC 式数控结构

FANUC 150/160/180/210 系列就是一种典型的 PC 嵌入 NC 式的 CNC 系统。在 FANUC CNC 专用 32 位总线插槽中，插入一块名为 MMC-IV 的 PC 模板，通过专用接口，使 CNC 与 MMC-IV 紧密结合。显然，这种开放式数控系统仅在 MMC 部分开放，其核心——实时控制部分仍是不开放的。

SIEMENS 840D 数控系统具有模块化结构和较好的开放性。该系统也包含集成有 PC 的 MMC 模块，通过多点接口（MPI）与 NCU（含 CNC 和 PLC 部分）模块相连。它的开放性主要表现在两个方面：一方面可以使用 SIEMENS 公司的 MMC OEM 软件包，借助 VB 和 C++语言来修改 MMC 部分；另一方面是实时控制的 NC 核心部分也具有一定的开放性，可以使用特殊的开发工具，对用户指定的系统循环和宏功能进行调整。

3）NC 嵌入 PC 式结构

一些以 PC 为基础的 CNC 制造商，主要生产、销售各种高性能运动控制卡和运动控制软件。一般由开放体系结构运动控制卡+PC 构成，运动控制卡通常选用高速 DSP 作为 CPU，具有很强的运动控制和 PLC 控制能力，其开放的接口函数库可供用户在 Windows 平台下自行开发构造所需的数控系统，已被广泛应用于制造业自动化控制的各个领域。

由于这些产品的开放性很好，因此用户可以自行开发，把它用来构成自己的数控产品或使用在生产线上。有的制造商在进行应用开发时，把运动控制卡和 PC 加上机床数控软件，构成数控系统产品。如美国 Delta Tau 公司用 PMAC 多轴运动控制卡构造的 PMAC NC 数控系统、日本 MAZAK 公司用三菱电机 MELDAS MAGIC 64 构造的 MAZATROL 640CNC 等。

┌─【工程实例3-3】　**DELTA TAU 公司的 PMAC-NC**

美国 DELTA TAU 公司的 PMAC 是一种高性能运动控制卡，它以 Motorola 56000 系列 DSP 为 CPU，板上有存储器、I/O 接口和伺服接口。此卡本身就是一个 NC 系统，具有优秀的伺服控制、插补计算和实时控制能力，可以单独使用，也可以插入 PC 中，构成开放式控制系统。该公司的 PMAC-NC，就是将 PC 强大的 Windows 图形用户界面、多任务处理能力及良好的软硬件兼容能力与 PMAC 相结合，形成既有高的性能，又有高度灵活性的开放式数控系统。对高级用户，可以在动态链接库的支持下，使用 VC++、VB、Delphi 等高级语言开发自身的应用程序；还能用 DSP 本身的汇编语言编写 PMAC 用户伺服算法。另外，该公司还提供 PMAC-NC 和 C++源代码许可证，允许整个系统全部用户化。

4）软件型开放式结构

这是一种最新开放体系结构的数控系统。计算机 CPU 速度的提高和基于 Windows NT/Linux 等的实时操作系统为高性能开放式全软件化数控系统的发展创造了条件。软件型数控系统以 PC 为基础，以实时操作系统（Windows NT 的实时扩展 VenturCom RTX、RT-Linux、Windows CE 等）为数控系统的实时内核，在计算机操作系统（Windows NT、Linux 等）环境下运行具有开放结构的控制软件。软件化 NC 所用的 I/O 接口和伺服接口卡仅是计算机与伺服驱动和外部 I/O 之间的标准化通用接口，可以是数字、模拟或现场总线接口，通常不带 CPU。

软件型数控系统实现了控制器的 PC 化和控制方案的软件化，与前几种结构的数控系统相比，其具有最高的性能价格比，因而最有生命力，是当今开放式数控系统的发展趋势。软件型数控系统的典型产品，有美国 MDSI 公司的 OpenCNC、SoftServo 公司的 ServoWorks、德国 Power Automation 公司的 PAS000NT 及美国国家标准技术协会的增强型机床控制器（Enhanced Machine Controller，EMC）——Linux CNC 方案等。

┌─【工程实例3-4】　**几种典型的软件型 CNC**

德国 Power Automation 公司的 PA8000 NT 系列数控系统是在 PC 中插入 PA-CNC ENGINE 伺服接口卡，具有开放式结构的控制软件运行在标准的 Windows NT 操作系统和 PA NT 实时内核下，系统具有很好的开放性和优良的性能。PA8000 具有数字接口（SERCOS）和模拟接口供用户选择。面对工业控制的各种需要，用户可使用 PA 提供 Compile Cycles 软件开发工具，用 C++编程，把自己开发的功能融合到 PA8000 NT 数控系统中去。

美国 SoftServo 公司的 ServoWorks 基于 IEEE 1394（FireWire）总线技术，实现了基于 PC 平台的不依赖其他任何硬件的全软件运动控制。采用市场上通用的 IEEE 1394 适配卡和 1394 电缆把 PC 和带有 IEEE 1394 接口的伺服驱动器连接起来，最多可以控制 16 个轴。ServoWorks 既可以运行在带实时扩展 VenturCom RTX 的 Windows XP/NT 操作系统下，也可以运行在 Linux 和 RT-Linux 操作系统下，利用单一的 PC 能够实现所有的伺服控制，包括位置反馈、NC 轨迹生成、友好的人机界面、数据处理、网络通信、文件管理等功能。ServoWorks 提供了应用软件接口（API）和软件开发工具，包括运动控制 VB、C/C++源代码，用户可根据自己的需求进行裁减，构成自己的控制系统。

EMC（Enhanced Machine Controller）是美国国家标准技术协会 NIST 主持的一个源码开放的开放式 CNC 示范项目，基于 RT-Linux 或 RTAI，通过计算机并口扩展实现全软件型运动控制。借助 Linux 可裁减、稳定可靠的优点，EMC 提供了灵活、丰富的用户开发和定制接口，用户可在 Linux 环境下开发自己所需要的功能和界面。

3.3　CNC 装置的软件结构

CNC 装置的软件是为完成 CNC 装置的各项功能而专门设计和编制的，是数控加工系统的一种专用软件，又称为系统软件（系统程序）。CNC 装置软件的管理作用类似于计算机的操作系统的功能。不同的 CNC 装置，其功能和控制方案也不同，因而各系统软件在结构上和规模上差别较大，各厂家的软件互不兼容。现代数控机床的功能大都采用软件来实现，所以，系统软件的设计及功能是 CNC 系统的关键。

数控系统是按照事先编制好的控制程序来实现各种控制的，而控制程序是根据用户对数控系统所提出的各种要求进行设计的。在设计系统软件之前必须细致地分析被控制对象的特点和对控制功能的要求，决定采用哪一种计算方法。在确定好控制方式、计算方法和控制顺序后，将其处理顺序用框图描述出来，使系统设计者对系统有一个明确而又清晰的轮廓。

3.3.1　CNC 装置的软硬件界面

在 CNC 系统中，软件和硬件在逻辑上是等价的，即由硬件完成的工作原则上也可以由软件来完成。CNC 系统中软硬件的分配比例是由性能价格比决定的，其中硬件处理速度快，造价相对较高，适应性差；软件设计灵活、适应性强，但是处理速度慢。一般来说，软件结构首先要受到硬件的限制，软件结构也有独立性。对于相同的硬件结构，可以配备不同的软件结构。实际上，在现代 CNC 系统中，软硬件界面并不是固定不变的，而是随着软硬件的水平和成本，以及 CNC 系统所具有的性能不同而发生变化的。图 3-9 给出了不同时期和不同产品中的三种典型的 CNC 系统软硬件界面。

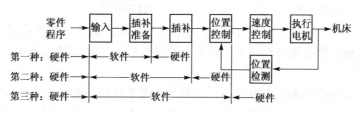

图 3-9　CNC 中三种典型的软硬件界面

3.3.2　CNC 装置软件结构特点

1. 多任务处理

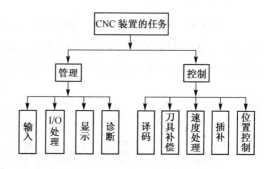

图 3-10　CNC 任务分解

CNC 装置作为一个独立的过程数字控制器应用于工业自动化生产中，其多任务性表现在它的管理软件必须完成管理和控制两大任务，如图 3-10 所示。

系统管理任务包括输入、I/O 处理、显示、诊断、通信及加工程序的编制管理等；控制任务包括译码、刀具补偿、速度处理、插补和位置控制等。CNC 装置的任务必须协调工作，即在许多情况下，管理和控制的某些工作必须同时进行。

为了便于操作人员及时地掌握 CNC 的工作状态，显示模块必须与控制模块同时运行；控制软件运行时，其中一些处理模块也必须同时进行，例如，为了保证加工过程的连续性，即刀具在各程序段间不停刀，译码、刀具补偿和速度处理模块必须与插补模块同时运行，而插补又必须与位置控制同时进行等，这种任务并行处理关系如图3-11所示。

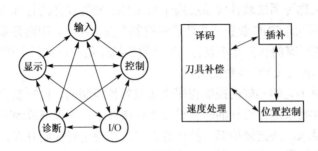

图 3-11　CNC 的任务并行处理关系需求

事实上，CNC 装置是一个专用的实时多任务计算机系统，其软件必然融合现代计算机软件技术中的许多先进技术，其中最突出的是多任务并行处理和多重实时中断技术。

2. 并行处理

并行处理是指计算机在同一时刻或同一时段内完成两种或两种以上性质相同或不相同的工作。并行处理的优点是提高了运行速度。

并行处理分为资源重复法、资源共享法和时间重叠法等并行处理方法。

资源重复是指用多套相同或不同的设备同时完成多种相同或不同的任务。例如，在 CNC 装置硬件设计中采用多 CPU 的系统体系结构来提高处理速度。

资源共享是根据"分时共享"的原则，使多个用户按照时间顺序使用同一套设备。

时间重叠是根据流水线处理技术，使多个处理过程在时间上相互错开，轮流使用同一套设备的几个部分。

目前，在 CNC 装置的硬件结构中，广泛使用资源重复法，例如，采用多 CPU 体系结构来提高系统的速度。而在 CNC 装置的软件中，主要采用资源共享法和时间重叠法并行处理技术。

1）资源共享法

在单 CPU 的 CNC 装置中，要采用 CPU 分时共享的原则来解决多任务的同时运行。各个任务何时占用 CPU 及占用 CPU 时间的长短，是首先要解决的两个时间分配方面的问题。在 CNC 装置中，各任务占用 CPU 是用循环轮流和中断优先相结合的办法来解决的。图3-12 所示的是一个典型的各任务分时共享 CPU 的时间分配。

系统在完成初始化任务后自动进入时间分配循环，在环中依次轮流处理各任务。而对于系统中一些实时性很强的任务则按优先级排队。分别处于不同中断优先级上的环外任务可以随时中断环内各任务的执行，每个任务允许占有 CPU 的时间受到一定的限制。对于某些占有 CPU 时间较多的任务，如插补准备（包括译码、刀具半

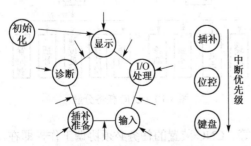

图 3-12　CPU 分时共享的并行处理

径补偿和速度处理等），可以在其中的某些地方设置断点，当程序运行到断点处时，自动让出 CPU，等到下一个运行时间自动跳到断点处继续运行。

2）时间重叠法

当 CNC 装置在自动加工工作方式时，其数据的转换过程将由零件程序输入、插补准备、插补、位置控制四个子过程组成。如果每个子过程的处理时间分别为 Δt_1、Δt_2、Δt_3、Δt_4，那么一个零件程序段的数据转换时间将是 $t = \Delta t_1 + \Delta t_2 + \Delta t_3 + \Delta t_4$。如果以顺序方式处理每个零件的程序段，则第一个零件程序段处理完以后再处理第二个程序段，依次类推。图3-13（a）表示了这种顺序处理时的时间空间关系。从图中可以看出，两个程序段的输出之间将有一个时间为 t 的间隔。这种时间间隔反映在电动机上就是电动机的时停时转，反映在刀具上就是刀具的时走时停，这种情况在加工工艺上是不允许的。

消除这种间隔的方法是用时间重叠流水处理技术。采用流水处理后的时间空间关系如图 3-13（b）所示。

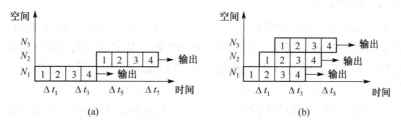

图 3-13 时间重叠流水处理

流水处理的关键是时间重叠，即在一段时间间隔内不是处理一个子过程，而是处理两个或更多的子过程。从图3-13（b）中可以看出，经过流水处理以后，从时间 Δt_4 开始，每个程序段的输出之间不再有间隔，从而保证了刀具移动的连续性。流水处理要求处理每个子过程的运算时间相等，然而 CNC 装置中每个子过程所需的处理时间都是不同的，解决的方法是取最长的子过程处理时间为流水处理时间间隔。这样，当处理时间间隔较短的子过程时，处理完后就进入等待状态。

在单 CPU 的 CNC 装置中，流水处理的时间重叠只有宏观上的意义，即在一段时间内，CPU 处理多个子过程。但从微观上看，每个子过程是分时占用 CPU 时间。

3. 实时中断处理

实时中断处理是 CNC 装置软件结构的另一特点。CNC 装置的系统程序以零件加工为对象，每个程序段中有许多子程序，它们按照预定的顺序反复执行，各个步骤间的关系十分密切。有许多子程序的实时性很强，从而决定了中断将成为整个系统不可缺少的重要组成部分。CNC 装置的中断管理主要由硬件完成，而系统的中断结构决定了系统软件的结构。

CNC 的中断类型如下：

（1）外部中断。主要有外部监控中断（如紧急停、量仪到位等）、键盘操作面板输入中断等。前一种中断的实时性要求很高，将其放在较高的优先级上，而键盘和操作面板的输入中断则放在较低的中断优先级上。在有些系统中，甚至用查询的方式来处理键盘操作面板输入。

（2）内部定时中断。主要有插补周期定时中断和位置采样定时中断。一些数控系统中将两种定时中断合二为一，但在处理时，总是先处理位置控制，再处理插补运算。

（3）硬件故障中断。各种硬件故障检测装置发出的中断。如存储器出错，定时器出错，插补运算超时等。

（4）程序性中断。程序中出现的异常情况的报警中断。如各种溢出，除零等。

3.3.3　常规 CNC 装置的软件结构

在常规的 CNC 装置中，一般采用两种典型结构：中断型结构和前后台型结构。

1. 中断型结构

中断型结构的特点是除了初始化程序之外，整个系统软件的各种功能模块分别安排在不同级别的中断服务程序中，整个软件就是一个大的中断系统。管理功能主要通过各级中断服务程序之间的相互通信来解决。

一般在中断型结构的 CNC 软件体系中，控制 CRT 显示的模块为低级中断（0 级中断），只要系统中没有其他中断级别请求，总是执行 0 级中断，即系统进行 CRT 显示。其他程序模块，如译码处理、刀具中心轨迹计算、键盘控制、I/O 信号处理、插补运算、终点判别、伺服系统位置控制等处理，分别具有不同的中断优先级别。开机后，系统程序首先进入初始化程序，进行初始化状态的设置、ROM 检查等工作。初始化后，系统转入 0 级中断 CRT 显示处理。此后系统就进入各种中断的处理，整个系统的管理是通过每个中断服务程序之间的通信方式来实现的。

【工程实例 3-5】 **FANUC-BESK 7CM 的软件结构**

FANUC-BESK 7CM CNC 装置是一个典型的中断型软件结构。整个系统的各个功能模块被分为八级不同优先级的中断服务程序，如表 3-1 所示。

表 3-1　FANUC-BESK 7CM CNC 装置的各级中断功能

中 断 级 别	主 要 功 能	中 断 源
0	控制 CRT 显示	硬件
1	译码、刀具中心轨迹计算，显示器控制	软件，16 ms 定时
2	键盘监控，I/O 信号处理，穿孔机控制	软件，16 ms 定时
3	操作面板和电传机处理	硬件
4	插补运算、终点判别和转段处理	软件，8 ms 定时
5	纸带阅读机读纸带处理	硬件
6	伺服系统位置控制处理	4 ms 硬件时钟
7	系统测试	硬件

其中，伺服系统位置控制被安排成很高的级别，因为机床的刀具运动实时性很强。CRT 显示被安排的级别最低，即 0 级，其中断请求通过硬件接线始终保持存在。只要 0 级以上的中断服务程序均未发生的情况下，就进行 CRT 显示。

1 级中断相当于后台程序的功能，进行插补前的准备工作。1 级中断有 13 种功能，对应着口状态字中的 13 个位，每位对应于一个处理任务。在进入 1 级中断服务时，先依次查询口状态字的 0～12 位的状态,再转入相应的中断服务(见表 3-2),其处理过程如图 3-14 所示。口状态字的置位有两种情况:一是由其他中断根据需要置 1 级中断请求的同时置相应的口状态字;二是在执行 1 级中断的某个口子处理时,置口状态字的另一位。当某一口的处理结束后,程序将口状态字的对应位清除。

表 3-2　FANUC-BESK 7CM CNC 装置 1 级中断的 13 种功能

口 状 态 字	对应口的功能
0	显示处理
1	公英制转换
2	部分初始化
3	从存储区(MP、PC 或 SP 区)读一段数控程序到 BS 区
4	轮廓轨迹转换成刀具中心轨迹
5	"再启动"处理
6	"再启动"开关无效时,刀具回到断点"启动"处理
7	按"启动"按钮时,要读一段程序到 BS 区的预处理
8	连续加工时,要读一段程序到 BS 区的预处理
9	纸带阅读机反绕或存储器指针返回首址的处理
A	启动纸带阅读机使纸带正常进给一步
B	置 M、S、T 指令标志及 G96 速度换算
C	置纸带反绕标志

2 级中断服务程序的主要工作是对数控面板上的各种工作方式和 I/O 信号的处理。

3 级中断则是对用户选用的外部操作面板和电传机的处理。

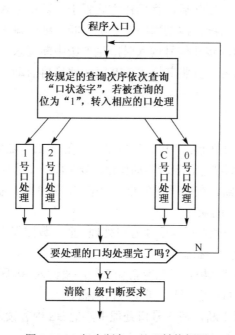

图 3-14　1 级中断各口处理转换框图

4 级中断最主要的功能是完成插补运算。7CM 系统中采用了"时间分割法"(数据采样法)插补,即经过 CNC 插补计算输出一个插补周期 T(8 ms)的 F 指令值作为粗插补进给量，精插补进给量由伺服系统的硬件与软件来完成。一次插补处理分为速度计算、插补计算、终点判别和进给量变换四个阶段。

5 级中断服务程序主要对纸带阅读机读入的孔信号进行处理。这种处理基本上可以分为输入代码的有效性判别、代码处理和结束处理三个阶段。

6 级中断主要完成位置控制、4 ms 定时计时和存储器奇偶校验工作。

7 级中断实际上是工程师的系统调试工作，并不是机床的正式工作。

中断请求的发生，除了第 6 级中断是由 4 ms 时钟发生之外，其余的中断均靠别的中断设置，即依靠各中断程序之间的相互通信来解决。例如，第 6 级中断程序中每两次设置一次第 4 级中断请求（8 ms）；每四次设置一次第 1、2 级中断请求。第 4 级中断在插补完一个程序段后，要从缓冲器中取出一段并进行刀具半径补偿，这时置第 1 级中断请求，并把 4 号口置 1。

FANUC-BESK 7CM 中断型 CNC 装置的工作过程及其各中断程序之间的相互关联如下。

1）开机

开机后，系统程序首先进入初始化程序，进行初始化状态的设置，ROM 检查工作。初始化结束后，系统转入 0 级中断服务程序，进行 CRT 显示处理。每隔 4 ms，进入 6 级中断。由于 1 级、2 级和 4 级中断请求均按 6 级中断的定时设置运行，此后系统就进入轮流对这几种中断的处理。

2）启动纸带阅读机输入纸带

做好纸带阅读机的准备工作后，将操作方式置于"数据输入"方式，按下面板上的主程序 MP 键。按下纸带输入键，控制程序在 2 级中断"纸带输入键处理程序"中启动一次纸带阅读机。当纸带上的同步孔信号读入时产生 5 级中断请求。系统响应 5 级中断处理，从输入存储器中读入孔信号，并将其送入 MP 区，然后再启动一次纸带阅读机，直到纸带结束。

3）启动机床加工

（1）当按下机床控制面板上的"启动"按钮后，在 2 级中断中，判定"机床启动"为有效信息，置 1 级中断 7 号口状态，表示启动按钮后要求将一个程序段从 MP 区读入 BS 区中。

（2）程序转入 1 级中断，在处理到 7 号口状态时，置 3 号口状态，表示允许进行"数控程序从 MP 区读入 BS 区"的操作。

（3）在 1 级中断依次处理完后返回 3 号口处理，把一数控程序段读入 BS 区，同时置"已有新加工程序段读入 BS 区"标志。

（4）程序进入 4 级中断，根据"已有新加工程序段读入 BS 区"的标志，置"允许将 BS 内容读入 AS"的标志，同时置 1 级中断 4 号口状态。

（5）程序再转入 1 级中断，在 4 号口处理中，把 BS 内容读入 AS 区中，并进行插补轨迹计算，计算后置相应的标志。

（6）程序再进入 4 级中断处理，进行其插补预处理，处理结束后置"允许插补开始"标志。同时由于 BS 内容已读入 AS，因此置 1 级中断的 8 号口，表示要求从 MP 区读一段新程序段到 BS 区。此后转入速度计算→插补计算→进给量处理，完成第一次插补工作。

（7）程序进入 6 级中断，把 4 级中断送出的插补进给量分两次进给。

（8）再进入 1 级中断，8 号口处理中允许再读入一段，置 3 号口。在 3 号口处理中把新程序段从 MP 区读入 BS 区。

（9）反复进行 4 级、6 级、1 级等中断处理，机床在系统的插补计算中不断进给，显示器不断显示出新的加工位置值。整个加工过程就是由以上各级中断进行若干次处理完成的。由此可见，整个系统的管理是采用了中断程序间的各种通信方式实现的。其中包括：

① 设置软件中断。第 1、2、4 级中断由软件定时实现，第 6 级中断由时钟定时发生，每 4 ms 中断一次。这样每发生两次 6 级中断，设置一次 4 级中断请求，每发生四次 6 级中断，设置一次 1、2 级中断请求。将 1、2、4、6 级中断联系起来。

② 每个中断服务程序自身的连接依靠每个中断服务程序的"口状态字"位。如 1 级中断分成 13 个口，每个口对应"口状态字"的一位，每一位对应处理一个任务。当进行 1 级中断的某口的处理时，可以设置"口状态字"的其他位的请求，以便在处理完某口的操作时立即转入到其他口的处理。

③ 设置标志。标志是各个程序之间通信的有效手段。如 4 级中断每 8 ms 中断一次，完成插补预处理功能；而译码、刀具半径补偿等在 1 级中断中进行。当完成了其任务后应立刻设置相应的标志，若未设置相应的标志，CNC 会跳过该中断服务程序继续往下进行。

2. 前后台型结构

前后台型软件结构将 CNC 装置整个控制软件分为前台程序和后台程序。前台程序是一个实时中断服务程序，实现插补、位置控制及机床开关逻辑控制等实时功能；后台程序又称为背景程序，是一个循环运行程序，完成管理功能和数控加工程序的输入和预处理（即译码、刀具补偿和加减速处理等数据计算）任务。二者相互配合完成整个控制任务。如图 3-15 所示，系统工作过程：启动后初始化，进入后台程序循环中，实时中断程序不断插入此循环过程，完成各项实时控制任务。

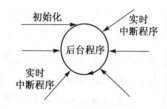

图 3-15　前后台软件结构

【工程实例 3-6】　ALLEN-BRADLEY 公司 7360 CNC 的软件结构

A-B7360 数控系统是典型的前后台型软件结构，其系统软件结构框图如图 3-16 所示。其中背景程序是一个循环执行的主程序，而实时中断程序按其优先级随时插入背景程序中。

在背景程序中，自动/单段是数控加工中的主要工作方式。此工作方式下的核心任务是进行插补预处理。一个数据段经过输入译码、数据处理后，就进入就绪状态，等待插补运行。图 3-16 中"段执行程序"的功能是将数据处理结果中的插补用信息传送到插补缓冲器，并把系统工作寄存器中的辅助信息（S、M、T 代码）送到系统标志单元，以供全局使用。在完成了这两种传送之后，背景程序设立一个数据段传送结束标志及一个开放插补标志。两个标志的设置体现了背景程序对实时中断程序的控制和管理。标志建立之前，定时中断程序照常运行，但是不进行插补及辅助信息处理等工作，仅执行一些例行的扫描、监控等功能；两个标志建立后，实时中断程序即开始进行插补、伺服输出、辅助功能处理，同时，背景程序开始输入下一程序段，并进行新一个数据段的预处理。一般情况下，下一段的数据处理及其结果传送比本段插补运行的时间短，因此，在数据段执行程序中有一个等待插补完成的循环，在等待过程中不断进行 CRT 显示。

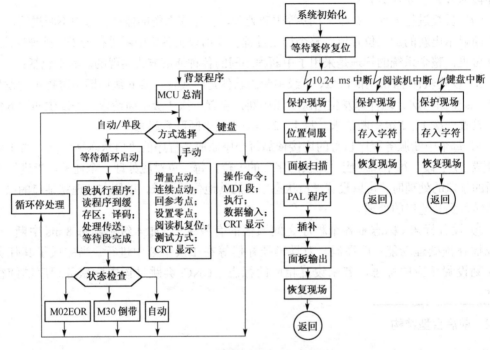

图 3-16 7360 CNC 软件结构总框图

系统的实时过程控制通过中断方式实现。A-B7360 五级中断的优先级和主要处理功能如表3-3 所示。在各级中断中，非屏蔽中断只在上电和系统故障发生，阅读机中断仅在阅读机输入数控加工程序时才发生，键盘中断占用系统时间非常短，因此，10.24 ms 实时时钟中断是 A-B7360 系统的核心。

10.24 ms 实时时钟中断服务程序的实时控制任务包括位置伺服、面板扫描、机床逻辑处理、实时诊断和轮廓插补，其中断服务程序流程如图3-17所示。

A-B7360 系统中 10.24 ms 实时时钟中断服务过程如下。

（1）检查上一次 10.24 ms 中断服务程序是否完成，若发生实时时钟中断重叠，则系统自动进入急停状态。

表 3-3　ALLEN-BRADLEY 公司的 7360 CNC 系统中断功能表

优　先　级	中断名称	中断性质	中断处理功能
1	掉电及电源恢复	非屏蔽	掉电停止处理机，上电进入初始化程序，并显示电源信息
2	存储器奇偶错		显示出错地址，停止处理机
3	阅读机	可屏蔽	每读一个字符发生一次中断，处理并存入阅读机输入缓冲器
4	10.24 ms 实时时钟		实现位置控制、扫描 PLC 实时监控和插补
5	键盘		按键中断，对输入的字符进行处理并存入 MDI 输入缓冲器

（2）对用于实时监控的系统标志进行清零。

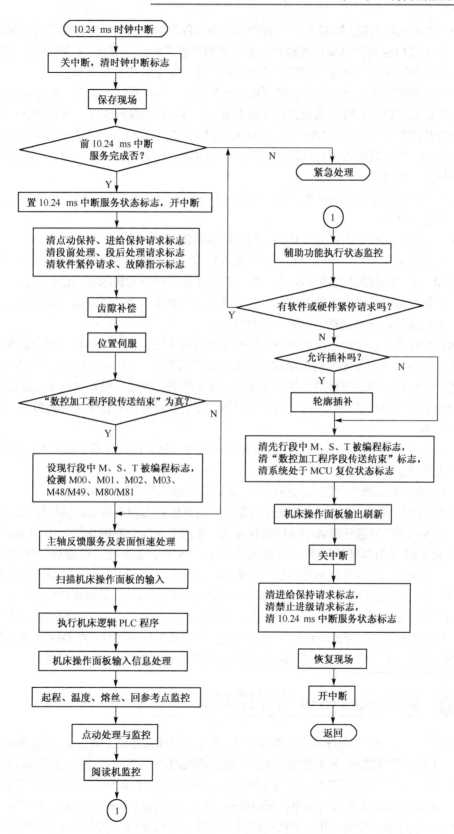

图 3-17　10.24 ms 实时时钟中断服务程序流程图

（3）位置伺服控制，即对上一个 10.24 ms 周期各坐标轴的实际位移增量进行采样，将其与上一个 10.24 ms 周期结束前所插补的本周期的位置增量命令（已经过齿隙补偿）进行比较，算出当前的跟随误差，换算为相应的进给速度指令，驱动各坐标轴运动。

（4）若有新的数控加工程序段经预处理传送完毕（如前所述，此时"数控加工程序段传送结束"标志被建立）时，系统判断本段有否 M、S、T 功能的执行，这些功能和"数控加工程序段传送结束"标志都只在一个 10.24 ms 周期内有效，即在本次中断服务结束前清除[见步骤（12）]。若本段编入了要求段后处理的 M 功能，如 M00、M01、M02、M03 等，也设立相应标志，以备随后处理。

（5）轴反馈服务及表面恒速控制（又称恒线速度功能，即控制主轴相对工件表面运动速度保持恒定）处理。

（6）扫描机床操作面板开关状态，建立面板状态系统标志。

（7）调用 PLC 程序。若有 M、S、T 编入标志，PLC 程序实现相应的 M、S、T 功能；若没有 M、S、T 辅助功能被编入时，则 PLC 的主要工作是对机床状态进行监视。

（8）处理机床操作面板输入信息。对于操作员的要求（如循环启动、循环停、改变工作方式、手动操作、速率调整等）做出及时响应。

（9）实时监控。实时监控是保证系统安全运行的关键。当发生超程、超温、熔丝熔断、回参考点出错、点动处理过程出错和阅读机出错等故障时，做出及时响应；检查 M、S、T 功能的执行情况，当段前辅助功能未完成时，禁止插补；当段后辅助功能未完成时，禁止新的数控加工程序段传送；若发生了软件设置的急停请求或操作员按下了急停按钮，则系统进入急停状态。

（10）当允许插补的条件成立时，执行插补程序，算出的位置增量作为下一个 10.24 ms 周期的位置增量命令。

（11）刷新机床操作面板上的指示灯，为操作员指明系统的现时状态。

（12）清除一些仅在一个 10.24 ms 周期有效的系统标志和一些实时监控标志。

A-B7360 CNC 装置使用数字采样插补方法，采用了时间分割的思想。10.24 ms 是系统的实际位置采样周期与插补周期，即根据数控加工程序中要求的进给速度，按粗插补周期 10.24 ms 将数控加工程序段对应曲线段分隔为一个个粗插补段，粗插补结果由位置伺服控制系统进一步实行精插补。位置伺服控制系统由软硬件共同组成，采用软件位置控制方法，粗插补的采样周期也是 10.24 ms。每个 10.24 ms 时钟中断服务结束前，由轮廓插补程序进行粗插补，算出跟踪误差，经换算后输出给位置伺服控制系统硬件部分，经 D/A 转换后作为进给速度指令电压，驱动各坐标轴电动机实现基于偏差的位置控制，完成精插补。

3.4 数控机床用可编程控制器

数控系统除了要控制机床实现轮廓加工外，还要对机床实施如主轴启动、停止和换向、刀具的交换、工件夹紧或松开、冷却液的开或关，润滑系统的开关和运行、液压系统的启或停等辅助功能的控制。这类控制都应遵循一定的逻辑关系、顺序关系，因此称为顺序控制或逻辑控制。

早期的数控机床大多采用继电器逻辑线路（Relay Logic Circuit，RLC）来实现。RLC 是将继电器、接触器、按钮、开关等机电式控制器件用导线连接，以实现规定的顺序控制功能的电路。在实际应用中，RLC 存在一些难以克服的缺点，如只能解决开关量的简单逻辑运算、控制功能有限、修改控制逻辑需要增减控制元器件和重新布线、继电器及接触器等器件体积较大等，因此只能用于一般的工业设备和数控车床、数控钻床、数控镗床等控制逻辑较为简单的数控机床。

20 世纪 60 年代发展起来的可编程控制器（Programmable Logic Controller）简称 PLC，是一类以微处理器为基础的通用型自动控制装置。PLC 一般以顺序控制为主，回路调节为辅，能够完成逻辑、顺序、计时、计数和算术运算等功能，为机床控制提供了新的可靠性高、结构紧凑、功能强大的顺序控制装置。现代数控系统的电器逻辑控制装置均采用 PLC。

近年来 PLC 技术发展很快，每年都推出不少新产品。据不完全统计，美国、日本、德国等生产 PLC 的厂家已达 150 多家，产品有数百种。上述三个国家的产品代表了 PLC 产品的三大流派。美国和欧洲的 PLC 技术是在相互隔离情况下独立研究开发的，因此其 PLC 产品有明显的差异性。而日本的 PLC 技术由美国引进，对美国的 PLC 产品有一定的继承性。美国和欧洲以中大型 PLC 而闻名，而日本则以小型 PLC 著称。

美国是 PLC 生产大国，有 100 多家 PLC 厂商，著名的有 A-B 公司、通用电气（GE）公司、莫迪康（MODICON）公司、德州仪器（TI）公司、西屋公司等，其中 A-B 公司是美国最大的 PLC 制造商，其产品约占美国 PLC 市场的一半。A-B 公司主推的大、中型 PLC 产品是 PLC-5 系列，属模块式结构。CPU 模块为 PLC-5/10、PLC-5/12、PLC-5/15、PLC-5/25 时，属于中型 PLC，I/O 点配置范围为 256～1024 点；当 CPU 模块为 PLC-5/11、PLC-5/20、PLC-5/30、PLC-5/40、PLC-5/60、PLC-5/40L、PLC-5/60L 时，属于大型 PLC，I/O 点最多可配置到 3072 点。该系列中 PLC-5/250 功能最强，最多可配置到 4096 个 I/O 点，具有强大的控制和信息管理功能。大型机 PLC-3 最多可配置到 8096 个 I/O 点。

德国的西门子（SIEMENS）公司、AEG 公司，法国的 TE 公司是欧洲著名的 PLC 制造商。西门子在中大型 PLC 产品领域与美国的 A-B 公司齐名。西门子 PLC 主要产品是 S5、S7 系列。在 S5 系列中，S5-90U、S-95U 属于微型整体式 PLC；S5-100U 是小型模块式 PLC，最多可配置到 256 个 I/O 点；S5-115U 是中型 PLC，最多可配置到 1024 个 I/O 点；S5-155U 为大型机，最多可配置到 4096 个 I/O 点，模拟量可达 300 多路。而 S7 系列是西门子公司在 S5 系列 PLC 基础上推出的新产品，其性能价格比高，其中 S7-200 系列属于微型 PLC、S7-300 系列属于中小型 PLC、S7-400 系列属于中高性能的大型 PLC。

日本有许多 PLC 制造商，如三菱、欧姆龙、松下、富士、日立、东芝等，在世界小型 PLC 市场上，日本产品约占有 70%的份额。

目前，为了适应不同的需要，进一步扩大 PLC 在工业自动化领域的应用范围，PLC 正朝着以下两个方向发展：一是低档 PLC 向小型、简易、廉价方向发展，使之广泛地取代继电器控制；二是中高档 PLC 向大型、高速、多功能方向发展，使之能取代工业控制微机的部分功能，对大规模的复杂系统进行综合性的自动控制。

3.4.1 PLC 的结构、工作原理及编程系统

1. PLC 的软硬件结构

PLC 实质上是一种工业控制用的专用计算机。PLC 系统的基本功能结构框图如图3-18 所示，系统由中央处理器（CPU）、存储器、输入/输出模块、编程器、电源和外部设备等组成，各部分通过总线相连。

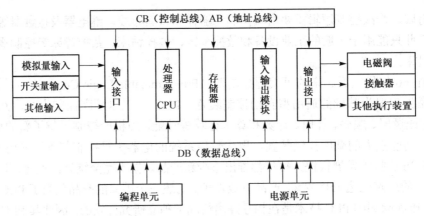

图 3-18　PLC 基本功能结构框图

中央处理器单元是系统的核心，通常可直接使用通用微处理器来实现。它通过输入模块将现场信息输入，并按用户程序规定的逻辑进行处理，然后将结果输出去控制外部设备。

存储器主要用于存放系统程序、用户程序和工作数据。其中系统程序是指控制和完成 PLC 各种功能的程序，包括监控程序、模块化应用功能子程序、指令解释程序、故障自诊断程序和各种管理程序等，在出厂时由制造厂家固化在 PROM 型存储器中。用户程序是指用户根据工程现场的生产过程和工艺要求而编写的应用程序，在修改调试完成后可由用户固化在 EPROM 中或存储在磁带、磁盘中。工作数据是 PLC 运行过程中需要经常存取，并可随时改变的一些中间数据，一般存放在 RAM 中。因此，PLC 所用存储器基本上由 PROM、EPROM 和 RAM 几种形式组成，而总容量随 PLC 类别或规模的不同而改变。

输入/输出模块是 PLC 与外部设备之间的桥梁。一方面将外部现场信号转换成标准的逻辑电平信号，另一方面将 PLC 内部逻辑信号电平转换成外部执行元件所要求的信号。根据信号特点又可分为直流开关量输入/输出模块、交流开关量输入/输出模块、继电器输出模块和模拟量输入/输出模块等。

编程器是用来开发、调试、运行应用程序的特殊工具，一般由键盘、显示屏、智能处理器、外部设备（如硬盘/软盘驱动器等）组成，通过通信接口与 PLC 相连。

电源单元的作用是将外部提供的交流电转换为可编程序控制器内部所需要的直流电源，有的还提供了 DC 24 V 输出。一般来讲，电源单元有三路输出，一路供给 CPU 模块使用，一路供给编程器接口使用，还有一路供给各种接口模板使用。另外，电源单元一般还装有后备电池。用于掉电时能及时保护 RAM 区中重要的信息和标志。

此外，在大中型 PLC 中大多数还配置有扩展接口和智能 I/O 模块。扩展接口主要用于连接扩展 PLC 单元，从而扩大 PLC 规模。智能 I/O 模块含有单独的 CPU，能够独立完成某种专用的功能，其与主 PLC 并行工作，可以大大提高 PLC 的运行速度和效率，如计数和位置编码器模块、温度控制模块、阀控制模块和闭环控制模块等。

PLC 在上述硬件环境下，还必须有相应的软件配合。PLC 软件包括系统软件和用户应用软件。系统软件一般包括操作系统、语言编译系统和各种功能软件等，其中，操作系统管理 PLC 的各种资源，协调系统各部分之间、系统与用户之间的关系，为用户应用软件提供了一系列管理手段，使用户应用程序能正确地进入系统，正常工作。用户应用软件是用户根据电气控制线路图采用梯形图编写的逻辑处理软件。

通过上述 PLC 硬件和软件的介绍，可以总结其特点如下。

（1）可靠性高。PLC 针对恶劣的工业环境设计，硬件和软件方面均采取了很多有效措施来提高其可靠性。例如，在硬件方面采取了屏蔽、滤波、隔离、电源保护、模块化设计等措施；在软件方面采取了自诊断、故障检测、信息保护与恢复等手段。另外，PLC 没有中间继电器那样的接触不良、触点烧毛、触点磨损、线圈烧坏等故障现象，从而可将其应用于工业现场环境。

（2）编程简单，使用方便。PLC 沿用梯形图编程简单的优点，对于从事继电器控制工作的技术人员，能在很短的时间内学会使用 PLC。

（3）灵活性好。由于 PLC 是利用软件来处理各种逻辑关系的，所以当在现场装配和调试过程中需要改变控制逻辑时就不必改变外部线路，只要改写程序重新固化即可。另外，产品也易于系列化、通用化，稍做修改就可应用于不同的控制对象。所以，PLC 除用于单台机床的控制外，在 FMC、FMS 中也被大量采用。

（4）直接驱动负载能力。由于 PLC 输出模块中大多数采用了大功率晶体管和控制继电器的形式进行输出，因而具有较强的驱动能力，一般都能直接驱动执行电器的线圈，接通或断开强电线路。

（5）便于实现机电一体化。由于 PLC 结构紧凑、体积小、重量轻、功耗低和效率高，所以很容易将其装入控制柜内，实现机电一体化。

（6）利用其通信网络功能可实现计算机网络控制。

2．PLC 的工作原理

用户程序通过编程器输入到用户存储器，CPU 对用户程序循环扫描并顺序执行，在一些大中型 PLC 中还增加了中断工作方式。当用户将应用软件设计、调试完成后，用编程器写入 PLC 的用户程序存储器中，并将现场的输入信号和被控制的执行元件相应地连接在输入模板的输入端和输出模板的输出端上，然后通过 PLC 的控制开关使其处于运行工作方式，接着 PLC 就以循环顺序扫描的工作方式进行工作。在输入信号和用户程序的控制下，产生相应的输出信号，完成预定的控制任务。

当 PLC 运行时，用户程序中有众多的操作需要执行，CPU 只能按分时操作原理工作。由于 CPU 运算处理速度高，使得输出结果从宏观来看是同时完成的。

由图 3-19 所示的典型 PLC 循环顺序扫描工作流程图可以看出，PLC 在一个扫描周期要完成如下 6 个模块的处理过程。

（1）自诊断模块。在 PLC 的每个扫描周期内首先要执行自诊断程序，其中主要包括软件系统校验、硬件 RAM 测试、CPU 测试、总线动态测试等。若发现异常现象，PLC 在进行相应保护处理后停止运行，并显示出错信息。否则，将继续顺序执行下面的模块功能。

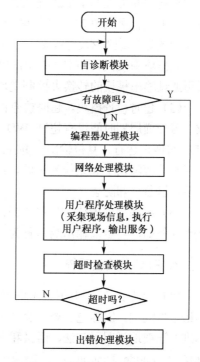

图 3-19　PLC 循环顺序扫描工作流程图

（2）编程器处理模块。该模块主要完成与编程器进行信息交换的扫描过程。如果 PLC 控制开关已经拨向编程工作方式，则当 CPU 执行到这里时马上将总线控制权交给编程器。这时用户可以通过编程器进行在线监视和修改内存中用户程序，启动或停止 CPU，读出 CPU 状态，封锁或开放输入/输出，对逻辑变量和数字变量进行读写等。当编程器完成处理工作或达到所规定的信息交换时间后，CPU 将重新获得总线的控制权。

（3）网络处理模块。该模块主要完成与网络进行信息交换的扫描过程，只有当 PLC 配置了网络功能时，才执行该扫描过程，它主要用于 PLC 之间、PLC 与磁带机或计算机之间进行信息交换。

（4）用户程序处理模块。该模块实现对用户程序的循环扫描执行过程，分为输入采样、程序执行、输出刷新三个阶段，如图 3-20 所示。

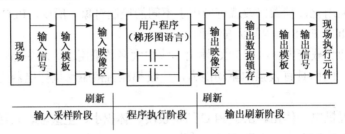

图 3-20　PLC 用户程序扫描过程

输入采样阶段，PLC 以扫描方式将所有输入端的输入信号状态输入映像寄存器中寄存起来，完成对输入信号的采样。程序执行期间，输入映像寄存器的内容不会改变，输入状态的变化只能在下一个工作周期的输入采样阶段才被重新读入。

在程序执行阶段，PLC 按照梯形图（用户程序）先左后右、先上后下的顺序执行用户程序，根据需要可在输入映像区中提取有关现场信息，在输出映像区中提取历史信息，进行相应的逻辑或算术运算，将运算结果存入输出映像区，供下次处理时使用或者以备输出。

输出刷新阶段，CPU 将输出映像区中要输出的状态值按顺序传送到输出数据寄存器，然后再通过输出模板的转换去控制现场的输出设备。

（5）超时检查模块。超时检查由 PLC 内部的看门狗定时器 WDT（Watch Dog Timer）完成。若扫描周期时间没有超过 WDT 设定时间，则继续执行下一个扫描周期；若超过了，则 CPU 将停止运行，复位输出，并在进行报警后转入停机扫描过程。由于超时大多数是由于硬件或软件故障而引起系统死机的，或者是用户程序执行时间过长而造成的，危害性很大，因此要加以监视和防患。

（6）出错处理模块。当自诊断出错或超时出错时，就进行报警，出错显示，并进行相应处理（例如，将全部输出端口置为 OFF 状态，保留目前执行状态等），然后停止扫描过程。

3．PLC 的编程系统

PLC 是专为工业自动控制而开发的装置，通常 PLC 采用面向控制过程，面向问题的"自然语言"编程。国际电工委员会（IEC）1994 年 5 月公布的 IEC 1131—3（可编程控制器语言标准）详细地说明了句法、语义和下述 5 种编程语言：功能表图（Sequential Function Chart）、梯形图（Ladder Diagram）、功能块图（Function Black Diagram）、指令语句表（Instruction List）和结构文本（Structured Text）。梯形图和功能块图为图形语言，指令表和结构文本为文字语言，功能表图是一种结构块控制流程图。为了增强 PLC 的各种运算功能，有的 PLC 还配有 BASIC 语言，并正在探索用其他高级语言来编程。

　　目前，使用最普遍的编程语言是梯形图和语句表。日本的 FANUC 公司、立石公司、三菱公司、富士公司等所生产的 PLC 产品，都采用梯形图编程。在用编程器向 PLC 输入程序时，一般简易编程器都采用编码表输入，大型编程器也可用梯形图直接输入。尽管各厂家的 PLC 各不相同，其指令系统的表示方法和语句表中的助记符也不尽相同，但原理基本相同。下面介绍梯形图和语句表编程方法。

　　1）梯形图

　　梯形图与电气控制系统的电路图很相似，具有直观易懂的优点，很容易掌握，特别适用于开关量逻辑控制。

　　梯形图从继电器—接触器控制系统的电气原理图演化而来，但不同于继电器电路。梯形图沿用了继电器的触点、线圈串并联等术语和图形符号，也增加了一些简单的计算机符号，来完成时间上的顺序控制操作。继电器和触点图形符号就是编程语言的指令符号，如常开触点 "┤├"，线圈 "-○-"。数字 "0, 1, 2, …" 是对应元件的地址编号。

　　梯形图只描述了电路工作的顺序和逻辑关系。另外，继电器线路图采用硬接线方式，而 PLC 梯形图使用的是内部继电器，定时/计数器等都是由软件实现的，使用方便，修改灵活，这是继电器硬接线方式无法比拟的。

　　图3-21(a)为简单三相异步电动机的启动、停止控制电路，其中 SB1 为常开触点，SB2 为常闭触点，KM 为继电器线圈。当常开触点 SB1 闭合时，SB2 常闭触点不动作，继电器线圈 KM 通电，导致常开触点 KM 闭合；当常开触点 SB1 断开后，继电器线圈因 KM 闭合仍然继续保持通电，只有当常闭触点 SB2 断开时，继电器线圈 KM 才断电，形成了继电器线圈通电自锁电路。

　　以梯形图的形式来描述三相异步电动机启动、停止的控制电路如图3-21(b)所示，使用的是 OMRON 的 C20 普及型可编程控制器，其中 "0001" 和 "0002" 为输入继电器的编号，"0500" 为输出继电器的编号。

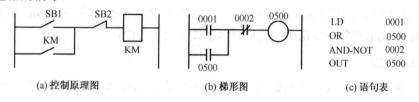

图 3-21　三相异步电机的启动、停止控制

　　2）语句表

　　当采用简易编程器编程时，无法直接用梯形图编制用户程序。为了使编程语言既保持梯形图的简单、直观和易懂的特点，又能采用简易编程器编制用户程序，于是产生了梯形图的派生语言——指令语句表，又称为指令表或语句表。图 3-21(c)是与图 3-21(b)对应的语句表，其中 LD 为靠近母线或分支母线的继电器指令，用于常开触点；OR 表示常开触点 0500 和输入继电器 0001 是并联关系；AND-NOT 表示输入触点为常闭触点与前两个常开触点 0001、0500 是串联关系；OUT 用于驱动输出线圈 0500。

　　每一个语句包括语句序号（有的称为地址）、操作码（即指令助记符）和数据（参加逻辑运算等操作的软继电器号）。目前常用的 PLC 很多，不同厂家 PLC 的各种指标和性能不同，其编程方法和继电器编号也不同。当具体操作时，可查阅有关产品说明书。

　　一般语句的编写可以根据梯形图逐步写出，也可以直接写出而不一定要有梯形图。对于简易编程器，可以通过其键盘输入语句表，将用户程序送入 PLC。对于智能型或通用微机编程器，既可直接用梯形图编程，又可用语句表编程。

3.4.2 数控机床用 PLC

1. 数控机床 PLC 的控制对象

数控机床的控制可分为两大部分：一是坐标轴运动的位置控制，二是加工过程的顺序控制。在分析 PLC、CNC 和机床各机械部件、机床辅助装置、强电线路之间关系时，常把数控机床分为"NC 侧"和"MT 侧"（即机床侧）两大部分。"NC 侧"包括 CNC 系统的硬件和软件以及与 CNC 系统连接的外围设备。"MT 侧"包括机床机械部分及其液压、气压、冷却、润滑、排屑等辅助装置，机床操作面板，继电器线路，机床强电线路等。

【工程实例 3-7】 **A-B 7360 数控系统中的 PLC**

数控系统调用 PLC 程序实现辅助功能及机床状态的实时监控。PLC 辅助功能处理程序需要两个方面的原始信息，其一为经数据预处理的 M、S、T 信息，其二是机床现行状态信息。这些数据在 PLC 输入扫描时存放在 PLC 的 I/O 区中的输入映像单元中。若有 M、S、T 编入标志，PLC 程序实现相应的 M、S、T 功能；若没有 M、S、T 辅助功能被编入时，PLC 的主要工作是对机床状态进行监视。当"数控加工程序段传送结束"标志被建立时，PLC 程序读取这些原始数据，进行算术和逻辑运算，并将结果存入 PLC 的 I/O 映像区的输出映像单元，在 PLC 输出刷新时，输出给具体对象。

PLC 处于 CNC 和 MT 之间，对"NC 侧"和"MT 侧"的输入、输出信号进行处理。"MT 侧"顺序控制的最终对象随数控机床的类型、结构、辅助装置等的不同而有很大差别。机床机构越复杂，辅助装置越多，最终受控对象也越多。一般来说，最终受控对象的数量和顺序控制程序的复杂程度从低到高依次为 CNC 车床、CNC 铣床、加工中心、FMC 和 FMS。

CNC 装置和机床输入/输出信号的处理包括如下两个方面：

1）CNC→机床

CNC 的输出数据经 PLC 逻辑处理，通过输入/输出接口送至"机床侧"。CNC 至机床的信息主要是 M、S、T 等功能代码。PLC 向"机床侧"传递的信息主要是控制机床的执行元件，如电磁阀、继电器、接触器，以及确保机床各运动部件状态的信号和故障指示等。

2）机床→CNC

从"机床侧"输入的开关量经 PLC 逻辑处理传送到 CNC 装置中。"机床侧"传递给 PLC 的信息主要是机床操作面板上各开关、按钮等信息，包括机床的启动、停止，工作方式选择，倍率选择，主轴的正转、反转和停止，切削液的开、关，卡盘的夹紧、松开，各坐标轴的点动，换刀及行程限位等开关信号。

2. 数控机床 PLC 的形式

数控机床用 PLC 可分为两类：一类是专为实现数控机床顺序控制而设计制造的内装型 PLC；另一类是那些输入/输出接口技术规范、输入/输出点数、程序存储容量以及运算和控制功能等均能满足数控机床控制要求的独立型 PLC。

1）内装型 PLC

内装型 PLC 从属于 CNC 装置，PLC 与 NC 间的信号传送在 CNC 装置内部即可实现。PLC 与 MT（机床侧）则通过 CNC 输入/输出接口电路实现信号传送，如图 3-22 所示。

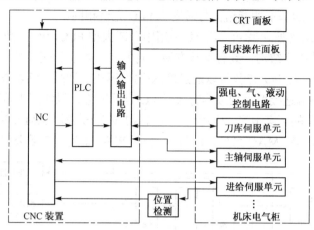

图 3-22　内装型 PLC 的 CNC 系统

内装型 PLC 有以下特点：

（1）内装型 PLC 实际上是 CNC 装置带有 PLC 功能，一般作为一种基本的功能提供给用户。

（2）内装型 PLC 的性能指标（如输入/输出点数、程序最大步数、每步执行时间、程序扫描时间、功能指令数目等）是根据所从属的 CNC 系统的规格、性能、适用机床的类型等确定的，其硬件和软件部分是被作为 CNC 系统的基本功能或附加功能与 CNC 系统一起统一设计制造的。因此，系统硬件和软件整体结构十分紧凑，PLC 所具有的功能针对性强，技术指标较合理、实用，较适用于单台数控机床及加工中心等场合。

（3）在系统的结构上，内装型 PLC 可与 CNC 共用 CPU，也可单独使用一个 CPU；内装型 PLC 一般单独制成一块附加板，插装到 CNC 主板插座上，不单独配备 I/O 接口，而使用 CNC 系统本身的 I/O 接口。

（4）采用内装型 PLC 结构，CNC 系统可以具有某些高级控制功能，如梯形图编辑和传送功能等。

目前世界上著名的数控厂家在其生产的 CNC 系统中，大多开发了内装型 PLC 功能。如日本 FANUC 公司的 FS-0（PMC-L/M），FS-0 Mate（PMC-L/M），FS-3（PC-D），FS-6（PC-A，PC-B），FS-10/11（PMC-I），FS-15（PMC-N）；德国 SIEMENS 公司的 SINUMERIK 810/820；A-B 公司的 8200、8400、8500 等。国内北京机床研究所生产的 FANUC-BESK 系列 CNC 系统也配置了内装型 PLC。

图 3-23 为 SINUMERIK 810 数控系统中的 I/O 模块配置。

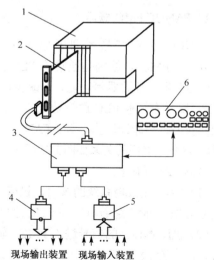

1—CNC 系统（背面）；2—I/O；3—I/O 子模块；
4—输出端子板；5—输入端子板；6—机床操作面板

图 3-23　SINUMERIK 810 数控系统的 I/O 模块

2）独立型 PLC

独立型 PLC 独立于 CNC 装置，也称为通用型 PLC，具有完备的硬件和软件功能，能够独立完成规定控制任务。采用独立型 PLC 的数控机床系统框图如图 3-24 所示，其 PLC 特点如下：

（1）独立型 PLC 的基本功能结构与通用型 PLC 完全相同。

（2）数控机床应用的独立型 PLC，一般采用中型或大型 PLC，I/O 点数一般在 200 点以上，所以多采用积木式模块化结构，具有安装方便、功能易于扩展和变换等优点。

（3）独立型 PLC 的 I/O 点数可以通过输入/输出模块的增减灵活配置。有的独立型 PLC 还可通过多个远程终端连接器，构成具有大量 I/O 点的网络，以实现大范围的集中控制。

生产独立型 PLC 的厂家很多，应用较多的有 SIEMENS 公司 SIMATIC S5 和 S7 系列、日本立石公司 OMROM SYSMAC 系列、FANUC 公司 PMC 系列、三菱公司 FX 系列等。

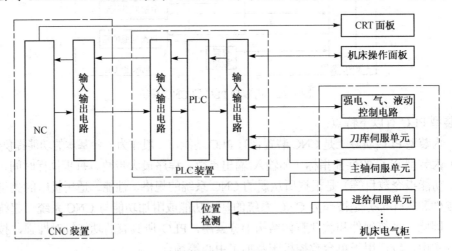

图 3-24　独立型 PLC 的 CNC 系统

3. 典型 PLC 的指令系统

1）FANUC PMC 概述

FANUC 公司产品系列中把 PLC 称为可编程机床控制器（Programmable Machine Controller，PMC），原因是通常的 PLC 主要用于一般的自动化设备，具有像输入、与、或、输出、定时器、计数器等功能，但缺少针对机床的便于机床控制编程的功能指令，而 FANUC 的 PMC 除具有一般 PLC 逻辑功能外，还专门设计了便于用户使用针对机床控制的功能指令，如快捷找刀、机床译码指令等。FANUC 数控系统中 PMC 与 CNC、PMC 与机床（MT）、CNC 与机床（MT）之间的关系如图 3-25 所示。

从图3-25可看出：

（1）CNC 是数控系统的核心，机床上 I/O 与 CNC 交换信息，要通过 PMC 处理，才能完成信号处理，PMC 起着机床与 CNC 之间桥梁的作用。

（2）机床本体上的信号进入 PMC，输入信号为 X 地址信号，输出到机床本体信号为信号地址，因内置 PMC 和外置 PMC 不同，地址的编排和范围有所不同。

（3）根据机床动作要求，编制 PMC 程序，由 PMC 处理送给 CNC 装置的信号为 G 信号，CNC 处理结果产生的标志位为 F 信号，直接用于 PMC 逻辑编程，各具体信号含义可以参考 FANUC 有关技术资料或后述部分。

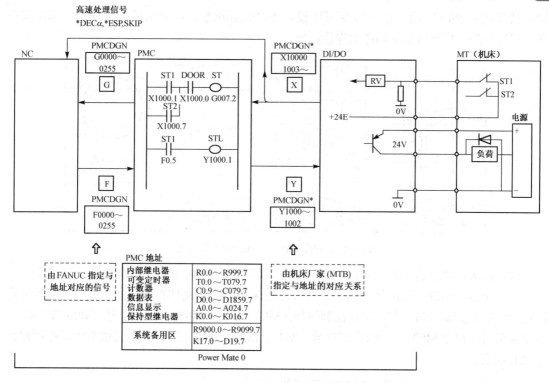

图 3-25　CNC 装置与 PMC、机床（MT）的关系

FANUC 数控系统各接口信号地址之间的关系如图3-26所示，可看出机床本体上的一些开关量通过接口电路进入系统，大部分信号进入 PMC 控制器参与逻辑处理，处理结果送给 CNC 装置（G 信号）。其中有一部分高速处理信号，如*DEC（减速）、*ESP（急停）、SKIP（跳跃）等直接进入 CNC 装置，由 CNC 装置来处理相关功能。CNC 输出控制信号为 F 地址信号，该信号根据需要参与 PMC 编程。

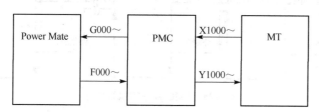

图 3-26　FANUC 数控系统各接口信号地址之间的关系

当前的中高档数控系统已经把 CNC、PMC（PLC）紧密结合在一起，数控系统柔性更强，CNC 与 PMC 之间有 G、F 信号表格，而 PMC 与 MT 之间通过 X、Y 地址输入输出。外部信号要进入 CNC 以及 CNC 信号要输出控制机床，均需用户编制 PMC 程序。

2）FANUC PM0 数控系统 PMC 与机床信号接口

CNC 与 PMC 之间的信号地址为 G、F 信号地址，而机床本体信号与 PMC 接口主要是 X 地址和 Y 地址，PMC 处理结果由 Y 地址输出至机床本体，机床本体的输入信号由 X 地址输入。在数控机床中与 PMC 接口信号主要存在以下几类：

（1）机床操作面板控制按钮开关和相应的状态指示。操作面板信号经过 PMC 的 I/O

模块接口进入 PMC。用户根据需要可以设计各种操作面板。同类机床的操作功能基本差不多。图3-27是一种具有基本功能的操作面板。

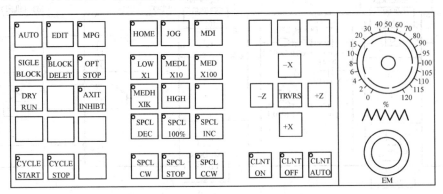

图 3-27　FANUC 数控系统应用操作界面

（2）机床本体的传感器信号，如限位开关、参考点减速信号、自动刀架的刀位信号等。

（3）机床上负载动作的控制信号。在数控车床中，机床具体功能不同，输出功能信号也不同。常用到的输出信号有：主轴控制信号（M03、M04、M05）、换刀信号（M06 或 TXX）、冷却泵信号（M08/M09）、车床换挡信号（M41、M42、M43）等。车床其他输出功能可根据需要加以设计。

3）FANUC PM0 数控系统 PMC 编程系统

PMC 程序从梯形图的开头扫描直到梯形图结束，并循环执行。梯形图的循环处理周期取决于控制的规模（程序步数）和第一级程序的大小。处理周期越短，信号的响应能力越强。

FANUC 的顺序程序由两部分组成：第一级程序部分和第二级程序部分。第二级程序的分割是为了执行第一级程序。当分割数为 n 时，程序的执行过程如图3-28所示。

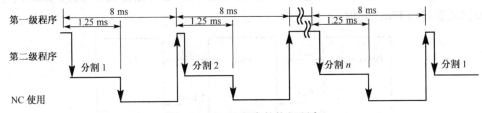

图 3-28　PMC 程序的执行顺序

第一级程序仅处理短脉冲信号。这些信号包括急停、各轴超程、返回参考点、减速、外部减速和进给暂停信号等，每 8 ms 执行一次。如果第一级程序较长，那么总的执行时间（包括第二级程序）就会延长。因此，在编写第一级程序时，应使其尽可能短。

第二级程序每（$8 \times n$）ms 执行一次，n 为第二级程序分割数。程序编制完成后，在向 CNC 的调试 RAM 中传送时，第二级程序被自动分割。图中 8 ms 当中的 1.25 ms 用于执行第一级程序和第二级程序，剩余时间由 NC 使用。

4）PMAC PM0 指令系统

FANUC PMC 指令系统用地址用来区分信号。不同的地址分别对应"机床侧"的输入、输出信号，"CNC 侧"的输入、输出信号，内部继电器，计数器，保持型继电器（PMC 参数）和数据表。每个地址由地址号和位号表示为

```
X127.6
```

其中，X127 为地址号（字母后三位或四位数字），6 为位号（0～7）。地址号的开头必须用一个字母来表示表 3-4 中所列的信号类型。

表 3-4　地址号中的符号

字　母	信　号　类　型	PM0 PMC PA1
X	来自机床侧的输入信号（MT→PMC）	X0～X127 外装 I/O 卡，X1000～X1003 内装 I/O 卡
Y	由 PMC 输出到"机床侧"的信号（PMC→MT）	Y0～Y127 外装 I/O 卡，Y1000～Y1002 内装 I/O 卡
F	来自"CNC 侧"的输入信号（NT→PMC）	F0～F255
G	由 PMC 输出到 NC 的信号（PMC→NT）	G0～G255
R	内部继电器	R0～R999，R9000～R9099
A	信息显示请求信息	A0～A24
C	计数器	C0～C79
T	定时器	T0～T79
K	保持型继电器	K0～K19
D	数据表	D0～D1859

PMC 指令分为基本指令和功能指令两种。当型号不同时，只是功能指令的数目有所不同，除此以外，指令系统是完全一样的。基本指令及其功能在基本指令和功能指令执行中，用一个堆栈寄存器暂存逻辑操作的中间结果，堆栈寄存器有 9 位，如图 3-29 所示，按先进后出、后进先出的原理工作。"写"操作结果压入时，堆栈的各原状态全部左移一位；相反地，"取"操作结果时，堆栈全部右移一位，最后压入的信号首先恢复读出。

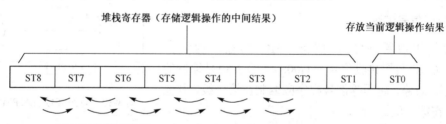

图 3-29　FANUC PMC 的堆栈寄存器操作顺序

（1）基本指令

FANUC 系列 PMC 的基本指令共 14 条，指令及处理内容如表 3-5 所示。

表 3-5　PMC 基本指令及处理功能

序号	指　令		功　能
	格式 1（代码）	格式 2（LADDER）	
1	RD	R	读入指定的信号状态并设置在 ST0 中
2	RD.NOT	KN	将读入的指定信号的逻辑状态取非后设到 ST0
3	WRT	W	将逻辑运算结果（ST0 的状态）输出到指定的地址
4	WRT.NOT	WN	将逻辑运算结果（ST0 的状态）取非后输出到指定的地址
5	AND	A	逻辑与
6	AND.NOT	AN	将指定的信号状态取非后逻辑与
7	OR	O	逻辑或
8	OR.NOT	ON	将指定的信号状态取非后逻辑或
9	RD.STK	RS	将寄存器的内容左移 1 位，把指定地址的信号状态设到 ST0
10	RD.NOT.STK	RNS	将寄存器的内容左移 1 位，把指定地址的信号状态取非后设到 ST0

（续表）

序号	指　令		功　能
	格式1（代码）	格式2（LADDER）	
11	AND.STK	AS	ST0和ST1逻辑与后，堆栈寄存器右移一位
12	OR.STK	OS	ST0和ST1逻辑或后，堆栈寄存器右移一位
13	SET	SET	ST0和指定地址中的信号逻辑或后，将结果返回到指定的地址中
14	RST	RST	ST0状态取反后和指定地址中的信号逻辑与，将结果返回到指定的地址中

（2）功能指令

数控系统中，译码、定时、计数、最短路径选择、比较、检索、转移、代码转换、四则运算和信息显示等控制功能，仅用一位操作的基本指令编程，实现起来将会十分困难，因此FANUC增加了一些具有专门控制功能的指令，即功能指令。功能指令都是一些子程序，应用功能指令就是调用相应的子程序。

FANUC PMC的功能指令数目视型号不同而不同，其中PMC-A、C、D为22条，PMC-B、G为23条，PMC-L为35条。由于篇幅限制，详细指令用法可参考有关资料。

3.4.3　PLC在数控机床中的应用

PMC程序也是普通PLC程序，无非是在编制时要了解机床特点，了解PMC与CNC的G和F信号关系，了解PMC与机床（MT）机床信号关系。下面以FANUC PM0为例，介绍PLC在数控机床中的应用。

1. 急停信号编程

假设使用内置PMC，按钮PMC的输入地址为X1000.4，CNC装置接收信号为G008.4。图3-30是编制的PMC程序。急停、超程等信号程序应编制在第一级，其他程序输入在第二级。

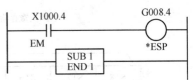

图3-30　急停信号输入PMC程序

上述程序输入到PMC后，运行PMC程序，只要选择合适操作方式，CRT/MDI显示屏上便显示对应操作状态，同时显示状态灯亮。

2. 操作方式编程

FANUC公司数控系统常用工作方式有编辑（EDIT）、存储器运行（MEM）、手动连续（JOG）、手摇脉冲/步进（HANDLE/INC）、回原点6种。不同操作方式通过机床操作面板上的旋转波段开关切换。CNC接收方式选择信号由MD1（G43.0）、MD2（G43.1）、MD4（G43.2）三位代码信号编码组成，即CNC接收MD1、MD2、MD4、ZRN（G43.7）等组合后，控制系统确定一种操作方式。

假设6种操作方式输入地址为X1001.0、

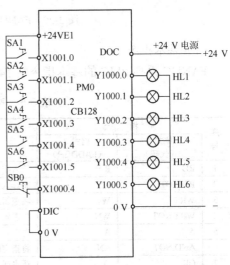

图3-31　操作方式输入输出接线原理图

X1001.1、X1001.2、X1001.3、X1001.4、X1001.5，相应操作方式输出状态灯Y地址为Y1000.0、Y1000.1、Y1000.2、Y1000.3、Y1000.4、Y1000.5，PMC输入输出接线原理图如图3-31所示。

列出操作方式对应的输入 X 地址与 G、F、Y 信号地址的关系，见表 3-6。

表 3-6　操作方式输入 X 地址与 G、F、Y 信号地址的关系

序号	操作方式	X 输入地址	输入 G 信号地址				CNC 输出 F 信号地址	PMC 输出 Y 信号地址
			MDI G43.0	MDI G43.1	MDI G43.2	MDI G43.7		
1	手动数据输入（MDI）	X1001.0	0	0	0	0	MMDI（F3#3）	Y1000.0
2	自动运行（MEM）	X1001.1	1	0	0	0	MAUT（F3#5）	Y1000.1
3	存储器编辑（EDIT）	X1001.2	1	1	0	0	MEDT（F3#6）	Y1000.2
4	手轮/步进进给（HANDLE/STEP）	X1001.3	0	0	1	0	MH（F3#1）	Y1000.3
5	手动连续进给（JOG）	X1001.4	1	0	1	0	MJ（F3#2）	Y1000.4
6	手动返回参考点	X1001.5	1	0	1	1	MREF（F4#5）	Y1000.5

由上述关系，结合编程指令可以编制出 PMC 程序。

3.5　CNC 装置的 I/O 接口及通信网络

3.5.1　数控装置的 I/O 接口

数控装置是数控机床的核心，它通过多种输入/输出接口与外界进行信息交换，其中有开关量输入/输出接口、模拟量输入/输出接口、数字通信接口和一些其他标准计算机输入/输出设备接口等。接口电路的作用是：①电平转换和功率放大；②将 CNC 装置和机床之间的电气信号加以隔离，防止噪声引起误操作；③在 CNC 装置和机床电气设备间进行 D/A 和 A/D 转换。

根据国际标准《ISO 4336—1981（E）机床数字控制——数控装置和数控机床电气设备之间的接口规范》的规定，数控装置与机床及机床电器之间的接口分为四类，如图 3-32 所示。

第 I 类：与驱动有关的连接电路，主要是指与坐标轴进给驱动和主轴驱动的连接电路。

第 II 类：数控装置与检测系统和检测传感器之间的连接电路。

第 III 类：电源及保护电路。

第 IV 类：开关信号和代码信号连接电路。

第 I 类和第 II 类接口传送的信息是数控装置与伺服驱动单元、伺服电动机、位置检测和速度检测之间的控制信息。它们属于数字控制、伺服控制和检测控制。

第 III 类中电源及保护电路由数控机床强电线路中的电源控制电路构成。强电线路由电源变压器、控制变压器、各种断路器、保护开关、接触器、熔断器等连接而成，为辅助交流电动机（如风扇电动机、冷却泵电动机等）、电磁铁、离合器、电磁阀等功率执行元件供电。强电线路不能与低压下工作的控制电路或弱电线路直接连接，只能通过断路器、热动开关、中间继电器等器件转换成在直流低电压下工作的触点的开合动作，才能成为继电器逻辑电路、可编程控制器（PLC）可以接受的电信号，反之亦然。

第Ⅳ类中开关信号和代码信号是数控装置与外部传送的输入输出控制信号。当数控机床没有 PLC 时，这些信号直接在数控装置和机床间传送；当数控机床有 PLC 时，这些信号除极少的高速信号外，均通过 PLC 传送。

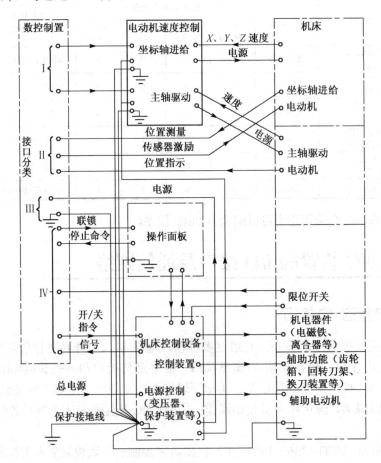

图 3-32 数控装置、控制设备与机床之间的连接

当 CNC 装置作为控制独立的单台机床设备时，通常需要与下列设备相接，进行数据的输入、输出并与其他装置设备进行信息交换和传递，具体要求如下：

（1）数据输入输出设备。如光电纸带阅读机（PTR）、纸带穿孔机（PP）、零件的编程机和可编程控制器（PLC）的编程机等。

（2）外部机床控制面板，包括键盘和终端显示器。为了操作方便，机床一侧往往设置一个外部的机床控制面板，其结构有固定式的，也有悬挂式的。早期 CNC 装置采用专用的远距离输出输入接口，近来采用标准的 RS-232C/20 mA 电流环接口。

（3）通用的手摇脉冲发生器。

（4）进给驱动线路和主轴驱动线路。一般情况下，主轴驱动和进给驱动线路与 CNC 装置装在同一机柜或相邻机柜内，通过内部连线相连，它们之间不设置通用输出输入接口。

当不同的输入输出设备与 CNC 装置相接时，应使用与其相应的 I/O 接口电路和接口芯片。如 Intel 8251A、8255，Motorola 的 MC6850、6852 等。

考虑数控 PC 化的发展趋势，CNC 可以利用丰富的通用计算机外设资源。本节不对键盘、数码管显示器等外部设备接口进行详细介绍，这些相关内容可以参考微机原理与接口等方面的书籍。

3.5.2 CNC 装置的数据通信接口

1. CNC 装置的通信方式及协议

CNC 装置除了要与数据输出输入设备等外部设备相连接外，还要与上级主计算机或 DNC 计算机直接通信或通过工厂局部网络相连，具有网络通信功能。CNC 装置与上级计算机或单元控制器间交换的数据要比单机运行时多很多，如机床启停信号、操作指令、机床状态信息、零件程序的传送，以及其他 CNC 数据的传送等，因此传送的速率也要高一些。

数据在设备间的传送可以采用串行方式或并行方式。并行方式（或并行接口）是指输入输出数据都按字节传送，一位数据有一根传输线；串行方式（或串行接口）是指与设备进行数据传送的只有一根线，数据按通信规程所约定的编码格式沿一根线逐位依次传送。

相距较远的设备间的数据传送采用串行传送方式比较经济。但串行接口需要有一定的逻辑，将机内的并行数据转换成串行信息后再传送出去，接收时也要将收到的串行信号经过缓冲转换成并行数据，再送至机内处理。另外，为了能保证数据传送的正确和一致，接收和发送双方对数据的传送应确定一致的并相互遵守的约定，包括定时、控制、格式化和数据表示方法等，即按照同一种通信规程（Procedure）或通信协议（Protocol）实现通信。

串行传送协议一般分异步协议和同步协议两类。异步协议的特征是字符间的异步定时。其将 8 位的字符看做一个独立信息，字符在传送的数据流中出现的相对时间是任意的，但每一字符中的各位以预定的时钟频率传送，即字符内部是同步的，字符间是异步的。

异步协议通用的定时规定只有一种起止式异步串行传送格式，如图 3-33 所示。此格式的电气连接标准常用的有 RS-232C（V24）/20 mA 电流环或 RS-422/RS-449。

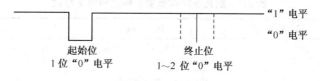

图 3-33 起止式异步串行传送格式

异步传送时，在字符前加一个起始位，其作用是使接收端将其本地时钟与新传来的字符同步，以便正确采样接收到的信号。在字符的结尾要加 1、1.5 或 2 位终止位，以标志一个字符传送的结束。接收端每接收一个字符同步一次。这样异步串行传送每一字符要增加约 20% 的额外费用。

同步协议以固定的时钟产生数据流，将要传送的字符组成字符块发送，在字符块的开始和末尾增加控制信息组。同步协议比异步协议的额外费用低得多，可充分利用传送的带宽，采用较快的传送速率。传送大量数据时同步协议省时间，但其接口的结构要复杂得多，成本也较高。通常，网络接口采用同步协议。此外，异步协议的检错主要利用字符中奇偶校验位，而同步协议可利用较复杂的方法，如循环冗余码校验（CRC），其检错能力很强，但也使同步协议发送和接收机构复杂化。

【工程实例 3-8】 异步串行接口 RS-232/422/449/485

　　RS-232C（V24）标准串行接口采用 25 芯双排针式插座，连接比较可靠。在 CNC 装置中，RS-232C 接口用以连接控制面板、手摇脉冲发生器等输入输出设备，也可以通过其与上一级计算机相连接。

　　RS-232C 规定的电平与 TTL 和 MOS 电路的电平不同。RS-232C 规定逻辑"0"至少为 3 V，逻辑"1"为–3 V 或更低。电源通常采用±12 V 或±15 V。传输速率可达到 115 200 b/s，最大距离为 30 m。

　　为了弥补 RS-232C 的不足，提出了新的接口标准 RS-422/RS-449。RS-422 标准规定了双端平衡电气接口模块。RS-449 规定了这种接口的机械连接标准，即采用 37 芯的连接器，这与 RS-232C 的 25 芯插座不同。这种平衡发送能保证更可靠、更快速的数据传送，采用双端驱动器发送信号，用差分接收器接收信号，能抗传送过程的共模干扰，还允许线路有较大信号衰减，这样可使传送频率高得多，传送距离也比 RS-232C 远得多。

2. 近代 CNC 系统的网络通信接口

　　在现代制造环境中，数控机床、加工中心等已不再是孤立的加工设备，而是网络环境下与工程设计系统、管理信息系统直接连接的一个有加工能力的节点。随着加工设备数量的增多，传统的单机管理模式因技术手段落后、生产效率低、管理与维护费用高昂等弊端已不能适应企业发展的需要，再加上用户使用了多种信息管理系统，如 ERP、PDM、CRM、CAD/CAPP/CAM 等，各种系统之间就必须考虑信息共享，以避免信息化孤岛。因此，借助数字化装备的通信接口，构建不同形式的控制网络，最终实现网络集成式全分布控制系统是国内外专家们一直努力的方向。

　　常用的通信网络主要有：串行通信网络、MAP 网络、现场总线网络、以太网、工业以太网五种。几种控制网络的性能及特点如表 3-7 所示。

表 3-7　制造系统设备层五种控制网络对比

控制网路类型	通 信 协 议	特　　点	不　　足
串行通信网络	RS-232C/422A /RS-485	利用计算机串行口与设备连接，实现串行通信	存在成本高、管理和维护工作量大和不易扩展等缺点
MAP 网络	MAP 协议	协议技术层面无懈可击	实现过程复杂，开发费用大
现场总线网络	FF，ROFIBUS，CAN，Modbus 等	具有全数字通信、控制分散等优点，现场设备管理信息大大增加，使设备状态可控	成本高、速度低等缺陷。目前现场总线没形成统一的标准。一般响应时间为 5~10 ms
以太网	OSI 七层协议	当今网络主流通信技术。开放性、低成本和广泛软硬件支持，可实现信息无缝集成	实时性、抗干扰等阻碍了其发展，传输时延一般为 2~30 ms
工业以太网	IEEE 802.3 +TCP/IP		响应时间达到了 5~10 ms，实时以太网可达小于 1 ms

　　目前，国内使用的数控系统中大部分都带有 RS-232C 串行通信接口，如 FANUC6M、Cincinnati A2100E 等数控系统利用 RS-232C 实现数控程序的上传和下载功能。20 世纪 90 年代后，国内外许多家数控公司生产出了较先进的数控系统，采用多微处理器模块化结构，配置了专用通信微处理器和专用 DNC 通信接口，如 FANUC0、FANUC15 等，利用 RS-232C、RS-422A 和 RS-485 等多种串行通信形式，一般可通过内嵌或外挂模块方式实现数控机床的联网。现场总线在工业控制系统方面的发展也引起了数控行业的关注，业界开发出了具有现场总线、以

太网总线接口的数控系统，使数控机床可以作为网络节点，挂载在通信总线上实现双向、高速数据通信，如 FANUC18i、FANUC21i 等系列数控系统就是采用以太网接口，集成了 TCP/IP 协议，可以直接联入互联网。

虽然在数控车间 DNC 系统中应用最为广泛的就是 RS-232 串行通信接口，但是当 DNC 主机连接的 CNC 设备比较多时，就存在着连线多、通信复杂等问题，而且串行接口可靠性差、速度低，在普通串行通信网络模式下，DNC 无法做到对数控机床的实时控制。而现场总线都有自己的专用协议，必须采用相应的开发工具和开发平台，价格比较昂贵，且不同的厂商和不同的设备间难以做到互操作。基于以太网接口的数控系统还处于发展阶段，存在着实时性等方面的问题，但是其信息网络无缝集成的优势吸引了很多数控系统厂商和研究者，近几年取得了很大的进展。

【工程实例 3-9】　美国 A-B 公司 8600CNC 的通信接口

美国 A-B 公司 8600 系统为满足 CIMS 通信要求，配置如下三种接口：①小型 DNC 接口；②远距离输入输出接口；③数据高速通道。CNC 装置通过专用通信处理机、远程缓存储器、RS-422 接口、采用通信协议 Protocol A 或 B，传送速率可达 86.4 kb/s，若采用 HDLC 协议，传送速率可达 920 kb/s。还可配置 MAP3.0 接口板构建数据高速通道接入工业局域网。

3.6　典型的 CNC 装置

3.6.1　CNC 装置的主要生产厂家及其典型产品

数控系统是数控机床的核心，数控机床根据功能和性能要求，配置不同的数控系统。系统不同，其指令代码也有差别。FANUC（日本）、SIEMENS（德国）、FAGOR（西班牙）、HEIDENHAIN（德国）、MITSUBISHI（日本）等公司的数控系统及相关产品，在数控机床行业占据主导地位；国内生产的数控产品以华中数控、航天数控等为代表，也已将高性能数控系统产业化。

1）FANUC 公司的主要数控系统

① 高可靠性的 Power Mate 0 系列：用于控制 2 轴的小型车床，取代步进电机的伺服系统；可配画面清晰、操作方便，中文显示的 CRT/MDI，也可配性能价格比高的 DPL/MDI。

② 普及型 CNC 0-D 系列：0-D 用于车床，0-MD 用于铣床及小型加工中心，0-GCD 用于圆柱磨床，0-GSD 用于平面磨床，0-PD 用于冲床。

③ 全功能型的 0-C 系列：0-TC 用于通用车床、自动车床，0-MC 用于铣床、钻床、加工中心，0-GCC 用于内、外圆磨床，0-GSC 用于平面磨床，0-TTC 用于双刀架 4 轴车床。

④ 高性能价格比的 $0i$ 系列：整体软件功能包，高速、高精度加工，并具有网络功能。$0i$-MB/MA 用于加工中心和铣床，4 轴 4 联动；$0i$-TB/TA 用于车床，4 轴 2 联动；$0i$-mate MA 用于铣床，3 轴 3 联动；$0i$-mate TA 用于车床，2 轴 2 联动。

⑤ 具有网络功能的超小型、超薄型 CNC 16i/18i/21i 系列：控制单元与 LCD 集成于一体，具有网络功能，超高速串行数据通信。其中，FS16i-MB 的插补、位置检测和伺服控制以纳米为单位。16i 最大可控 8 轴，6 轴联动；18i 最大可控 6 轴，4 轴联动；21i 最大可控 4 轴，4 轴联动。

除此之外，还有实现机床个性化的 CNC 16/18/160/180 系列。

2）SIEMENS 公司的主要数控系统

SIEMENS 数控系统，以较好的稳定性和较优的性能价格比，在我国数控机床行业被广泛应用。图3-34 为 SIEMENS 数控系统的产品类型，主要包括 802、810、840 等系列。

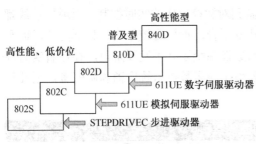

图 3-34　西门子数控系统产品类型

① SINUMERIK 802C：用于车床、铣床等，可控 3 个进给轴和 1 个主轴，802S 适于步进电机驱动，802C 适于伺服电机驱动，具有数字 I/O 接口。

② SINUMERIK 802D：控制 4 个进给轴和 1 个主轴，PLC I/O 模块，具有图形式循环编程，车削、铣削/钻削工艺循环，FRAME（包括移动、旋转和缩放）等功能，为复杂加工任务提供智能控制。

③ SINUMERIK 810D：用于数字闭环驱动控制，最多可控 6 轴（包括 1 个主轴和 1 个辅助主轴），紧凑型可编程输入/输出。

④ SINUMERIK 840D：全数字模块化数控设计，用于复杂机床、模块化旋转加工机床和传送机床，最大可控 31 个坐标轴。

3）FAGOR 数控系统

发格自动化有限公司（FAGOR Automation S．Coop）是专门生产数控产品的公司。自动化控制产品包括：高、中、低档可控制 1～7 各种规格型号的数控系统、数字化交流/直流伺服和电机系统、交流主轴伺服系统等，广泛用于车、铣、磨、测量、模具仿形加工、火焰/激光切割，专用机床等各方面，其主要数控系统包括：

① CNC 8070 是目前 FAGOR 最高档的数控系统，代表 FAGOR 顶级水平，是 CNC 技术与 PC 技术的结晶，属于与 PC 兼容的数控系统，可运行 Windows 和 MS-DOS。可控制 16 轴 +3 电子手轮+2 主轴，可运行 Visual B++、Visual C++，程序段处理时间<1 ms，PLC 可达 1024 输入点/1024 输出点，具有以太网、CAN、SERCOS 通信接口，可选用±10 V 模拟量接口。

② 8055 系列数控系统是 FAGOR 高档数控系统，可实现 7 轴 7 联动+主轴+手轮控制。按其处理速度不同分为 8055/A、8055/B、8055/C 三种档次，适用于车床、车削中心、铣床、加工中心及其他数控设备，具有连续数字化仿形、RTCP 补偿、内部逻辑分析、SERCOS 接口、远程诊断等许多高级功能。

③ 8040/8055-i 标准系列属中高档数控系统，采用中央单元与显示单元合为一体的结构。8040 可控 4 轴 4 联动+主轴+2 个手轮，8055-i 可实现 7 轴 7 联动+主轴+2 个手轮，两者用户内存均可达到 1 MB 字节且具有±10 V 模拟量接口及数字化 SERCOS 光缆接口，可配置带 CAN 接口的分布式 PLC。

④ 8055/8040/8055-i TCO/MCO 系列是一种开放式的数控系统，可供 OEM 再开发成为专用数控系统，适用于任何机床设备；8055/8040/8055-i TC/MC 系列是人机对话式数控系统，其主要特点是无须采用 ISO 代码编程，可将零件图中的数据通过人机交互图形界面直接输入系统，从而实现编程。

4）华中数控系统

华中数控以"世纪星"系列数控单元为典型产品，HNC-21T 为车削系统，最大联动轴数为 4 轴；HNC-21/22M 为铣削系统，最大联动轴数为 4 轴，采用开放式体系结构，内置嵌入式工业 PC。

伺服系统的主要产品包括：HSV-11 系列交流伺服驱动装置、HSV-16 系列全数字交流伺服驱动装置、步进电机驱动装置、交流伺服主轴驱动装置与电机、永磁同步交流伺服电机等。

5）北京航天数控

其主要产品为 CASNUC 2100 数控系统，是以 PC 为硬件基础的模块化、开放式的数控系统，可用于车床、铣床、加工中心等 8 轴以下机械设备的控制，具有 2 轴、3 轴、4 轴联动功能。

3.6.2　国外主要 CNC 装置及其特点

1. FANUC 0 系列

FANUC 的 0 系列产品自 1985 年开发成功以来，该系列产品在车床、铣床/加工中心、圆柱/平面磨床、冲床等机床中得到广泛的应用。FANUC 0 系列分别有 A、B、C、D 等产品，目前在国内使用最多的是普及型 FANUC 0-D 和全功能型 FANUC 0-C 两个系列。

FANUC 0-C 数控系统采用了多 CPU 方式。为了实现在切削路径中的高速度、高精度，在系统功能中增加了自动拐角倍率，伺服前馈控制等，大大减小了伺服系统的误差；采用全数字伺服控制结构，实现进给和主轴的全数字化伺服控制；在系统的功能上具有刀具寿命管理、极坐标插补、圆柱插补、多边形加工、简易同步控制、串行和模拟的主轴控制、主轴刚性攻丝、多主轴控制功能、主轴同步控制功能、PLC 梯形图显示和 PLC 梯形图编辑功能（需要编程卡）、PLC 轴控制功能等；对 PLC 的接口增加了高速 M、S、T 接口功能，进一步缩短了执行时间，提高了系统的运行速度；在硬件上增加了远程缓冲控制，提高了系统处理外部数据的速度，可实现高速的 DNC 操作。

FANUC 0-C 除了通用的宏程序功能以外，还增加了定制型用户宏程序，可以通过编程对显示屏幕、处理过程控制等进行编辑，为用户提供了更大的个性化设计空间。

FANUC 0 系统由数控单元本体，主轴和进给伺服单元以及相应的主轴电机和进给电机，CRT 显示器、系统操作面板、机床操作面板，附加的输入/输出接口板（B2），电池盒，手摇脉冲发生器等部件组成。图 3-35 是 FANUC 0 系统数控单元结构图。

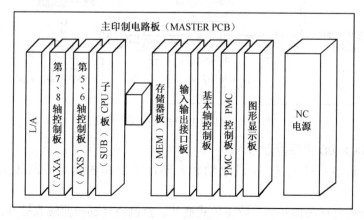

图 3-35　FANUC 0 系统数控单元结构图

2．西门子840D数控系统

  SINUMERIK 840D 是20世纪90年代中期设计的全数字化数控系统，具有高度模块化及规范化的结构，与西门子611D伺服驱动模块、西门子S7-300 PLC模块构成的全数字化数控系统，能实现钻削、车削、铣削、磨削等数控功能，也能应用于剪切、冲压、激光加工等数控加工领域。840D数控系统的基本构成如图3-36所示。

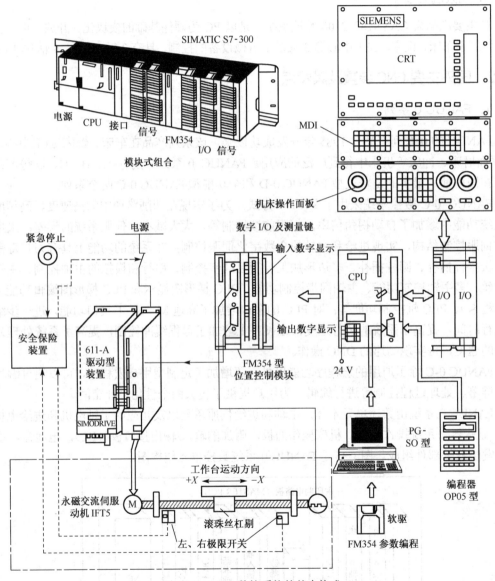

图 3-36　840D 数控系统的基本构成

  SINUMERIK 840D 主要特点如下：

  （1）840D 最多可控制31个进给轴和主轴，进给和快速进给的速度范围为 100～9999 mm/min；

  （2）插补功能有样条插补、三阶多项式插补、控制值互联和曲线表插补，为加工各类曲线曲面零件提供了便利条件，还具有进给轴和主轴同步操作的功能；

（3）配有 RS-232C 通用接口，加工过程中可同时通过通用接口进行数据输入/输出，利用 PCIN 软件可以进行串行数据通信，方便地使 840D 与西门子编程器或个人电脑连接起来，进行加工程序、PLC 程序、加工参数等各种信息的双向通信，利用 SINDNC 软件还可以实现数据网络化传输；

（4）提供标准的 PC 软硬件，用户可在 Windows 98/2000 平台开发自定义的界面。

3．FAGOR 8055 数控系统

FAGOR 数控系统属模块式结构形式。FAGOR 8055 主要由监视器、中央单元（有两种类型：3 块式和 6 块式）、操作面板、数字化交流伺服系统及 FXM 无刷交流伺服电机或 ACS 模拟式交流伺服系统及电机、通信软件等组成，3 块式中央单元接线及操作面板如图3-37所示。

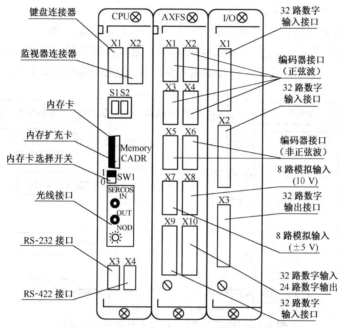

图 3-37　FAGOR 8055 CNC 中央单元构成

3.6.3　国内主要 CNC 装置及其特点

1．华中数控系统

1）华中 HNC-21T/22M 系统结构

华中"世纪星"系列数控单元（HNC-21T、HNC-21/22M）采用先进的开放式体系结构，内置嵌入式工业 PC，配置 7.5 英寸或 9.4 英寸彩色液晶显示屏和通用工程面板，集成进给轴接口、主轴接口、手持单元接口、内嵌式 PLC 接口于一体，支持硬盘、电子盘等程序存储方式，以及软驱、DNC、以太网等程序交换功能，具有低价格、高性能、配置灵活、结构紧凑、易于使用、可靠性高的特点。HNC-21T/22M 主要应用于车、铣、加工中心等各种机床控制。

HNC-21/22M 铣削系统功能如下。

① 最大联动轴数为 4 轴。

② 可选配各种类型的脉冲式、模拟式交流伺服驱动单元或步进电机驱动单元以及 HSV-11 系列串口式伺服驱动单元。

③ 除标准机床控制面板外，配置 40 路光电隔离开关量输入和 32 路开关量输出接口、手持单元接口、主轴控制与编码器接口，还可扩展远程 128 路输入/128 路输出端子板。

④ 采用 7.5 英寸彩色液晶显示器（分辨率为 640×480），全汉字操作界面、故障诊断与报警、多种形式的图形加工轨迹显示和仿真，操作简便，易于掌握和使用。

⑤ 采用国际标准 G 代码编程，与各种流行的 CAD/CAM 自动编程系统兼容，具有直线、圆弧、螺旋线、固定循环、旋转、缩放、镜像、刀具补偿和宏程序等功能。

⑥ 小线段连续加工功能，特别适合于 CAD/CAM 设计的复杂模具零件加工。

⑦ 加工断点保存/恢复功能，方便用户使用。

⑧ 反向间隙和单、双向螺距误差补偿功能。

⑨ 巨量程序加工能力，6 MB Flash RAM（可扩至 72 MB）程序断电存储，8 MB RAM（可扩至 64 MB）加工内存缓冲区。

HNC-21T 车削系统功能与 HNC-21/22M 铣削系统功能基本一致。

HNC-21/22 数控单元外部接口如图 3-38 所示。图 3-39 是数控设备的接线示意图，其中进给单元接口采用不同接口的组合，可以同时控制不同类型的伺服或步进单元。

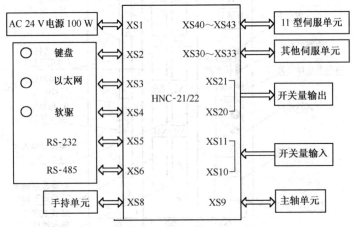

图 3-38　HNC-21/22 数控单元外部接口示意图

2）华中数控系统的软件结构

华中 I 型数控系统以工业 PC 和 DOS 操作系统为软硬件支持环境，其底层运动控制软件实现开放，构成开放式的运动平台，提供一个二次开发环境，能够供不同的数控系统灵活配置、使用，并提供了一种标准风格的软件界面。图 3-40 所示为华中 I 型数控系统的软件结构。

图 3-40 中的底层软件为华中 I 型的软件平台，其中的 RTM 为自行开发的实时多任务管理模块，负责 CNC 系统的任务调度和管理。NCBIOS 为基本输入/输出系统，管理 CNC 系统所有的外部控制对象，包括设备驱动程序的管理（对应不同的硬件模块，应用不同的驱动程序，更换模块只需更换驱动程序）、位置控制、PLC 调度、实时插补计算和内部监控等。RTM 和 NCBIOS 也可以统称为运动控制的基本输入/输出系统（NCBASE），如图 3-40 中的虚线框所示。过程层软件（或称为上层软件）相当于前后台型软件结构中的背景程序，通过 NCBIOS 把它与底层软件隔开，使得过程层软件不依赖于硬件，并且只要改动过程层软件，即可适应不同系统的需要。

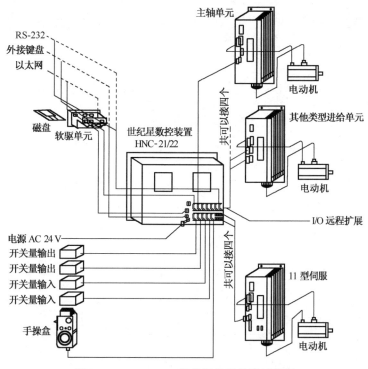

图 3-39　HNC-21/22 数控设备的接线示意图

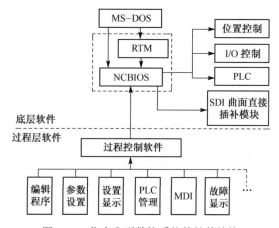

图 3-40　华中 I 型数控系统的软件结构

3.7　习题与思考题

1．CNC 控制系统的主要特点是什么？它的主要控制任务是哪些？

2．试用框图说明 CNC 装置的组成原理，并解释各部分的作用。

3．从 CNC 装置中含 CPU 的多少以及 CPU 的作用来看，CNC 装置分为几类？试简述每一类的特征。

4．CNC 装置的系统软件结构模式有几种？每一种有何特点及应用范围？

5．简述 PLC 在机床控制中的作用。

6．数控机床常用的输入方法有几种？各有何特点？

7．试述采用串行和并行方式进行外部设备与数控机床间的数据通信时的工作原理与特点。

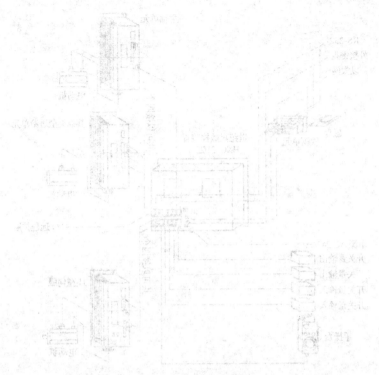

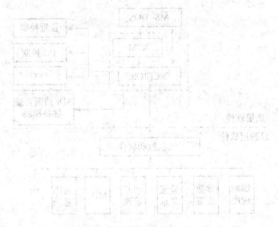

第 **4** 章　插补原理与刀具补偿技术

工程背景

插补原理与刀具补偿技术是数控系统最重要的核心技术，决定数控机床的加工精度和效率。自数控技术诞生以来，对插补原理的研究就没有停止过。熟练掌握插补原理和刀具补偿原理，对深入了解数控机床的工作原理，认识数控机床的工作过程，开发设计机床数控系统至关重要。

内容提要

本章主要介绍数控机床的刀具补偿、插补与速度控制的工作原理和技术特点。主要内容包括插补和刀补的定义，直线和圆弧的脉冲增量插补算法、数据采样插补算法和其他曲线的插补算法，刀具长度补偿、位置补偿和半径补偿的原理和方法，进给速度与加减速控制原理和方法等。

学习方法

在学习本章内容时，应注重理论联系实际，在认识、了解和掌握各种算法的基础上，结合算法实例和算法仿真，加深对基础理论知识的掌握和工程应用能力的培养。

4.1 概述

数控机床加工零件时，数控系统根据编程指令和刀具补偿值，自动计算出刀具中心相对于工件的运动轨迹，并把其运动轨迹坐标按照一定的算法，分割成一些小的位移量，通过控制数控机床的各个坐标轴的运动速度，实现对零件的加工。这一过程涉及三个主要任务：一是根据零件轮廓计算刀具控制点的运动轨迹；二是对刀具运动轨迹坐标的分割；三是各运动轴的速度控制。上述任务不但要保证很高的精度，而且要在极短的时间内完成，因此具有相当的难度。本章将系统地介绍数控机床实现加工的刀具补偿技术、插补技术和速度控制技术。

1. 刀具补偿技术

数控系统是按照数控加工程序进行工作的，而现代数控机床均是按照零件轮廓进行编程的。数控系统刀具补偿的作用就是根据编程指令和刀具补偿值自动计算刀具控制基准点（刀位点）的坐标位置。若铣削如图4-1所示零件的外形轮廓，则编程指令给出的是与零件外形轮廓（粗实线）相关的坐标参数，而数控铣床控制铣刀走的是图中双点画线所示的轨迹，因此，

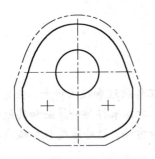

数控系统在刀具接触工件之前，就要将编程轨迹转化为刀具中心运动轨迹，才能达到正确加工的目的。数控系统实现这一功能的技术就是刀具补偿技术。

2. 插补技术

图 4-1　零件轮廓轨迹和刀具运动轨迹

数控系统在计算出刀具相对于工件的运动轨迹后，如何控制刀具和工件按规定的轨迹运动，就是插补将要解决的问题，这也是数控系统最核心的问题之一。插补就是数据点的密化过程。在对数控系统输入有限信息（如线型、起点、终点坐标）的情况下，计算机利用相应的插补算法，自动地在有限坐标点之间生成一系列的坐标数据，实现数据点的密化。图4-2为采用不同插补算法对直线 *AB* 进行插补的结果，其中粗实线为被插补的线段，细实线为由不同插补算法得到的插补轨迹。

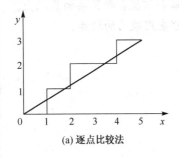
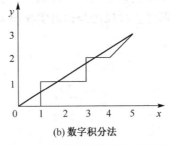
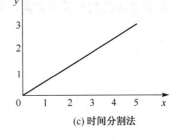

(a) 逐点比较法　　　　　　(b) 数字积分法　　　　　　(c) 时间分割法

图 4-2　不同插补算法插补的结果

3. 速度控制技术

为了提高加工效率和精度，数控系统在非切削阶段采用较高的进给速度，在切削阶段采用编程指令给定的恒进给速度进行加工。数控系统应能提供足够的速度范围和灵活的指定方法。在加工过程中，因为可能发生事先不能确定或意外的情况，所以还应当考虑能手动调节

进给速度。此外，当速度高于一定值时，在启动和停止阶段，为了防止产生冲击、失步、超程或振荡，保证运动平稳和准确定位，还要有加减速控制功能。

4.2　刀具补偿技术

　　根据数控机床的类型，数控系统的刀具补偿（以下简称刀补）技术分为按以刀尖位置或刀具长度为主要内容的刀具位置补偿和以刀具半径或刀尖圆弧半径为主要内容的刀具半径补偿两类。它们主要是用来修正刀具刀位点的实际位置与编程指令位置之差。

4.2.1　刀具位置或刀具长度补偿

　　刀具位置或刀具长度补偿是用来实现车刀、铣刀、钻头等刀具的刀位点与编程指令之间的补偿。对于车刀是指车刀刀尖在 x 轴和 z 轴两个方向上的刀具位置补偿，而对于铣刀和钻头主要是指在 z 轴方向上刀具长度的补偿。

1. 刀具位置补偿

　　刀具位置补偿的作用是指当车刀刀尖的安装位置与编程位置存在差值时，可以通过刀具补偿值的设定，使刀具在 x、z 轴方向上加以补偿，它是操作者控制工件尺寸的重要手段。

┌─【工程背景 4-1】　**数控车床刀尖位置补偿**

　　图4-3为某数控车床加工示意图，其刀位点为刀架中心点 A，而刀尖实际位置为点 B。数控机床加工前，需要通过在线对刀或者通过对刀仪等途径分别获得每把刀具刀尖到刀位点在 x 轴和 z 轴方向的距离，然后通过刀尖位置补偿的方式，使数控系统对刀具的控制从刀位点 A 自动地偏移到刀尖 B 的位置。图4-3(a)为补偿前控制点在刀位点 A，图4-3(b)为补偿后控制点从刀位点移至刀尖点 B。

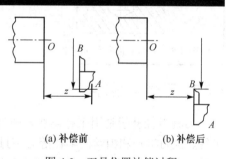

(a) 补偿前　　　　(b) 补偿后

图 4-3　刀具位置补偿过程

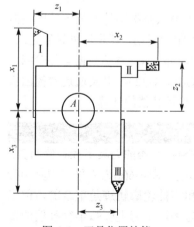

图 4-4　刀具位置补偿

　　数控车削一般为多刀具加工，以如图 4-4 所示的四方刀架为例，编程时一般先假设刀尖处于某一已知点，并以此点为基准进行编程。而机床实际控制的是刀位点的运动，因此数控机床在加工前要进行对刀，即确定每把刀具的刀尖位置相对刀位点在 x 轴和 z 轴方向的距离，并将其作为刀具补偿值输入到数控系统中。数控系统在加工零件时，利用刀尖位置补偿功能，自动地将刀具控制点从刀位点转化到参与切削刀具的刀尖位置。

　　实际加工时，刀尖的实际安装位置很可能与假设的已知点不一致，而且机床在进行换刀后，每把刀具的刀尖工作位置都不一定重合，如图 4-4 中使用的三把刀具。刀具安装后，每把刀具的刀尖相对于刀位点 A 的偏移值是可以获得的。假设其偏移值分别为 (x_1, z_1)、(x_2, z_2)、(x_3, z_3)，将偏移值输入到对应刀具的刀尖位置补偿存储器中，当数控机床执行了刀具补偿功能后，原来的点 A 就被刀尖的实际位置所代替。其补偿量为

$$\begin{cases} x_i = x_A + \Delta x_i \\ z_i = z_A + \Delta z_i \end{cases} \tag{4-1}$$

式中，x_i、z_i 为第 i 把刀的刀尖位置坐标，x_A、z_A 为刀具的刀位点的坐标，Δx_i、Δz_i 为第 i 把刀刀尖到刀位点的距离。

当刀具重磨后或工件尺寸有误差时，只要修改每把刀具相应的数值，Δx_i、Δz_i 值就可获得同样的效果，而无须重新编制加工程序。

2．刀具长度补偿

刀具长度补偿用于钻头、铣刀等刀具在长度 z 方向的补偿，当刀具因长度改变而使其实际位置偏离编程位置时，调用刀具长度补偿功能，对刀具长度予以补偿。

【工程背景 4-2】 ▌**刀具长度补偿**

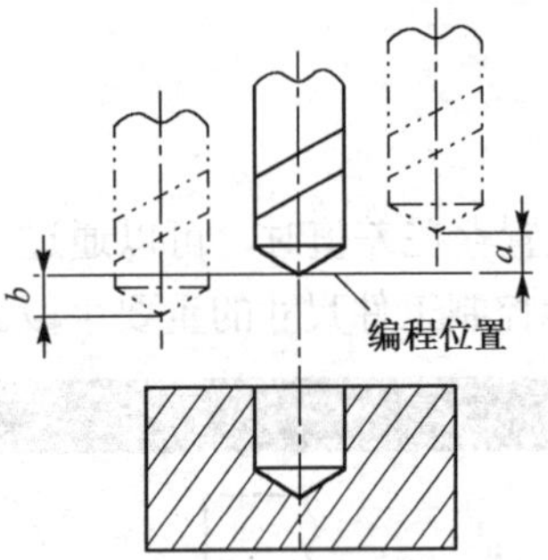

图 4-5 为某钻床钻孔的示意图，当更换钻头或钻头因磨损而使其实际位置从编程位置偏离至刀具实际位置 1 或位置 2 时，只需测量两者的差值，并将其作为补偿矢量，预存在数控系统中，数控系统便可以按原来的程序加工出所要求的零件尺寸。

图 4-5　刀具长度补偿示意图

4.2.2　刀具半径补偿

刀具半径补偿是用来补偿在轮廓加工中，由于刀具具有一定的半径（如车刀的刀尖圆弧半径、铣刀半径和钼丝的半径等），刀具中心运动轨迹并不等于零件的轮廓轨迹，两者之间偏移了一个刀具半径矢量，这种偏移习惯上称为刀具半径补偿。刀具半径补偿直接影响数控机床的加工精度，是机床数控系统的重要功能之一。

刀具半径补偿通常不是程序编制人员完成的。程序编制人员只是按零件的加工轮廓编制程序，同时用指令 G41 或 G42 告诉 CNC 系统刀具是沿零件内轮廓运动，还是沿外轮廓运动。实际的刀具半径补偿是在 CNC 系统内部由计算机自动完成的，即 CNC 系统根据零件轮廓尺寸（直线或圆弧及其起点和终点）和刀具半径补偿的方向（G41、G42），以及通过数控面板输入 CNC 系统的实际加工中所用的刀具补偿值自动完成刀具半径补偿的计算。

【工程背景 4-3】 ▌**刀具半径补偿**

刀具半径补偿分为数控车削类的刀尖圆弧半径补偿和数控镗铣类的刀具半径补偿两类。图 4-6(a) 和图 4-6(b) 为车刀刀尖圆弧半径对零件加工造成的影响。图 4-6(a) 为未采用刀具半径补偿的情况，可以看出当车削端面和圆柱面时，刀具轨迹和零件轮廓轨迹是重合的，但当加工锥面和圆弧面时，会产生过切削和欠切削。图 4-6(b) 为采用了刀尖圆弧半径补偿的情况，从而使刀具加工轨迹与零件轮廓完全重合。图 4-6(c) 为铣削类刀具半径对零件加工的影响。若无刀具半径补偿，则编程时必须根据零件轮廓尺寸计算出刀具中心轨迹的坐标参数（如图 4-6(c) 中虚线所示），采用刀具半径补偿就可以按零件轮廓进行编程。

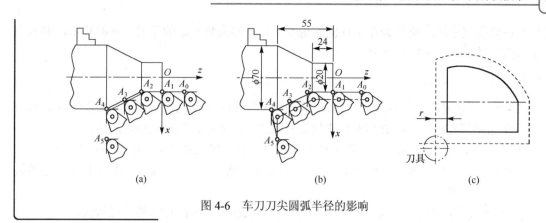

图 4-6　车刀刀尖圆弧半径的影响

4.2.3　C 功能刀具半径补偿

无论是车削类的刀尖圆弧半径补偿，还是镗铣类的刀具半径补偿算法，随着计算机技术和数控技术的发展都经历了 B（Base）功能（极坐标法、r^2 法、矢量判断法）刀具补偿技术和 C（Complete）功能刀具补偿技术。目前，数控系统中普遍采用的是 C 功能刀具半径补偿技术。

1．C 功能刀具半径补偿的基本思想

数控系统 C 功能刀具半径补偿的硬件结构如图4-7所示，由缓冲寄存器 BS、刀具补偿寄存器 CS、工作寄存器 AS 和输出寄存器 OS 等部分组成。在 C 功能刀补工作状态中，CNC 装置内部总是同时存储着三个程序段的信息。进行补偿时，第一段加工程序先被读入 BS，在 BS 中算出的第一段编程轨迹被送到 CS 暂存后，又将第二段程序读入 BS，算出第二段编程轨迹。接着，对第一、第二两段编程轨迹的连接方式进行判别，根据判别结果，再对 CS 中的第一段编程轨迹进行相应的修正。修正结束后，顺序地将修正后的第一段编程轨迹由 CS 送到 AS，第二段编程轨迹由 BS 送入 CS。随后，由 CPU 将 AS 中的内容送到 OS 进行插补运算，运算结果送伺服驱动装置予以执行。当修正了的第一段编程轨迹开始被执行后，利用插补间隙，CPU 又命令第三段程序读入 BS。随后，又根据 BS、CS 中的第三、第二段编程轨迹的连接方式，对 CS 中的第二段编程轨迹进行修正。

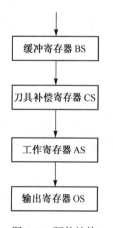

图 4-7　硬件结构

C 功能刀具半径补偿在具体实现时，为了便于交点的计算，以及对各种编程情况进行综合分析，从中找出规律，所有的编程输入轨迹都是被当做矢量来看待的。

显然，直线段本身就是一个矢量，而圆弧在这里意味着要将起点、终点的半径及起点到终点的弦长都看做矢量。零件刀具半径也作为矢量看待。所谓刀具半径矢量，是指在加工过程中，始终垂直于编程轨迹，大小等于刀具半径值，方向指向刀具中心的一个矢量。在直线加工时，刀具半径矢量始终垂直于刀具移动方向。在圆弧加工时，刀具半径矢量始终垂直于编程圆弧的瞬时切点的切线，它的方向是一直在改变的。

2．C 功能刀具补偿类型及判别方法

一般来说，CNC 装置中能控制加工的轨迹通常只有直线和圆弧。所有编程轨迹一般有四种轨迹转接方式，即直线与直线转接、圆弧与圆弧转接、直线与圆弧转接和圆弧与直线转接。

根据前后两段程序轨迹交角处在工件侧的角度（矢量的夹角）α 的不同，有伸长型、缩短型和插入型三种过渡（转接）类型。

1）直线与直线转接

图4-8所示的是直线与直线转接进行左刀具补偿（G41）的情况。图中，编程轨迹为 OA、AF。由于采用了直线转接，必须对原来的编程轨迹进行伸长、缩短和插入的修正。

在图 4-8(a)中，AB、AD 为刀具半径矢量。对应于编程轨迹 OA、AF，刀具中心轨迹 JB 与 DK 将在点 C 相交。这样，相对于 OA 与 AF 而言，将缩短一个 CB 与 DC 的长度。这种转接称为缩短型转接。

在图4-8(d)中，由于点 C 将处于 JB 与 DK 的延长线上，因此称为伸长型转接。

对图4-8(c)来说，若仍采用伸长型转接，则将增加刀具的非切削空行程时间，甚至行程超过工作台加工范围。为此，可以在 JB 和 DK 之间增加一段过渡圆弧，但这种方法会使刀具在转角处停顿，零件加工工艺性差。还可以插入一段过渡直线，令 BC 等于 DC' 且等于刀具半径长度 AB 和 AD，同时，在中间插入过渡直线 CC'。也就是说，刀具中心除了沿原来的编程轨迹伸长移动一个刀具半径长度外，还必须增加一个沿直线 CC' 的移动，等于在原来的程序段中间插入了一个程序段，这种转接形式称为插入型转接。

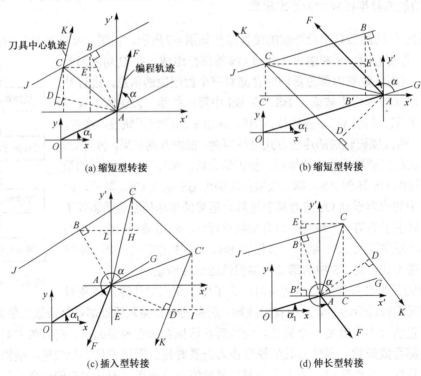

(a) 缩短型转接　　(b) 缩短型转接

(c) 插入型转接　　(d) 伸长型转接

图 4-8　G41 直线与直线转接情况

同理，直线接直线右刀补（G42）的情况示于图4-9中。

当同一坐标平面内直线转接直线时，由第一段编程矢量逆时针旋转到第二段编程矢量的夹角 α 在 $0°\sim360°$ 范围内变化，相应刀具中心轨迹的转接将顺序地按上述三种类型的方式进行。

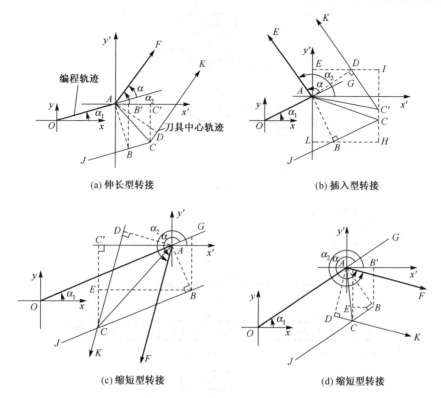

(a) 伸长型转接　　　　　　　　　　　(b) 插入型转接

(c) 缩短型转接　　　　　　　　　　　(d) 缩短型转接

图 4-9　G42 直线与直线转接情况

对应于图 4-8 和图 4-9，表 4-1 列出了直线与直线转接时的全部分类情况。

表 4-1　直线与直线转接时的分类

编程轨迹的连接	刀补方向	$\sin\alpha \geqslant 0$	$\cos\alpha \geqslant 0$	象　限	转 接 类 型	对 应 图 号
G41G01/G41G01	G41	1	1	I	缩短	4-8(a)
		1	0	II		4-8(b)
		0	0	III	插入（I）	4-8(c)
		0	1	IV	伸长	4-8(d)
G42G01/G42G01	G42	1	1	I	伸长	4-9(a)
		1	0	II	插入（II）	4-9(b)
		0	0	III	缩短	4-9(c)
		0	1	IV		4-9(d)

直线与直线转接时分类判别的软件实现框图如图 4-10 所示。

2）圆弧与圆弧转接

同直线与直线转接一样，圆弧与圆弧转接时类型的区分也可以通过相接两圆的起点和终点半径矢量的夹角 α 的大小来判别。不过，为了便于分析，往往将圆弧等效于直线处理。

在图 4-11 中，当编程轨迹圆弧 $\overset{\frown}{PA}$ 接 $\overset{\frown}{AQ}$ 时，O_1A 和 O_2A 分别为起点和终点的半径矢量。对于 G41 左刀补，角 α 将为 $\angle GAF$。在图 4-11 中，$\alpha = \angle x_2O_2A - \angle x_1O_1A = \angle x_2O_2A - 90° - (\angle x_1O_1A - 90°) = \angle GAF$。

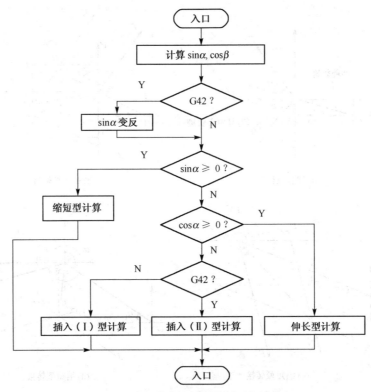

图 4-10　直线与直线转接分类判别的软件实现

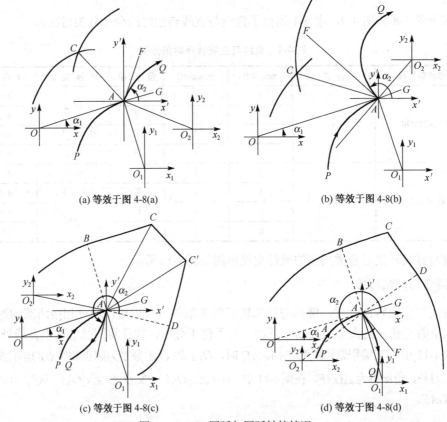

(a) 等效于图 4-8(a)　　　　　(b) 等效于图 4-8(b)

(c) 等效于图 4-8(c)　　　　　(d) 等效于图 4-8(d)

图 4-11　G41 圆弧与圆弧转接情况

比较图4-8与图4-11，它们的转接类型分类和判别是完全相同的，即当左刀补顺圆接顺圆 G41G02/G41G02 时，它们的转接类型等效于左刀补直线接直线（G41G01/G41G01）。

3）直线与圆弧的转接和圆弧与直线的转接

图 4-11 还可看做是直线与圆弧的转接，即 G41G01/G41G02（OA 接 $\overset{\frown}{AQ}$）和 G41G02/G41G01（$\overset{\frown}{PA}$ 接 AF）。因此，它们的转接类型也等效于直线接直线 G41G01/G41G01。

由上述分析可知，根据刀补方向、等效规律及角 α 的变化，就可以区分各种轨迹间的转接类型。

3．C功能刀补转接矢量的计算

按照转接类型的不同，转接矢量分为两类：一类是刀具半径矢量，即图 4-8、图 4-9 和图 4-11 中的 AB、AD；另一类是从轮廓线段交点指向刀具中心轨迹交点的转接交点矢量 AC、AC'。

1）刀具半径矢量的计算

以 r_D 表示刀具半径矢量，α_1 表示对应的直线编程矢量与x轴的夹角，由图 4-8(a)和图 4-9(a) 可见，若 $r_D = AB$，则 $\alpha_1 = \angle xOA$，由图中几何关系可得

$$G41: \qquad r_{Dx} = r_D \sin\alpha_1, \qquad r_{Dy} = r_D \cos\alpha_1$$
$$G42: \qquad r_{Dx} = r_D \sin\alpha_1, \qquad r_{Dy} = r_D(-\cos\alpha_1) \tag{4-2}$$

圆弧的起点和终点半径矢量可由式(4-2)求得，只是事先要按圆弧的刀补方向进行适当修正。

2）转接交点矢量的计算

转接类型不同，其转接交点矢量的计算方法也不同。由图 4-8、图 4-9 和图 4-11 可见，对于伸长型和插入型的交点矢量 AC 和 AC' 来说，无论线型和连接方式如何变化，计算方法是一样的。但对于缩短型的交点矢量来说，直线与直线、直线与圆弧及圆弧与圆弧连接时的交点位置是变化的。因此，这三种情况的交点矢量计算完全不同。

（1）伸长型交点矢量 AC 的计算

以图4-9(a)为例，图中 OA、AF 和 AB 均为已知，$\angle xOA$、$\angle x'AF$ 也为已知角 α_1 和角 α_2，$r_D = AB = AD$，矢量 AC 为所求。

要求 AC，只要求出 AC 的 x 分量和 y 分量。由图可见，AC 的 x 分量为

$$AC_x = AC' = AB' + B'C'$$

其中

$$AB' = r_D \cos(\angle x'AB) = r_D \sin\alpha_1$$

$$B'C' = |BC| \cos\alpha_1$$

因为

$$\triangle ADC \approx \triangle ABC$$

所以

$$\angle BAC = \frac{1}{2}\angle BAD$$

而

$$\angle BAD = \angle x'AB - \angle x'AD$$

又因为
$$\angle x'AB = 90° - \alpha_1$$

$$\angle x'AD = 90° - \alpha_2$$

所以
$$\angle BAD = \alpha_2 - \alpha_1$$

$$\angle BAC = \frac{1}{2}(\alpha_2 - \alpha_1)$$

而
$$|BC| = \boldsymbol{r}_{\mathrm{D}} \tan \angle BAC = \boldsymbol{r}_{\mathrm{D}} \tan \frac{1}{2}(\alpha_2 - \alpha_1)$$

所以
$$B'C' = \boldsymbol{r}_{\mathrm{D}} \tan \frac{1}{2}(\alpha_2 - \alpha_1) \cos \alpha_1$$

于是
$$AC_x = \boldsymbol{r}_{\mathrm{D}} \tan \frac{1}{2}(\alpha_2 - \alpha_1) \cos \alpha_1 = \boldsymbol{r}_{\mathrm{D}} \frac{\sin \alpha_1 + \sin \alpha_2}{1 + \cos(\alpha_2 - \alpha_1)} \tag{4-3}$$

同理，可求得 AC 的 y 分量为

$$AC_y = \boldsymbol{r}_{\mathrm{D}} \frac{-\cos \alpha_1 - \cos \alpha_2}{1 = \cos(\alpha_2 - \alpha_1)} \tag{4-4}$$

AC 求出后，可以很容易得到编程轨迹 OA 和 AF 对应的刀具中心轨迹为：$OA + (AC-AB)$ 和 $(AD - AC) + AF$。

（2）插入型交点矢量 AC 和 AC' 的计算

根据刀补方向 G41 和 G42 的不同，插入型交点矢量的计算可相应地分为插入（Ⅰ）型和插入（Ⅱ）型两种。

对于插入（Ⅰ）型，由图4-8(c)可求得

$$AC_x = \boldsymbol{r}_{\mathrm{D}} \cos \alpha_2 + \boldsymbol{r}_{\mathrm{D}} \cos(\alpha_2 + 90°) = \boldsymbol{r}_{\mathrm{D}}(\cos \alpha_2 - \sin \alpha_2)$$

$$AC_y = \boldsymbol{r}_{\mathrm{D}} \cos \alpha_2 + \boldsymbol{r}_{\mathrm{D}} \cos(\alpha_2 + 90°) = \boldsymbol{r}_{\mathrm{D}}(\sin \alpha_1 + \cos \alpha_1) \tag{4-5}$$

$$AC'_x = \boldsymbol{r}_{\mathrm{D}} \cos(\alpha_2 + 90°) + \boldsymbol{r}_{\mathrm{D}} \cos(\alpha_2 + 180°) = -\boldsymbol{r}_{\mathrm{D}}(\sin \alpha_2 + \cos \alpha_2)$$

$$AC'_y = \boldsymbol{r}_{\mathrm{D}} \sin(\alpha_2 + 90°) + \boldsymbol{r}_{\mathrm{D}} \sin(\alpha_2 + 180°) = -\boldsymbol{r}_{\mathrm{D}}(\cos \alpha_2 - \sin \alpha_2) \tag{4-6}$$

对于插入（Ⅱ）型，由图 4-9(b)可求得

$$AC_x = \boldsymbol{r}_{\mathrm{D}} \cos \alpha_1 + \boldsymbol{r}_{\mathrm{D}} \cos(\alpha_1 - 90°) = \boldsymbol{r}_{\mathrm{D}}(\cos \alpha_1 + \sin \alpha_1)$$

$$AC_y = \boldsymbol{r}_{\mathrm{D}} \sin \alpha_1 + \boldsymbol{r}_{\mathrm{D}} \sin(\alpha_1 - 90°) = \boldsymbol{r}_{\mathrm{D}}(\sin \alpha_1 - \cos \alpha_1) \tag{4-7}$$

$$AC'_x = \boldsymbol{r}_{\mathrm{D}} \cos(\alpha_2 - 90°) + \boldsymbol{r}_{\mathrm{D}} \cos(\alpha_2 + 180°) = -\boldsymbol{r}_{\mathrm{D}}(\sin \alpha_2 - \cos \alpha_2)$$

$$AC'_y = \boldsymbol{r}_{\mathrm{D}} \sin(\alpha_2 - 90°) + \boldsymbol{r}_{\mathrm{D}} \sin(\alpha_2 + 180°) = -\boldsymbol{r}_{\mathrm{D}}(\cos \alpha_2 + \sin \alpha_2) \tag{4-8}$$

当求得 AC 和 AC' 后，对应于编程轨迹 OA 与 AF 的刀具中心轨迹求出为：$OA + AC - AB$、$AC' - AC$ 和 $AD - AC' + AF'$。

（3）缩短型交点矢量 AC 的计算

① 直线与直线的连接。当直线与直线连接时，缩短型交点矢量的计算与伸长型交点矢量的计算方法相同，只是要注意转接矢量的方向，对照图 4-8 和图 4-9 就能判别矢量的方向。

② 直线与圆弧的连接。如图 4-12 所示，已知直线矢量 FA、圆弧起点半径矢量 OA 和刀具矢量 $\boldsymbol{r}_D$。从图中可以看出：$AC = OC - OA$，因此只要求出 OC 就可得到 AC。

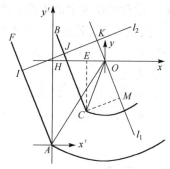

图 4-12　直线与圆弧连接时的缩短型转接

为求得 OC，可过点 O 作 $l_1 /\!/ AF$，$OH = OA_x$，过点 H 作 $l_2 \perp AF$，l_2 与 l_1 交于点 K，交 AF 或其延长线于点 I，交 CB 于点 J，CM 为 CB 与 l_1 之间的距离。

由图 4-12 可见

$$OC_x = |OC|\cos\angle xOC$$

$$\angle xOC = \angle xOM + \angle COM$$

$$\angle xOM = \angle x'AF + 180°$$

所以
$$OC_x = |OC|\cos(180° + \angle x'AF - \angle COM)$$
$$= |OC|[\cos(180° + \angle x'AF)\cos\angle COM + \sin(180° + \angle x'AF)\sin\angle COM]$$
$$= |OC|[-\cos\angle x'AF\cos\angle COM - \sin\angle x'AF\sin\angle COM] \tag{4-9}$$

同理
$$OC_y = |OC|\sin\angle xOC$$
$$= |OC|\sin(180° + \angle x'AF - \angle COM)$$
$$= |OC|[-\sin\angle x'AF\angle COM + \cos\angle x'AF\sin\angle COM] \tag{4-10}$$

而
$$\sin\angle COM = \frac{|CM|}{|OC|}$$

$$\cos\angle COM = \frac{\sqrt{|OC|^2 - |CM|^2}}{|OC|}$$

式中，$|OC| = |OA| - \boldsymbol{r}_D = R - \boldsymbol{r}_D$（$R$ 为圆弧半径）$|CM|$ 值可以通过 $\triangle OHK$ 和 $\triangle AHI$ 求得，即

$$|CM| = |IK| - |IJ| = |OA_x|\sin\angle HOK + |OA_y|\cos\angle AHI - \boldsymbol{r}_D$$

因为
$$\angle HOK = 180° - \angle x'AF = \angle AHI$$

$$|OA_x| = -OA_x$$

$$|OA_y| = -OA_y$$

所以
$$|CM| = -OA_x\sin\angle x'AF + OA_y\cos\angle x'AF - \boldsymbol{r}_D$$

于是
$$OC_x = -\cos\angle x'AF\sqrt{(\boldsymbol{R} - \boldsymbol{r}_D)^2 - |CM|^2} - |CM|\sin\angle x'AF$$

$$OC_y = -\sin\angle x'AF\sqrt{(\boldsymbol{R} - \boldsymbol{r}_D)^2 - |CM|^2} + |CM|\cos\angle x'AF \tag{4-11}$$

根据刀补方向 G41、G42 及圆弧走向 G02、G03 的不同，按上述方法可以得到 8 种不同

的计算式，它们之间的区别仅在于各项的正负号不同，但基本表达式仍为积之和的形式。因此，对于软件的实现来说还是比较方便的，精度也很高。

③ 圆弧与圆弧连接。如图4-13所示，已知量为圆弧 $\overset{\frown}{HP}$ 的圆心坐标 $A(I_1, J_1)$，半径为 R_1；圆弧 $\overset{\frown}{PI}$ 的圆心坐标为 $B(I_2, J_2)$，半径为 R_2；且 $HF = IK = r_D$。两圆交点 P' 的坐标为所求。P' 的坐标求解方法如下。

过点 A 作 $l_1 // OX$，过点 B 作 l_1 的垂线，交 l_1 于点 N，设 $\angle ANB = \beta$，$\angle ANB = \alpha$，过点 P' 作 $l_2 \perp x$ 轴，交 l_1 与点 E，则在 $\triangle AP'B$ 中，有

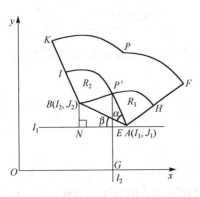

图4-13　圆与圆相交时的缩短型转接

$$AB = \sqrt{(I_1 - I_2)^2 + (J_1 - J_2)^2}$$

$$P'A = AH = R_1, \quad P'B = BH = R_2$$

由余弦定理

$$\cos\alpha = \frac{P'A^2 + AB^2 - P'B^2}{2P'A \cdot AB}$$

则

$$\begin{cases} P'A\cos\alpha = \dfrac{P'A^2 + AB^2 - P'B^2}{2AB} \\ P'A\sin\alpha = P'A\sqrt{1 - \cos^2\alpha} \end{cases}$$

在 $\triangle BAN$ 中，有

$$AN = I_1 - I_2$$

$$BN = J_1 - J_2$$

$$\cos\beta = \frac{AN}{AB}$$

$$\sin\beta = \frac{BN}{AB}$$

在 $\triangle AP'E$ 中，有

$$AN = P'A\cos(\alpha + \beta) = P'A\cos\alpha\cos\beta - P'A\sin\alpha\sin\beta$$

$$P'E = P'A\sin(\alpha + \beta) = P'A\sin\alpha\sin\beta + P'A\cos\alpha\cos\beta$$

由此，可求得 P' 点的坐标为

$$x = OG = I_1 - AE$$
$$y = P'G = J_1 - P'E \tag{4-12}$$

圆弧与圆弧连接时的缩短型交点矢量的全部计算式也可分为 8 种。

上面缩短型交点矢量的计算是采用平面几何的方法，而不是采用解联立方程组的方法。这是因为解联立方程组的方法除计算机软件比较复杂外，当存在两个解时，还必须进行更复杂的唯一解的确定。

4.2.4　刀补的执行过程

数控机床具有了刀具补偿功能，既可以保证机床的高加工精度，又可以极大地简化编程工作量。不论是哪一类的刀具补偿技术，在使用中都需要经过刀补建立、刀补执行和刀补撤销三个步骤。

1．刀补建立

刀具从起点出发沿直线接近加工零件，依据 G41 或 G42 使刀具中心在原来的编程轨迹的基础上伸长或缩短一个刀具补偿值，即刀具中心从与编程轨迹重合过渡到与编程轨迹偏离一个刀具补偿值的过程，刀补的建立在加工之前完成。

2．刀补执行

建立了刀具补偿值，数控机床就可以根据按零件轮廓进行的编程指令，加工出符合要求的零件，刀补指令是模态指令，一旦建立就一直有效，直至被同组 G 代码指令取代。在刀补进行期间，刀具控制点始终偏离编程轨迹一个刀具补偿值。

3．刀补撤销

刀补撤销的过程与刀补建立过程相反，应用于加工完后刀具离开工件，并到达安全位置时。刀具中心运动轨迹从与编程轨迹偏离一个刀具补偿值过渡到与编程轨迹重合。刀补撤销用 G40 指令。

刀具补偿仅在由 G 代码指定的二维坐标平面内进行，不同刀具其补偿值是不一样的，刀具补偿值由刀具号 H（D）确定。

【工程实例 4-1】　C 功能刀具半径补偿

如图 4-14 所示，加工轨迹为粗实线，刀具轨迹为虚线，刀具起点在点 O，终点在点 H，采用 G42 右插补。刀补建立、执行和撤销过程如下：

① 刀具补偿建立。读入 OA，算出 OA，继续读下一段。

② 读入 AA'，因是插入型转接，算出 r_{D2}、Ag、Af、r_{D1} 和 AA'。由于上一段是刀具补偿建立，直接命令走 Oe，$Oe = OA + r_{D1}$。

③ 读入 $A'F$。由于判断出仍是插入型转接，因此算出 r_{D3}、$A'i$、$A'h$、r_{D2}、$A'F$。命令走 ef，$ef = Af - r_{D1}$。

④ 继续走 fg，$fg = Ag - Af$。

⑤ 走 gh，$gh = AA' - Ag + A'h$。

⑥ 读入 FG。因判断出是缩短型转接，所以只算出 r_{D1}、Fj、r_{D3}、FG。继续走 hi，$hi = A'i - A'h$。

⑦ 走 ij，$ij = A'f - A'i + Fj$。

⑧ 读入 GH（假定有撤销刀具补偿的 G40 命令）。

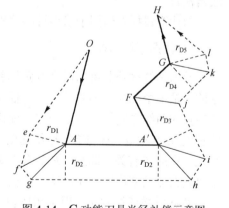

图 4-14　C 功能刀具半径补偿示意图

由于判断出是伸长型转接，所以尽管是撤销刀具补偿，但仍要算出 r_{D5}、GH、r_{D4}，继续走 jk，$jk = FG - Fj + Gk$。

⑨ 由于上段是刀具补偿撤销，所以要做特殊处理，直接命令走 kl，$kl = r_{D5} - Gk$。

⑩ 最后走 lH，$lH = GH - r_{D5}$。

4.3 数控机床的插补原理

数控系统加工的零件轮廓一般是由直线和圆弧组成的，对于由非直线或圆弧组成的轮廓曲线则可以用小段的直线或圆弧来拟合。因此，数控系统都具有直线和圆弧插补功能，只有在某些要求较高的系统中，才具有椭圆、抛物线等插补功能。

1. 插补的基本概念

插补就是数控机床依照一定的方法确定刀具轨迹的过程，即数据点的密化过程。在对数控系统输入有限坐标点（如起点、终点）的情况下，计算机根据线段的特征（直线、圆弧、椭圆等）和进给速度的要求，运用一定的算法，自动地在有限坐标点之间生成一系列的坐标数据，从而对各坐标轴进行速度控制，完成整个线段的轨迹运行，使机床加工出所要求的轮廓曲线。

2. 插补的种类

目前，应用的插补算法主要分为两大类：一类是脉冲增量插补，另一类是数据采样插补。

1）脉冲增量插补

脉冲增量插补又称为基准脉冲插补或行程标量插补。该插补算法主要为各坐标轴进行脉冲分配计算。其特点是每次插补的结束仅产生一个行程增量，以一个个脉冲的方式输出给控制电机。脉冲增量插补在插补计算过程中不断向各个坐标发出相互协调的进给脉冲，驱动各坐标轴的电动机运动。在数控系统中，一个脉冲所产生的坐标轴位移量称为脉冲当量，通常用 δ 表示。脉冲当量 δ 是脉冲分配的基本单位，按机床设计的加工精度选定。普通精度的机床取 $\delta = 0.01$ mm，较精密的机床取 $\delta = 0.001$ mm 或 0.005 mm。脉冲增量插补通常有以下几种：逐点比较法、数字积分法、比较积分法、矢量判断法、最小偏差法和数字脉冲乘法器法等。

脉冲增量插补适用于以步进电动机为驱动装置的开环数控系统。

2）数据采样插补

数据采样插补又称为时间标量插补或数字增量插补。这类插补算法的特点是数控装置产生的不是单个脉冲，而是数字量。插补运算分两步完成。第一步为粗插补，它是在给定起点和终点的曲线之间插入若干个点，即用若干条微小直线段来逼近给定曲线，每一微小直线段的长度 ΔL 都相等，且与给定进给速度有关。粗插补在每一微小直线段的长度 ΔL 与进给速度 F 和插补周期 T 有关，即 $\Delta L = FT$。第二步为精插补，它是在粗插补算出的每一微小直线上再进行"数据点的密化"工作，这一步相当于对直线的脉冲增量插补。

数据采样插补方法适用于闭环和半闭环的以直流或交流伺服电动机为驱动装置的位置采样控制系统。粗插补在每个插补周期内计算出坐标位置增量值，而精插补则在每个采样周期内采样闭环或半闭环反馈位置增量值及插补输出的指令位置增量值，然后算出各坐标轴相应的插补指令位置和实际反馈位置，并将二者相比较，求得跟随误差。根据所求得的跟随误差，算出相应轴的进给速度指令，并输出给驱动装置。在实际使用中，粗插补运算简称插补，通常用软件实现。精插补可以用软件，也可以用硬件来实现。插补周期与采样周期可以相等，也可以不等，通常插补周期是采样周期的整数倍。

4.3.1　逐点比较法

逐点比较法起初称为区域判别法，又称为代数运算法，或碎步式近似法。这种方法的基本原理是被控对象在按要求的轨迹运动时，每走一步都要与规定的轨迹进行比较，由此结果决定下一步移动的方向。逐点比较法既可以进行直线插补，又可以进行圆弧插补。这种算法的特点是，运算直观，插补误差小于一个脉冲当量，输出脉冲均匀，而且输出脉冲的速度变化小，调节方便，因此在二坐标数控机床中应用较为普遍。

1. 直线插补原理

直线插补时，以直线起点为原点，给出终点坐标 $E(x_E, y_E)$。直线方程为

$$\frac{y}{x} = \frac{y_E}{x_E}$$

改写为

$$yx_E - xy_E = 0$$

如果加工轨迹脱离直线，则轨迹点的 x、y 坐标不满足上述直线方程。在第一象限中，对位于直线上方的点 A（如图4-15所示），则有

$$y_A x_E - x_A y_E > 0$$

对于位于直线下方的点 B，则有

$$y_B x_E - x_B y_E < 0$$

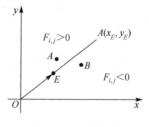

图 4-15　直线插补

因此，可以取判别函数 F 为

$$F = yx_E - xy_E \tag{4-13}$$

用此式来判别点和直线的相对位置，若 $F > 0$（点在直线上方），应向着 +x 方向（或 –y）方向移动，点才能靠近直线。若 $F < 0$（点在直线下方），应向着 +y 方向（或 –x）方向移动，趋向直线。若 $F = 0$（点在直线上），为了连续运动，可按 $F > 0$ 或 $F < 0$ 时的规律运动。为了方便，将 $F = 0$ 归入 $F > 0$ 的情况，从原点开始，走一步，算一算，判别 F 值，再趋向直线，步步前进。

为了便于计算机计算，现将 F 的计算公式简化如下。

设在第一象限中的点 (x_i, y_i) 的 F 值为 $F_{i,j}$，若沿 +x 方向走一步，即

$$\begin{cases} x_{i+1} = x_i + 1 \\ y_{i+1} = y_i \\ F_{i+1} = y_i x_E - (x_i + 1)y_E = F_{i,j} - y_E \end{cases} \tag{4-14}$$

若沿 +y 方向走一步，即

$$\begin{cases} x_{i+1} = x_i \\ y_{i+1} = y_i + 1 \\ F_{i+1} = (y_i + 1)x_E - x_i y_E = F_{i,j} + x_E \end{cases} \tag{4-15}$$

直线插补的终点判断，可采用两种办法。一是每走一步判断 $x_i - x_E \geq 0$，且 $y_i - y_E \geq 0$ 是否成立；如果成立，插补结束，否则继续。二是把每个程序段中的总步数求出来，即 $n = x_E + y_E$，每走一步，$n-1$，直到 $n=0$ 时为止。其软件流程如图4-16所示。

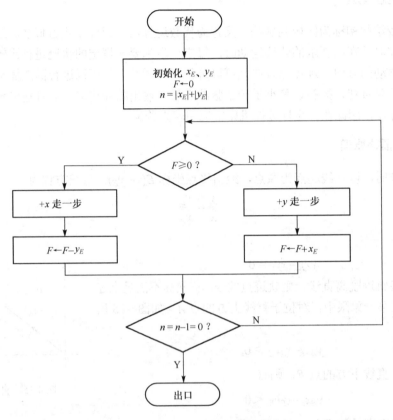

图 4-16　第一象限直线插补软件流程

【工程实例4-2】 第一象限直线插补计算

欲加工第一象限直线 OE，终点坐标为 $x_E = 5$，$y_E = 3$，试用逐点比较法插补该直线。

解：

总步数 $n = 5 + 3 = 8$。

开始时刀具在直线起点，即在直线上，故 $F_0 = 0$，插补过程如下：

序号	偏差判别	进给方向	偏差计算	终点判别	插补轨迹
0			$F_0 = 0$	$n = 5 + 3 = 8$	
1	$F_0 = 0$	$+\Delta x$	$F_1 = F_0 - y_E = 0 - 3 = -3$	$n = 8 - 1 = 7$	
2	$F_1 < 0$	$+\Delta y$	$F_2 = F_1 + x_E = -3 + 5 = 2$	$n = 7 - 1 = 6$	
3	$F_2 > 0$	$+\Delta x$	$F_3 = F_2 - y_E = 2 - 3 = -1$	$n = 6 - 1 = 5$	
4	$F_3 < 0$	$+\Delta y$	$F_4 = F_3 + x_E = -1 + 5 = 4$	$n = 5 - 1 = 4$	
5	$F_4 > 0$	$+\Delta x$	$F_5 = F_4 - y_E = 4 - 3 = 1$	$n = 4 - 1 = 3$	
6	$F_5 > 0$	$+\Delta x$	$F_6 = F_5 - y_E = 1 - 3 = -2$	$n = 3 - 1 = 2$	
7	$F_6 < 0$	$+\Delta y$	$F_7 = F_6 + x_E = -2 + 5 = 3$	$n = 2 - 1 = 1$	
8	$F_7 > 0$	$+\Delta x$	$F_8 = F_7 - y_E = 3 - 3 = 0$	$n = 1 - 1 = 0$	

上面讨论的是第一象限的直线插补计算方法，其他三个象限的直线插补计算法，可以用相同的原理获得。对于第二象限，只要用 $|x|$ 取代 x，就可以变换到第一象限，至于输出驱动，应使 x 轴向电动机反向旋转，而 y 轴电动机仍为正向旋转。

同理，第三、第四象限的直线也可以变换到第一象限。插补运算时，用 $|x|$ 和 $|y|$ 代替 x 和 y。输出驱动是：在第三象限，点在直线上方，向 $-y$ 方向进给，点在直线下方，向 $-x$ 方向进给；在第四象限，点在直线上方，向 $-y$ 方向进给，点在直线下方，向 $+x$ 方向进给。四个象限的进给方向如表 4-2 所示，其中 L 表示直线，四个象限分别用数字 1、2、3、4 标注。图 4-17 为四象限直线插补流程图。

表 4-2　xy 平面内直线插补的进给与偏差计算

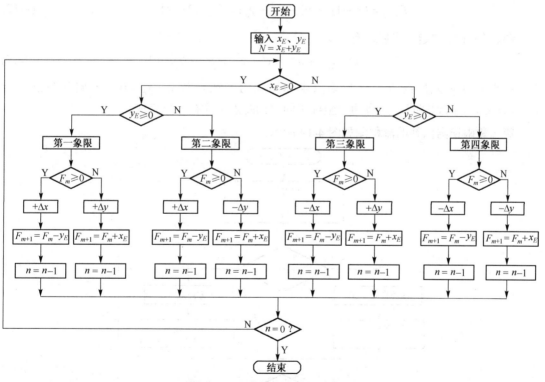

线　型	偏　差	偏差计算	进给方向与坐标
L1，L4	$F \geqslant 0$	$F \leftarrow F - |y_E|$	$+\Delta x$
L2，L3	$F \geqslant 0$		$-\Delta x$
L1，L2	$F < 0$	$F \leftarrow F + |x_E|$	$+\Delta y$
L3，L4	$F < 0$		$-\Delta y$

图 4-17　四象限直线插补流程图

2. 圆弧插补原理

逐点比较法中，一般以圆心为原点，给出圆弧起点坐标 (x_0, y_0) 和终点坐标 (x_E, y_E)，如图 4-18 所示。

设圆弧上任一点的坐标为(x, y)，则下式成立。

$$(x^2 + y^2) - (x_0^2 + y_0^2) = 0$$

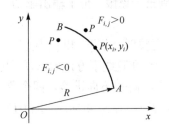

图 4-18　圆弧插补

选择判别函数 F 为

$$F = (x^2 + y^2) - (x_0^2 + y_0^2) \qquad (4\text{-}16)$$

根据动点所在区域的不同，有下列三种情况：

① $F>0$，动点在圆弧外

② $F=0$，动点在圆弧上

③ $F<0$，动点在圆弧内

把 $F>0$ 和 $F=0$ 合并在一起考虑，按下述规则，就可以实现第一象限逆时针方向的圆弧插补。

当 $F \geq 0$ 时，向$-x$走一步；

当 $F<0$ 时，向$+y$走一步。

每走一步后，计算一次判别函数，作为下一步进给的判别标准，同时进行一次终点判断。

F 值可以用数值计算方法由加减运算逐点得到。设已知动点(x_i, y_i)的 F 值为 $F_{i,j}$，即

$$F_{i,j} = x_i^2 + y_j^2 - (x_0^2 + y_0^2)$$

动点在$-x$方向走一步后，有

$$F_{i+1,j} = (x_i - 1)^2 + y_j^2 - (x_0^2 + y_0^2) = F_{i,j} - 2x_i + 1 \qquad (4\text{-}17)$$

动点在$+y$方向走一步后，有

$$F_{i,j+1} = x_i^2 + (y_j + 1)^2 - (x_0^2 + y_0^2) = F_{i,j} + 2y_j + 1 \qquad (4\text{-}18)$$

终点判断可采用终点坐标与动点坐标比较的方法。若 $x_i - x_E = 0$，x 向到终点；若 $y_i - y_E = 0$，y 向到终点。只有两个坐标轴同时到终点，插补才算完成。

第一象限逆圆插补的流程图如图 4-19 所示。

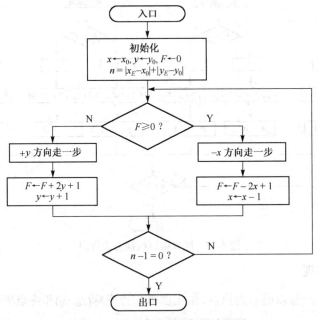

图 4-19　第一象限逆圆插补流程图

圆弧所在象限不同，顺逆不同，插补计算公式和进给方向也不同。归纳起来共有 8 种情况。这 8 种情况的进给脉冲方向和偏差计算公式见表 4-3，其中用 R 表示圆弧，S 表示顺时针，N 表示逆时针，四个象限分别用数字 1、2、3、4 标注。例如，SR1 表示第一象限顺圆，NR3 表示第三象限逆圆。

表 4-3　xy 平面内圆弧插补的进给与偏差计算

	线　型	偏　差	偏差计算	进给方向与坐标
	SR2，NR3	$F \geqslant 0$	$F \leftarrow F + 2x + 1$ $x \leftarrow x + 1$	$+\Delta x$
	SR1，NR4	$F < 0$		
	NR1，SR4	$F \geqslant 0$	$F \leftarrow F - 2x + 1$ $x \leftarrow x - 1$	$-\Delta x$
	NR2，SR3	$F < 0$		
	NR4，SR3	$F \geqslant 0$	$F \leftarrow F + 2y + 1$ $y \leftarrow y + 1$	$+\Delta y$
	NR1，SR2	$F < 0$		
	SR1，NR2	$F \geqslant 0$	$F \leftarrow F - 2y + 1$ $y \leftarrow y + 1$	$-\Delta y$
	NR3，SR4	$F < 0$		

【工程实例 4-3】　第一象限圆弧插补计算

设有第一象限逆圆弧 $\overparen{AB}$，起点为 $A(5, 0)$，终点为 $B(0, 5)$，用逐点比较法插补圆弧 $\overparen{AB}$。

解：

$n = |5 - 0| + |0 - 5| = 10$。开始加工时刀具在起点，即在圆弧上，$F_0 = 0$。插补过程如下：

序号	偏差判别	进给	偏差计算	动点坐标	终点判别
0			$F_0 = 0$	$x_0 = 5, y_0 = 0$	$n = 10$
1	$F_0 = 0$	$-\Delta x$	$F_1 = F_0 - 2x + 1 = -9$	$x_1 = 4, y_1 = 0$	$n = 10 - 1 = 9$
2	$F_1 < 0$	$+\Delta y$	$F_2 = F_1 + 2y + 1 = -8$	$x_2 = 4, y_2 = 1$	$n = 9 - 1 = 8$
3	$F_2 < 0$	$+\Delta y$	$F_3 = F_2 + 2y + 1 = -5$	$x_3 = 4, y_3 = 2$	$n = 8 - 1 = 7$
4	$F_3 < 0$	$+\Delta y$	$F_4 = F_3 + 2y + 1 = 0$	$x_4 = 4, y_4 = 3$	$n = 7 - 1 = 6$
5	$F_4 = 0$	$-\Delta x$	$F_5 = F_4 - 2x + 1 = -7$	$x_5 = 3, y_5 = 3$	$n = 6 - 1 = 5$
6	$F_5 < 0$	$+\Delta y$	$F_6 = F_5 + 2y + 1 = 0$	$x_6 = 3, y_6 = 4$	$n = 5 - 1 = 4$
7	$F_6 = 0$	$-\Delta x$	$F_7 = F_6 - 2x + 1 = -5$	$x_7 = 2, y_7 = 4$	$n = 4 - 1 = 3$
8	$F_7 < 0$	$+\Delta y$	$F_8 = F_7 + 2y + 1 = 4$	$x_8 = 2, y_8 = 5$	$n = 3 - 1 = 2$
9	$F_8 > 0$	$-\Delta x$	$F_9 = F_8 - 2x + 1 = 1$	$x_{10} = 1, y_{10} = 5$	$n = 2 - 1 = 1$
10	$F_9 > 0$	$-\Delta x$	$F_{10} = F_9 - 2x + 1 = 0$	$x_{11} = 0, y_{11} = 5$	$n = 1 - 1 = 0$

插补轨迹见下图。

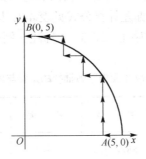

3. 圆弧自动过象限

所谓圆弧自动过象限，是指圆弧的起点和终点不在同一象限内。如图 4-20 所示，圆弧起点在第二象限，终点在第一象限，由于不同象限内圆弧插补偏差判别式和进给方向不同，因此如果圆弧插补没有自动过象限功能，则不能用一段程序完成该圆弧的加工。目前，数控机床的圆弧插补都具有自动过象限功能。圆弧过象限时有一显著特点，就是过象限的时刻正好是圆弧与坐标轴相交的时刻，利用其动点坐标值是否为零，就可判断是否过象限。

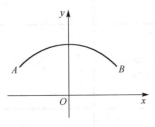

图 4-20　圆弧自动过象限

过象限后，圆弧线型会发生变化，其转换是有一定规律的。当圆弧起点在第一象限时，逆时针圆弧过象限后转换顺序是 NR1—NR2—NR3—NR4—NR1。每过一次象限，象限顺序号加 1，当从第四象限向第一象限过象限时，象限顺序号从 4 变为 1。顺时针圆弧过象限的转换顺序是 SR1—SR4—SR3—SR2—SR1，即每过一次象限，象限顺序号减 1，当从第一象限向第四象限过渡时，象限顺序号从 1 变为 4。

经验总结【4-1】　　逐点比较法的插补步骤

由上可以总结出逐点比较法直线插补和圆弧插补都包含偏差判别、进给、偏差计算和终点判别四个步骤。

第一步：偏差判别。判别刀具当前位置相对于给定轮廓的偏离情况，以此决定刀具移动方向。

第二步：进给。根据偏差判别的结果，控制刀具相对于工件轮廓进给一步，即向给定的轮廓靠拢，减小偏差。

第三步：偏差计算。由于刀具进给已改变了位置，因此应计算出刀具当前位置的新偏差，为下一次判别进行准备。

第四步：终点判别。判别刀具是否已到达被加工轮廓线段的终点。若已到达终点，则停止插补；若未到达终点，则返回第一步继续插补。如此不断重复，上述四个节拍就可以加工出所要求的轮廓。

4.3.2　数字积分法

数字积分法又称为数字微分分析法（Digital Differential Analyzer, DDA）。这种插补方法可以实现一次、二次甚至高次曲线的插补，也可以实现多坐标联动控制。该方法具有运算速度快、脉冲分配均匀等特点。

1. 数字积分的基本原理

设有一函数 $y = f(t)$，如图4-21所示，从几何概念上来说，其积分运算就是求函数曲线所包围的面积 S。

$$S = \int_0^t y \mathrm{d}t$$

此面积可以看做是许多长方形小面积之和，其中长方形的宽为自变量Δt，高为纵坐标 y_i，则

$$S = \int_0^t y \mathrm{d}t = \sum_{i=0}^n y_i \Delta t \qquad (4\text{-}19)$$

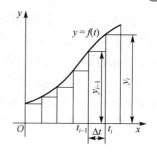

图 4-21　曲线积分求解示意图

这种近似积分法称为矩形积分法，该公式又称为矩形公式。数学运算时，如果取$\Delta t = 1$，即一个脉冲当量，则公式可以简化为

$$S = \sum_{i=0}^n y_i$$

由此，函数的积分运算变成了变量求和运算。如果所选取的脉冲当量足够小，则用求和运算来代替积分运算所引起的误差一般不会超过允许的数值。

2. 直线插补

设 xy 平面内直线 OA，起点为$(0, 0)$，终点为(x_E, y_E)，如图4-22所示。若以速度 v 沿直线 OA 移动，则 v 可分解为动点在 x 轴和 y 轴方向的两个速度 v_x，v_y。根据前述积分原理计算公式，在 x 轴和 y 轴方向上微小位移增量Δx, Δy 应为

$$\begin{cases} \Delta x = v_x \Delta t \\ \Delta y = v_y \Delta t \end{cases}$$

对于直线函数来说，v_x、v_y、v 和 L（步长）满足下式：

$$\begin{cases} \dfrac{v_x}{v} = \dfrac{x_E}{L} \\ \dfrac{v_y}{v} = \dfrac{y_E}{L} \end{cases}$$

从而有

$$\begin{cases} v_x = k x_E \\ v_y = k y_E \end{cases}$$

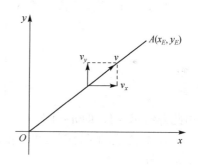

图 4-22　直线插补

式中，$k = \dfrac{v}{L}$。

因此，坐标轴的位移增量为

$$\begin{cases} \Delta x = k x_E \Delta t \\ \Delta y = k y_E \Delta t \end{cases} \qquad (4\text{-}20)$$

各坐标轴的位移量为

$$\begin{cases} x = \int_0^t k x_E \mathrm{d}t = k \sum_{i=1}^m x_E \Delta t \\ y = \int_0^t k y_E \mathrm{d}t = k \sum_{i=1}^n y_E \Delta t \end{cases} \qquad (4\text{-}21)$$

　　所以，动点从原点走向终点的过程，可以看做各坐标轴每经过一个单位时间间隔Δt，分别以增量 kx_E、ky_E 同时累加的过程。据此可以得到 xy 平面内直线插补原理图，如图4-23所示。每个坐标的积分器由累加器和被积函数寄存器组成。终点坐标值存储在被积函数寄存器中，Δt 相当于插补控制脉冲源发出的控制信号。每发生一个插补迭代脉冲（来一个Δt），使被积函数 kx_E 和 ky_E 向各自的累加器里累加一次，累加的结果有无溢出脉冲Δx（或Δy），取决于累加器的容量和 kx_E 或 ky_E 的大小。

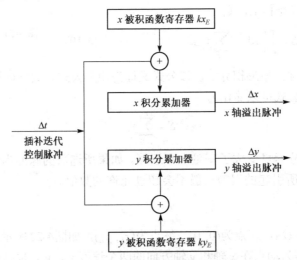

图 4-23　xy 平面内直线插补原理

　　假设经过 n 次累加后（取$\Delta t = 1$），x 和 y 分别（或同时）到达终点(x_E, y_E)，则下式成立。

$$\begin{cases} x = k\sum_{i=1}^{n} x_E \Delta t = kx_E n = x_E \\ y = k\sum_{i=1}^{n} y_E \Delta t = ky_E n = y_E \end{cases} \tag{4-22}$$

由此得到 $nk = 1$，即 $n = 1/k$。

　　式(4-22)表明了比例常数 k 和累加（迭代）次数 n 的关系。由于 n 必须是整数，所以 k 一定是小数。

　　k 的选择主要考虑每次增量Δx 或Δy 不大于 1，以保证坐标轴上每次分配进给脉冲不超过一个。也就是说，要使下式成立：

$$\begin{cases} \Delta x = kx_E < 1 \\ \Delta y = ky_E < 1 \end{cases}$$

　　若取寄存器位数为 N 位，则 x_E 及 y_E 的最大寄存器容量为 $2^N - 1$，故有

$$\begin{cases} \Delta x = kx_E = k(2^N - 1) < 1 \\ \Delta y = ky_E = k(2^N - 1) < 1 \end{cases}$$

所以
$$k < \frac{1}{2^N - 1}$$

一般取
$$k < \frac{1}{2^N}$$

可满足

$$\begin{cases} \Delta x = kx_E = \dfrac{2^N - 1}{2^N} < 1 \\[3mm] \Delta y = ky_E = \dfrac{2^N - 1}{2^N} < 1 \end{cases}$$

因此，累加次数 n 为

$$n = \frac{1}{k} = 2^N \qquad (4\text{-}23)$$

因为 $k = 1/2^N$，对于一个二进制数来说，使 kx_E（或 ky_E）等于 x_E（或 y_E）乘以 $1/2^N$ 是很容易实现的，即 x_E（或 y_E）数字本身不变，只要把小数点左移 N 位即可。所以，一个 N 位的寄存器存放 x_E（或 y_E）和存放 kx_E（或 ky_E）的数字是相同的，只是后者的小数点出现在最高位数 N 前面，其他没有差异。

DDA 直线插补的终点判别较简单，因为直线程序段需要进行 2^N 次累加运算后就一定到达终点，故可由一个与积分器中寄存器容量相同的终点计数器 J_E 实现，其初值为 0。每累加一次，J_E 加 1，当累加 2^N 次后，产生溢出，使 $J_E = 0$，完成插补。

用 DDA 法进行插补时，x 和 y 两坐标可同时进给，即可同时送出Δx、Δy 脉冲，同时每累加一次，要进行一次终点判断。第一象限直线插补软件流程图如图 4-24 所示，其中J_{v_x}、J_{v_y} 为被积函数寄存器，J_{R_x}、J_{R_y} 为余数寄存器，J_E 为终点计数器。

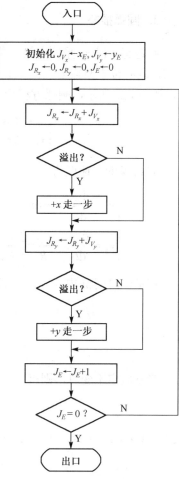

图 4-24　DDA 直线插补软件流程

【工程实例 4-4】　DDA 直线插补计算

设有一直线 OA，起点在坐标原点，终点的坐标为$(4,6)$。试用 DDA 法直线插补此直线。

解：

$J_{v_x} = 4$，$J_{v_y} = 6$，选寄存器位数 $N = 3$，则累加次数 $n = 2^3 = 8$，运算过程及插补轨迹如下：

累加次数 n	x 积分器 $J_{R_x} + J_{v_x}$	溢出 Δx	y 积分器 $J_{R_y} + J_{v_y}$	溢出 Δy	终点判别 J_E	插 补 轨 迹
0	000	0	000	0	0	
1	000 + 100 = 100	0	000 + 110 = 110	0	1	
2	100 + 100 = 1000 + 000	1	110 + 110 = 1000 + 100	1	2	
3	000 + 100 = 100	0	100 + 110 = 1000 + 010	1	3	
4	100 + 100 = 1000 + 000	1	010 + 110 = 1000 + 0	1	4	
5	000 + 100 = 100	0	000 + 110 = 110	0	5	
6	100 + 100 = 1000 + 000	1	110 + 110 = 1000 + 100	1	6	
7	000 + 100 = 100	0	100 + 110 = 1000 + 010	1	7	
8	100 + 100 = 1000 + 000	1	010 + 110 = 1000 + 000	1	8	

3. 圆弧插补

假定有一段 xy 平面内第一象限逆时针圆弧 $\overgroup{AE}$，起点为 $A(x_0, y_0)$，终点为 $E(x_E, y_E)$，半径为 R，圆心位于原点 O。设 $P(x_i, y_i)$ 为圆弧上的任意动点，动点移动速度为 v，分速度为 v_x 和 v_y，如图4-25所示，圆弧方程为

$$\begin{cases} x_i = R\cos\alpha \\ y_i = R\sin\alpha \end{cases}$$

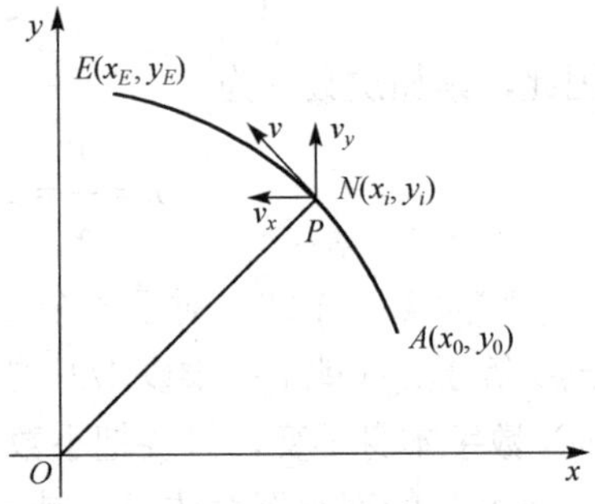

动点 N 的分速度为

$$\begin{cases} v_x = \dfrac{\mathrm{d}x_i}{\mathrm{d}t} = -v\sin\alpha = -v\dfrac{y_i}{R} = -\left(\dfrac{v}{R}\right)y_i \\ v_y = \dfrac{\mathrm{d}y_i}{\mathrm{d}t} = v\dfrac{x_i}{R} = \left(\dfrac{v}{R}\right)x \end{cases}$$

图 4-25　圆弧插补

在单位时间 Δt 内，x、y 位移增量方程为

$$\begin{cases} \Delta x_i = v_x\Delta t = -\left(\dfrac{v}{R}\right)y_i\Delta t \\ \Delta y_i = v_y\Delta t = \left(\dfrac{v}{R}\right)x_i\Delta t \end{cases}$$

当 v 恒定不变时，则有

$$\frac{v}{R} = k$$

式中，k 为比例常数。上式可写为

$$\begin{cases} \Delta x_i = -ky_i\Delta t \\ \Delta y_i = kx_i\Delta t \end{cases}$$

与 DDA 直线插补一样，取累加器容量为 2^N，$k = 1/2^N$，N 为累加器、寄存器的位数，则各坐标的位移量为

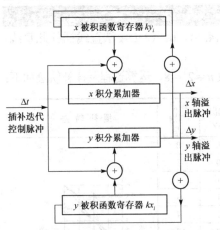

图 4-26　DDA 圆弧插补原理框图

$$\begin{cases} x = \int_0^t -ky\mathrm{d}t = -\dfrac{1}{2^N}\sum_{i=1}^{n} y_i\Delta t \\ y = \int_0^t kx\mathrm{d}t = \dfrac{1}{2^N}\sum_{i=1}^{n} x_i\Delta t \end{cases} \tag{4-24}$$

由此可构成图 4-26 所示的 DDA 圆弧插补原理框图。

DDA 圆弧插补时，由于 x、y 方向到达终点的时间不同，需要对 x、y 两个坐标分别进行终点判断。实现这一点，可利用两个终点计数器 J_{E_x} 和 J_{E_y}，把 x、y 坐标所需输出的脉冲数 $|x_0 - x_E|$、$|y_0 - y_E|$ 分别存入这两个计数器中。x 和 y 积分累加器每输出一个脉冲，相应的减法计数器减 1。当某一个坐标的计数器为零时，说明该坐标已到达终点，停止该坐标的累加运算。当两个计数器均为零时，圆弧插补结束。

数字积分第一象限逆圆 DDA 插补软件流程如图 4-27 所示，其中 J_{v_x}、J_{v_y} 为被积分函数寄存器，J_{R_x}、J_{R_y} 为余数寄存器，J_{E_x}、J_{E_y} 分别为 x 方向和 y 方向进给的步数终点计数器。

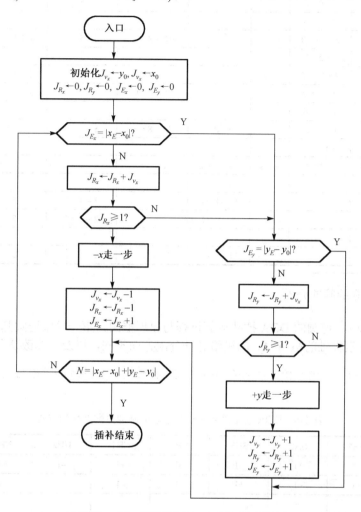

图 4-27　第一象限逆圆 DDA 插补软件流程

【工程实例 4-5】　DDA 圆弧插补计算

设有第一象限逆圆弧 AB，起点为 $A(5, 0)$，终点为 $E(0, 5)$，设寄存器位数 N 为 3，试用 DDA 法插补此圆弧。

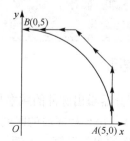

解：

$J_{v_x} = 0$，$J_{v_y} = 5$，寄存器容量为 $2^N = 2^3 = 8$。运算过程和插补轨迹如下：

累加次数 n	积分运算 $x \leftarrow x + J_{v_x}$	积分运算 $y \leftarrow y + J_{v_y}$	进给方向	积分修正 $x \leftarrow x - 2^N$	积分修正 $t \leftarrow y - 2^N$	坐标计算 $J_x \leftarrow J_y - 1$	坐标计算 $J_y \leftarrow J_x + 1$	终点判别 N_x	终点判别 N_y
0	0	0				5	0		
1	0+0=0	0+5=5							
2	0+0=0	5+5=10	+y		10−8=2	5	0+1=1		1
3	0+1=1	2+5=7							
4	1+1=2	7+5=12	+y		12−8=4	5	1+1=2		2
5	2+2=4	4+5=9	+y		9−8=1	5	2+1=3		3
6	4+3=7	1+5=6							
7	7+3=10	6+5=11	−x,y	10−8=2	11−8=3	5−1=4	3+1=4	1	4
8	2+4=6	3+4=7							
9	6+4=10	7+4=11	−x,y	10−8=2	11−8=3	4−1=3	4+1=5	2	5
10	2+5=7								
11	7+5=12		−x	12−8=4		3−1=2	5	3	
12	4+5=9		−x	9−8=1		2−1=1	5	4	
13	1+5=6								
14	6+5=11		−x	11−8=3		1−1=0	5	5	5

4．不同象限的脉冲分配

不同象限顺圆、逆圆的 DDA 插补运算过程与原理框图与第一象限逆圆基本一致。其不同点在于，控制各坐标轴的 Δx 和 Δy 的进给脉冲分配方向不同，以及当修改 J_{v_x} 和 J_{v_y} 内容时，是"+1"还是"−1"要由 y 和 x 坐标的增减而定。各种情况下的脉冲分配方向及±1修正方式如表4-4所示。

表4-4　DDA 圆弧插补时不同象限的脉冲分配及坐标修正

	SR1	SR2	SR3	SR4	NR1	NR2	NR3	NR4
J_{v_x}	−1	+1	−1	+1	+1	−1	+1	−1
J_{v_y}	+1	−1	+1	−1	−1	+1	−1	+1
Δx	+	+	−	−	−	−	+	+
Δy	−	+	+	−	+	+	−	+

【经验总结 4-2】　DDA 直线插补与圆弧插补的区别

二者被积函数寄存器中的坐标值不一样。直线插补中，x、y 被积函数寄存器 J_{v_x}、J_{v_y} 中分别为 kx_E 和 ky_E，是一组常数；圆弧插补中，J_{v_x}、J_{v_y} 分别寄存的是动点坐标 kx_i、ky_i 是一组变量。

4.3.3　数字积分法插补质量的提高

使用数字积分法插补时，数字积分器溢出脉冲的频率与被积函数寄存器中的存数成正比。例如，用数字积分法进行直线插补时，每个程序段的时间间隔是固定不变的，因为不论加工行程长短，都必须同样完成 $m = 2^n$ 次的累加运算，也就是说，行程长，走刀快；行程短，走刀慢，所以各程序段的进给速度是不一致的，这将影响加工的表面质量，必须设法加以改善。

1. 进给速度的均匀化

采用数字积分法进行插补时，当被积函数寄存器有 i 个前零时，若直接迭代，则至少需要 2^i 次迭代，才能输出一个溢出脉冲，致使输出脉冲的速率下降。因此，在实际的数字积分器中，需要把被积函数寄存器中的前零移去，即对被积函数实现"左移规格化"处理。经过左移规格化的数就成为非规格化数。寄存器中其最高位为"1"的数，称为规格化数；反之，其最高位为"0"的数，称为非规格化数。显然，规格化数经过两次累加后必有一次溢出，而非规格化数必须经过两次以上的累加才会有一次溢出。

直线插补时，将被积函数寄存器 J_{v_x}、J_{v_y} 中的 x_E、y_E（非规格化数）同时左移（最低有效位移入零），并记下左移位数，直到 J_{v_x} 或 J_{v_y} 中的一个数是规格化数，此时左移规格化即结束。直线插补经过左移规格化处理后，x、y 两方向脉冲分配速度扩大同样的倍数（及左移位数），而两者数值之比不变，所以被插补的直线斜率也不变。因为规格化后，每累加运算两次必有一次溢出，溢出速度不受被积函数的大小影响，比较均匀，所以加工的效率和质量都大为提高。

由于左移后，被积函数变大，为使发出的进给脉冲总数不变，就要相应地减少累加次数。如果左移 Q 次，累加次数为 2^{N-Q}。因此，在被积函数寄存器 J_{v_x}、J_{v_y} 左移的同时，终点判断计算器 J_E 从最高位开始按被积函数寄存器左移的位数相应地输入"1"的个数，使 J_E 的位数缩小 Q 位，实现累加次数减少的目的。

【工程实例 4-6】 左移规格化实例

名　称	非规格化	规格化	
	左移前	左移一位	左移三位
x 被积函数寄存器 J_{v_x}	000011	000110	011000
y 被积函数寄存器 J_{v_y}	000101	001010	101000
终点判别计数器 J_E	000000	100000	111000

圆弧插补的左移规格化处理与直线基本相同，唯一的区别是：圆弧插补的左移规格化是使坐标值最大的被积函数寄存器的次高位为"1"（即保留一个前零）。也就是说，在圆弧插补中被积函数寄存器 J_{v_x}、J_{v_y} 中的数 y_i、x_i 随插补而不断修正（即进行 ±1 修正）。做了 +1 修正后，函数不断增加，若仍取数的最高位"1"作为规格化数，则有可能在 +1 修正后溢出。规格化数以次高位为"1"，就避免了溢出。

另外，左移 i 位相当于 x、y 坐标值扩大了 2^i 倍，即 J_{v_x}、J_{v_y} 寄存器中的数分别为 $2^i y$ 和 $2^i x$。当 y 积分器有溢出时，J_{v_x} 寄存器中的数应改为

$$2^i y \rightarrow 2^i (y+1) = 2^i y + 2^i$$

上式说明，若规格化处理时左移了 i 位，对第一象限逆圆插补来说，当 J_{R_y} 中溢出一个脉冲时，J_{v_x} 中的数应该加 2^i（而不是加 1），即在 J_{v_x} 的第 $(i+1)$ 位加 1；同理，若 J_{R_x} 有一个脉冲溢出，J_{v_y} 的数应该减少 2^i，即在第 $(i+1)$ 位减 1。

综上所述，虽然直线插补和圆弧插补时规格化数不一样，但均能提高进给脉冲溢出速度。

2. 插补精度的提高

数字积分法直线插补的插补误差小于一个脉冲当量，而圆弧插补的插补误差有可能大于

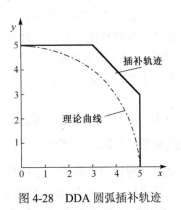

图 4-28   DDA 圆弧插补轨迹

一个脉冲当量，原因是数字积分器溢出脉冲的频率与被积函数寄存器的余数成正比，当在坐标轴附近进行插补时，一个积分器的被积函数值接近于零，而另一个积分器的被积函数值却接近最大值（圆弧半径）。这样，后者连续溢出，而前者几乎没有溢出，两个积分器的溢出脉冲频率相差较大，致使插补轨迹偏离理论曲线，如图 4-28 所示。

为了减小插补误差，提高插补精度，可以减小脉冲当量和对余数寄存器进行加载等方式。

1）减小脉冲当量

减小脉冲当量（即Δt减小），可以减小插补误差。但参加运算的数（如被积函数值）变大，寄存器的容量也随之变大，位数增多，从而增加迭代次数，在插补运算速度不变的情况下，进给速度会显著降低。因此，欲获得同样的进给速度，需提高插补运算速度。

2）对余数寄存器进行加载

在 DDA 迭代之前，余数寄存器 J_{R_x}、J_{R_y} 的初值不置为零，而是预置某一数值，成为对余数寄存器的加载。加载分为全加载和半加载，全加载是将余数寄存器的所有位均置"1"，这样第一次累加时就会有脉冲溢出；半加载是将最高位置"1"，其余各位均置"0"，即 N 位余数寄存器容量的一半值 2^{N-1}，这样只要再累加 2^{N-1}，就可以产生第一个溢出脉冲。采用对余数寄存器进行预加载的方式，改善了溢出脉冲的时间分布，减小了插补误差。

半加载可以使直线插补的误差减小到半个脉冲当量以内。若直线 OA 的起点为坐标原点，终点坐标为 $A(15,1)$，当没有半加载时，x 积分器第一次迭代无溢出，紧随其后的 15 次均有溢出；而 y 积分器只有在第 16 次迭代时才有脉冲溢出。若进行半加载，则 x 积分器除第 9 次迭代无溢出外，其余 15 次均有脉冲溢出；而 y 积分器的溢出提前到第 8 次迭代，这就改善了溢出的时间分布，提高了插补精度，如图 4-29（a）所示。半加载使圆弧插补的精度也能得到明显提高。若对图 4-28 进行半加载，其插补轨迹如图 4-29（b）所示。

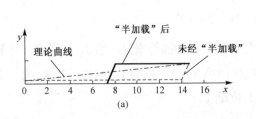

(a)

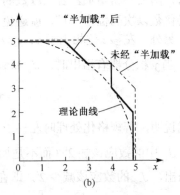

(b)

图 4-29   半加载后轨迹

3．数字积分插补的合成进给速度

DDA 插补的特点是控制脉冲源每产生一个脉冲进行一次积分运算。每次运算中，x 方向平均进给的比率为 $x/2^n$（2^n 是累加器的容量），而 y 方向进给的比率为 $y/2^n$，所以合成的轮廓进给速度为

$$v = 60\delta \frac{f_g}{2^n}\sqrt{x^2 + y^2} = 60\delta \frac{L}{2^n} f_g \tag{4-25}$$

式中，　δ——脉冲当量（mm）；

　　　　f_g——插补迭代控制脉冲源频率；

　　L——编程插补段的行程，直线插补段时为直线长度，即 $L = \sqrt{x^2 + y^2}$，圆弧插补

　　　　段时为圆弧半径，即 $L = R$。

插补合成的轮廓速度与插补迭代控制源虚拟速度 v_g（假定每发一个插补控制脉冲后坐标轴走一步）的比值，称为插补速度变化率，其表达式如下：

$$\frac{v}{v_g} = \frac{60\delta \dfrac{L}{2^n} f_g}{60\delta f_g} = \frac{L}{N}$$

式中，$N = 2^n$。可见，速度变化率与程序段的行程 L 成正比。当插补迭代控制源脉冲频率 f_g 一定时，若行程长，脉冲溢出快，走刀快；若行程短，脉冲溢出慢，走刀慢。数据段行程的变化范围在 $0 \sim 2^n$ 之间，所以合成速度的变化范围是 $v = (0\sim1)v_g$，这种变化是不允许的，必须设法加以改善。一个常用的方法就是前面已经讨论的左移规格化。左移规格化的结果使寄存器中数值变化范围缩小，即缩小了 L 的数值范围。其可能的最小数是

$$x = 2^{n-1}, \quad y = 0$$

$$L_{min} = x = 2^{n-1}$$

最大数是

$$x = 2^n - 1, \quad y = 2^n - 1$$

$$L_{max} = \sqrt{2}x \approx \sqrt{2} \times 2^n$$

式中，n 为寄存器字长，故合成速度的最小值、最大值为

$$\left(\frac{v}{v_g}\right)_{min} = \frac{2^{n-1}}{2^n} = 0.5$$

$$\left(\frac{v}{v_g}\right)_{max} = \frac{\sqrt{2} \times 2^n}{2^n} = 1.414$$

其速度变化范围为 $v = (1.414\sim0.5)v_g$，比未采取左移规格化时速度稳定得多。

4．多坐标直线插补

DDA 插补算法的优点是可以实现多坐标直线插补联动。下面介绍实际加工中常用的空间直线插补。

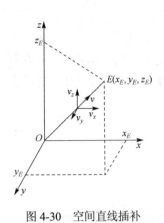

图 4-30 空间直线插补

设在空间直角坐标系中有一直线 OE，如图 4-30 所示，起点为 $O(0, 0, 0)$，终点为 $E(x_E, y_E, z_E)$。假定进给速度 v 是均匀的，v_x、v_y、v_z 分别表示动点在 x、y、z 方向上的移动速度，则有

$$\frac{v}{|OE|} = \frac{v_x}{x_E} = \frac{v_y}{y_E} = \frac{v_z}{z_E} = k$$

式中，k 为比例常数。

动点在时间 Δt 内的坐标轴位移分量为

$$\begin{cases} \Delta x = v_x \Delta t = k x_E \Delta t \\ \Delta y = v_y \Delta t = k y_E \Delta t \\ \Delta z = v_z \Delta t = k z_E \Delta t \end{cases}$$

参照平面内的直线插补可知，各坐标轴经过 2^N 次累加后分别到达终点。当 Δt 足够小时，有

$$\begin{cases} x = \sum_{i=1}^{n} k x_E \Delta t = k x_E \sum_{i=1}^{n} \Delta t = k x_E n = x_E \\ y = \sum_{i=1}^{n} k y_E \Delta t = k y_E \sum_{i=1}^{n} \Delta t = k y_E n = y_E \\ z = \sum_{i=1}^{n} k z_E \Delta t = k z_E \sum_{i=1}^{n} \Delta t = k z_E n = z_E \end{cases}$$

与平面内直线插补一样，每来一个 Δt，最多只允许产生一个进给单位的位移增量，故 k 的选取也为 $1/2^N$。由此可见，对于空间直线插补，x、y、z 单独累加溢出，彼此独立，易于实现。

4.3.4 数据采样插补

随着计算机技术和伺服技术的发展，闭环和半闭环以直流或交流伺服电动机为驱动装置的数控系统已经被广泛应用。在这些系统中，多采用数据采样插补。

1. 数据采样插补的基本原理

数据采样插补是指根据编程的进给速度，将轮廓曲线分割为插补采样周期的进给段——轮廓步长。在每一插补周期中，插补程序被调用一次，为下一周期计算出各坐标轴应该行进的增长段（而不是单个脉冲）Δx 或 Δy 等，然后再计算出相应插补点（动点）位置的坐标值。

在 CNC 装置中，数据采样插补通常采用时间分割插补算法。这种方法是把加工一段直线或圆弧的整段时间分为许多相等的时间间隔，该时间间隔称为单位时间间隔，即插补周期。例如，日本 FANUC 公司的 7M CNC 装置和美国 A-B 公司的 7360 CNC 装置，都采用了时间分割插补算法，其插补周期分别为 8 ms 和 10.24 ms。在时间分割法中，每经过一个单位时间间隔就进行一次插补计算，计算出各坐标轴在一个插补周期内的进给量。例如，在 7M CNC 装置中，设 F 为编程中给定的速度指令（单位 mm/min），插补周期为 8 ms，则一个插补周期的进给量 l（μm）为

$$l = \frac{F \times T \times 1000}{60 \times 1000} = \frac{FT}{60}$$

在由上式计算出一个插补周期的进给量 l 后，根据刀具运动轨迹与各坐标轴的几何关系，就可求出各轴在一个插补周期内的进给量。

时间分割法着重要解决两个问题：一是如何选择插补周期，因为插补周期与插补精度和速度有关；二是如何计算一个周期内各坐标轴的增量值，因为有了前一插补周期末的动点位置值和本次插补周期内各坐标轴的增量值，就很容易计算出本插补周期末的动点命令位置坐标值。下面分别予以讨论。

1）插补周期与采样周期

插补周期 T 虽然不直接影响进给速度，但对插补误差及更高速运行有影响，选择插补周期是一个重要问题。插补周期与插补运算时间有密切关系。一旦选定了插补算法，完成该算法的时间也就确定了。一般来说，插补周期必须大于插补运算所占用的 CPU 时间。这是因为当系统进行轮廓控制时，CPU 除了要完成插补运算外，还必须实时地完成其他一些工作，如显示、监控甚至精插补。所以，插补周期 T 必须大于插补运算时间与完成其他实时任务所需时间之和。

插补周期与位置反馈采样周期有一定的关系，插补周期和采样周期可以相同，也可以不同。如果不同，则选插补周期是采样周期的整数倍。

【工程实例 4-7】 ■**插补周期的选择**■

　FANUC7M CNC 装置采用 8 ms 的插补周期和 4 ms 的位置反馈采样周期。在这种情况下，插补程序每 8 ms 被调用一次，为下一个周期算出各坐标轴应该行进的增量长度；而位置反馈采样程序每 4 ms 调用一次，将插补程序算好的坐标位置增量值除 2 后再进行直线段的进一步密化（精插补）。

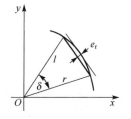

图 4-31　用弦线逼近圆弧

2）插补周期与精度、速度的关系

在直线插补中，插补所形成的每一个小直线段与给定的直线重合，不会造成轨迹误差。在圆弧插补时，一般用内接弦线或内外均差弦线来逼近圆弧，这种逼近必然会造成轨迹误差。图 4-31 所示的是用内接弦线逼近圆弧，其最大半径误差 e_r 与步距角的关系为

$$e_r = r\left(1-\cos\frac{\delta}{2}\right) \tag{4-26}$$

由 e_r 的表达式得到幂级数的展开式为

$$e_r = r - r\cos\frac{\delta}{2} = r\left\{1-\left[1-\frac{\left(\frac{\delta}{2}\right)^2}{2!}+\frac{\left(\frac{\delta}{2}\right)^4}{4!}+\cdots\right]\right\}$$

由于步距角 δ 很小，则

$$\frac{\left(\frac{\delta}{2}\right)^4}{4!}=\frac{\delta^4}{384}\ll 1$$

$$\delta=\frac{l}{r}$$

又因为 $l = TF$，则最大半径误差为

$$e_r = \frac{\delta^2}{8} r = \frac{l^2}{8r} = \frac{(TF)^2}{8r}$$

即

$$e_r = \frac{(TF)^2}{8r}$$

式中，T 为插补周期，F 为刀具速度指令，r 为圆弧半径。

由上式可以看出，圆弧插补时，插补周期 T 分别与最大半径误差 e_r、半径 r 和速度 F 有关。在给定圆弧半径和弦线误差极限的情况下，插补周期应尽可能得短，以便获得尽可能高的加工速度。

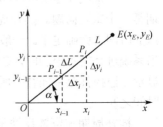

图 4-32　直线插补

2. 时间分割直线插补

如图 4-32 所示，设刀具在 xy 平面中作直线运动，起点为坐标原点，终点坐标为 $E(x_E, y_E)$，刀具沿直线移动的速度为 F，设插补周期为 T，则每个插补周期的进给步长为

$$\Delta L = FT \tag{4-27}$$

x 轴和 y 轴的位移增量分别为 x_E、y_E，直线长度为

$$L = \sqrt{x^2 + y^2}$$

从图 4-29 中可以得到如下关系：

$$\frac{\Delta x}{x_E} = \frac{\Delta L}{L}$$

$$\frac{\Delta y}{y_E} = \frac{\Delta L}{L}$$

设

$$\frac{\Delta L}{L} = K$$

OE 与 x 轴夹角为 α，l 为一次插补的进给步长。由图 4-32 可以确定

$$\tan \alpha = \frac{y_E}{x_E}$$

$$\cos \alpha = \frac{1}{\sqrt{1 + \tan^2 \alpha}}$$

从而，求得本次插补周期内 x 轴和 y 轴的插补进给量为

$$\begin{cases} \Delta x = \Delta L \cos \alpha \\ \Delta y = \dfrac{y_E}{x_E} \Delta x \end{cases}$$

则

$$\begin{cases} \Delta x = \dfrac{\Delta L}{L} x_E = K x_E \\ \Delta y = \dfrac{\Delta L}{L} y_E = K y_E \end{cases} \tag{4-28}$$

而插补第 i 点的动点坐标为

$$\begin{cases} x_i = x_{i-1} + \Delta x_i = x_{i-1} + \dfrac{\Delta L}{L} x_E \\[2ex] x_i = x_{i-1} + \Delta x_i = x_{i-1} + \dfrac{\Delta L}{L} x_E \end{cases} \tag{4-29}$$

【工程实例 4-8】　实用直线插补算法

　　在 CNC 装置中，对于一种曲线的插补计算通常分两步来完成。第一步是插补准备，它完成一些在插补计算过程中固定不变的常值的计算，如式(4-28)中的 $K = \dfrac{\Delta L}{L}$ 的计算就是在插补准备中完成的，插补准备通常在每个程序段中只运行一次。第二步是插补计算，它要求每个周期计算一次，并算出一个插补点 (x_i, y_i)。在直线插补中，根据插补准备和插补计算所完成的任务不同，可以有以下几种计算方法。

　　（1）进给速率法

　　插补准备：
$$K = \frac{\Delta L}{L}$$

　　插补计算：
$$\begin{cases} \Delta x_i = K x_E \\ \Delta y_i = K y_E \end{cases} \qquad \begin{cases} x_i = x_{i-1} + \Delta x_i \\ y_i = y_{i-1} + \Delta y_i \end{cases}$$

　　（2）方向余弦法 1

　　插补准备：
$$\cos\alpha = \frac{x_E}{L}$$
$$\cos\beta = \frac{y_E}{L}$$

　　插补计算：
$$\begin{cases} \Delta x_i = \Delta L \cos\alpha \\ \Delta y_i = \Delta L \cos\beta \end{cases} \qquad \begin{cases} x_i = x_{i-1} + \Delta x_i \\ y_i = y_{i-1} + \Delta y_i \end{cases}$$

　　（3）方向余弦法 2

　　插补准备：
$$\cos\alpha = \frac{x_E}{L}$$
$$\cos\beta = \frac{y_E}{L}$$

　　插补计算：
$$\begin{cases} L_i = L_{i-1} + \Delta L \\ \Delta x_i = \Delta L_i \cos\alpha \\ \Delta y_i = \Delta L_i \cos\beta \end{cases} \qquad \begin{cases} \Delta x_i = x_i - x_{i-1} \\ \Delta y_i = y_i - y_{i-1} \end{cases}$$

　　（4）直接函数法

　　插补准备：
$$\Delta x_i = \frac{\Delta L}{L} x_E$$

　　插补计算：
$$\Delta y_i = \Delta x_i \frac{y_i}{x_i}$$

$$\begin{cases} x_i = x_{i-1} + \Delta x_i \\ y_i = y_{i-1} + \Delta y_i \end{cases}$$

（5）一次计算法

插补准备：
$$\begin{cases} \Delta x_i = \dfrac{\Delta L}{L} x_E \\ \Delta y_i = \dfrac{\Delta L}{L} y_E \end{cases}$$

插补计算：
$$\begin{cases} x_i = x_{i-1} + \Delta x_i \\ y_i = y_{i-1} + \Delta y_i \end{cases}$$

以上几种直线插补算法都是国内外 CNC 装置中实际使用过的算法。

3. 时间分割圆弧插补

圆弧插补的基本思想是在满足精度要求的前提下，用弦或割线进给代替弧进给，即用直线逼近圆弧。

如图 4-33 所示，设刀具沿圆弧以逆时针方向运动，圆弧的圆心在原点，已知圆弧起点为 $P_0(x_0, y_0)$，终点为 $P_E(x_E, y_E)$。圆弧插补的要求是在已知刀具移动速度 F 的条件下，在圆弧段上计算出若干个插补点，并使每个插补点之间的弧长 ΔL 满足下式：

$$\Delta L = FT$$

由于圆弧是二次曲线，所以其插补点的计算要比直线复杂得

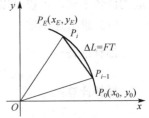

图 4-33 圆弧插补

多。为了使圆弧插补计算既准确又方便，人们设计出了直线函数法、数字增量 DDA 算法、二阶近似法、双 DDA 插补算法和角度逼近圆弧插补算法等多种计算方法，这些算法各有优缺点。

【工程实例 4-9】 **时间分割圆弧插补的直线函数法**

在图 4-34 中，顺圆上点 B 是继点 A 之后的插补瞬时点，坐标分别为 $A(x_i, y_i)$、$B(x_{i+1}, y_{i+1})$。在这里，插补是指由点 $A(x_i, y_i)$ 求出下一点 $B(x_{i+1}, y_{i+1})$，实质上是求在一次插补周期的时间内，x 轴和 y 轴的进给量 Δx 和 Δy。图 4-34 中弦 AB 是圆弧插补时每周期的进给步长 l。AP 是点 A 处的切线，M 是弦的中点，$OM \perp AB$，$ME \perp AF$，E 为 AF 的中点。由此，圆心角有下列关系：

$$\varphi_{i+1} = \varphi_i + \delta$$

式中，δ 为进给步长 f 所对应的角增量，称为角步距。

因为　　　　　　　　　　$OA \perp AP$

所以　　　　　　　$\triangle AOC \backsim \triangle PAF$

$$\angle AOC = \angle PAF = \varphi_i$$

由于 AP 为切线

所以　　　　$\angle BAP = \dfrac{1}{2} \angle AOB = \dfrac{1}{2} \delta$

$$\angle \alpha = \angle PAF + \angle BAP = \varphi_i + \dfrac{1}{2} \delta$$

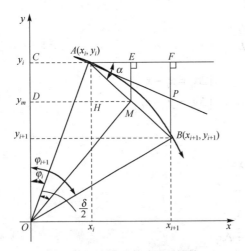

图 4-34 直线函数法圆弧插补

在 $\triangle MOD$ 中，$\tan\left(\varphi_i+\dfrac{\delta}{2}\right)=\dfrac{DH+HM}{OC-CD}$

将 $DH=x_i$，$OC=y_i$，$HM=\dfrac{1}{2}f\cos\alpha=\dfrac{1}{2}\Delta x$ 和 $CD=\dfrac{1}{2}f\sin\alpha=\dfrac{1}{2}\Delta y$ 代入，则有

$$\tan\alpha=\tan\left(\varphi_i+\frac{\delta}{2}\right)=\frac{x_i+\dfrac{1}{2}f\cos\alpha}{y_i-\dfrac{1}{2}f\sin\alpha}\tag{4-30}$$

又因为

$$\tan\alpha=\frac{FB}{FA}=\frac{\Delta y}{\Delta x}$$

由此可以推出 (x_i,y_i) 与 Δx、Δy 的关系式为

$$\frac{\Delta y}{\Delta x}=\frac{x_i+\dfrac{1}{2}\Delta x}{y_i-\dfrac{1}{2}\Delta x}=\frac{x_i+\dfrac{1}{2}f\cos\alpha}{y_i-\dfrac{1}{2}f\cos\alpha}\tag{4-31}$$

式(4-31)充分反映了圆弧上任意相邻两点间坐标之间的关系。只要找到计算 Δx 和 Δy 的恰当方法，就可以求出新的插补点坐标为

$$\begin{cases}x_{i+1}=x_i+\Delta x\\ y_{i+1}=y_i+\Delta y\end{cases}$$

在式(4-31)中，$\cos\alpha$ 和 $\sin\alpha$ 都是未知数，难以求解，所以采用了近似算法，用 $\cos45°$ 和 $\sin45°$ 来取代，即

$$\tan\alpha=\frac{x_i+\dfrac{1}{2}f\cos\alpha}{y_i-\dfrac{1}{2}f\sin\alpha}\approx\frac{x_i+\dfrac{1}{2}f\cos45°}{y_i-\dfrac{1}{2}f\sin45°}$$

上式中由于采用近似算法而造成了 $\tan\alpha$ 的偏差。在图 4-35 中，设由于近似计算 $\tan\alpha$，使 α 角成为 α'（因在 $0\sim45°$ 间，$\alpha'<\alpha$），$\cos\alpha'$ 变大，因而影响到 Δx 值，使之成为 $\Delta x'$，即

$$\Delta x'=l'\cos\alpha'=AF'$$

但这种偏差不会使插补点离开圆弧轨迹，这是因为圆弧上任意相邻两点必须满足式(4-31)。

反之，只要平面上任意两点的坐标及增量满足式(4-31)，则两点必在同一圆弧上，因此当已知 x_i、y_i 和 $\Delta x'$ 时，若按

$$\Delta y'=\frac{\left(x_i+\dfrac{1}{2}\Delta x'\right)\Delta x'}{y_i-\dfrac{1}{2}\Delta y'}$$

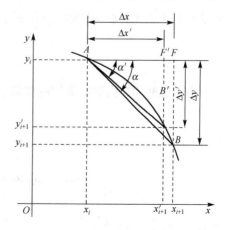

图 4-35　近似计算引起的进给速度偏差

求出 $\Delta y'$，那么这样确定的 B' 点一定在圆弧上。采用近似算法引起的偏差仅是 $\Delta x\to\Delta x'$，$\Delta y\to\Delta y'$，$AB\to$

AB' 和 $l\to l'$。这种算法能够保证圆弧插补每瞬时点位于圆弧上，它仅造成每次插补进给量 l

的微小变化，而这种变化在实际切削加工中是微不足道的，完全可以认为插补的速度是均匀的。

在圆弧插补中，由于是以直线（弦）逼近圆弧的，因此插补误差主要表现在半径的绝对误差上。该误差取决于进给速度的大小，进给速度越高，一个插补周期进给的弦长就越长，误差就越大。为此，当加工的圆弧半径确定后，为了使径向绝对误差不致过大，对进给速度要有一个限制。由式(4-26)可以求出

$$l \leqslant \sqrt{8e_r r}$$

式中，e_r 为最大径向误差，r 为圆弧半径。当 $e_r \leqslant 1\ \mu m$ 时，插补周期 $T = 8\ ms$，则进给速度为

$$v \leqslant \frac{\sqrt{8e_r r}}{r} \leqslant \sqrt{450\ 000 r}$$

式中，v 为进给速度（mm/min）。

4.3.5 其他插补方法简介

1. 椭圆插补基本原理

椭圆插补的基本思想是以弦进给代替弧进给。图4-36所示的是第一象限内插补为顺时针椭圆的算法。

$A(x_i, y_i)$ 为本次插补点，$A(x_{i+1}, y_{i+1})$ 为下次插补点。以弦长 AB 代替弧长 $\overset{\frown}{AB}$，有 $|AB| = vT$，其中 v 为指令进给速度（mm/s），T 为插补采样时间（s）。从点 A 作椭圆切线与过点 B 作 X 轴垂线交于 Q，过点 A 作 y 轴垂线与 BQ 交于点 P。显然，$|AP|$ 为本次插补 x 轴坐标增量 Δx_i，$|BP|$ 为 y 轴坐标增量 Δy_i。由椭圆方程

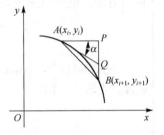

图4-36 椭圆插补示意图

$$\frac{x^2}{a^2} + \frac{y^2}{b^2} = 1 \qquad (a > 0, b > 0) \tag{4-32}$$

可以得出过点 A 的椭圆切线 AQ 的斜率为

$$K_{AQ} = -\frac{b^2 x_i}{a^2 y_i}$$

由于插补周期内进给量 $|AB|$ 非常小，切线 AQ 与 AB 几乎重合，因此有

$$|AQ| \approx |AB| = f$$

所以

$$\Delta x_i = AQ \cos \alpha = AQ \sqrt{1 + \tan^2 \alpha} = \frac{f y_i}{\sqrt{y_i + k x_i^2}}$$

式中，$f = vT$，$k = \dfrac{b^4}{a^4}$。

由于 $B(x_{i+1}, y_{i+1})$ 在椭圆上，所以有

$$\begin{cases} x_{i+1} = x_i + \Delta x_i \\ y_{i+1} = b\sqrt{a^2 + x_{i+1}^2} \\ \Delta y_i = y_{i+1} - y_i \end{cases} \tag{4-33}$$

上述算法中，由于以 $|AQ|$ 近似代替 $|AB|$，因此，每次插补实际进给的轮廓步长不等于 f。但它们之间相差非常小，在实际切削过程中完全可以认为轮廓步长保持恒定，即切削进给速度保持恒定。

必须说明，上述推导仅限于当本次插补点切线斜率小于 1 时成立；当本次插补点切线斜率大于 1 时，上述算法的计算舍入误差是发散的。

设 Δx_i 的计算舍入误差为 e，x_{i+1} 的实际值记为 x'_{i+1}, y'_{i+1}，则有

$$x'_{i+1} = x_i + \Delta x_i + e$$

$$y'_{i+1} = x_{i+1}\alpha = \Delta y_{i+1} + e\tan\alpha \tag{4-34}$$

上述对 y'_{i+1} 计算的近似，同样是因为插补采样周期内进给量 $|AB|$ 足够小。

从式(4-34)可知，当 $\tan\alpha \leqslant 1$ 时，y'_{i+1} 的计算舍入误差不大于 x'_{i+1} 的计算舍入误差。也就是说，当长轴的舍入误差满足精度要求时，短轴的舍入误差也一定满足精度要求。而当 $\tan\alpha > 1$ 时，由式(4-34)可以看出，若仍用上述算法推导，那么 y'_{i+1} 的计算舍入误差是发散的。在这种情况下，应该先计算 Δy_i，再由椭圆方程式(4-32)求出 Δx_i。

将椭圆插补区间按图4-37分域。针对椭圆顺时针和逆时针两种插补方向，同时考虑四个象限内的不同情况，可以得出椭圆插补四象限通用公式。

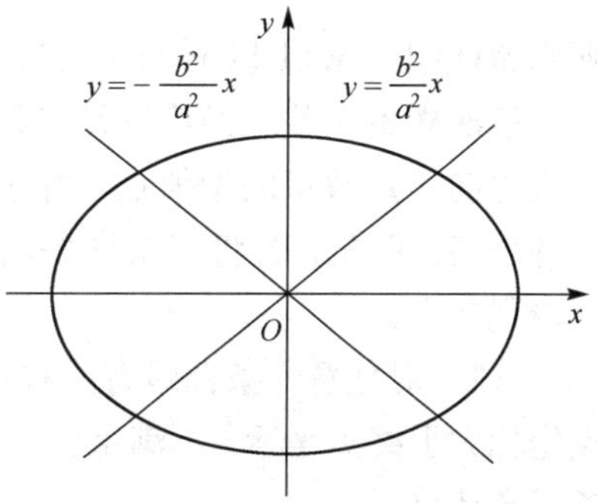

当 $|k_i x_i| \leqslant |y_i|$ 时（对应图4-34中实线段椭圆），有

$$\Delta x_i = \frac{f y_i \operatorname{sgn}(S)}{\sqrt{y_i + k_2 x_i^2}}$$

$$x_{i+1} = x_i + \Delta x_i$$

$$y_{i+1} = k_3 \operatorname{sgn}(y_i)\sqrt{a^2 + x_{i+1}^2}$$

$$\Delta y_i = y_{i+1} - y_i \tag{4-35}$$

图 4-37　椭圆插补区间分域图

当 $|k_i x_i| > |y_i|$ 时，有

$$\Delta y_i = -\frac{f x_i \operatorname{sgn}(S)}{\sqrt{x_i^2 + y_i^2 / k_2}}$$

$$y_{i+1} = y_i + \Delta y_i$$

$$x_i = \frac{\operatorname{sgn}(x_i)}{\sqrt{b^2 + y_{i+1}^2 / k_2}}$$

$$\Delta x_i = x_{i+1} - x_i \tag{4-36}$$

式中，$f = vT$，$k_1 = \dfrac{b^2}{a^2}$，$k_2 = \dfrac{b^4}{a^4}$，$k_3 = \dfrac{b}{a}$。S 代表椭圆插补方向，当顺时针插补时，$S = 1$；逆

时针插补时，$S = -1$。sgn( )为符号函数，其定义如下：

$$\operatorname{sgn}\alpha = \begin{cases} 1 & \alpha \geqslant 0 \\ -1 & \alpha < 0 \end{cases}$$

可以看出，运用式(4-35)、式(4-36)进行插补运算，不必进行过象限判别，实现了插补点自动过象限，计算公式更为简洁，同时，从根本上避免了过象限时由于插补公式切换不及时而引起的表面凸台现象。为了保证算法的收敛，将整个椭圆按图4-37进行分域。但这种区分要求并不严格，在区域切换时，插补公式可以有几个周期的滞后，不必像过象限判别那样严格。同时，在区域切换时对加工表面粗糙度的影响也微乎其微。

2. 参数三次样条插补原理

三次样条函数的一般定义如下。

已知 n 个点 $P_1(x_1, y_1)$，$P_2(x_2, y_2)$，…，$P_n(x_n, y_n)$，且 $x_1 < x_2 < \cdots < x_n$，若函数 $S(x)$ 满足以下条件：

（1）曲线通过所有型值点，即 $S(x_i) = y_i$（$i = 1, 2, \cdots, n-1$）；

（2）$S(x)$ 在 $[x_1, x_2]$ 区间上有连续的一阶和二阶导数；

（3）$S(x)$ 在每一个子区间 $[x_i, x_{i+1}]$ 上都是三次多项式，即每一子区间内有

$$S_i(x) = A_i + B_i(x - x_i) + C_i(x - x_i)^2 + D_i(x - x_i)^2 \qquad (i = 1, 2, \cdots, n-1) \tag{4-37}$$

则称 $S(x)$ 为 $[x_1, x_n]$ 上以 x_i（$i = 1, 2, \cdots, n$）为节点的三次样条函数。

三次样条函数已经广泛地应用于给定型值点的曲线拟合等研究领域。根据所插补高次曲线给出的一定数量的型值点，用三次样条函数求解出插补的中间点，无疑是高次曲线插补的一种思路。但是，若将三次样条函数直接应用于高次曲线插补，则有其难以克服的困难，主要表现如下。

（1）对任意一条曲线有两种加工方向。以图4-38为例，当加工方向为 BA 时，加工起始点坐标大于终点坐标，不满足三次样条函数区间划分条件 $x_1 < x_2 < \cdots < x_n$，无法直接用三次样条函数计算。

（2）难以保证曲线轮廓上切削速度恒定。以轮廓步长作为切削速度的表征，难以保证 $\sqrt{\Delta x^2 + \Delta y^2} = f$。如果通过控制 Δx 或 Δy 来保证 $\sqrt{\Delta x^2 + \Delta y^2} = f$，则要涉及非常复杂的高次方程计算，算法十分复杂，每次插补时间变长，无法满足插补实时性要求。

为了解决上述问题，本书介绍经过改进的参数三次样条函数插补方法，以曲线弦长作为参数。为简化分析过程，进行了坐标平移，如图4-39所示。

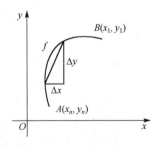

图 4-38　加工方向示意图

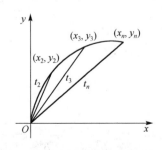

图 4-39　弦长示意图

引入弦长参数 t，令 $x = x(t)$，$y = y(t)$。可以看出，对应于 n 个型值点 (x_i, y_i) $(i = 1, 2, \cdots, n)$，有 n 个弦长参数 t_i $(i = 1, 2, \cdots, n)$。

令 $t_1 = 0$，$t_2 = \sqrt{(x_2 - x_1)^2 + (y_2 - y_1)^2}$，$\cdots$，$t_n = \sqrt{(x_n - x_1)^2 + (y_n - y_1)^2}$。选择严格单调的 t_1，t_2，t_3，$\cdots$，t_n，构成 $t_1 < t_2 < \cdots < t_n$ 序列。以弦长作为参数，大部分加工曲线可以满足这一条件。对于凸轮等特殊工件，可以采用分段的方法，满足弦长递增这一条件，然后分段进行插补。显然，以 (t_i, x_i) $(i = 1, 2, \cdots, n)$ 构造的三次样条函数 $x(t)$ 严格经过点 y_i $(i = 1, 2, \cdots, n)$。可以证明，在 $[t_i, t_{i+1}]$ $(i = 1, 2, \cdots, n)$ 区间内，以 t 为参数，$[x_t(t), y_t(t)]$ 构成的参数三次样条函数虽不具有三次样条函数能量极小性，但仍具有连续的一阶和二阶导数。

根据每一步插补的弦长增量 Δt，由参数三次样条函数计算出相应的坐标轴增量 Δx、Δy，即可完成高次曲线的插补。下面可以证明，通过适当地选取弦长增量 Δt，不需要复杂的实时计算即可使插补轨迹上轮廓步长保持恒定，同时达到很高的插补精度。

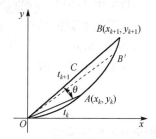

图 4-40　弦长增量示意图

在 $[t_i, t_{i+1}]$ $(i = 1, 2, \cdots, n-1)$ 区间内，相邻两插补点 (x_k, y_k)、(x_{k+1}, y_{k+1}) 及其对应的弦长参数 t_k、t_{k+1}，如图 4-40 所示。

由于系统插补采样周期非常短，每个插补采样周期内的进给量非常小。以弦进给 AB 近似代替弧进给 AB，有 $|AB| = vT$。以点 O 为圆心，$|OA|$ 为半径作圆，交 OB 于点 C，$|BC|$ 为本次插补弦长增量 Δt。根据余弦定理，有

$$|AB|^2 = |OA|^2 + (|OA| + |CB|)^2 - 2|OA|(|OA| + |CB|)\cos\theta$$

$$= 2|OA|(1 - \cos\theta) + 2|OA||CB|(1 - \cos\theta) + |CB|^2 \tag{4-38}$$

显然，$|AB| > |CB|$。但是，由于轮廓步长 $|AB|$ 非常小，θ 也非常小，同时，在实际加工中给出的型值点的区间段也非常小，因此，$|CB|$ 与 $|AB|$ 相差很小。若选择弦长增量 $\Delta t = |AB| = vT$，即 $t_{k+1} = t_k + vT$，则实际插补弦进给为 $|AB'|$。由三次样条函数的连续性可知，B' 仍在插补轮廓曲线上。由于 $|CB|$ 与 $|AB|$ 相差很小，$|AB|$ 与 $|AB'|$ 相差也很小，因此，将弦长增量 Δt 选为恒定值 vT，不会影响插补点落在插补曲线上，只是造成每次的实际进给量略有变化。但这个变化在实际切削过程中是微不足道的，完全可以认为插补曲线上轮廓步长保持恒定，即切削进给速度保持恒定。

4.4　进给速度与加减速控制

在高速运动阶段，为了保证在启动或停止时不产生冲击、失步、超程或振荡，数控系统需要对机床的进给运动速度进行加减速控制。在加工过程中，为了保证加工质量，在进给速度发生突变时必须对送到进给电动机的脉冲频率或电压进行加减速控制。在启动或速度突然升高时，应保证加在伺服电动机上的进给脉冲频率或电压逐渐升高；当速度突降时，应保证加在伺服电动机上的进给脉冲频率或电压逐渐降低。

4.4.1　进给速度控制

脉冲增量插补和数据采样插补由于其计算方法不同，其速度控制方法也有所不同。

1．脉冲增量插补算法的进给速度控制

脉冲增量插补的输出形式是脉冲，其频率与进给速度成正比，因此可通过控制插补运算的频率来控制进给速度。常用的方法有软件延时法和中断控制法。

1）软件延时法

根据编程进给速度，可以求出要求的进给脉冲频率，从而得到两次插补运算之间的时间间隔 t。t 必须大于 CPU 执行插补程序的时间 $t_{程}$，它与 $t_{程}$ 之差即为应调节的时间 $t_{延}$。可以编写一个延时子程序来改变进给速度。

【工程实例 4-10】 ▌延时时间的计算

某数控装置的脉冲当量 $\delta = 0.01$ mm，插补程序运行时间 $t_{程} = 0.1$ ms，若编程进给速度 $v = 300$ mm/min，调节时间 $t_{延}$ 的计算过程如下。

由 $v = 60\,\delta f$，得

$$f = \frac{v}{60\delta} = \frac{300}{60 \times 0.01} = 500 \ (1/s)$$

则插补时间间隔为

$$t = \frac{1}{f} = 0.02 \ s = 2 \ ms$$

调节时间为

$$t_{延} = t - t_{程} = (2 - 0.1) \ ms = 1.9 \ ms$$

用软件编写程序实现上述延时，即可达到控制进给速度的目的。

2）中断控制法

由进给速度计算出定时器/计数器的定时时间常数，以控制 CPU 中断。定时器每申请一次中断，CPU 执行一次中断服务程序，并在中断服务程序中完成一次插补运算，同时发出进给脉冲。如此连续进行，直至插补完毕。

这种方法使得 CPU 可以在两个进给脉冲时间间隔内进行其他工作，如输入、译码、显示等。进给脉冲频率由定时器定时常数决定。时间常数的大小决定了插补运算的频率，也决定了进给脉冲的输出频率。该方法速度控制比较精确，控制速度不会因为不同计算机主频的不同而改变，所以在很多数控系统中被广泛应用。

2．数据采样插补算法的进给速度控制

数据采样插补根据编程进给速度计算出一个插补周期内合成速度方向上的进给量，即

$$f_s = \frac{FTK}{60 \times 1000} \tag{4-39}$$

式中，f_s 为系统在稳定进给状态下的单个周期的插补进给量，称为稳定速度；F 为编程进给速度，mm/min；T 为插补周期，ms；K 为速度系数，包括快速倍率、切削进给倍率等。

为了调速方便，设置了速度系数 K 来反映速度倍率的调节范围，通常 K 取 0～200%。当

中断服务程序扫描到面板上倍率开关状态时，给 K 设置相应参数，从而对数控装置面板手动速度调节做出正确响应。

4.4.2　加减速度控制

在 CNC 装置中，加减速控制多数都采用软件来实现，这给系统带来了较大的灵活性。这种用软件实现的加减速控制可以放在插补前进行，也可以放在插补后进行。放在插补前的加减速控制称为前加减速控制，放在插补后的加减速控制称为后加减速控制。

前加减速控制，仅对编程速度 F 指令进行控制，其优点是不会影响实际插补输出的位置精度，其缺点是需要预测减速点，而这个减速点要根据实际刀具位置与程序段终点之间的距离来确定，预测工作需要完成的计算量较大。

后加减速控制与前加减速相反，它是对各运动轴分别进行加减速控制，这种加减速控制不需要专门预测减速点，而是在插补输出为零时才开始减速，经过一定的延时逐渐靠近程序段终点。该方法的缺点是，由于它是对各运动轴分别进行控制，所以在加减速控制以后，实际的各坐标轴的合成位置可能不准确。但这种影响仅在加减速过程中才会有，当系统进入匀速状态时，这种影响就不存在了。

加减速控制实际上就是稳定速度和瞬时速度不断进行比较的过程。所谓稳定速度是指系统处于稳定进给状态时一个插补周期内的进给量 f_s，可用式(4-40)表示。通过该计算公式将编程速度指令或快速进给速度 F 转换成了每个插补周期的进给量，并包括了速度倍率调整的因素在内。如果计算出的稳定速度超过系统允许的最大速度（由参数设定），取最大速度为稳定速度。

$$f_s = \frac{FTK}{60 \times 1000} \tag{4-40}$$

式中，f_s 为稳定速度，mm/min；T 为插补周期，ms；F 为指令速度，mm/min；K 为速度系数，包括快速倍率、切削进给倍率等。

所谓瞬时速度，是指系统在每个插补周期内的进给量。当系统处于稳定进给状态时，瞬时速度 f_i 等于稳定速度 f_s，当系统处于加速（或减速）状态时，$f_i < f_s$（或 $f_i > f_s$）。

1.　前加减速控制

前加减速控制常采用线性加减速处理方法。当机床启动、停止或在切削加工过程中改变进给速度时，数控系统自动进行线性加减速处理。加减速速率分为快速进给和切削进给两种，它们必须作为机床的参数预先设置好。设进给速度为 F（mm/min），加速到 F 所需的时间为 t（ms），则加减速度 a 按下式计算

$$a = 1.67 \times 10^{-2} \frac{F}{t} \quad \mu\text{m/ms}^2 \tag{4-41}$$

1）加速处理

系统每插补一次，都应进行稳定速度、瞬时速度的计算和加减速处理。当计算出的稳定速度 f_s' 大于原来的稳定速度 f_s 时，需进行加速处理。每加速一次，瞬时速度为

$$f_{i+1} = f_t + aT \tag{4-42}$$

式中，T 为插补周期。

新的瞬时速度 f_{i+1} 作为插补进给量参与插补运算，对各坐标轴进行分配，使坐标轴运动直至新的稳定速度为止，图 4-41 为加速处理的原理框图。

2）减速处理

系统每进行一次插补计算，系统都要进行终点判别，计算出刀具距终点的瞬时距离 s_i，并判别是否已到达减速区域 s。若 $s_i \leqslant s$，表示已到达减速点，则要开始减速。在稳定速度 f_s 和设定的加减速度 a 确定后，可由下式决定减速区域：

$$s = \frac{f_s^2}{2a} + \Delta s$$

式中，Δs 为提前量，可作为参数预先设置好。若不需要提前一段距离开始减速，则可取 $\Delta s = 0$，每减速一次后，新的瞬时速度为

$$f_{i+1} = f_i - at \tag{4-43}$$

式中，T 为插补周期。

新的瞬时速度 f_{i+1} 作为插补进给量参与插补运算，控制各坐标轴移动，直至减速到新的稳定速度或减速到 0。

图 4-42 为减速处理的原理框图。

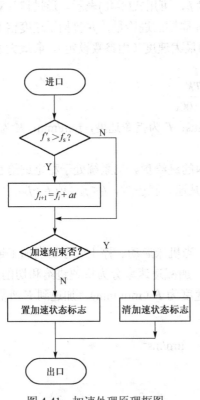

图 4-41　加速处理原理框图

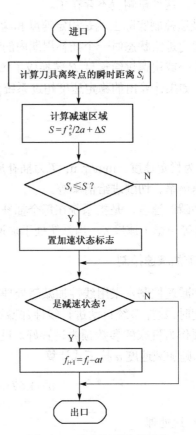

图 4-42　减速处理原理框图

3）终点判别处理

每进行一次插补计算，系统都要计算 s_i，然后进行终点判别。若即将到达终点，就设置相应标志；若本程序段要减速，则要在到达减速区域时设置减速标志，并开始进行减速处理。

终点判别计算分为直线和圆弧插补两个方面。

① 直线插补。如图4-43所示，设刀具沿直线 OP 运动，P 为程序段终点，A 为某一瞬时点。在插补计算时，已计算出 x 轴和 y 轴插补进给量 Δx 和 Δy，所以点 A 的瞬时坐标可由上一插补点的坐标 x_{i-1} 和 y_{i-1} 求得，即

$$\begin{cases} x_i = x_{i-1} + \Delta x \\ y_i = y_{i-1} + \Delta y \end{cases}$$

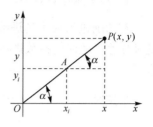

图 4-43　直线插补终点判别

设 x 轴为长轴，其增量值为已知，则刀具在 x 方向上离终点的距离为 $|x - x_i|$。因为长轴与刀具移动方向的夹角是定值，且 $\cos\alpha$ 的值已计算好，因此，瞬时点 A 离终点 P 的距离 s_i 为

$$s_i = |x - x_i| \times \frac{1}{\cos\alpha} \tag{4-44}$$

② 圆弧插补。当圆弧对应的圆心角小于 π 时，瞬时点离圆弧终点的直线距离越来越小，如图4-44所示。$A(x_i, y_i)$ 为顺圆插补时圆弧上的某一瞬时点，P 为圆弧的终点；AM 为点 A 在 x 方向离终点的距离，$|AM| = |x - x_i|$；MP 为点 A 在 y 轴方向离终点的距离，$|MP| = |y - y_i|$；$AP = S_i$。以 MP 为基准，则点 A 离终点的距离为

$$S_i = |MP|\frac{1}{\cos\alpha} = |y - y_i|\frac{1}{\cos\alpha} \tag{4-45}$$

当圆弧弧长对应的圆心角大于 π 时，设点 A 为圆弧的起点，点 B 为离终点的弧长所对应的圆心角等于 π 时的分界点，点 C 为插补到离终点的弧长所对应的圆心角小于 π 的某一瞬时点。这样，瞬时点离圆弧终点的距离 S_i 的变化规律是，当从圆弧起点 A 开始，插补到点 B 时，S_i 越来越大，直到等于直径；当插补越过分界点 B 后，S_i 越来越小。对于这种情况，计算时首先要判断 S_i 的变化趋势，若 S_i 变大，则不进行终点判别处理，直到越过分界点；如果 S_i 变小，进行终点判别处理。

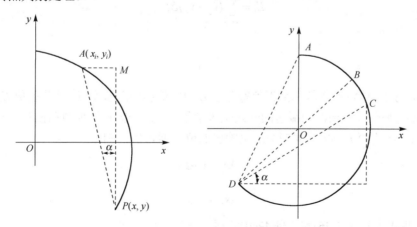

图 4-44　圆弧插补终点判别

2．后加减速控制

后加减速控制主要有指数加减速控制算法和直线加减速控制算法。

1）指数加减速控制算法

在切削进给或手动进给时，跟踪响应要求较高，一般采用指数加减速控制，将速度突变处理成速度随时间指数规律上升或下降，如图4-45所示。指数加减速控制时速度与时间的关系是：

加速时
$$v(t) = v_c\left(1 - e^{-\frac{t}{T}}\right)$$

匀速时
$$v(t) = v_c$$

减速时
$$v(t) = v_c e^{-\frac{t}{T}}$$

式中，T 为时间常数，v_c 为稳定速度。

图4-46是指数加减速控制算法的原理图。在图中，Δt 为采样周期，它在算法中的作用是对加减速运算进行控制，即每个采样周期进行一次加减速运算。误差寄存器 E 的作用是对每个采样周期的输入速度 v_c 与输出速度 v 之差（$v_c - v$）进行累加。累加结果一方面保存在误差寄存器 E 中，另一方面与 $1/T$ 相乘，乘积作为当前采样周期加减速控制的输出 v。同时，v 又反馈到输入端，准备在下一个采样周期中重复以上过程。

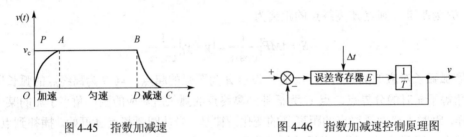

图 4-45　指数加减速　　　　　　　　图 4-46　指数加减速控制原理图

上述过程可以用迭代公式来实现，即

$$E_t = \sum_{k=0}^{i-1}(v_c - v_k)\Delta t \tag{4-46}$$

$$v_i = E_i \frac{1}{T} \tag{4-47}$$

式中，E_i 和 v_i 分别为第 i 个采样周期误差寄存器 E 中的值和输出速度值，迭代初值 E_0、V_0 为零。

若令 Δs_c 为每个采样周期加减速的输入位置增量，即每个插补周期内粗插补计算出的坐标位置增量值；Δs_i 为第 i 个插补周期加减速输出的位置增量值，则

$$\Delta s_i = v_i \Delta t$$

$$\Delta s_c = v_c \Delta t$$

将以上两式代入式(4-46)和式(4-47)中，得

$$E_t = \sum_{k=0}^{i-1}(\Delta s_c - \Delta s_i) = E_{i-1} + (\Delta s_c - \Delta s_{i-1}) \tag{4-48}$$

$$\Delta s_i = E_i \frac{1}{T} \qquad (\text{取} \Delta t = 1) \tag{4-49}$$

以上两组公式就是实用的数字增量式指数加减速迭代公式。

2）直线加减速控制算法

直线加减速控制使机床在启动时速度沿一定斜率的直线上升，而在停止时，速度沿一定斜率的直线下降。如图 4-47 所示，速度变化曲线是 $OABC$。

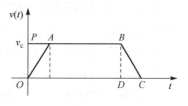

图 4-47　直线加减速

【经验总结 4-3】　直线加减速控制的 5 个步骤

① 加速过程。如果输入速度 v_c 与上一个采样周期的输出速度 v_{i-1} 之差大于一个常值 KL，即 $(v_c-v_{i-1})>KL$，则必须进行加速控制，使本次采样周期的输出速度增加 KL 值，即 $v_i=v_{i-1}+KL$（式中，KL 为加减速的速度阶跃因子）。显然，在加速过程中，输出速度 v_i 沿斜率为 $k'=\dfrac{KL}{\Delta t}$ 的直线上升，式中 Δt 为采样周期。

② 加速过渡过程。当输入速度 v_c 大于输出速度 v_i，但其差值小于 KL 时，即 $0<v_c-v_{i-1}<KL$，改变输出速度 v_i，使之与输入速度相等，即 $v_i=v_c$。经过这个过程后，系统进入稳定速度状态。

③ 匀速过程。该过程中输出速度保持不变，即 $v_i=v_{i-1}$，但这时的输出速度 v_i 不一定等于输入速度 v_c。

④ 减速过渡过程。当输入速度 v_c 小于输出速度 v_{i-1}，且其差值大于 KL 时，即 $0<v_c-v_{i-1}<KL$，改变输出速度，使其减小到与输入速度相等，即 $v_i=v_c$。

⑤ 减速过程。若输入速度 v_c 小于输出速度 v_{i-1}，且其差值大于 KL 值时，即 $v_c-v_{i-1}>KL$，改变输出速度，使其减小 KL 值，即 $v_i=v_{i-1}+KL$。显然，在减速过程中，输出速度沿斜率为 $k'=\dfrac{KL}{\Delta t}$ 的直线下降。

无论是直线加减速控制算法，还是指数加减速控制算法，都必须保证系统不产生失步和超程，即在系统的整个加速和减速过程中，输入到加减速控制器的总位移量之和必须等于该加减速控制器实际输出的位移量之和，这是设计后加减速控制算法的关键。要做到这一点，对于指数加减速来说，必须使图 4-45 中区域 OPA 的面积等于区域 DBC 的面积。对直线加减速而言，同样必须使图中区域 OPA 的面积也等于区域 DBC 的面积。

为了保证这两部分面积相等，以上所介绍的两种加减速都采用位置累加器来解决。在加速过程中，用位置误差累加器记住由于加速延迟失去的位置增量之和；在减速过程中，又将位置误差累加器中的位置值按一定规律（指数或直线）逐渐放出，以保证在加减速过程全部结束时，机床到达指定的位置。

4.5　习题与思考题

1. 何为插补？插补有哪几类算法？

2. 简述逐点比较法插补的流程。

3. 欲用逐点比较法插补直线 OA，直线起点为 $O(0, 0)$，直线终点为 $E(12, 15)$ 试写出插补计算过程并绘出轨迹。

4. 试推导出逐点比较法插补第 Ⅰ 象限逆圆圆弧的偏差函数递推公式，并写出插补圆弧 PQ 的过程，圆弧起点为 $P(9, 0)$，终点为 $Q(0, 9)$，绘制插补轨迹。

5. 试分析圆弧终点判别式有哪些。

6. 试述 DDA 插补的原理。

7. 设有一直线 OA，起点为 $O(0, 0)$，终点为 $A(3, 5)$，试用 DDA 法插补该直线，写出插补过程。

8. 设有一圆弧 $\overset{\frown}{AB}$，起点为 $A(0, 5)$，终点为 $B(3, 4)$，试用 DDA 法插补该圆弧，并写出插补过程。

9. 简述提高 DDA 插补质量的措施。

10. 简述 DDA 稳速控制的方法及其原理。

11. 数据采样插补是如何实现的？

12. 设某一 CNC 装置的插补周期为 $T = 8\,ms$，进给速度 $F = 300\,mm/min$，试计算插补步长。

13. 已知进给速度为 $F = 250\,mm/min$，CNC 装置插补周期为 $T = 8\,ms$，试用时间分割法对直线 OA，起点为 $O(0, 0, 0)$，终点为 $A(5, 7, 3)$ 进行插补，写出各轴插补进给速度公式。

14. 刀具补偿包括哪些内容？其作用是什么？执行过程是如何进行的？

15. C 功能刀具补偿和 B 功能刀具补偿有什么区别？

16. 简述刀具补偿中的转接类型和转接线性。

17. 用你熟悉的计算机语言编写直线与直线转接分类的软件。

18. 圆弧插补的径向误差 $e_r < 1\,\mu m$，插补周期 $T = 8\,ms$，插补圆弧半径为 $100\,mm$，试求其允许的最大进给速度。

19. 脉冲增量插补的进给速度控制常用哪些方法？

20. 加减速控制有何作用？有哪些实现方法？

数控机床的驱动与位置控制

工程背景

　　数控机床伺服系统是数控装置和机床的联系环节，是数控系统的执行部件。数控机床的精度和速度等技术指标很大程度上取决于伺服系统的性能优劣。掌握数控机床伺服系统驱动元件的工作原理、驱动装置、调速方法及常用位置检测装置的相关知识，可以更好地理解数控机床的控制原理，对数控机床的日常维护和保养、机床数控系统的故障诊断、选用和设计数控机床的伺服系统都有很大的帮助。

内容提要

　　本章主要介绍了数控机床进给伺服系统和主轴伺服系统的组成、性能、工作原理及相应的驱动元件，分析了驱动元件的调速方法，并介绍了数控机床常用的位置检测装置。主要内容包括步进电动机的工作原理及驱动电路，直流伺服电动机、交流伺服电动机的分类及工作原理，直流、交流伺服电动机的速度控制单元，旋转变压器、感应同步器、编码器及光栅的结构、工作原理及应用。

学习方法

　　在学习本章内容时，应先通过对电工学、电子技术等课程相关知识的复习，为本章学习打下坚实的基础，然后再结合相关具体实验，强化对本章内容的理解。

5.1 概述

1. 数控机床伺服驱动系统的概念及组成

数控机床的驱动与位置控制系统（或称为伺服系统）是数控机床中数控装置与机床本体间的电传动联系环节，也是数控系统的执行部分，由速度控制环、位置控制环、驱动伺服电动机和相应的机械传动装置组成。伺服是指有关的传动或运动参数均严格按照数控装置的控制指令实现，这些参数主要包括运动的速度、运动的方向和运动的起始点。伺服系统完成机床移动部件（如工作台、主轴或刀具进给等）的位置和速度控制。它接收来自插补装置或插补软件生成的进给脉冲指令，经过一定的信号变换及电压、功率放大，将其转化为机床工作台相对于切削刀具的运动或主电动机的运动。

伺服系统是数控机床的重要组成部分，是实现切削刀具运动、工件运动、主电动机运动的驱动和执行机构，是数控机床的"四肢"。伺服系统的性能在很大程度上决定了数控机床的性能，因此，研究与开发高性能的伺服系统一直是现代数控机床的关键技术之一。

数控机床伺服系统的一般结构如图5-1所示。它是一个双闭环系统，内环是速度环，外环是位置环。速度环中用做速度反馈的检测装置为测速发电机、脉冲编码器等。速度控制单元是一个独立的单元部件，它由速度调节器、电流调节器及功率驱动放大器等各部分组成。位置环是由CNC装置中的位置控制模块、速度控制单元、位置检测及反馈控制等各部分组成的。位置控制主要是对机床运动坐标轴进行控制，轴控制是要求最高的位置控制，不仅对单个轴的运动速度和位置精度的控制有严格要求，而且在多轴联动时，还要求各移动轴有很好的动态配合，才能保证加工效率、加工精度和表面粗糙度。位置控制功能包括位置控制、速度控制和电流控制。速度控制功能只包括速度控制和电流控制，一般用于对主运动坐标轴的控制。

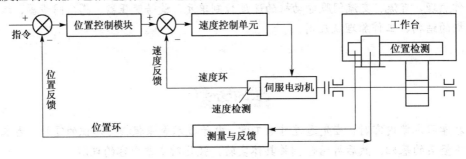

图5-1 数控机床伺服系统的一般结构图

2. 伺服系统的分类

由于伺服系统在数控设备上的应用广泛，所以伺服系统有各种不同的分类方法。

1）按其用途和功能分类

（1）进给伺服系统。用于控制数控机床工作台或刀具的移动，并提供切削过程所需的力矩，控制量一般是角度或直线位移量，并与数控加工程序中的F功能相对应。因此，它主要关心各轴转矩大小、调速范围的大小、调节精度的高低及动态响应的快慢等。

（2）主轴伺服系统。用于控制机床主轴的旋转运动，为机床主轴切削提供所需的动力，控制量一般是主轴转速，并且与数控加工程序中的 S 功能相对应。因此，它主要关心主轴是否具有足够功率、较宽的恒功率调节范围及速度调节范围等。

2）按反馈比较控制方式分类

（1）脉冲、数字比较伺服系统。该系统是闭环伺服系统中的一种控制方式，它是将控制装置发出的数字（或脉冲）指令信号与检测装置测得的以数字（或脉冲）形式表示的反馈信号直接进行比较，以产生位置偏差信号，据此对机床移动部件实现控制，直到消除偏差。当位置检测器选用直线光栅尺时，可实现全闭环控制。当采用脉冲编码器时，构成半闭环伺服系统。脉冲、数字比较伺服系统结构简单，容易实现，整机工作稳定，应用十分普遍。

（2）相位比较伺服系统。在该伺服系统中，位置检测装置采用相位工作方式。指令信号与反馈信号都变成某个载波的相位，然后通过两者相位的比较，获得实际位置与指令位的偏差，据此实现位置闭环控制。相位比较伺服系统适用于感应式检测组件（如旋转变压器，感同步器）的工作状态，可以得到满意的精度。此外，由于载波频率高，响应速度快，抗干扰性强，适合于连续控制的伺服系统。

（3）幅值比较伺服系统。幅值比较伺服系统以位置检测信号的幅值大小来反映机械位移的数值，并以此信号作为位置反馈信号，同时还要将此幅值信号转换成数字信号才能与指令数字信号相比较，从而获得位置偏差，构成闭环控制系统。

（4）全数字伺服系统。随着微电子技术、计算机技术和伺服控制技术的发展，数控机床伺服系统已开始采用高速、高精度的全数字伺服系统，使伺服控制技术从模拟方式、混合方式走向全数字化方式。由位置、速度和电流构成的三环反馈控制系统全部数字化，通过软件实现数字 PID，并采用了许多新的控制技术和改进伺服性能的措施，使控制精度和品质大大提高。目前，在中高档数控机床中已经大量选用高速、高精度的全数字伺服系统。

3）按照调节理论分类

（1）开环伺服系统。开环伺服系统只有从指令位置输入到位置输出的前向控制通道，而没有检测实际位置的反馈通道。这样，前向通道中对于每个指令脉冲的控制进给误差、传动机构中齿隙误差、丝杠螺距误差、在导轨上滑动时摩擦力的不均衡等，都将直接影响到伺服执行元件的控制精度，而且也不能进行完全补偿。因此，开环伺服系统控制精度不太高，但是该系统结构简单，实现与调试比较容易。目前，开环伺服系统中广泛采用步进电动机作为执行元件。

（2）闭环伺服系统。闭环伺服系统中指令信号与反馈信号通过比较环节的综合分析得到位置误差信号，再通过功率放大，控制执行电动机驱动工作台（或刀具）向指令位置进给。一般情况下，闭环伺服系统反馈量是移动部件的直线位移值，并且整个系统的定位或跟随精度主要取决于位置检测元件的测量精度。根据自动控制理论分析可知，凡是被反馈通道包围的前向通道，各环节的误差都能被补偿，所以闭环伺服系统的综合精度很高。但由于系统中增加了位置检测、反馈比较及伺服放大等环节，使系统变得复杂，特别是机械传动链中的齿隙将会影响到整个系统的稳定性，使闭环伺服系统易振荡，调试较困难。

（3）半闭环伺服系统。半闭环伺服系统中，通过旋转变压器或脉冲编码器检测电动机或丝杠的转角来间接获得数控机床移动部件位置量（转角和位移量之间是线性关系），从而形成等效反馈信号。在这种由等效信号构成的半闭环伺服系统中，反馈通道将不包含从旋转轴到工作台直线位移之间的机械传动链，因此，这部分传动误差不能被反馈补偿。但由于齿隙非线性环节没有被反馈通道所包含，所以系统的稳定性容易得到保证。当然，半闭环系统的综合精度略低于全闭环系统。

5.2 伺服系统的驱动元件

伺服驱动元件又称为执行电动机，它具有根据控制信号的要求而动作的功能。在输入电信号之前，转子静止不动；电信号到来之后，转子立即转动，且转向、转速随信号电压的方向和大小而改变，同时带动一定的负载。电信号一旦消失，转子便立即自行停转。在数控机床的伺服系统中，伺服电动机作为执行元件，根据输入的控制信号，产生角位移或角速度，带动负载运动。

为了满足数控机床对伺服系统的要求，对伺服系统的驱动元件——伺服电动机必须有较高的要求：

（1）电动机在从最低转速到最高转速的范围内都应能平滑地运转；转矩波动要小，尤其在最低转速时，仍要有平稳的速度而无爬行现象。

（2）电动机应具有大的、较长时间的过载能力，以满足低速大转矩的要求。

（3）电动机应可控性好、转动惯量小、响应速度快。

（4）电动机应能承受频繁的启动、制动和反转。

在伺服系统中，经常用的电动机有步进电动机、直流伺服电动机和交流伺服电动机等。此外，直线电动机以其独有的优势，日益受到青睐。下面分别介绍常用伺服执行元件的工作原理。

5.2.1 步进电动机

步进电动机是一种用电脉冲信号进行控制、并将电脉冲信号转换成相应的角位移的执行器，也称为脉冲电动机。每给步进电动机输入一个电脉冲信号，其转轴就转过一个角度，称为步距角，其角位移量与电脉冲数成正比，其转速与电脉冲信号输入的频率成正比，这样通过改变频率就可以调节电动机的转速。如果步进电动机的各相绕组保持某种通电状态，则其具有自锁能力。

步进电动机的最大缺点在于其容易失步，特别是在大负载和速度较高的情况下失步更容易发生。此外，步进电动机的耗能太多，速度也不高，目前的步进电动机在脉冲当量为 1 μm 时，最高移动速度仅有 2 mm/min，并且其功率越大，移动速度越低，故主要用于速度与精度要求不高的经济型数控机床及旧机床设备的改造。

1. 步进电动机的分类及结构

1）步进电动机的分类

步进电动机的分类方法很多，根据不同的分类方式，可将步进电动机分为多种类型，如表5-1所示。

表 5-1 步进电动机的分类

分 类 方 式	具 体 类 型
按力矩产生的原理	（1）反应式：转子无绕组，由被励磁的定子绕组产生反应转矩实现步进运行； （2）励磁式：定子、转子均有励磁绕组（或转子用永久磁钢），由电磁转矩实现步进运行
按输出力矩大小	（1）伺服式：输出转矩在百分之几到十分之几（N·m），只能驱动较小的负载，要与液压扭矩放大器配用，才能驱动机床工作台等较大的负载； （2）功率式：输出转矩在 5～50 N·m 以上，可以直接驱动机床工作台等较大的负载
按定子数	（1）单定子式；（2）双定子式；（3）三定子式；（4）多定子式
按各相绕组分布	（1）径向分相式：电动机各相按圆周依次排列； （2）轴向分相式：电动机各相按轴向依次排列

2）步进电动机的结构

目前，我国使用的步进电动机多为反应式步进电动机。在反应式步进电动机中，有轴向分组和径向分组两种。反应式步进电动机又称为可变磁阻式步进电动机。图 5-2 所示的是一典型的单定子、径向分组反应式伺服步进电动机的结构原理图。它与普通电动机一样，也是由定子和转子构成的，其中定子又分为定子铁心和定子绕组。定子铁心由电工钢片叠压而成，定子绕组是绕置在定子铁心 6 个均匀分布的齿上的线圈，在直径方向上相对的两个齿上的线圈串联在一起，构成一相控制绕组。图 5-2 所示的步进电动机可构成 A、B、C 三相控制环绕组，故称为三相步进电动机。若任一相绕组通电，便形成一组定子磁极，其方向即图 5-2 中所示的 NS 极。在定子的每个磁极上面向转子的部分，又均匀分布着 5 个小齿，这些小齿呈梳状排列，齿槽等宽，齿间夹角即齿距角为 9°。转子上没有绕组，只有均匀分布的 40 个齿，齿槽宽度相等，并与定子上的齿宽相等，齿距角为 360°/40＝9°。此外，三相定子磁极上的小齿在空间位置上依次错开 1/3 齿距即 3°，如图5-3 所示。当 A 相磁极上的小齿与转子上的小齿对齐时，B 相磁极上的齿刚好超前（或滞后）转子齿 1/3 齿矩角，C 相磁极齿超前（或滞后）转子齿 2/3 齿矩角。步进电动机每走一步所转过的角度称为步距角，其大小等于错齿的角度。错齿角度的大小取决于转子上的齿数，磁极数越多，转子上的齿数越多，步距角越小，步进电动机的位置精度就越高，其结构也就越复杂。

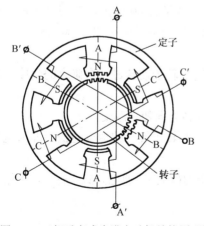

图 5-2 三相反应式步进电动机结构原理图

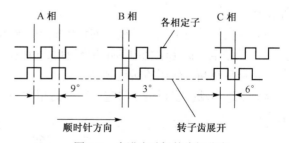

图 5-3 步进电动机的齿矩分布

2. 步进电动机的工作原理

步进电动机的工作原理是当某相定子激磁以后，能吸引邻近的转子，使转子的极齿与定子的极齿对齐，因此步进电动机的工作原理实际上是电磁铁的作用原理。现以图5-4所示的三相反应式步进电动机为例说明其工作原理。具体为假设每个定子磁极有1个齿，转子有4个齿。首先A相通电，B、C两相断电，转子1、3齿按磁阻最小路径被A相磁极产生的电磁转矩吸引过去，当1、3齿与A相对齐时，转动停止；此时，B相通电，A、C两相断电，磁极B又把距离它最近的一对齿2、4吸引过来，使转子按逆时针方向转过30°。接着C相通电，A、B两相断电，转子又逆时针旋转30°。以此类推，定子按A—B—C—A…顺序通电，转子就一步步地按逆时针方向转动，每步30°。若改变通电顺序，按A—C—B—A…使定子绕组通电，步进电动机就按顺时针方向转动，同样每步转30°。这种控制方式称为单三拍工作方式。由于每次只有一相绕组通电，在切换瞬间失去自锁转矩，容易失步。此外，只有一相绕组通电吸引转子，易在平衡位置附近产生振荡，故实际上不采用单三拍工作方式，而采用双三拍控制方式。

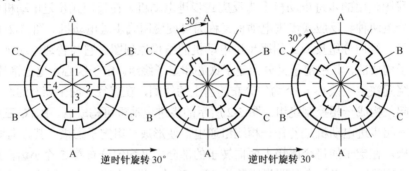

图 5-4　步进电动机工作原理

双三拍通电顺序按 AB—BC—CA—CA—AB…（逆时针方向）或按 AC—CB—BA—AC…（顺时针方向）进行。由于双三拍控制每次有二相绕组通电，而且切换时总保持一相绕组通电，所以工作较稳定。如果按 A—AB—B—BC—C—CA—A…顺序通电，就是三相六拍工作方式，每切换一次，步进电动机每步按逆时针方向转过15°。同样，若按 A—AC—C—CB—B—BA—A…顺序通电，则步进电动机每步按顺时针方向转过15°。对应一个指令电脉冲，转子转动一个固定角度，称为步距角。实际上，转子有40个齿，三相单三拍工作方式，步距角为3°。三相六拍控制方式比三相三拍控制方式步距角小一半，为1.5°。

综上所述，可以得到如下结论：

（1）步进电动机定子绕组的通电状态每改变一次，它的转子便转过一个确定的角度，即步距角α。

（2）改变步进电动机定子绕组的通电顺序，转子的旋转方向随之改变。

（3）步进电动机定子绕组通电状态的改变速度越快，其转子旋转的速度越快，即通电状态的变化频率越高，转子的转速越高。

（4）步进电动机步距角α与定子绕组的相数m、转子的齿数z、通电方式k有关，可用下式表示：

$$\alpha = \frac{360°}{mzk} \tag{5-1}$$

式中，当通电方式为单拍时，$k=1$；当通电方式为单双拍时，$k=2$。

3. 步进电动机的主要特性

（1）步距角。步进电动机的步距角是反映步进电动机定子绕组的通电状态每改变一次，转子转过的角度，它是决定步进伺服系统脉冲当量的重要参数。数控机床中常见的反应式步进电动机的步距角一般为 $0.5° \sim 3°$。步距角越小，数控机床的控制精度越高。

（2）矩角特性、最大静态转矩 M_{jmax} 和启动转矩 M_q。矩角特性是步进电动机的一个重要特性，它是指步进电动机产生的静态转矩 M_j 与失调角 θ 的变化规律。空载时，若步进电动机某相绕组通电，根据步进电动机的工作原理，电磁转矩会使得转子齿槽与该相定子齿槽相对齐，这时，转子上没有转矩输出。如果在电动机轴上加一逆时针方向的负载转矩 M_f，则步进电动机转子就要沿逆时针方向转过一个角度 θ 才能重新稳定下来，这时转子上受到的电磁转矩 M_j 和负载转矩 M 相等。我们称 M_j 为静态转矩，θ 为失调角。不断改变 M 值，对应的就有 M_j 与 θ 的函数曲线，如图 5-5 所示。我们称 $M_j = f(\theta)$ 曲线为转矩—失调角特性曲线，或称为矩角特性。图中画出了当三相步进电动机按照 A—B—C—A…方式通电时，A、B、C 各相的矩角特性曲线，三相矩角特性曲线在相位上互差 1/3 周期。曲线上峰值所对应的转矩称为最大静态转矩，用 M_{jmax} 表示，它表示步进电动机承受负载的能力。M_{jmax} 越大，自锁转矩越大，静态误差越小。换言之，M_{jmax} 越大，电动机带负载的能力越强，运行的快速性和稳定性越好。

图5-5中曲线 A 和曲线 B 的交点所对应的力矩 M_q 是电动机运行状态的最大启动转矩。当负载力矩 M_f 小于 M_q 时，电动机才能正常启动运行，否则，将造成失步，电动机也不能正常启动。一般地，随着电动机相数的增加，由于矩角特性曲线变密，相邻两矩角特性曲线的交点上移，会使 M_q 增加；当变通电方式单拍为单双拍时，同样会使 M_q 得以提高。

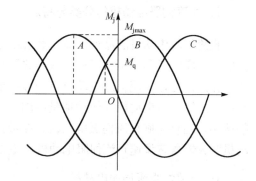

图 5-5 步进电动机静态矩角特性曲线

（3）启动频率 f_q。空载时，步进电动机由静止突然启动，并进入不丢步的正常运行所允许的最高频率，称为启动频率或突跳频率。启动时，加给步进电动机的指令脉冲频率如大于突跳频率，步进电动机就不能正常启动。步进电动机在带负载，尤其是惯性负载下的启动频率比空载频率要低，且随着负载的加大，启动频率会进一步降低。

（4）连续运行的最高工作频率 f_{max}。当步进电动机连续运行时，它所能接受的，即保证不丢步运行的极限频率称为最高工作频率。它是决定定子绕组通电状态最高变化频率的参数，决定了步进电动机的最高转速。

（5）矩频特性与动态转矩。矩频特性描述的是步进电动机连续稳定运行时输出转矩与连续运行频率之间的关系，如图5-6所示。图中每一频率所对应的转矩称为动态转矩。从图 5-6 中可以看出，随着运行频率 f 的上升，输出转矩 M_d 下降，承载能力下降。

（6）加减速特性。步进电动机的加减速特性是描述在步进电动机由静止到工作频率和由工作频率到静止的加减速过程中，定子绕组通电状态的变化频率与时间的关系。当要求步进电动机启动到大于突跳频率的工作频率时，变化速度必须逐渐上升；同样，从最高工作频率或高于突跳频率的工作频率停止时，变化速度必须逐渐下降。逐渐上升和下降的加速时间、减速时间不能过小，否则会出现失步或超步。我们用加速时间常数和减速时间常数来描述步进电动机的升速和降速特性，如图5-7所示。

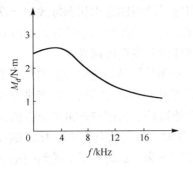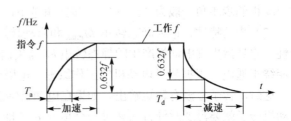

图 5-6　步进电动机的矩频特性　　　　　图 5-7　步进电动机加减速特性曲线

5.2.2　直流伺服电动机

直流伺服电动机在电枢控制时具有良好的机械特性和调节特性，机电时间常数小，启动电压低，因此以往的数控机床的伺服驱动均采用直流伺服电动机。虽然当前交流伺服电动机已逐渐取代直流伺服电动机，但有些场合直流伺服电动机仍在采用。

1. 直流伺服电动机的分类与特点

直流伺服电动机的品种很多，根据磁场产生的方式，直流电动机可分为他励式、永磁式、并励式、串励式和复励式五种。永磁式用氧化铁、铝镍钴、稀土钴等软磁性材料建立激磁磁场。在结构上，直流伺服电动机有一般电枢式、无槽电枢式、印制电枢式、绕线盘式和空心杯电枢式等。按电动机的转动惯量不同，分为大惯量、中惯量和小惯量。为避免电刷换向器的接触，还有无刷直流伺服电动机。在数控机床中，进给系统驱动常采用小惯性直流伺服电动机和大惯量宽调速直流伺服电动机，主轴系统驱动采用直流主轴电动机。

1）小惯性直流伺服电动机

小惯性直流伺服电动机因转动惯量小而得名。这类电动机一般为永磁式，电枢绕组有无槽电枢式、印制电枢式和空心杯电枢式三种。因为小惯量直流电机最大限度地减小了电枢的转动惯量，所以能获得最快的响应速度，适用于要求快速响应和频繁启动的伺服系统。但是，其过载能力低，电枢惯量与机械传动系统匹配较差，因此其大多用于工业机器人、小型数控机床及线切割机床上。

2）大惯量宽调速直流伺服电动机

大惯量宽调速直流电动机的基本结构和工作原理与普通直流电动机基本相同，只是为了满足快速响应的要求，在结构上做得细长些。按磁极的种类，宽调速直流电动机分为电激磁和永磁铁两种。电激磁的特点是激磁量便于调整，易于安排补偿绕组和换向极，电动机的换向性能得到改善，成本低，可以在较宽的速度范围内得到恒转矩特性。永磁铁一般没有换向极和补偿绕组，其换向性能受到一定限制，但它不需要激磁功率，因而效率高，电动机在低速时能输出较大转矩。此外，这种结构温升低，电动机直径可以做得小些，加上目前永磁材料性能不断提高，成本逐渐下降，因此这种结构用得较多。

大惯量宽调速永磁直流伺服电动机的结构如图5-8所示。电动机定子 2 采用不易去磁的永磁材料，转子（电枢）1 直径大并且有槽，因而热容量大，结构上又采用了通常凸极式和隐极式永磁电动机磁路的组合，提高了电动机气隙磁密。在电动机尾部通常装有测速发电机、旋转变压器或编码盘作为闭环伺服系统的速度反馈元件，这样不仅使用方便，而且保证了安装精度。当然，大惯量宽调速永磁直流伺服电动机体积大，其电刷易磨损，维修、保养等也存在一些问题。

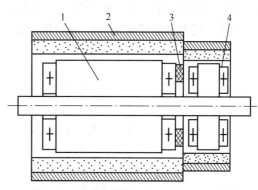

1—转子；2—定子（永磁体）；3—电刷；4—测速发电机

图 5-8　大惯量宽调速永磁直流伺服电动机结构图

大惯量宽调速直流电动机的性能特点如表5-2所示。其既具有一般直流电动机的各项优点，又具有小惯量直流电动机的快速响应性能，易与较大的负载惯量匹配，能较好地满足伺服驱动的要求，因此在数控机床、工业机器人等机电一体化产品中得到了广泛的应用。

表 5-2　大惯量宽调速直流电动机的性能特点

性 能 特 点	说　　明
低转速大惯量	这种电动机具有较大的惯量，电动机的额定转速较低。可以直接和机床的进给传动丝杆相连，因而省掉了减速机构
转矩大	该电动机输出转矩比较大，特别是低速时转矩大。能满足数控机床在低速时进行大吃刀量加工的要求
启动力矩大	具有很大的电流过载倍数，启动时，加速电流允许为额定电流的 10 倍，因而使得力矩/惯量比大，快速性好
调速范围大、低速运行平稳、力矩波动小	该电动机转子的槽数较多，并采用斜槽使低速运行平稳（如以 0.1 r/min 的速度运行）

3）直流主轴电动机

因为要求主轴电动机有大的输出功率，所以在结构上不做成永磁式，而与普通励磁直流电动机相同，为他励式，其结构示意图如图5-9所示。直流主轴电动机也是由定子和转子两大部分组成的。转子与永磁式直流伺服电动机相同，由电枢绕组和换向器组成，而定子则完全不同，它由主磁极和换向极组成。为改善磁场分布，有的主轴电动机在主磁极上不但有主磁极绕组，还带有补偿绕组。这类电动机在结构上的特点是：为了改善换向性能，在电动机结构上都有换向极；为了缩小体积，改善冷却效果，采用了轴向强迫通风冷却或"热管"冷却。电动机的主磁极和换向极都采用硅钢片叠成，以便在负荷变化或在加速、减速时有良好的换向性能。电动机外壳结构为密封式，以适应恶劣的机械加工车间环境。在电动机的尾部一般都同轴安装有测速发电机作为速度反馈元件。

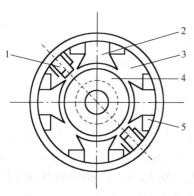

1—换向极；2—主磁极；3—定子；
4—转子；5—线圈

图 5-9　直流主轴电机结构示意图

2. 直流伺服电动机的工作原理

直流伺服电动机与一般直流电动机的工作原理完全相同，图 5-10 所示的是他励直流伺服电动机电路原理。他励直流电动机转子上的载流导体（电枢绕组），在定子磁场中受到电磁转矩的作用，使电动机转子旋转。电枢转动后，因导体切割磁感应线，电枢绕组会产生反电动势（感应电动势）。

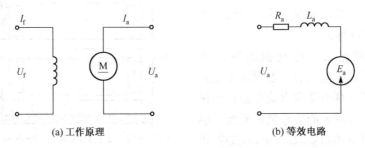

(a) 工作原理   (b) 等效电路

图 5-10   他励直流电动机工作原理图

电磁电枢回路的电压平衡方程式为

$$U_a = E_a + I_a R_a \tag{5-2}$$

式中，R_a 为电动机电枢回路的总电阻；U_a 为电动机电枢的端电压；I_a 为电动机电枢的电流；E_a 为电枢绕组的感应电动势。

当励磁磁通 Φ 恒定时，电枢绕组的感应电动势与转速成正比，则

$$E_a = C_E \Phi n \tag{5-3}$$

式中，C_E 为电动势常数，表示单位转速时所产生的电动势；n 为电动机转速。

电动机的电磁转矩为

$$T_m = C_T \Phi I_a \tag{5-4}$$

式中，T_m 为电动机电磁转矩；C_T 为转矩常数，表示单位电流所产生的转矩。

将式(5-2)、式(5-3)和式(5-4)联立求解，即可得出他励式直流伺服电动机的转速公式为

$$n = \frac{U_a}{C_E \Phi} - \frac{R_a}{C_E C_T \Phi^2} T_m = n_0 - \frac{R_a}{C_E C_T \Phi^2} T_m \tag{5-5}$$

$$n_0 = \frac{U_a}{C_E \Phi} \tag{5-6}$$

式中，n_0 为电动机理想空载转速。

直流电动机的转速与转矩的关系称为机械特性，机械特性是电动机的静态特性，是稳定运行时带动负载的性能，此时，电磁转矩与外负载相等。当电动机带动负载时，电动机转速与理想转速产生转速差 Δn，它反映了电动机机械特性的硬度。Δn 越小，表明机械特性越硬。

由直流伺服电动机的转速公式(5-5)可知，直流电动机的基本调速方式有三种，即调节电阻 R_a、调节电枢电压 U_a 和调节磁通 Φ 的值。但电枢电阻调速不经济，而且调速范围有限，很少采用。在调节电枢电压时，若保持电枢电流 I_a 不变，则 Φ 也保持不变，由式(5-4)可知，电动机电磁转矩 T_m 保持不变，因此称调压调速为恒转矩调速。调磁调速时，通常保持电枢电压

U_a 为额定电压，由于励磁回路的电流不能超过额定值，因此励磁电流总是向减小的趋势调整，使磁通下降，称为弱磁调速，此时转矩 T_m 也下降，转速上升。调速过程中，电枢电压 U_a 不变，若电枢电流 I_a 也不变，则调速前后输出功率维持不变，故调磁调速又称为恒功率调速。

直流电动机在调节电枢电压和调节磁通调速方式的机械特性曲线如图 5-11 所示。图中，n_N 为额定转矩 T_N 时的额定转速，Δn_N 为额定转速差。由图5-11(a)可见，当调节电枢电压时，直流电动机的机械特性为一组平行线，即机械特性曲线的斜率不变，只改变了电动机的理想转速，从而保持了原有较硬的机械特性，所以数控机床伺服进给驱动系统的调速采用调节电枢电压调速方式。由图 5-11(b)可见，调磁调速不但改变了电动机的理想转速，而且使直流电动机机械特性变软，所以调磁调速主要用于机床主轴电动机调速。

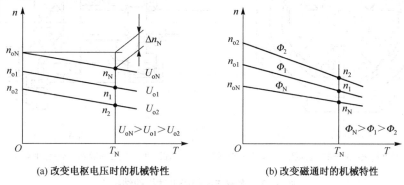

图 5-11　直流电动机的机械特性

Δn 的大小与电动机的调速范围密切相关。如果Δn 值比较大，则不可能实现宽范围的调速。而永磁式直流伺服电动机的机械特性的Δn 值比较小，满足这一要求，因此，进给系统常采用永磁式直流伺服电动机。

5.2.3　交流伺服电动机

直流伺服电动机具有优良的调速性能，但由于电刷和换向器易磨损，因此需要经常维护。换向器换向时产生的火花使电动机最高转速受到限制，电动机结构复杂使制造困难，制造成本高，所以在使用上受到一定限制。交流伺服电动机无电刷，结构简单，动态响应好，输出功率较大，因而在数控机床上被广泛应用。

1. 交流伺服电动机的分类和特点

在数控机床上应用的交流电动机一般都为三相。交流伺服电机分为同步交流伺服电动机（SM）和异步交流伺服电动机（IM）。异步（感应）交流伺服电动机结构简单，制造容量大，主要用在主轴驱动系统中；同步交流伺服电动机可方便地获得与频率成正比的可变速度，可以得到很宽的调速范围，在电源电压和频度固定不变时，它的转速是稳定不变的，主要用在数控机床进给驱动系统中。

2. 同步交流伺服电动机

1）永磁同步交流伺服电动机的结构

通常永磁交流伺服电动机就是指永磁同步交流伺服电动机，其结构如图 5-12 所示，图 5-12(a)是其横剖面图，图5-12(b)是其纵剖面图。永磁同步交流伺服电动机主要由三部分组成：定子、转子和检测元件（转子位置传感器和测速发电机）。其中定子有齿槽，内有三相绕组，形状与普通感应电动机的定子相同。转子由多块永久磁铁和铁心组成，此结构气隙磁密较高，极数较多。如采用高矫顽力、高剩磁感应的稀土永磁材料，交流伺服电机比直流伺服电机的外形尺寸约减小 1/2，重量减轻 60%，转子惯量减为直流电动机的 1/5。交流永磁伺服电机的外圆多呈多边形，且无外壳，以利于散热，避免电动机发热对机床精度的影响。

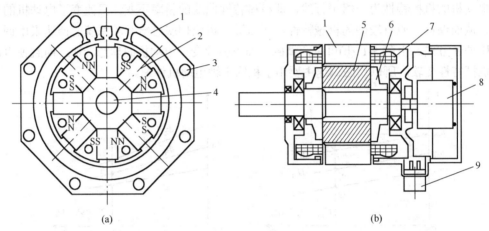

(a)   (b)

1—定子；2—永久磁铁；3—轴向通风孔；4—转轴；5—转子；6—压板；7—定子三相绕组；8—脉冲编码器；9—出线盒

图 5-12　永磁交流伺服电动机的结构

2）永磁同步交流伺服电动机的工作原理

永磁同步交流伺服电动机的工作原理与电磁式同步电动机的工作原理相同，即定子三相绕组产生的空间旋转磁场和转子磁场相互作用，带动转子一起旋转；所不同的是转子磁极不是由转子的三相绕组产生的，而是由永久磁铁产生的，其工作过程如图5-13所示。当定子三相绕组通以交流电后，产生一个旋转磁场，这个旋转磁场以同步转速 n_s 旋转，根据磁极的同性相斥、异性相吸的原理，定子旋转磁场与转子永久磁场磁极相互吸引，并带动转子一起旋转，因此转子也将以同步转速 n_s 旋转。当转子轴加上外负载转矩时，转子磁极的轴线将与定子磁极的轴线相差一个 θ 角。负载越大，θ 也随之增大。只要外负载不超过一定限度，转子就会与定子旋转磁场一起旋转。若设其转速为 n_r，则

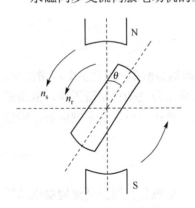

图 5-13　永磁交流同步电机工作原理

$$n_r = n_s = 60 f_1 / p \tag{5-7}$$

式中，f_1 为交流电电源频率（定子供电频率），单位为 Hz；p 为定子和转子的极对数。

永磁同步交流电动机启动比较困难，其原因有二：第一个原因是由于本身存在惯量，第二个原因是定子、转子磁场间转速相差过大。为克服启动困难，永磁同步交流电动机设计时采用降低转子惯量的方法或采用多极的办法，也可在速度控制单元中采取措施，使电动机先低速启动，然后达到所要求的速度。

3. 交流主轴电动机

1）交流主轴电动机的结构

交流主轴电动机与交流进给用伺服电动机不同。交流主轴电动机要提供很大的功率，如果用永久磁体，当容量做得很大时，电动机成本太高。主轴驱动系统的电动机还要具有低速恒转矩、高速恒功率的工况。因此，采用专门设计的鼠笼式异步交流伺服电动机。

交流主轴电动机从结构上分为带换向器和不带换向器两种。通常，多用不带换向器的三相感应电动机。它的结构是定子上装有对称三相绕组，而在圆柱体的转子铁心上嵌有均匀分布的导条，导条两端分别用金属环把它们连在一起，称为笼式转子。为了增加输出功率，缩小电动机的体积，采用了定子铁心在空气中直接冷却的办法，没有机壳，而且在定子铁心上做出厂轴向通风孔，以利于通风。因此，电动机在外形上是呈多边形而不是呈圆形。电动机轴的尾部同轴安装有检测组件。图 5-14 所示的是交流主轴电动机与普通交流异步电动机的比较示意图。

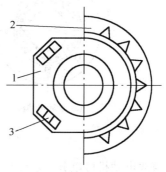

1—交流主轴电动机；

2—普通交流异步电动机；3—通风孔

图 5-14　交流主轴电动机与普通交流异步电动机比较示意图

2）交流主轴电动机的工作原理

在电动机定子的三相绕组通以三相交流电时，在定子和转子之间的气隙内建立起以同步转速 n_s 旋转的旋转磁场，这个磁场切割转子中的导体，导体感应电流与定子磁场相作用产生电磁转矩，从而推动转子转动，其转速 n_r 为

$$n_r = n_s(1-s) = \frac{60f_1}{p}(1-s) \tag{5-8}$$

式中，s 为转差率，$s = (n_s - n_r)/n_s$。

同感应式伺服电机一样，交流主轴电动机需要转速差才能产生电磁转矩，所以电动机的转速低于同步转速，转速差随外负载的增大而增大。

5.2.4　直线电动机

直线电动机是一种可以将电能直接转换成直线运动机械能的传动装置。在直线电动机出现之前，直线运动是由旋转电动机加上某种将旋转运动（如滚珠丝杠）变换成直线运动的转换机构来实现的，而直线电动机不受机械传动部件的限制，能将电功率直接转换为直线运动，具有无间隙、高刚性、高速度（80～180 m/min）、高加速度（2～10g）和较高定位精度（0.1～0.01 μm）的特点。应该特别指出的是，在数控机床向高速化发展的今天，采用直线电动机直接驱动工作台几乎成为当前一个重要的、方向性的选择。

1. 直线电动机结构及工作原理

直线电动机是指可以直接产生直线运动的电动机，可作为进给驱动系统。在世界上出现旋转电动机不久之后就出现了其雏形，但由于受制造技术水平和应用能力的限制，一直未能在制造业领域作为驱动电动机而使用。特别是大功率电子器件、新型交流变频调速技术、微型计算机数控技术和现代控制理论的发展，为直线电动机在高速数控机床中的应用提供了条件。

直线电动机的工作原理与旋转电动机没有本质区别，可将其视为旋转电动机沿圆周方向拉伸展平的产物，如图 5-15 所示。对应于旋转电动机的定子部分，称为直线电动机的初级；对应于旋转电动机的转子部分，称为直线电动机的次级。当多相交变电流通过多相对称绕组时，就会在直线电动机初级和次级之间的气隙中产生一个行波磁场，从而使初级和次级之间相对移动。当然，二者之间也存在一个垂直力，可以是吸引力，也可以是推斥力。

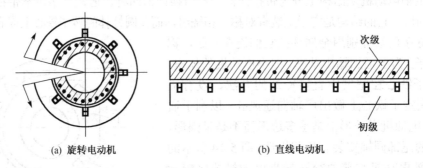

(a) 旋转电动机　　　　　　　　　(b) 直线电动机

图 5-15　旋转电动机展平为直线电动机

直线电动机可以分为步进直线电动机、直流直线电动机和交流直线电动机三大类。在机床上主要使用交流直线电动机。在结构上，可以有如图 5-16 所示的短次级和短初级两种形式。为了减小发热量和降低成本，高速机床用直线电动机一般采用图 5-16(b) 所示的短初级和短次级结构。

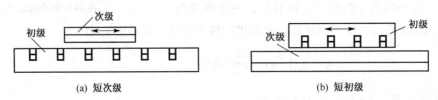

(a) 短次级　　　　　　　　　　　(b) 短初级

图 5-16　直线电动机的形式

在励磁方式上，交流直线电动机可以分为永磁（同步）式和感应（异步）式两种。永磁式直线电动机的次级是一块一块铺设的永久磁钢，其初级是含铁心的三相绕组。感应式直线电动机的初级和永磁式直线电动机的初级相同，而次级是用自行短路的不馈电栅条来代替永磁式直线电动机的永久磁钢。永磁式直线电动机在单位面积推力、效率、可控性等方面均优于感应式直线电动机，但其成本高，工艺复杂，而且给机床的安装、使用和维护带来不便。感应式直线电动机在不通电时是没有磁性的，因此有利于机床的安装、使用和维护。近年来，其性能不断改进，已接近永磁式直线电动机的水平，在机械行业的应用已受到欢迎。

2. 直线电动机的应用

近几年来，直线电动机在机床进给伺服系统中的应用，已在世界机床行业得到重视，并在西欧工业发达地区掀起"直线电动机热"。直线电动机传动的发展越来越快，在运动控制行业备受重视。在国外工业运动控制相对发达的国家已开始推广使用相应的产品，其中美国科尔摩根公司（KELLMORGEN）的 PLATINNM DDL 系列直线电动机和 SERVOSTAR CD 系列数字伺服放大器构成一种典型的直线永磁伺服系统，它能提供很高的动态响应速度和加速度、极高的刚度、较高的定位精度和平滑的无差运动；德国西门子公司、日本三井精机公司、中国台湾上银科技公司等也开始在其产品中应用直线电动机。

【工程实例 5-1】　　**德国西门子公司生产的 1FN3 型通用直线电动机**

　　如图5-17所示，1FN3 型通用直线电动机最大进给速度可达 370 m/min，最大额定推力为 8100 N，极限力为 20 700 N。图6-36(a)中①为初级部件，②为次级部件，③为线性位置测量系统，④为导轨系统，⑤为动力拖链。

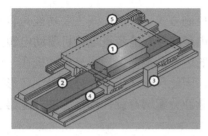

(a) 结构组成　　　　　　　　　　　　(b) 外形图

图 5-17　直线伺服电动机

5.3　进给驱动

　　进给伺服系统接收来自数控系统的位置命令，经变换、放大后驱动工作台跟随位置命令移动，并保证运动的快速、准确和高效。

5.3.1　对进给驱动的要求

　　伺服系统为数控系统的执行部件，不仅要求其稳定地保证所需的切削力矩和进给速度，而且要准确地完成指令规定的定位控制或者复杂的轮廓加工控制。随着数控技术的发展，数控机床对伺服系统提出了很高的要求，主要归纳于表 5-3 中。

表 5-3　数控机床对进给伺服系统的基本要求

基 本 要 求	说　　　明
高精度	为了保证移动部件的定位精度和轮廓的加工精度，要求它有足够高的定位精度。一般要求定位精度为 0.01～0.001 mm；高档设备精度达到 0.1 μm 以上。轮廓加工精度与速度控制、联动坐标的协调一致控制有关。速度控制要求较高的调整精度和较强的抗负载扰动能力，保证动静态精度都较高
快速响应	快速响应是伺服系统动态品质的重要指标。响应的快慢反映了系统跟踪精度的高低，且直接影响着轮廓加工精度和表面粗糙度。它要求伺服系统跟踪指令信号的响应要快，即达到最大稳定速度的时间要短，同时在负载突变时无振荡
稳定性好	稳定是指系统在给定输入或外界干扰作用下，能在短暂的调节过程后，达到新的或者恢复到原来的平衡状态。对伺服系统要求有较强的抗干扰能力。稳定性是保证数控机床正常工作的条件，直接影响数控加工的精度和表面粗糙度
调速范围宽	由于工件材料、刀具以及加工要求各不相同，要保证数控机床在任何情况下都能得到最佳切削条件，伺服系统必须有足够的调速范围，既能满足高速加工要求，又能满足低速进给要求。调速范围一般大于 110 000
低速、大转矩	数控机床在低速加工时进行重切削，因此要求伺服系统在低速时要有大的转矩输出，防止出现低速爬行现象。为此，数控机床的传动链应尽量短，传动的摩擦系数尽量小，并减小间隙，提高刚度，减小惯量，提高效率

5.3.2 步进电动机驱动（控制）电路

步进电动机的运行性能不仅与电动机本身的特性、负载有关，而且与配套使用的驱动电路有着密切的关系。步进电动机的驱动电路包括环形脉冲分配器和功率放大器两部分。在步进电动机开环伺服系统中，由数控装置送来的一定频率和数量的指令脉冲，经步进电动机驱动电路分配和放大后驱动步进电动机旋转。

1．环形脉冲分配器

环形脉冲分配器是根据步进电动机的相数和控制方式设计的，其主要功能是将数控装置送来的一系列指令脉冲，按步进电动机要求的通电顺序分配给步进电动机驱动电源的各相输入端，以控制励磁绕组的通断，实现步进电动机的运行及换向。当步进电动机在一个方向上连续运行时，其各相通断的脉冲分配是一个循环，因此称为环形脉冲分配器。环形脉冲分配器的输出不仅是周期性的，而且是可逆的。环形脉冲分配器有硬件环形脉冲分配器和软件环形脉冲分配器两种形式。

1）硬件环形脉冲分配器

环形脉冲分配器可以用门电路及逻辑电路构成，提供符合步进电动机控制指令所需的顺序脉冲。目前，已经有很多可靠性高、尺寸小、使用方便的集成电路环形脉冲分配器供选择，按其电路结构不同，可分为 TTL 集成电路和 CMOS 集成电路。

目前，市场上提供的国产 TTL 环形脉冲分配器有三相（YB013）、四相（YB014）、五相（YB015）和六相（YB016）的，均为 18 个引脚的直插式封装。CMOS 集成环形脉冲分配器也有不同型号，例如 CH250 型用来驱动三相步进电动机，封装形式为 16 个引脚的直插式。

这两种环形脉冲分配器的工作方法基本相同，当各个引脚连接好之后，主要通过一个脉冲输入端控制步进的速度；一个输入端控制电动机的转向；并有与步进电动机相数相同的输出端分别控制电动机的各相。这种硬件环形脉冲分配器直接包含在步进电动机驱动控制电源内。

【工程实例 5-2】 ████ 国产 CMOS 型集成环形脉冲分配器 CH250 ████

CH250 是国产的三相反应式步进电动机环形脉冲分配器的专用集成电路芯片，通过其控制端的不同接法可以组成三相双三拍和三相六拍的不同工作方式，其外形和三相六拍接线图如图 5-18 所示。

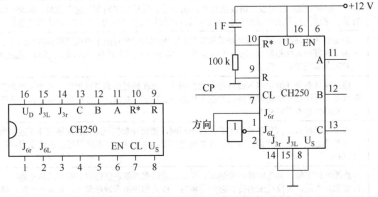

图 5-18　CH250 外形和三相六拍接线图

CH250 主要引脚的作用如下：

A、B、C——环形分配器的三个输出端，经功率放大后接到电动机的三相绕组上。

R、R*——复位端，R 为三相双三拍复位端，R*为三相六拍复位端。先将对应的复位端接入高电平，使其进入工作状态，若为"10"，则为三相双三拍工作方式，若为"01"，则为三相六拍工作方式。

CL、EN——进给脉冲输入端和允许端。进给脉冲由 CL 输入，只有 EN＝1，脉冲上升沿使环形分配器工作；CH250 也允许以 EN 端作脉冲输入端，此时，只有 CL＝0，脉冲下降沿使环形分配器工作。不符合上述规定则为环形分配器状态锁定（保持）。

J_{3L}、J_{3r}、J_{6L}、J_{6r}——分别为三相双三拍、三相六拍方式时步进电动机正反转的控制端。

U_D、U_S——电源端。

2）软件环形分配器

软件环形分配器指由数控装置中的计算机软件完成环形分配的任务，直接驱动步进电动机各绕组的通断电。使用软件环形分配器，可以使线路简化，成本下降，并可灵活地改变步进电动机的控制方案。软件环形分配器的设计方法有多种，如查表法、比较法、移位寄存器法等，最常用的是查表法。

图5-19 所示的是一个 8031 单片机与步进电动机驱动电路接口连接的框图。P1 口的三个引脚经过光电隔离、功率放大之后，分别与电动机的 A、B、C 三相连接。当采用三相六拍方式时，电动机正转的通电顺序为 A—AB—B—BC—C—CA—A；电动机反转的顺序为 A—AC—C—CB—B—BA—A。它们的环形分配如表 5-4 所示。把表中的数值按顺序存入内存的EPROM 中，并分别设定表头的地址为 TAB_0，表尾的地址为 TAB_5。计算机的 P1 口按从表头开始逐次加 1 的顺序变化，电动机正向旋转。如果按从 TAB_5 逐次减 1 的顺序变化，电动机则反转。

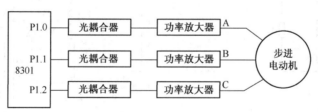

图 5-19　单片机控制的步进电动机驱动电路框图

表 5-4　计算机的三相六拍环形分配表

步序		通电相	工作状态	数值（十六进制）	程序的数据表
正转	反转		CBA		TAB
1	6	A	001	01H	TAB_0 DB 01H
2	5	AB	011	03H	TAB_1 DB 03H
3	4	B	010	02H	TAB_2 DB 02H
4	3	BC	110	06H	TAB_3 DB 06H
5	2	C	100	04H	TAB_4 DB 04H
6	1	CA	101	05H	TAB_5 DB 05H

2．步进电动机的功率放大器（驱动放大电路）

步进脉冲必须经过功率放大才能驱动步进电动机。功率放大器是由以功率晶体管为核心的放大电路组成的。功率放大器的作用是将环形分配器输出的 TTL 电平信号放大到几安到十几安的电流，送至步进电动机的各绕组。所采用的功率半导体元件可以是大功率晶体管 GTR，也可以是功率场效应晶体管 MOSFET 或可关断晶闸管 GTO。

1）单电压功率放大电路

图5-20所示的是一种单电压供电方式、控制电动机一个绕组的驱动放大电路。电路中 V_{IN} 是步进电动机的控制脉冲信号，控制着功率晶体管 VT 的通断。L、R_L 是电动机的一相绕组，R_C 是外接电阻，起限流作用，并联电容 C 的作用是减小回路的时间常数，使回路电流上升沿变陡，提高步进电动机的高频性能，提高电动机的转矩。VD 是续流二极管，起保护功率管 VT 的作用，在 VT 由导通到截止瞬间释放电动机电感产生的高的反电势。R_d 用来减小放电回路的时间常数，使绕组中电流脉冲的后沿变陡。此电路结构简单，不足之处是 R_C 消耗能量大，电流脉冲前后沿还不够陡，在改善了高频性能后，低频工作时会使振荡有所增加，使低频特性变坏。

2）高低压功率放大电路

图5-21 是一种高低压切换功率放大电路，它采用两套电源给电机绕组供电，一套是高压电源，另一套是低压电源。

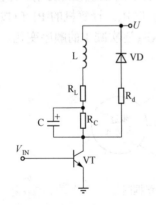

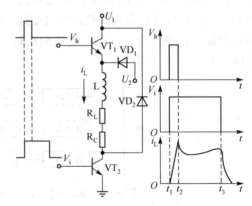

图 5-20　单电压功率放大电路原理图　　　　图 5-21　高低电压功率放大电路原理图

电路电源 U_1 为高电压，电源为 80～150 V，U_2 为低电压电源，为 5～20 V。在绕组指令脉冲到来时，脉冲的上升沿同时使 VT_1 和 VT_2 导通。由于二极管 VD_1 的作用，使绕组只加上高电压 U_1，从而使其电流很快达到规定值。到达规定值后，VT_1 的输入脉冲先变成下降沿，使 VT_1 截止，电动机由低电压 U_2 供电，维持规定电流值，直到 VT_2 输入脉冲下降沿到来，VT_2 截止。下一绕组循环这一过程。由于采用高压驱动，电流增长快，绕组电流前沿变陡，提高了电动机的工作频率和高频时的转矩。同时由于额定电流是由低电压维持的，只需阻值较小的限流电阻 R_C，故功耗较低。不足之处是在高低压衔接处的电流波形在顶部有下凹，影响电动机运行的平稳性。

3）斩波恒流功率放大电路

斩波恒流功率放大电路如图5-22(a)所示。该电路的特点是工作时 V_{in} 端输入方波步进信号：当 V_{in} 为"0"电平，由与门 A_2 输出 V_b 为"0"电平，功率管（达林顿管）VT 截止，绕组 W 上无电流通过，采样电阻 R_3 上无反馈电压，A_1 放大器输出高电平；而当 V_{in} 为高电平时，由与门 A_2 输出的 V_b 也是高电平，功率管 VT 导通，绕组 W 上有电流，采样电阻 R_3 上出现反馈电压 V_f，由分压电阻 R_1、R_2 得到设定电压与反馈电压相减，来决定 A_1 输出电平的高低，决定 V_{in} 信号能否通过与门 A_2。若 $V_{ref} > V_f$，则 V_{in} 信号通过与门，形成 V_b 正脉冲，打开功率管 VT；反之，若 $V_{ref} < V_f$，则 V_{in} 信号被截止，无 V_b 正脉冲，功率管 VT 截止。这样在一个 V_{in} 脉冲内，功率管 VT 会多次通断，使绕组电流在设定值上下波动。各点的波形如图5-22(b)所示。由于电流波形顶波呈锯齿形波动，故有时会产生巨大的电噪声。

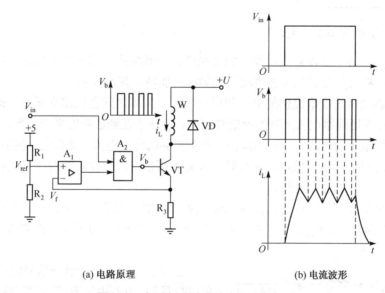

(a) 电路原理　　　　　　　　　　　(b) 电流波形

图 5-22　斩波恒流功率放大电路原理图

这种驱动电路中绕组上的电流不随步进电动机的转速而变化，从而保证在很大的频率范围内步进电动机都输出恒定的转矩。这种驱动电路虽然复杂，但绕组的脉冲电流边沿陡，由于采样电阻 R_3 的阻值很小（一般小于 1 Ω），所以主回路电阻较小，系统的时间常数较小，反应较快，功耗小、效率高。这种功率放大电路在实际中经常使用。

【工程实例5-3】 集成斩波恒流功放芯片 SLA7026M 应用实例

图 5-23 所示的是利用集成斩波恒流功率放大芯片 SLA7026M 构成实用四相步进电动机的功率驱动电路。其中 A、B、C、D 是四相控制信号输入端，通过分压电阻 R_2、R_3 得到控制信号 V_{erf}，由芯片的 REFA、REFB 端输入；R_5、R_6 是绕组电流采样电阻（1 Ω），分别接在 RSA、RSB 端上，控制绕组电流；功率输出端 OUTA、$\overline{OUTA}$、OUTB、$\overline{OUTB}$ 分别接在步进电动机的 A、B、C、D 四个绕组上；VS 为稳压管，用来防止输入电流超过额定值而损坏芯片和电动机。

SLA7026M 芯片的最大输出电流为 2 A，可直接驱动小功率电动机。对于数控机床用的较大功率步进电动机，可在芯片输出端接大功率管以放大输出电流和功率。

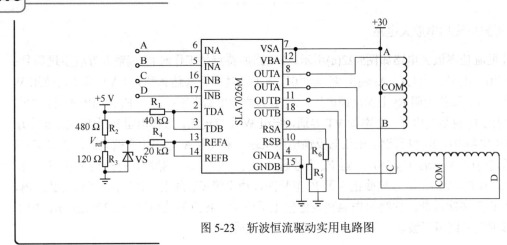

图 5-23　斩波恒流驱动实用电路图

4）调频调压型功率放大电路

由前面的几种方法可以看出：为了提高系统的高频响应，可以提高供电电压，加快电流上升前沿，但这样可能会引起步进电动机低频振荡加剧，甚至失步。

调频调压驱动是对绕组提供的电压和电动机运行频率之间直接建立联系，即为了减小低频振荡，低频时保证绕组电流上升的前沿较缓慢，使转子在到达新的平衡位置时不产生过冲；而在高频时使绕组中的电流有较陡的前沿，产生足够的绕组电流，提高电动机驱动负载能力。这就要求低频时用较低电压供电，高频时用较高电压供电。这样，既解决了低频振荡问题，也保证了高频运行时的输出转矩。

实现调频调压控制的硬件电路往往比较复杂。在 CNC 装置中，可由软件配合适当硬件电路实现，如图 5-24 所示。U_{cp} 是步进控制脉冲信号，U_{ct} 是开关调压信号，两者都由 CPU 输出。调频调压过程如下。

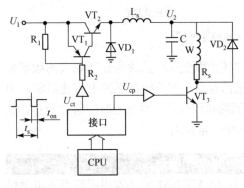

图 5-24　调频调压原理图

当 U_{ct} 输出一个负脉冲信号时，晶体管 VT$_1$ 和 VT$_2$ 导通，电源电压 U_1 作用在电感 L$_s$ 和电动机绕组 W 上，L$_s$ 感应出电动势，其方向是 U_2 处为负，电流逐渐增大，并对电容 C 充电，充电时间由负脉冲宽度 t_{on} 决定。在 U_{ct} 负脉冲过后，VT$_1$ 和 VT$_2$ 截止，L$_s$ 又产生感应电动势，其方向是 U_2 处为正。此时，若 VT$_3$ 导通，这个反电动势便经 W—R_s—VT$_3$—地—VD$_1$—L$_s$—W 回路泄放，同时电容 C 也向绕组 W 放电。由此可见，向电动机绕组供电电压 U_2 取决于 VT$_1$ 和 VT$_2$ 开通时间，即取决于负脉冲的宽度。负脉冲宽度越大，U_2 越高，因此，根据 U_{cp} 的频率，调整 U_{ct} 负脉冲的宽度，便可实现调频调压。

5）细分驱动电路

前述的各种驱动电路，都按电动机工作方式轮流给各相绕组供电，每换一次相，电动机就转动一步，即每拍电动机转子转过一个步距角。如果在一拍中，通电相的电流不是一次达到最大值，而是分成多次，则每次使绕组电流增加一些，使电流相应地分步增加到额定值。

同样，绕组电流的下降也是分多次完成的，使由导通变为截止的那一相不是一下子截止，而是使电流分步降到零。这样，在一个整步距之间就会增加若干个新的稳定点，从而达到细分的目的。如果把额定电流分成 n 个级分别进行通电，转子就以 n 个通电级别所决定的步数来完成原有一个步距角所转过的角度，使原来的每个脉冲走一个步距角，变成了每个脉冲走 $1/n$ 个步距角，即把原来一个步距角细分成 n 份，从而提高步进电动机的精度。我们把这种控制方法称为步进电动机的细分控制。要实现细分，需要将绕组中的矩形电流波变成阶梯形电流波。阶梯波控制信号可由很多方法产生，图5-25所示的是一种恒频脉宽调制细分驱动电路。

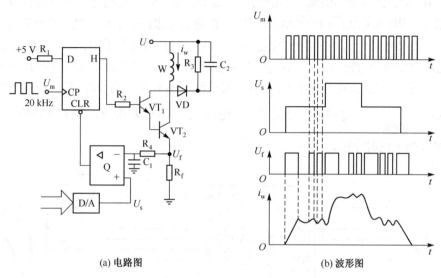

(a) 电路图　　　　　　　　　　　　　(b) 波形图

图 5-25　恒频脉宽调制细分驱动电路

在原来的一个输入脉冲信号的宽度内，把电流按线性（或正弦规律）分成 n 份。由数字控制信号经 D/A 转换器转换得到绕组电流控制电压 U_s。D 触发器的触发脉冲信号 U_m 可由计算机（或单片机）提供。当 D/A 转换器接收到数字信号后，即转换成相应的模拟信号电压 U_s 加在运算放大器 Q 的同相输入端。因这时绕组中电流还没跟上，故 $U_f < U_s$。运算放大器 Q 输出高电平，D 触发器在高频触发脉冲 U_m 的控制下，H 端输出高电平，使功率晶体管 VT_1 和 VT_2 导通，电动机绕组中的电流迅速上升。当绕组电流上升到一定值时，$U_f > U_s$，运算放大器 Q 输出低电平，D 触发器清零，VT_1 和 VT_2 截止。以后当 U_s 不变时，由于运算放大器 Q 和触发器 D 构成的斩波控制电路的作用，使绕组电流稳定在一定值上下波动，即绕组电流稳定在一个新台阶上。当稳定一段时间后，再给 D/A 输入一个增加的电流数字信号，并启动 D/A 转换器，这样 U_s 上升一个台阶，和前述过程一样，绕组电流也跟着上一个阶梯。当减小 D/A 的输入数字信号，U_s 下降一个阶梯，绕组电流也跟着下降一个阶梯。由此，这种细分驱动电源，既实现了细分，又能保证每一个阶梯电流的恒定。

细分数的大小取决于 D/A 转换的精度，若为 8 位 D/A 转换器，其值为 00H～FFH，若要每个阶梯的电流值相等，则要求细分的步数必须能被 255 整除，此时的细分数可能为 3、5、15、17、51、85。只要在细分控制中，改变其每次突变的数值，就可以实现不同的细分控制。

总之，步进电动机细分后，由 n 微步来完成原来一步距所转过的角度，所以在电动机和机械系统不变的情况下，通过细分驱动可得到更小的脉冲当量，从而提高定位精度。由于绕组电流均匀地由小增大到最大，或由最大均匀地减小到最小，避免了电流冲击，基本消除了步进电动机低速振动，使步进电动机低速运转平稳，无噪声。步进电动机细分控制在实际中得到了广泛应用。

【工程实例5-4】 步进电动机正弦细分驱动电路实例

图5-26是在图5-23的基础上，由 12 位四路 D/A 转换器 MAX526 来提供绕组电流控制电压 U_{ref}。图5-26的上部分和图 5-23 原理一样，是恒流驱动。图的下部分是 MAX526 型 D/A 转换器。它的输入数据 D0～D11 来自单片机的数据总线；A1、A0 是地址线，决定 D0～D11 写到 A、B、C、D 四路中的哪一路输出寄存器中；由于数据总线是 8 位分时接收低 8 位和高 4 位数据，所以由 $\overline{CSLSB}$ 和 $\overline{CSMSB}$ 引脚的有效信号来决定数据写到输出寄存器低 8 位和高 4 位上；当 $\overline{WR}$ 信号有效时，把数据总线上的数写到片内寄存器中；U_{OUTA}、U_{OUTB}、U_{OUTC}、U_{OUTD} 是四路模拟信号输出端；U_{REFAB}、U_{REFCD} 分别是 A、B 两路和 C、D 两路的 D/A 转换参考电压，它决定输出电压幅值的大小；如果输入的数字量为 M，则对应输出电压值为 $U_{OUT} = +U_{ref} \dfrac{M}{4096}$。此电路最大可实现步进电动机的 4096 步细分。图5-27是四相步进电动机正弦细分相电流时序图。

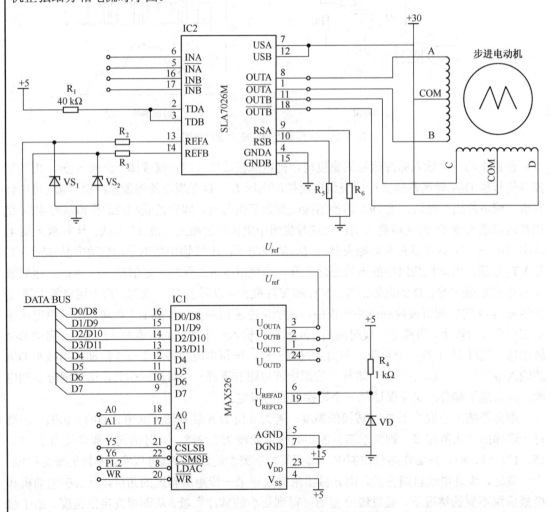

图 5-26　四相步进电动机正弦细分驱动电路

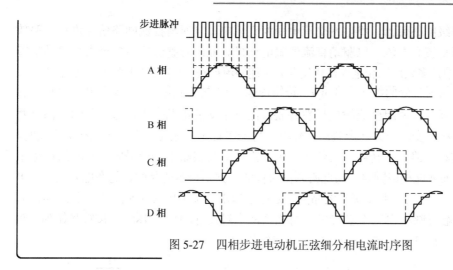

图 5-27　四相步进电动机正弦细分相电流时序图

5.3.3　直流电动机的速度控制单元

数控机床伺服系统中，速度控制已经成为一个独立完整的模块，称为速度控制单元。在直流伺服系统中，速度控制单元多采用晶闸管调速系统和晶体管脉宽调制 PWM 调速系统。这两种调速系统都是永磁直流伺服电动机调速的控制电路，调速方法是改变电动机的电枢电压。直流速度控制单元接收转速指令信号，将其改变为相应的电枢电压，以达到调节速度的目的。

1. 晶闸管直流调速系统

在大功率及要求不很高的直流伺服电动机调速控制中，晶闸管调速控制方式仍占主流。只通过改变晶闸管触发延迟角 α 达到对电动机进行调速的目的，其调速范围较小，机械特性软，是一种开环控制方法。在数控机床的伺服控制系统中，为了满足调速范围的要求，引入速度反馈；为了增加机械特性的硬度，需要再加一个电流反馈环节，构成闭环控制系统。图 5-28 所示的是数控机床中较常见的一种晶闸管直流双环调速系统框图。该系统是典型的串级控制系统，内环为电流环，外环为速度环，驱动控制电源为晶闸管整流器。

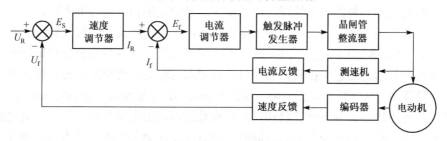

图 5-28　晶闸管直流双环调速系统框图

晶闸管直流调速系统由控制回路和主回路两部分组成。控制回路由速度调节器、电流调节器和触发脉冲发生器组成，它产生触发脉冲。触发脉冲必须与供电电源频率及相位同步，保证晶闸管的正确触发。该脉冲的相位即触发角 α，可作为晶闸管整流器进行整流的控制信号。通过改变晶闸管的触发角，就可改变输出电压，达到调节直流电动机速度的目的。速度调节器和电流调节器一般采用比例-积分（P1）调节器。

主回路为功率级的整流器，将电网交流电变为直流电，同时将控制回路信号进行功率放大，得到较高电压与较大电流，以驱动直流伺服电动机。晶闸管整流器由多个大功率晶闸管组成。在数控机床中，多采用三相全控桥式反并联可逆整流电路，如图 5-29 所示。它由 12 个大功率晶闸管组成，晶闸管分两组（Ⅰ 和 Ⅱ），每组内按三相桥式连接，两组反并联，分别实现正转和反转。反并联是指两组整流桥反极性并联，由一个交流电源供电。每组晶闸管都有两种工作状态：整流和逆变。一组处于整流工作时，另一组处于待逆变状态。在电动机降速时，逆变组工作。在这种电路（正转组或反转组）中，需要共阴极组中一个晶闸管和共阳极组中一个晶闸管同时导通才能构成回路，为此必须同时控制。共阴极组的晶闸管是在电源电压正半周内导通，顺序是 1、3、5；共阳极组的晶闸管是在电源电压负半周内导通，顺序是 2、4、6。每组内（二相间）触发脉冲相位相差 120°，每相内两个触发脉冲相差 180°，按管号排列，触发脉冲的顺序为 1—2—3—4—5—6，相邻之间相位差 60°。

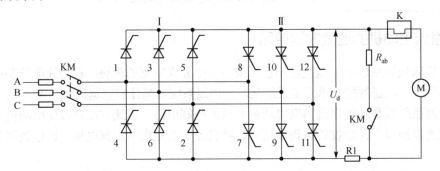

图 5-29　三相桥式反并联可逆整流电路

为保证合闸后两个串联晶闸管能同时导通，或已截止的相再次导通，采用双脉冲控制，即每个触发脉冲在导通 60° 后，再补发一个辅助脉冲；也可以采用宽脉冲控制，即用一个脉冲宽度代替两个连续的窄脉冲，脉冲宽度应保证相应导通角大于 60° 但小于 120°，一般取为 80°～100°。只要改变晶闸管触发角 α（改变导通角），就能改变晶闸管的整流输出电压，进而调节直流电动机电枢的电流值，从而达到改变直流伺服电机转速的目的。触发脉冲提前到来，增大整流输出电压；触发脉冲延后到来，减小整流输出电压。

直流晶闸管调速系统的工作原理可简述如下。当给定的指令信号增大时，有较大的偏差信号加到调节器的输入端，放大器的输出电压随之加大，使触发器的触发脉冲前移（减小触发角 α 的值），整个输出电压提高，电动机转速上升。同时，测速发电机反馈输出电压也逐渐增加，当系统达到新的动态平衡时，电动机就以要求的较高转速稳定运转。假如系统受到外界干扰，当负载增加时，转速就要下降，反馈电压减小，则速度调节器的输入偏差信号增大，即放大器输出电压增加，触发脉冲前移，晶闸管整流器输出电压升高，从而使电动机转速上升，恢复到外界干扰前的转速值。与此同时，电流也要起调节作用。因为电流调节器也有两个输入信号：一个是由速度调节器来的信号，它反映了速度偏差的大小，通常作为电流调节器的给定；另一个是电流反馈信号，它反映主回路的电流大小。电流调节器用以维持或调节电流。如当电网电压突然降低时，整流器输出电压也随之降低，在电动机转速由于惯性尚未变化之前，首先引起主回路电流减小，从而立即使电流调节器输出增加，触发脉冲前移，使整流器输出电压恢复到原来的值，从而抑制了主回路电流的变化。当速度给定信号为一阶跃函数时，电流调节器有一个很大的输入值，但其输出值已整定在最大饱和值。此时的电枢电流也在最大值（一般取额定值的 2～4 倍），从而使电动机在加速过程中始终保持在最大转矩和最大加速度状态，以使启动、制动过程最短。由此可见，具有速度外环、电流内环的双环调速系统，具有良好的静态、动态指标，其启动过程很快，可最大限度地利用电动机的过载能力，使过渡过程最短。因此，这种过程称为限制极限转矩的最佳过渡过程。

该系统的缺点是：在低速轻载时，电枢电流出现断续，机械特性变软，整流装置的外特性变陡，总放大倍数下降，同时也使动态品质恶化。

2．晶体管脉宽调制（PWM）调速系统

与晶闸管相比，功率晶体管控制电路简单，不需要附加关断电路，开关特性好。随着大功率晶体管及其他新型功率器件在制造工艺上的成熟和发展，晶体管脉宽调制型的直流调速系统在中小功率直流伺服系统中得到了广泛的应用。PWM 调速系统的主要缺点是不能承受高的过载电流，功率还不能做得很大，故在大功率场合中，则采用晶闸管直流调速系统。所谓脉宽调制（Pulse Width Modulation，PWM），就是使功率放大器中的功率器件（如大功率晶体管）工作在开关状态下，开关频率与加在晶体管上的输入电压保持恒定，根据控制信号的大小来改变每一周期内"接通"和"断开"的时间长短，即改变"接通"脉宽，使晶体管输出到电动机电枢上电压的占空比改变，从而改变电动机电枢两端的平均电压，完成电动机转速的控制。

1）晶体管脉宽调制系统的组成原理

图 5-30 是直流伺服电动机的 PWM 调速系统组成原理框图。该系统由控制回路和主回路组成。控制部分包括速度调节器、电流调节器、固定频率振荡器、三角波发生器、脉宽调制器及基极驱动电路。主回路包括功率晶体管放大器和全波整流器。其中速度调节器和电流调节器与晶闸管调速系统相同，控制方法仍然是采用双环控制。不同的只是脉宽调制器、基极驱动电路和功率放大器部分，它们是 PWM 调速系统的核心。电流控制器的输出电压即经变换后的速度指令电压与三角波电压经脉宽调制电路调制后得到的调宽的脉冲电压，作为控制信号输送到晶体管脉宽调制放大器各相关晶体管的基极，使调宽脉冲电压得到放大，成为直流伺服电动机电枢的输入电压。

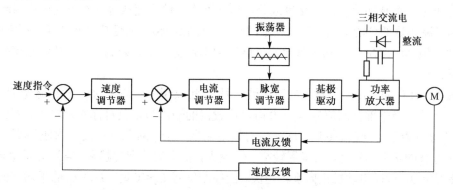

图 5-30　PWM 调速系统组成原理框图

2）脉宽调制器

脉宽调制的任务是将连续控制信号变成方波脉冲信号，作为功率转换电路的基极输入信

号，来控制直流电动机的转矩和转速。方波脉冲信号可由脉宽调制器生成，也可由全数字软件生成。

常用的脉宽调节器可以分为模拟式脉宽调节器和数字式脉宽调节器，模拟式是用锯齿波、三角波作为调制信号的脉宽调节器，或用多谐振荡器和单稳态触发器组成的脉宽调节器。数字式脉宽调节器是用数字信号作为控制信号，从而改变输出脉冲序列的占空比。下面就以三角波脉宽调节器和数字式脉宽调节器为例，说明脉宽调制器的原理。

（1）三角波脉宽调制器

脉宽调制器通常由三角波（或锯齿波）发生器和比较器组成，如图5-31所示。图中的三角波发生器由两个运算放大器构成，IC1-A是多谐振荡器，产生频率恒定且正负对称的方波信号；IC1-B是积分器，把输入的方波变成三角波信号 U_t 输出。三角波发生器输出的三角波应满足线性度高和频率稳定的要求。只有满足这两个要求才能保证调速精度。

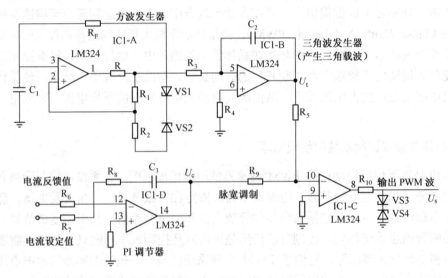

图 5-31　三角波发生器及脉宽调制原理图

三角波的频率对伺服电动机的运行有很大的影响。由于 PWM 功率放大器输出给直流电动机的电压是一个脉冲信号，有交流成分，这些不作功的交流成分会在电动机内引起功耗和发热。为了减小这部分的损失，应提高脉冲频率，但脉冲频率又受功率元件开关频率的限制。目前，脉冲频率通常在 2～4 kHz 或更高，脉冲频率是由三角波调制的，三角波频率等于控制脉冲频率。

比较器 IC1-C 的作用是把输入的三角波信号 U_t 和控制信号 U_c 相加，输出脉宽调制方波，如图5-32所示。当外部控制信号 $U_c = 0$ 时，比较器的输出为正负对称的方波（如图5-32(a)所示），直流分量为零。当 $U_c > 0$ 时，$U_c + U_t$ 对接地端是一个不对称三角波，平均值高于接地端，因此输出方波的正半周较宽，负半周较窄。U_c 越大，正半周的宽度越宽，直流分量也越大（如图5-32(b)所示），所以电动机正向旋转越快。当控制信号 $U_c < 0$ 时，$U_c + U_t$ 的平均值低于接地端，IC1-C 输出的方波正半周较窄，负半周较宽。U_c 越小，负半周越宽（如图5-32(c)所示），因此电动机反转越快。

（2）数字式脉宽调制器

在数字脉宽调制器中，控制信号是数字，其值可确定脉冲的宽度。只要维持调制脉冲序列的周期不变，就可以达到改变占空比的目的。用微处理器实现数字脉宽调节器可分为软件和硬件两种方法，软件法占用较多的计算机机时，于控制不利，但柔性好，投资少；目前被广泛推广的是硬件法。

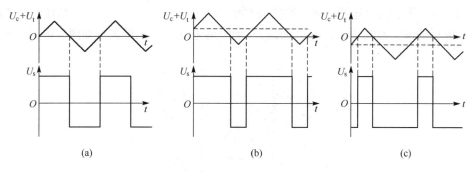

图 5-32　脉宽调制波形图

【工程实例 5-5】　**基于单片机的数字 PWM 控制系统**

在全数字的数控系统中可用定时器生成控制方波，有些单片机芯片内部设置了可产生 PWM 控制方波的定时器，用程序控制脉宽的变化。图 5-33 是用 8031 单片机控制的全数字系统，通过 8031 的 P0 口向定时器 1 和定时器 2 送数据。当指令速度改变时，由 P0 口向定时器输送新的计数值，用来改变定时器输出的脉冲宽度。速度环和电流环的检测值经模/数转换后的数字量也由 P0 口读入，经计算机处理后，再由 P0 口送给定时器，及时地改变脉冲宽度，控制电动机的转速和转矩。

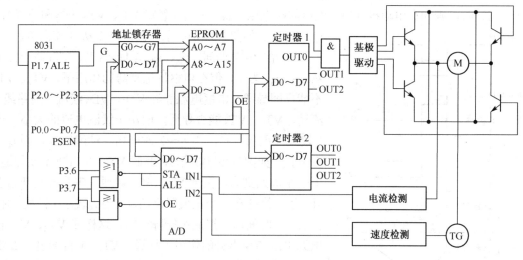

图 5-33　数字 PWM 控制系统

图 5-33 中的左半部分是数字式脉宽调制器，右半部分则是 PWM 调速系统的主回路。

3）开关功率放大器

开关功率放大器是脉宽调制速度单元的主回路，其结构形式有两种形式，一种是 H 形（也称为桥式），另一种是 T 形。每种电路又有单极型工作方式和双极型工作方式之分，而各种不同的工作方式又可组成可逆开关放大电路和不可逆开关放大电路。图 5-34 所示的是广泛使用的

H 形双极型开关功率放大器的电路图。它是由四个续流二极管和四个功率管组成的桥式回路。直流供电电源 U_s 由三相全波整流电源供给。四个功率管分为两组，VT_1 和 VT_4 为一组，VT_2 和 VT_3 为另一组。同一组中的两个晶体管同时导通或同时关断。一组导通时另一组关断，两组交替导通和关断，不能同时导通。把一组控制方波（u_{b1}、u_{b4}）加到一组大功率晶体管的基极上，同时把反向后的该组方波（u_{b2}、u_{b3}）加到另一组的基极上，它们的波形如图5-35(a)、(b)所示。

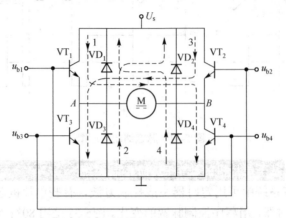

图 5-34　H 形双极型开关功率放大器电路图

图5-35是电压电流波形图。由图可知，加在 u_{b1} 和 u_{b4} 上方波的正半波比负半波宽，因此加到电动机电枢两端的平均电压为正（设从 A 到 B 为正），电动机正转。在 $0 \leqslant t < t_1$ 期间，$u_{b1} = u_{b4}$ 为正，晶体管 VT_1 和 VT_4 导通；$u_{b2} = u_{b3}$ 为负，VT_2、VT_3 截止。当外加电压大于反电动势（$U_s > E$）时，则加在电动机（M）电枢的端电压 $U_{AB} = +U_s$（忽略 VT_1、VT_4 的饱和压降），电枢电流 i_a 如图5-35(d)所示，沿回路 1 从 A 流向 B。

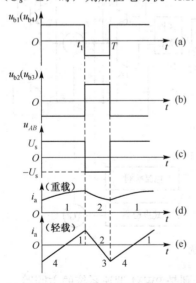

图 5-35　功率驱动器电压电流波形图

在 $t_1 \leqslant t < T$ 期间，u_{b1}、u_{b4} 为负，VT_1、VT_4 截止。虽然 u_{b2}、u_{b3} 为正，但在电枢反电动势的作用下，VT_2、VT_3 不能立即导通，电枢电流 i_a 经 VD_2、VD_3 续流，沿路线 2 流动，VT_2、VT_3 能否导通，取决于续流电流的大小。当 i_a 较大（重载）时，在 $t_1 \sim T$ 时间内，续流较大，则 i_a 一直为正（如图5-35(d)所示），此时 VT_2、VT_3 来不及导通。下一个周期到来，又使 VT_1、VT_4 导通，电流 i_a 又开始上升，使 i_a 维持在一个正值附近波动；当 i_a 较小（轻载）时，在 $t_1 \sim T$ 时间内，续流可能降至零，这样使 VT_2、VT_3 在电源电压和反电势的作用下导通，VT_1、VT_4 截止，i_a 沿回路 3 流通。电动机电流方向反向，电动机处于反接制动状态，直到下一个周期 VT_1、VT_4 导通，i_a 又开始回升，如图5-35(e)所示。

以上为电枢平均电压 $U_{AB} > 0$ 的情况。当 $U_{AB} < 0$ 时，工作情况类似。当方波电压的正、负宽度相等时，$U_{AB} = 0$，电动机停转。一个周期内的平均电压 $U_{AB} = U_s(2t_1 - T)/T$。

直流伺服电动机的转向取决于电枢电流的平均值，即取决于电枢两端的平均电压。改变加在开关功率放大器基极上的控制脉冲宽度，就能控制电动机的转速、转向和启停。

4）PWM 调速系统的主要特点

与晶闸管调速系统相比，PWM 调速系统的特点如表5-5所示。

表 5-5　PWM 调速系统的特点

特　　点	说　　明
频带宽，避免机械共振	PWM 系统的开关工作频率多数为 2 kHz，有的高达 5 kHz，远大于晶闸管系统，比转子能跟随的频率高得多，避开了机械共振。PWM 系统与小惯量电动机相配时，可以充分发挥系统的性能，获得很宽的频带。整个系统的快速响应好，能给出极快的定位速度和很高定位精度，适合于启动频繁的场合
电枢电流脉动小，波形系数小	电动机为感性负载，电路的电感值与频率成正比，因而电流的脉动幅值随开关频率的升高而降低。PWM 系统的电流波形系数接近于 1，电动机内部发热小，输出转矩平稳，有利于电动机低速运行
电源的功率因数高	在晶闸管调速系统中，随着开关导通角的变化，电源电流发生畸变，在工作过程中，电流为非正弦波，降低了电源的功率因数，电流波形中的高次谐波对电网造成了干扰。对于这种情况，导通角越小越严重。而 PWM 系统的直流电源，相当于晶闸管导通角最大时的工作状态，功率因数可达 90%
动态硬度好	PWM 系统的频带宽，校正伺服系统负载瞬时扰动的能力强，提高了系统的动态硬度，且具有良好的线性，尤其是接近零点处的线性好

5.3.4　交流电动机的速度控制单元

在数控机床交流伺服系统中，进给系统经常采用永磁同步交流电动机。同步交流电动机的转速与所接电源的频率之间存在着严格的关系，即在电源电压和频率固定不变时，它的转速稳定不变。若采用变频电源给同步电动机供电，就可方便地获得与频率成正比的速度，同时，可以得到较硬的机械特性及较宽的调速范围。因此，变频调速是交流同步电动机有效的调速方法。

1. 交流伺服电动机的变频调速

1）变频器的类型和特点

对交流电动机实现变频调速的装置称为变频器，其功能是将电网电压提供的恒压恒频交流电变换为变压变频的交流电，变频伴随变压，对交流电动机实现无级变速。变频器可分为交-交变频和交-直-交变频两种，如图5-36所示。交-交变频（如图5-36(a)所示）利用晶闸管整流器直接将工频交流电（频率 50 Hz）变成频率较低的脉动交流电，正组输出正脉冲，反组输出负脉冲，这个脉动交流电的基波就是所需的变频电压。但这种方法所得到的交流电波动比较大，而且最大频率即为变频器输入的工频电压频率。交-直-交变频（如图5-36(b)所示）是先将交流电整流成直流电，然后再将直流电压变成矩形脉冲电压，这个矩形脉冲波的基波就是所需的变频电压。这种调频方式所得交流电的波动小，调频范围比较宽，调节线性度好。数控机床上常采用交-直-交变频调速。在交-直-交变频中，根据中间直流电压是否可调，可分为中间直流电压可调 PWM 逆变器型和中间直流电压固定的 PWM 逆变器型；根据中间直流电路上的储能元件是大电容还是大电感，可分为电压型逆变器和电流型逆变器。

采用了脉冲宽度调制（PWM）逆变器的变频器简称 PWM 型变频器。PWM 的调制方法很多，其中正弦波调制方法是最广泛的一种，简称 SPWM，即通过改变 PWM 输出的脉冲宽度，使输出电压的平均值接近正弦波。SPWM 变频器是目前应用最广、最基本的一种交-直-交电压型变频器，这种变频器结构简单，电网功率因数接近于 1，且不受逆变器负载大小的影响，系统动态响应快，输出波形好，使电动机可在近似正弦波的交变电压下运行，脉动转矩小，扩展了调速范围，提高了调速性能，因此在数控机床的交流驱动中得到了广泛应用。

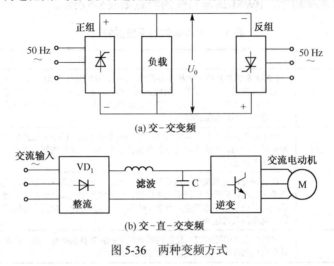

图 5-36　两种变频方式

2）SPWM 波调制原理

变频器实现变频调压的关键是逆变器控制端获得要求的控制波形（SPWM 波），如图5-37所示，其形成原理是把一个正弦半波分成 N 等份，然后把每一等份的正弦曲线与横坐标所包围的面积都用一个与此面积相等的高矩形脉冲来代替，这样可得到 N 个等高而不等宽的脉冲。这 N 个脉冲对应着一个正弦波的半周。对正弦波的负半周也采取同样处理，得到相应的 $2N$ 个脉冲，这就是与正弦波等效的正弦脉宽调制波，即 SPWM 波。

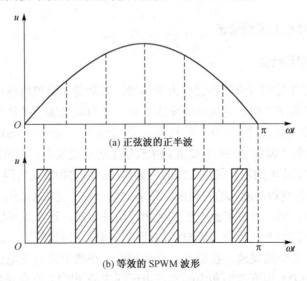

图 5-37　与正弦波等效的矩形脉冲波

SPWM 波形可采用模拟电路、以"调制"方法实现。在直流电动机 PWM 调速系统中，PWM 输出电压是由三角载波调制直流电压得到的。同理，在交流 SPWM 变频调试系统中，输出电压 U_{oa} 是由三角载波调制正弦电压得到的，如图5-38所示。图中 U_t 为三角载波信号，U_1 为某相正弦控制波。通过比较器对两个信号比较后，输出脉宽与正弦控制波成比例的方波。

当 $U_1 > U_t$ 时，比较器输出端为高电平；当 $U_1 < U_t$ 时，比较器输出端为低电平。SPWM 的输出电压 U_o 是一个幅值相等、宽度不等的方波信号。其各脉冲的面积与正弦波下的面积成比例，所以脉宽基本上按正弦分布，其基波是等效正弦波。用这个输出脉冲信号经功率放大后作为交流伺服电动机的相电压（电流）。改变正弦基波的频率就可改变电动机相电压（电流）的频率，实现调频调速的目的。

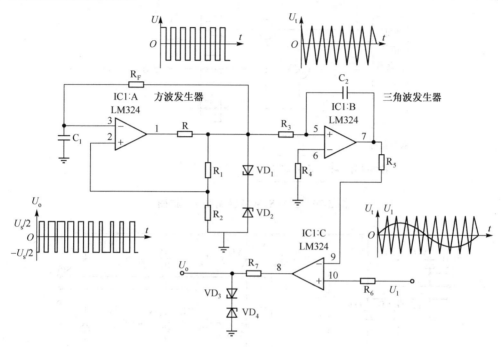

图 5-38　双极型 SPWM 波的调制原理（一相）

在调制过程中可以是双极调制，也可以是单极调制。在双极型调制过程中同时得到正负完整的输出 SPWM 波（如图 5-38 所示）。双极型调制能同时调制出正半波和负半波，而单极型调制只能调制出正半波或负半波，再把调制波倒相得到另外半波形，然后相加得到一个完整的 SPWM 波。

在图 5-38 中，比较器输出 U_o 的 "高" 电平和 "低" 电平控制图 5-40 中功率开关管的基极，即控制它的通和断两种状态。双极式控制时，功率管同一桥臂上下两个开关器件交替通断。在图 5-38 中可以看到输出脉冲的最大值为 $U_s/2$，最小值为 $-U_s/2$。以图 5-40 中 A 相为例，当处于最大值时，VT_1 导通，处于最小值时 VT_4 导通。B 相和 C 相同理。

在三相 SPWM 调制中（如图 5-39 所示），三角载波是共用的，而每一相有一个输入正弦信号和一个 SPWM 调制器。输入的 U_a、U_b、U_c 信号是相位相差 120° 的正弦交流信号，其幅值和频率都是可调的，用来改变输出的等效正弦波（U_{0a}、U_{0b}、U_{0c}）的幅值和频率，以实现对电动机的控制。

3）SPWM 变频器的功率放大

SPWM 调制波经功率放大后才能驱动电动机。三相电压型 SPWM 变频器的功率放大主回路如图 5-40 所示。图 5-40 左侧是桥式整流电路，将工频交流电变成直流电；右侧是逆变器，用 $VT_1 \sim VT_6$ 六个大功率晶体管把直流电变成脉宽按正弦规律变化的等效正弦交流电，用来驱动交流伺服电动机。来自控制电路的三相 SPWM 调制波 U_{0a}、U_{0b}、U_{0c} 及它们的反向波 $\overline{U}_{0a}$、$\overline{U}_{0b}$、$\overline{U}_{0c}$ 控制图5-40中 $VT_1 \sim VT_6$ 的基极，作为逆变器功率开关的驱动控制信号。$VD_7 \sim VD_{12}$ 是续流二极管，用来导通电动机绕组产生的反电动势。放大电路的右端接在电动机上。由于电动机绕组电感的滤波作用，其电流则变成正弦波。三相输出电压（电流）在相位上彼此相差 $120°$。

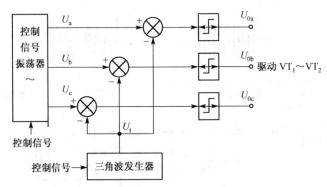

图 5-39　三相 SPWM 波调制原理框图

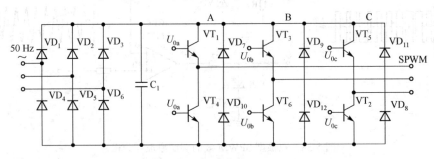

图 5-40　双极型 SPWM 通用型功率放大主回路

2．永磁同步交流伺服电动机矢量控制变频调速系统

由直流电动机理论可知，分别控制励磁电流和电枢电流即可方便地进行转矩与转速的线性控制。然而，交流电动机大不一样，其定子与转子间存在着强烈的电磁耦合关系，而不能形成像直流电动机那样的独立变量。

矢量控制是一种新型控制技术。矢量控制是把交流电动机模拟成直流电动机，用对直流电动机的控制方法来控制交流电动机。方法是以交流电动机转子磁场定向，把定子电流矢量分解成与转子磁场方向相平行的磁化电流分量 i_d 和相垂直的转矩电流分量 i_q，分别使其对应直流电动机中的励磁电流和电枢电流。在转子旋转坐标系中，分别对磁化电流分量 i_d 和转矩电流分量 i_q 进行控制，以达到对实际的交流电动机控制的目的。应用这种技术，已使交流调速系统的静动态性能，接近或达到了直流电动机的高性能。在数控机床的主轴与进给驱动中，矢量控制应用日益广泛，并有取代直流驱动之势。

由于矢量变换需要较复杂的数学计算，所以，矢量控制是一种基于微处理器的数字控制方案。

1）矢量控制原理

交流永磁伺服电动机是同步电动机，转子的速度与定子的旋转磁场同步，没有转差率。

图5-41是它的磁场定向关系图，永磁转子的磁通 Φ_r 和定子磁通向量 Φ_s 的合成向量为 Φ，Φ_s 和 Φ_r 正交时产生最大转矩。由于电流和磁通是同方向的，去掉绕组的有效匝数因素，可求出定子电流矢量的幅值 I_s，矢量 I_s 的方向与 Φ_s 同向且与 Φ_r 垂直，永磁磁通 Φ_r 为常数，与 Φ_s 保持同步旋转。转子的位置角 λ 可由装在转子轴上的检测装置测出。I_s、λ 和定子相电流 i_a、i_b、i_c 的关系可由下式求出：

$$i_a = I_s \cos(\lambda + 90°) = -I_s \sin\lambda \qquad (5\text{-}9)$$

$$i_b = -I_s \sin\left(\lambda - \frac{2}{3}\pi\right) \qquad (5\text{-}10)$$

$$i_c = -I_s \sin\left(\lambda + \frac{2}{3}\pi\right) \qquad (5\text{-}11)$$

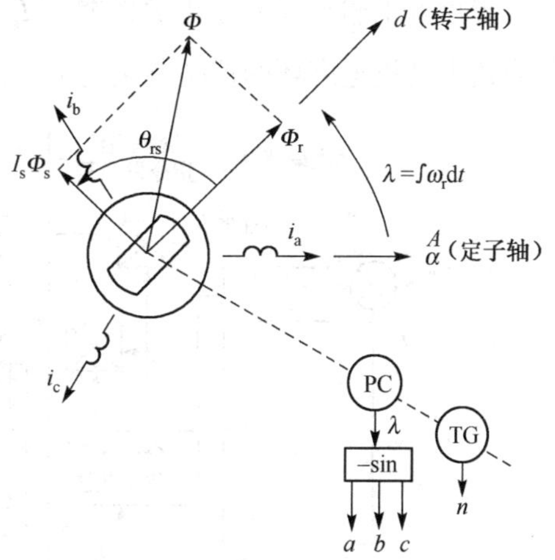

转矩 T_d 与磁势的大小有关，因而与电流 I_s 成正比，即

$$T_d = K_m I_s$$

式中，K_m 为比例系数。

定子电流幅值 I_s 可由速度给定值 U_p^* 和速度反馈值 U_p 之差经数字 PID 调节器或由模拟 PI（或 PID）调节器求得。由图5-41可知，由检测装置测出的 λ 角可直接算出相差 120° 相角的定子电流的正弦函数值 a、b、c，即

图 5-41　交流永磁伺服电动机磁场定向示意图

$$a = -\sin\lambda \qquad (5\text{-}12)$$

$$b = -\sin\left(\lambda - \frac{2}{3}\pi\right) \qquad (5\text{-}13)$$

$$c = -\sin\left(\lambda + \frac{2}{3}\pi\right) \qquad (5\text{-}14)$$

再由 I_s 和用式(5-9)～式(5-11)计算出 i_a、i_b、i_c，用以控制永磁交流电动机的转矩和速度。

2）永磁同步交流伺服电动机的变频调速系统

矢量变换控制的 SPWM 调速系统，是将通过矢量变换得到相应的交流电动机的三相电压控制信号，作为 SPWM 系统的给定基准正弦波，即可实现对交流电动机的调速。

图5-42是永磁交流伺服电动机的速度、电流双环 SPWM 控制系统原理图。来自位置环的速度给定值 U_p^* 和由测速发电机（或光电编码盘等其他检测组件）检测的实际速度值 U_p 之差 ΔU_p 是 PI（或 PID）调节器的输入信号，PI（或 PID）调节器的输出便是与转矩成正比的定子电流幅值 I_s^*，这个电流幅值与正弦函数值 a、c 相乘，得到三相定子电流给定值中的两相 i_a^* 和 i_c^*。i_a^* 和 i_c^* 与 A、C 相的实测电流 i_a、i_c 相减，并经 PI 调节器后，得到 U_a^*、U_c^* 正弦信号，由于定子三相电流之和为 0，即 $i_a + i_b + i_c = 0$，所以 $i_b = -i_a - i_c$。因此，U_b^* 可由（$-U_a^*$、$-U_c^*$）求出。U_a^*、U_b^*、U_c^* 经三角波调制后，就是逆变器的基极驱动信号。

当电动机开始启动时，系统得到一个阶跃信号 U_p^*，由于此时的 U_p 为零，因而使 PI（或 PID）调节器处于饱和状态，输出饱和电流 I_s^*。当电动机转速为零时，仍然有最大转矩，这时

$\lambda = 0$，由式(5-12)和式(5-14)可知，$a = -\sin 0° = 0$，$c = -\sin\left(0 + \dfrac{2}{3}\pi\right) = -0.866$，由式(5-9)和式(5-11)可计算出 $i_a^* = 0$，$i_c^* = 0.866 I_s^*$，在这个电流作用下，产生 U_a^*、U_b^*、U_c^*，使电动机启动，随着电动机的转动，λ 值不断变化，使 i_a、i_c 产生正弦波。由于 λ 值是转子角度检测值，因此 i_a、i_c 是跟踪转子转角的正弦波。正弦波上各点的值可由硬件给出，也可由计算机算出。

速度环的输出是定子电流的幅值 I_s^*，稳态时若速度给定值 U_p^* 不变，I_s^* 也不变，这样就与直流电动机速度环的控制方法完全一样了。

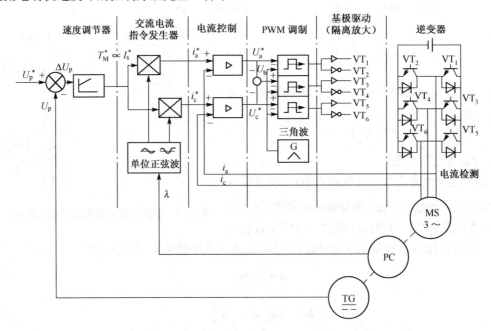

图 5-42　永磁交流伺服电动机速度、电流双环 SPWM 控制系统原理图

5.4　主轴驱动

主轴伺服系统用于接收来自数控系统的主轴运动命令，经变换放大后，转换为主轴的旋转运动，并保证旋转运动速度准确和高效。

5.4.1　对主轴驱动的要求

随着数控技术的不断发展，传统的主轴驱动已不能满足数控技术的需要。现代数控机床对主轴传动系统提出了更高的要求，具体要求如表 5-6 所示。

表 5-6　数控机床对主轴驱动系统的要求

基 本 要 求	说　　明
恒功率范围要宽	要求主轴在整个调速范围内均能提供所需的切削功率，并尽可能在调速范围内提供主轴电动机的最大功率。要求主轴电动机有 2.2～250 kW 的功率范围，既要能输出大的功率，又要求结构简单
宽调速范围	数控机床主轴驱动系统应在电动机的额定转速以下应有1（100～1000）的恒转矩调速范围，在电动机的额定转速以上有 1:10 的恒功率调速范围

（续表）

基 本 要 求	说　明
具有四象限驱动能力	要求主轴在正反向转动时均可进行自动加减速控制，并且加减速时间要短。目前一般伺服主轴可以在 1 s 内从静止加速到 6000 r/min
调速范围宽	由于工件材料、刀具以及加工要求各不相同，要保证数控机床在任何情况下都能得到最佳切削条件，伺服系统必须有足够的调速范围，既能满足高速加工要求，又能满足低速进给要求。调速范围一般大于 1 : 10 000
具有位置控制能力	为满足加工中心自动换刀（ATC）以及某些加工工艺的要求，要求主轴具有高精度的定向功能（准停功能）；在车削中心上，还要求主轴具有旋转进给轴（C 轴）的控制功能

为了实现上述要求，在早期的数控机床上，多采用直流主轴驱动系统。由于直流电动机的换向限制，大多数系统恒功率调速范围都很小，且直流电动机结构复杂、寿命短、维修量大。进入 20 世纪 80 年代后，随着微电子技术、交流调速理论和电力电子技术的发展，交流驱动进入实用阶段，现在绝大多数数控机床均采用笼型感应交流电动机配置矢量变换变频调速的主轴伺服系统。主轴电动机的功率要求更大，对转速要求更高，因此在主轴调速控制中，除采用调压调速外，还采用了弱磁升速的方法，近一步提高了其最高转速。

5.4.2　直流主轴控制单元

直流主轴伺服系统一般没有位置控制，它只是一个速度控制系统。直流主轴速度单元是由速度环和电流环构成的双环速度控制系统，用控制主轴电动机的电枢电压来进行恒转矩调速，如图 5-43 所示。控制系统的主回路采用反并联可逆整流电路，因为主轴电动机的容量较大，所以主回路的功率开关元件大都采用晶闸管元件，主轴直流电动机调速还包括恒功率调速，它由框图中上半部分的激磁控制回路完成，这部分恒功率调速是由控制励磁电路的励磁电流的大小来实现的。

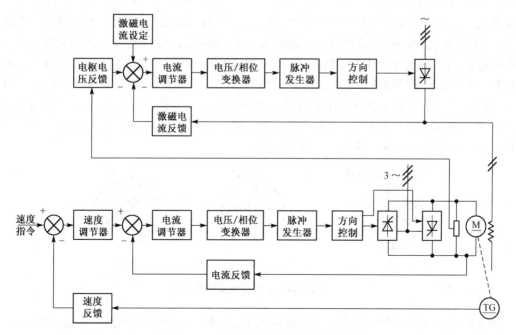

图 5-43　直流主轴速度控制单元框图

因为主轴电动机为他励式电动机，激磁绕组与电枢绕组无直接关系，需要由另一直流电源供电。激磁控制回路由激磁电流设定电路、电枢电压反馈电路及激磁电流反馈电路三者的比较输出信号，经电流调节器、电压/相位变换器（晶闸管触发电路）来决定晶闸管控制极的触发脉冲的相位，控制加到励磁绕组端的电压大小，从而控制激磁绕组的电流大小，完成恒功率控制的调速。

对于他励直流主轴电动机，调压、调磁是分开独立工作的。调磁部分的电压反馈的作用如下：在额定转速以下用改变电枢两端电压进行调速，此时调磁不工作，只是维持额定的磁场，用电压反馈信号作控制，限制激磁电流反馈；当电枢端电压达到额定值时，可以调磁，使电动机转速在高速段调整。

5.4.3 交流主轴电动机控制单元

为了实现对交流主轴电动机的高精度和高性能的控制，目前大多数数控机床的交流主轴控制采用矢量控制变频调速的方法，正弦控制波可以由矢量变换控制原理来获得。交流主轴电动机利用 SPWM 进行矢量变频调速控制，可使得交流调速系统的静态、动态性能接近或达到直流电动机的高性能。交流主轴电动机均采用三相异步电动机（交流感应伺服电动机）的结构形式。鼠笼式异步电动机结构简单、便宜、可靠，配上矢量变换控制的主轴驱动装置（变频器），则完全可以满足数控机床主轴的要求。

1. 交流感应伺服电动机的矢量变换数学模型

1）三相/二相变换

该变换是将三相交流电动机变为等效的二相交流电动机。图5-44(a)、(b)是三相/二相矢量变换的原理图。图5-44(a)为三相电动机，在三相绕组 A、B、C 中通以相位相差 120° 的三相交流电 i_a、i_b、i_c，在定子上将产生同步角速度为 ω_0 的旋转磁通 Φ。可将三相交流电动机转换成二相交流电动机，如图5-44(b)所示。二相绕组 α、β 互相垂直，其中分别通入相位差为 90° 的等效交流电 i_α、i_β，使它所产生的旋转磁通 Φ 与三相绕组的一致，角速度也为 ω_0，则这个二相电动机和三相电动机是等效的。图5-44(c)是一个直流电动机，d 绕组相当于励磁绕组，q 绕组相当于电枢绕组，若在 d、q 两绕组中通以等效的直流电 i_d、i_q，使之产生磁通 Φ，并使磁通 Φ 以 ω_0 的角速度旋转，则这个直流电动机与上述的二相、三相交流电动机等效。这样就可用矢量变换的方法进行三相/二相变换和二相/直流变换。

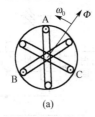
(a)
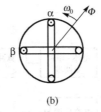
(b)
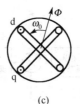
(c)

图 5-44 矢量变换原理图

图5-45 是矢量变换的关系图，其中图5-45(a)是三相/二相变换关系图。i_a、i_b、i_c 与 i_α、i_β 产生相同的 Φ，则

$$\begin{cases} i_\alpha = i_a - \dfrac{1}{2}i_b - \dfrac{1}{2}i_c \\ i_\beta = \dfrac{\sqrt{3}}{2}i_b - \dfrac{\sqrt{3}}{2}i_c \end{cases} \tag{5-15}$$

由于 $i_a + i_b + i_c = 0$，可得式(5-15)的逆变换，即

$$\begin{cases} i_a = \dfrac{2}{3}i_\alpha \\ i_c = -\dfrac{1}{3}i_\alpha - \dfrac{\sqrt{3}}{3}i_\beta \\ i_b = -i_a - i_c \end{cases} \tag{5-16}$$

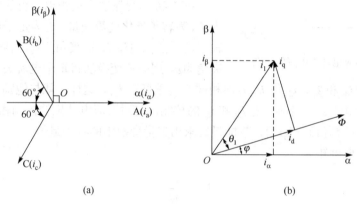

图 5-45　矢量变换关系图

2）二相/直流（静止/旋转）变换

将三相交流电动机转换为二相交流电动机后，还需要将二相交流电动机变换为等效的直流电动机，其实质就是矢量向标量的转换，是静止的直角坐标系向旋转的直角坐标系的转换。图 5-45(b)是二相/直流转换矢量图，静止坐标系的两相交流电流 i_α、i_β 和两个直流电流 i_d、i_q 产生同样的磁通，磁通 $\varPhi$ 与 α 轴的夹角为 $\varPhi$，i_α、i_β 的合成矢量是 i_1，将其在 $\varPhi$ 方向和垂直方向投影，即可求得 i_d 与 i_q。i_d 与 i_q 在空间以 ω_0 角速度旋转。转换公式为

$$\begin{cases} i_\alpha = i_d \cos\varphi - i_q \sin\varphi \\ i_\beta = i_d \sin\varphi + i_q \cos\varphi \end{cases} \tag{5-17}$$

式(5-17)的逆变换为

$$\begin{cases} i_d = i_\alpha \cos\varphi + i_\beta \sin\varphi \\ i_q = -i_\alpha \sin\varphi + i_\beta \cos\varphi \end{cases} \tag{5-18}$$

3）直角坐标/极坐标的变换

由 i_d 与 i_q 求它们的合矢量 i_1 及 i_1 与 i_d 的夹角 θ_1，就是直角坐标与极坐标的变换。由图 5-45(b)可得转换公式为

$$\begin{cases} i_1 = \sqrt{i_d^2 + i_q^2} \\ \tan\theta_1 = i_q / i_d \end{cases} \tag{5-19}$$

2. 交流主轴电动机的矢量控制

三相异步电动机的转子磁势是由定子磁通感应而产生的。转子磁通矢量与定子磁通矢量

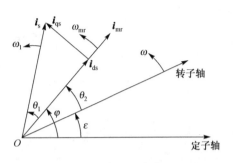

同步旋转，但比转子本身转速快，转差频率为ω_2。定子磁通的大小直接与定子电流有关，电流矢量和磁通矢量的方向相同，因此用电流矢量表示电动机的磁链关系比用电压矢量表示更方便，用控制电流的方法控制电动机的转矩与转差频率比控制电压更直接。

图 5-46 为交流感应伺服电动机的电流矢量图，图中 i_{mr} 为转子磁化电流矢量，i_s 为定子电流矢量。转子轴与转子磁化电流 i_{mr} 的夹角为 θ_2，转子轴与定子轴的夹角为 ε。用矢量变换法将定子电流矢量 i_s 分解为互相

图 5-46　交流感应电动机电流矢量图

垂直的两个矢量 i_{ds} 和 i_{qs}，i_{ds} 与 i_{mr} 方向相同，i_{qs} 垂直于 i_{mr}。这样，就与他励直流电动机的磁场电流 i_d 和电枢电流 i_q 相对应。对 i_{ds} 和 i_{qs} 的控制，与对直流电动机的控制相类似。求解 i_{ds}、i_{qs}、I_{mr}（i_{mr} 矢量的幅值）和 φ 角，就能最终求出矢量变换中的各个量值。

由电工学原理可知

$$I_{mr} = \frac{\varphi_r}{M} \tag{5-20}$$

式中，φ_r 是转子励磁磁通，M 是定子与转子的互感。

电动机在低于额定频率工作时是恒转矩调速，此时电动机在临界磁饱和状态下工作，φ_r 为最大值，I_{mr} 固定不变。电动机在高于额定频率工作时是恒功率调速，此时随转速的升高，磁通 φ_r 减小，I_{mr} 减小，I_{mr} 的值可由转速算出。电磁转矩为

$$T = K\, i_{mr} i_{qs} \tag{5-21}$$

$$i_{ds} = i_{mr} + \tau_r \frac{di_{mr}}{dt} \tag{5-22}$$

$$\omega_2 = \frac{i_{ds}}{\tau_r i_{mr}} \tag{5-23}$$

$$\omega_2 = \omega_1 - \omega$$

式中，τ_r 是转子时间常数，ω_2 是转差频率，ω_1 是同步角速度，ω 是转子角速度。

转矩 T 与转子电流 i_{mr} 和定子转矩电流分量 i_{qs} 成正比，这一点和直流电动机相似。

当恒转矩调速时，i_{mr} 为定值，由式(5-22)计算出的 i_{ds} 等于 i_{mr}；当恒功率调速时，i_{mr} 是变量，i_{ds} 也随之变化。图5-47为交流主轴电动机矢量控制原理图，来自位置环的速度指令值 U_p^* 和转速检测值 U_p 之差是速度 PI（或 PID）调节器的输入信号，经速度调节器调节后得到转矩

给定值 T^*。由实测电动机转速 U_p，经场弱磁环节可算出转子电流给定值 i_{mr}^*。由式(5-21)～式(5-23)可算出 i_{ds}^*、i_{qs}^* 和 ω_2^*，即

$$i_{ds}^* = i_{mr}^* + \tau_r \frac{d i_{mr}^*}{dt} \tag{5-24}$$

$$i_{qs}^* = \frac{T^*}{K i_{mr}^*} \tag{5-25}$$

$$\omega_2^* = \frac{i_{qs}^*}{\tau_r i_{mr}^*} = \frac{T^*}{K \tau_r (i_{mr}^*)^2} \tag{5-26}$$

对 ω_2^* 进行积分得转子轴和转子电流矢量的夹角 θ_2^*，它与转子位置 ε 求和得位置角 Φ，ε 是由与转子轴相连的绝对编码盘（或其他测量装置）检测得出的。算出 i_{ds}^*、i_{qs}^*、φ 角后，可通过静止/旋转变换公式(5-17)求得静止坐标电流 $i_{\alpha s}$、$i_{\beta s}$，$i_{\alpha s}$、$i_{\beta s}$ 再通过二相/三相变换公式(5-16)求得三相指令电流 i_{as}^*、i_{bs}^*、i_{cs}^*。三相指令电流 i_{as}^*、i_{bs}^*、i_{cs}^* 与实测三相电流 i_{as}、i_{bs}、i_{cs} 比较后，进入三角波调制的电流环，控制电动机的转矩和转速。

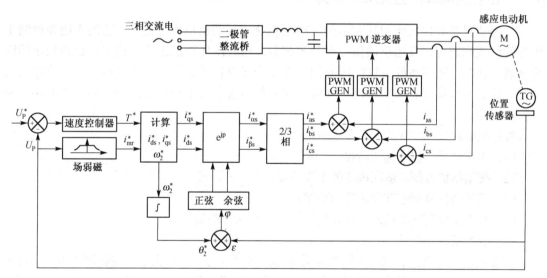

图 5-47　交流主轴电动机矢量控制 SPWM 变频调速系统原理图

【工程实例 5-6】　主轴变频器接口简介

图 5-48 是主轴装置（变频器）最基本的接口图，采用三相交流 380 V 电源供电，速度指令由 3、4 引脚输入（图中通过电位器从单元内部获得，在数控机床上一般由数控装置或 PLC 的模拟量输出接口输入），指令电压范围是直流 0～10 V；主轴电动机的启动/停止以及旋转方向由外部开关 S_1、S_2 控制。当 S_1 闭合时电动机正转，当 S_2 闭合时电动机反转，若 S_1、S_2 同时断开或闭合则电动机停止。也可以定义 S_1 控制电动机的启动和停止，S_2 控制电动机的旋转方向。变频器根据输入的速度指令和运行状态指令输出相应频率和幅值的交流电源，控制电动机旋转。

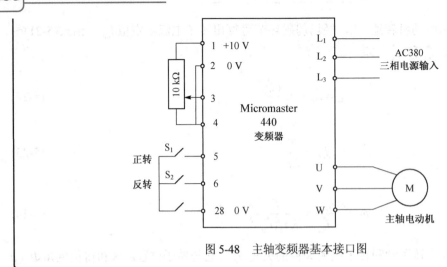

图 5-48　主轴变频器基本接口图

5.5 数控机床常用的检测装置

5.5.1　位置检测装置的要求和分类

　　检测装置是数控机床闭环和半闭环控制系统重要的组成部分之一。它的作用是检测工作台的位置和速度，发送反馈信号至数控装置，构成闭环控制系统，使工作台按规定的路径精确地移动。闭环系统数控机床的加工精度主要取决于检测系统的精度。位置检测系统可测量的最小位移量称为分辨率。分辨率的高低不仅取决于检测传感器本身，也取决于测量转换电路。

　　数控机床对检测装置的主要要求有：

　　（1）工作可靠，抗干扰性能强；

　　（2）使用维护方便，适应机床的工作环境；

　　（3）满足数控机床精度和速度的要求；

　　（4）易于实现高速的动态测量和处理，易于实现自动化；

　　（5）成本低，寿命长。

　　位置检测装置的分类按照不同的分类标志，可以分为不同的类型。根据测量方法，可分为增量式和绝对式；根据检测信号的类型，可分为模拟式和数字式；根据安装的位置及耦合方式，可分为直接测量和间接测量；根据运动形式，可分为回转型和直线型检测装置。目前，在半闭环和闭环伺服系统中，位置检测装置常用类型如表 5-7 所示。

表 5-7　常用位置检测装置分类

分　类	数　字　式		模　拟　式	
	增量式	绝对式	增量式	绝对式
回转型	增量式脉冲编码器 圆光栅尺	绝对式编码器	旋转变压器 圆磁尺圆盘感应同步器	多极旋转变压器 三速圆感应同步器
直线型	计量光栅尺 激光干涉仪	多通道透射光栅尺 编码尺	直线感应同步器 磁尺	三速感应同步器 绝对值式磁尺

5.5.2　旋转变压器

旋转变压器是一种常用的转角检测元件，由于结构简单，工作可靠，对环境要求低，信号输出幅度大、抗干扰能力强，因此，被广泛应用在半闭环控制的数控机床上。

1. 旋转变压器的结构和工作原理

旋转变压器是一种电磁式传感器，又称为同步分解器。它是一种小型交流电动机，在结构上与两相线绕式异步电动机相似，由定子和转子组成，其中定子绕组作为变压器的原边，接受励磁电压（励磁频率通常用 400 Hz、500 Hz、3000 Hz 及 5000 Hz 等），转子绕组作为变压器的副边，通过电磁耦合得到感应电压。旋转变压器的工作原理和普通变压器基本相似，区别在于普通变压器的原、副边绕组是相对固定的，所以输出电压和输入电压之比是常数；而旋转变压器的原边、副边绕组则随转子的角位移发生相对位置的改变，因而其输出电压的大小随转子角位移而发生变化。

常见的旋转变压器一般有两极绕组和四极绕组两种结构形式。两极旋转变压器，定子和转子各有一对磁极。四极绕组各有两对相互垂直的磁极，检测精度高，在数控机床中应用普遍。除此之外，还有一种多极式旋转变压器，用于高精度绝对式检测系统。

一般采用的是正弦、余弦旋转变压器，其定子和转子绕组中各有互相垂直的两个绕组，如图5-49所示。如果将其中一个转子绕组短接，在两个定子绕组中分别施加 u_{1s} 和 u_{1c} 两个交流电压，则由于电磁感应，应用叠加原理，转子绕组中感应电动势 u_2 为

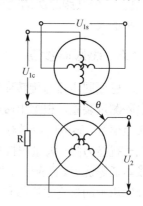

图 5-49　四极旋转变压器

$$u_2 = ku_{1s}\sin\theta + ku_{1c}\cos\theta \tag{5-27}$$

式中，k 为旋转变压器电压比（绕组匝数比），θ 为两绕组轴线间的夹角。

对定子绕组加以两种不同形式的励磁电压，可以得到两种典型应用的工作方式。

2. 旋转变压器的应用

1）鉴相工作方式

给定子的两个绕组分别通以同幅、同频但相位相差 $\pi/2$ 的交流励磁电压，即

$$\begin{cases} u_{1s} = U_m\sin\omega t \\ u_{1c} = U_m\cos\omega t \end{cases} \tag{5-28}$$

式中，U_m 为定子的最大瞬时电压，ω 为定子交流励磁电压的角速度。

转子工作绕组中的感应电动势为

$$u_2 = kU_m\sin\omega t\sin\theta + kU_m\cos\omega t\cos\theta = kU_m\cos(\omega t - \theta) \tag{5-29}$$

由式(5-28)和式(5-29)比较可见，旋转变压器转子绕组中的感应电势 u_2 与定子绕组中的励磁电压同频率，但相位不同，其差值为 θ。而角 θ 正是被测位移，故通过比较感应电势 u_2 与定子励磁电压输出电压 u_{1c} 的相位，便可求出 θ。

2）鉴幅工作方式

给定子的两个绕组分别通以同频率、同相位但幅值不同的交流励磁电压，即

$$\begin{cases} u_{1s} = U_{sm} \sin \omega t \\ u_{1c} = U_{cm} \cos \omega t \end{cases} \tag{5-30}$$

式中，幅值 $U_{sm} = U_m \sin \alpha$，$U_{cm} = U_m \cos \alpha$，α 可改变，称为旋转变压器的电气角。那么，在转子上的叠加感应电动势为

$$u_2 = kU_m \sin \alpha \sin \omega t \sin \theta + kU_m \cos \alpha \cos \omega t \cos \theta = kU_m \cos(\alpha - \theta) \sin \omega t \tag{5-31}$$

由式(5-31)可知，转子感应电动势的幅值随转子的偏转角 θ 而变换，测量出幅值即可求得转角 θ。在实际应用中，应根据转子误差电压的大小，不断修改励磁信号中的角 α（励磁幅值），使其跟踪 θ 的变化。当转子感应电动势幅值为零时，说明角 α 的大小就是被测角位移 θ 的大小。

5.5.3 感应同步器

感应同步器与旋转变压器一样，是一种非接触式电磁测量装置，根据电磁耦合原理将位移或转角转换成电信号。感应同步器对环境要求低，具有工作可靠、抗干扰能力强、大量程接长方便、维护简单、寿命长、成本低等优点。感应同步器分为直线式和旋转式两种，分别用于测量直线位移和旋转角度。

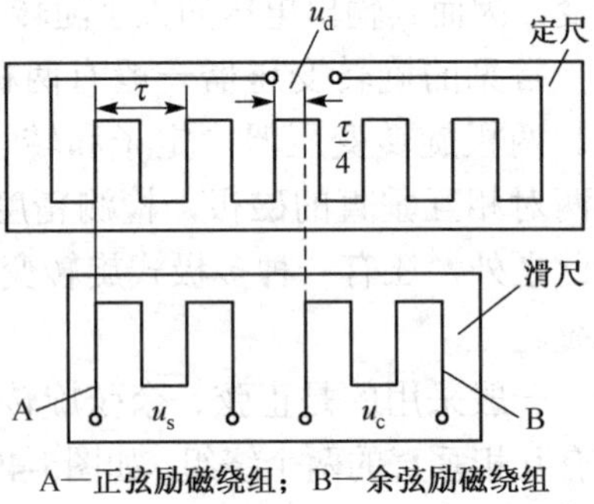

直线式感应同步器由定尺和滑尺组成，如图 5-50 所示。标准的感应同步器定尺长 250 mm，表面有单向、均匀、连续的感应绕组，绕组节距 τ 通常为 2 mm。滑尺上有两组分段绕组，分别称为正弦绕组和余弦绕组，两绕组的节距与定尺相同，在空间位置上相差 1/4τ，即当正弦绕组与定尺绕组对齐时，余弦绕组与定尺绕组相差 1/4τ。定尺一般安装在机床的固定部件上，可接长使用。滑尺一般安装在机床的运动部件上。

A—正弦励磁绕组；B—余弦励磁绕组

图 5-50　直线式感应同步器绕组示意图

使滑尺与定尺相互平行，并保持一定的间距，向滑尺通以交流励磁电压，由电磁感应，在定尺绕组中能得到感应电动势。定尺绕组中感应的总电动势是滑尺上正弦绕组和余弦绕组所产生的感应电动势的矢量和。当滑尺与定尺间产生相对位移时，由于电磁耦合的变化，定尺上的感应电动势会随位移的变化而变化。图 5-51 列出了定尺感应电动势与定尺、滑尺之间相对位置的关系。如果滑尺处于点 a 位置，即滑尺绕组与定尺绕组完全重合，则定尺上感应电动势最大。随滑尺相对定尺的平行移动，感应电动势慢慢减小，当滑尺相对定尺错开 1/4 节距（点 b）时，感应电动势为 0。再继续移动到 2/4 节距（点 c）时，为最大负电动势。再继续移动到 3/4 节距（点 d）时，感应电动势又变为 0。移至一个节

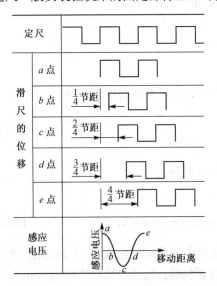

图 5-51　感应同步器感应电动势变化情况

距（点 e）时，又恢复到初始状态，与点 a 位置完全相同。这样，滑尺在移动一个节距内，感应电动势变化了一个余弦周期。感应同步器就是利用感应电动势的变化进行位置测量的。

同旋转变压器的工作方式相似，根据滑尺中励磁绕组供电方式不同，感应同步器分为相位工作方式和幅值工作方式。

5.5.4　脉冲编码器

编码器是一种旋转式测量元件，通常装在被测轴上，随被测轴一起转动，可将被测轴的角位移转换成增量脉冲或绝对式的数字代码。在数控机床上，通常与驱动电动机同轴连接，属间接式测量元件。编码器根据内部结构和检测方式分类，可分为接触式、光电式和电磁式三种。按照编码方式可分为绝对式编码和增量式编码两种。在数控机床上，大多采用光电式增量脉冲编码器。

1. 增量式编码器

增量式编码器分接触式、光电式和电磁式三种。就精度和可靠性来讲，光电式编码器优于其他两种。光电式增量编码器的结构如图 5-52 所示。在一个光电码盘的圆周上刻有相等间距的狭缝，分为透明和不透明的部分，称为圆光栅尺。圆光栅尺与工作轴一起旋转。与圆光栅尺相对平行地放置一个固定的光栏板，称为指示光栅尺，上面刻有相差 1/4 节距的两个狭缝（在同一圆周上，称为辨向狭缝）。此外，还有一个零位狭缝（一转发出一个脉冲）。

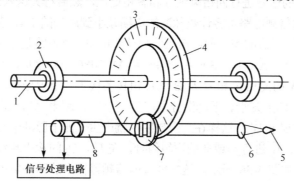

1—轴；2—轴承；3—光电码盘狭缝；4—光电码盘；5—光源；6—聚光镜；7—光栏板；8—光电元件

图 5-52　光电编码器的结构示意图

当圆光栅尺旋转时，光线透过两个光栅尺的线纹部分，形成明暗相间的条纹。光电元件接收这些明暗相间的光信号，并转换为交替变化的电信号。该信号为两路近似于正弦波的电流信号 A 和 B，如图 5-53 所示。A 和 B 信号相位相差 90°，经放大和整形变成方波。若 A 相超前于 B 相，对应转轴正转；若 B 相超前于 A 相，对应于轴反转。若以该方波的前沿或后沿产生计数脉冲，可以形成代表正向位移或反向位移的脉冲序列。此外，光电式增量编码器还有一个"一转脉冲"，称为 Z 相脉冲，用来产生机床的基准点。

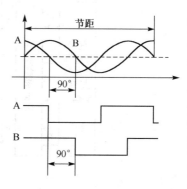

图 5-53　光电编码器的输出波形

2．绝对式编码器

对于绝对式编码器，每一个角度位置均有对应的测量代码，因此这种测量方式具有断电记忆能力。它有接触式、光电式，电磁式等形式。

图5-54所示的是光电式二进制编码盘，图中空白的部分透光，用"0"表示，涂黑的部分不透光，用"1"表示。按照圆盘上形成二进位的每一环配置光电变换器，即图中用黑点所示位置，隔着圆盘从后侧用光源照射。此编码盘共有四环，每一环配置的光电变换器对应为 2^0、2^1、2^2、2^3。图中里侧是二进制的高位即 2^3，外侧是低位。如二进制的"1101"，

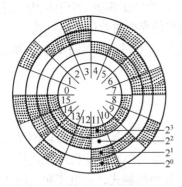

图 5-54　光电式二进制编码盘

读出的是十进制"13"的角度坐标值。当编码盘与工作轴一起转动时，就可依次得到0000、0001、0010、1111 的二进制输出。编码盘的分辨率与环数多少有关，环数越多，编码盘容量越大，每一位数移动的转角也越小。如有 n 环，则其角度分辨率为 $\theta = 360° / 2^n$。

【工程实例5-7】 　电机转角位置检测电路

在数控机床进给伺服系统中，装在伺服电动机传动轴一侧的增量式光电编码器用做半闭环控制的位置检测元件，反馈信号为相位相差 90° 的 A、B 两路脉冲信号。当电动机正向转动时，A 超前 B；当电动机反向转动时，B 超前 A。为了提高位置检测精度和辨别方向，需要对从光电编码器出来的信号进行四倍频细分和鉴相处理，然后将其送入计数器 8254 中计数，由 CPU 读取。采用四倍频电路可将计数脉冲的周期减小到原来的 1/4，读数精度提高到原来的四倍。图5-55为光电编码器的积分型四倍频鉴相计数电路，该电路是由 RC 电路及门电路构成的。脉冲编码盘输出 A、$\overline{A}$、B、$\overline{B}$ 两组脉冲，经 MC3486 差分整形后得到整形后的 A、B 信号。该电路在 A 及 A 的反相 $\overline{A}$ 和 B 及 B 的反相 $\overline{B}$ 各接了一个积分型单稳态电路，利用电容的充放电能力，在 A 的上升沿、下降沿分别产生一个短脉 A′ 和 $\overline{A}′$，在 B 的上升沿、下降沿分别产生一个短脉冲 B′ 和 $\overline{B}′$，这样在一个周期内就产生了四个脉冲信号。将得到的四个短脉冲序列 A′、$\overline{A}′$、B′、$\overline{B}′$ 进行与或非的逻辑组合，在 U_1，U_2 的输出端将产生表示正转和反转的四倍频脉冲序列，如图 5-56 所示。这样经过四倍频器输出的脉冲数就为原脉冲的四倍，同时还可以判断电动机的正反转，进行脉冲计数。

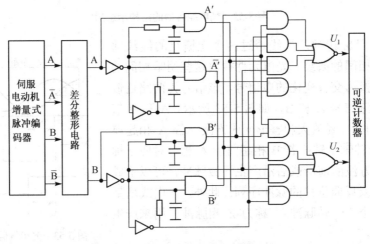

图 5-55　积分型四倍频鉴相计数电路

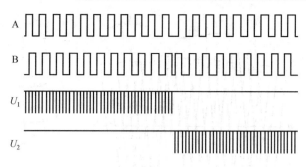

图 5-56　倍频鉴相电路波形图

5.5.5　光栅尺

光栅尺一般分为物理光栅尺和计量光栅尺。物理光栅尺节距较小（200～500 条/min），主要利用光的衍射现象，常用于光谱分析和光波波长测定。计量光栅尺比物理光栅尺稍粗（20、50、100、250 条/min），主要是利用光的透射和反射。由于计量光栅尺的性能较好，所测位置精度较高，因此，在数控系统中得到了广泛运用，它的测量精度可达±1 μm，响应速度快，量程宽。计量光栅尺有直线光栅尺（长光栅尺）和圆光栅尺，分别用来测量直线位移和角位移。

1．结构和工作原理

光栅尺是利用光的透射、衍射现象制成的光电检测元件，它主要由标尺光栅尺和光栅尺读数头两部分组成。标尺光栅尺固定在机床的运动部件（如工作台或丝杠）上，光栅尺读数头安装在机床的固定部件（如机床底座）上，两者随着工作台的移动而相对移动。

光栅尺读数头又称为光电转换器，它把光栅尺莫尔条纹变成电信号。读数头由光源、聚光镜、指示光栅尺、光敏元件和驱动电路组成，是一个单独的部件。

将两块具有相同栅距的光栅尺，取有刻线的一面叠合在一起。中间保持 0.01～0.1 mm 的间隙，并使它们的刻线之间保持一个很小的夹角 θ（如图5-57所示），于是在 a–a 线上两块光栅尺的刻线彼此重合，存在透光间隙。在 b–b 线上，两块光栅尺的条纹互相错开，形成不透光区。如果在光栅尺正面用平行光垂直投射，则在光栅尺背面将形成明暗相间的条纹。在 a–a 线的背后是亮带，在 b–b 线的背后是暗带，两条暗带或两条亮带之间的距离称为莫尔条纹的间距 B。

设光栅尺的栅距为 W，则由于两块光栅尺刻线之间的夹角 θ 很小，所以

$$B = \frac{W}{2\sin(\theta/2)} \approx \frac{W}{\theta} \tag{5-32}$$

由式(5-32)可见，θ 越小，B 越大。可见，莫尔条纹具有放大作用。虽然光栅尺的栅距很小，但莫尔条纹却清晰可见，大大提高了光栅尺测量装置的分辨率。

两块光栅尺相对移动一个栅距，则光栅尺背面某一个固定点的光强"明—暗—明"地变化一个周期，即扫描过一个莫尔条纹。因此，只要在两个光栅尺的背面安装一个光敏元件，在两块光栅尺相对移动过程中，数出扫描过光敏元件的莫尔条纹数，即可知道两根光栅尺相对移动了多少栅距。光栅尺进行反向移动时，莫尔条纹的移动方向也相反。

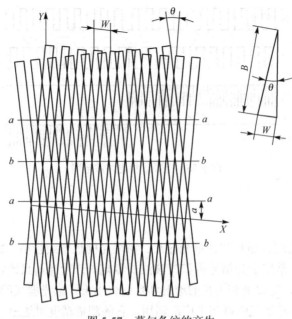

图 5-57　莫尔条纹的产生

2. 光栅尺测量系统

光栅尺测量系统及信号如图 5-58 所示，由光源、透镜、标尺光栅尺、指示光栅尺、光敏元件和信号处理电路组成。信号处理电路包括差动放大器、整形器和鉴向倍频电路。

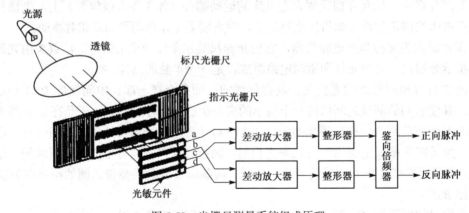

图 5-58　光栅尺测量系统组成原理

光源光线通过标尺光栅尺和指示光栅尺产生莫尔条纹。莫尔条纹的光强度近似呈正弦曲线变化，光敏元件所感应的光电流（光电压）变化规律近似为正弦曲线。该信号经放大、整形后，形成脉冲，可以作为计数脉冲，通过对该脉冲脉冲计数便可得到光栅尺的移动距离。

用一个光敏元件只能计数，不能辨别两块光栅尺相对移动的方向，并且读数太粗。为了提高精度，通常采用四倍频的方法来提高光栅尺的分辨精度，将莫尔条纹原来的每个脉冲信号变为在 0°、90°、180°、270° 时都有脉冲输出，从而使精度提高了 4 倍。在一个莫尔条纹宽度内每隔 1/4 间距安放一个光电元件，共有四个硅光电池接收莫尔条纹光信号。利用四块光电池，产生的正弦波信号相位彼此差 90°。将彼此相位差 180° 的两组信号送入差动放大器放大，分别得到正弦信号和余弦信号，经整形变成方波，再经反相和微分，在四个方波信号的上升沿均产生窄脉冲。由与门电路把 0°、90°、180° 和 270° 四个位置上产生的窄脉冲组合起来，根据不同的移动方向形成正向脉冲或反向脉冲，用可逆计数器进行计数即可得到光栅尺的实际位移。具体实现电路可参考光电编码器四倍频鉴相计数电路。

5.5.6　磁尺（磁栅）

磁栅是用电磁方法计算磁波数目的一种位置检测元件，可用做直线和角位移的测量。磁栅与同步感应器、光栅尺相比，测量精度略低，但具有复制简单和安装方便等一系列优点。特别是在油污、粉尘较多的环境中，应用时具有较好的稳定性。

磁栅检测装置是将具有一定节距的磁化信号用记录磁头记录在磁性标尺的磁膜上，用来作为测量基准。在检测过程中，用拾磁磁头读取磁性标尺上的磁化信号转换成电信号，然后通过检测电路把磁头相对于磁尺的位置送给伺服控制系统或数字显示装置。磁栅检测装置由磁性标尺、拾磁磁头和检测电路三部分组成。

磁性标尺常采用不导磁材料作为基体，在上面镀上一层 $10\sim20~\mu m$ 厚的高磁性材料，形成均匀的磁膜。再用录磁磁头在磁尺上记录节距相等的周期性变化的磁信号，用做测量基准，信号可为正弦波、方波等，节距 λ 通常为 0.05 mm、0.10 mm、0.20 mm、1 mm 等几种。最后磁尺表面涂上保护层，以防磁头与磁尺频繁接触过程中的磁膜磨损。

拾磁磁头是进行磁电转换的器件。它将反映位置变化的磁化信号检测出来，并转换成电信号输送给检测电路。根据机床数字控制系统的要求，为了在低速运动和静止时也能进行位置检测，不能采用普通录音机上的速度响应型磁头，而必须采用一种磁通响应型磁头（动态磁头），其结构如图 5-59 所示。该磁头有两组绕组，绕在磁路截面尺寸较小横臂上的励磁绕组和绕在磁路截面较大的竖杆上的输出绕组。

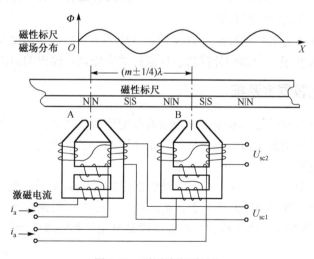

图 5-59　磁通响应型磁头

当对励磁绕组施加励磁电流，且励磁绕组通过 $i_a = i_0 \sin(\omega_0/2)t$ 的高频激磁电流时，若 i_a 的瞬时值大于某一数值，横臂上铁心材料饱和，这时磁阻很大，磁路被阻断，磁性标尺的磁通 Φ 不能通过磁头闭合，输出线圈不与 Φ 交链。若 i_a 的瞬时值小于某一数值，横臂中磁阻也降低到很小，磁路开通，输出线圈与 Φ 交链。可见，励磁线圈的作用相当于磁开关。励磁电流在一个周期内两次过零、两次出现峰值，磁开关相应地通断各两次。磁路由通到断的时间内，输出绕组中交链磁通量由 Φ 变化到 0；磁路由断到通的时间内，输出绕组中交链磁通量由 0 变化到 Φ。Φ 是由磁性标尺中磁信号决定的，可见，输出绕组输出的信号是一个调幅信号，即

$$U_{sc} = U_m \sin\left(\frac{2\pi x}{\lambda}\right)\sin\omega_0 t \tag{5-33}$$

式中，U_m 为输出感应电势幅值；λ 为磁性标尺节距；x 为磁头对标尺的位移量；ω_0 为输出绕组感应电势的角频率，是励磁电流 i_a 的频率的 2 倍。

采用双磁头（A 磁头和 B 磁头）是为了识别磁栅的位移方向，通常两磁头彼此相距 $(m\pm1/4)$ λ（m 是正整数），从两个磁头的输出绕组上得到的是两路相位差 90° 的电压信号，磁栅的辨向原理与脉冲编码器、光栅尺是一样的。

5.6　位置控制

位置控制是伺服系统的基本环节和运动精度的重要保证。位置控制环和速度控制环是紧密相连的。速度控制环的给定值来自位置控制环。而位置控制环的输入一方面来自轮廓插补运算，即在每一个插补周期内插补运算输出一组数据给位置环，另一方面来自位置检测反馈装置，即将机床移动部件的实际位置量的信号送给位置环。插补得到的指令位移和位置检测得到的机床移动部件的实际位移在位置控制单元进行比较，得到位置偏差。位置控制环根据速度指令的要求及各环节的放大倍数（称为增益）对位置数据进行处理，再把处理的结果送给速度环，作为速度环的给定值。

根据位置环比较的方式不同，又可将闭环、半闭环系统分为数字脉冲比较伺服系统、相位比较伺服系统和幅值比较伺服系统。

早期的位置控制环是把位置数据经 D/A 转换变成模拟量后送给速度环。现代的全数字伺服系统，不进行 D/A 转换，全部用计算机软件进行数字处理，输出的结果也是数字量。

5.6.1　数字脉冲比较伺服系统

用脉冲比较的方法构成闭环和半闭环控制的系统称为数字脉冲比较伺服系统。在半闭环控制中，多采用光电编码器作为检测元件，在闭环控制中多采用光栅尺作为检测元件。通过检测元件进行位置检测和反馈，实现脉冲比较。

数字脉冲比较伺服系统的半闭环控制的结构框图如图 5-60 所示。整个系统分为三部分：采用光电编码器产生位置反馈脉冲信号 P_f；实现指令脉冲 F 与反馈脉冲 P_f 的比较，以取得位置偏差信号 e；将位置偏差 e 信号放大后经速度控制单元控制伺服电动机运行。

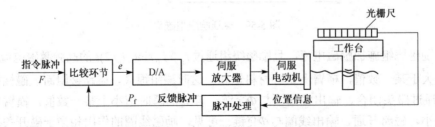

图 5-60　半闭环数字脉冲比较伺服系统结构框图

数字脉冲比较伺服系统的工作原理简述如下：

（1）开始时，指令脉冲 $F=0$，且工作台处于静止状态，则反馈脉冲 P_f 为零。经比较环节，$e=F-P_f=0$，则伺服电动机的速度给定为零，所以伺服电动机静止不动。

（2）当 CNC 装置输出正向指令脉冲时，即 $F>0$，在工作台没有移动之前，反馈脉冲 P_f 仍为零。经比较环节比较，$e=F-P_f>0$，于是调速系统驱动工作台做正向进给。随着电动机的运转，检测元件的反馈脉冲信号通过采样进入比较环节。该脉冲比较环节对 F 和 P_f 进行比较，按负反馈原理，只有当 F 和 P_f 的脉冲个数相等时，偏差 $e=0$，工作台才重新稳定在指令所规定的位置上。

（3）当 CNC 装置输出负向指令脉冲时，即 $F<0$，其控制过程与 F 为正向指令脉冲的控制过程相类似，只是此时 $e<0$，工作台做反方向进给。最后，工作台准确地停在指令所规定的反向的某个稳定位置上。

（4）比较环节输出的位置偏差信号 e 是一个数字量，经 D/A 转换后，才能变为模拟电压，使模拟调速系统工作。

5.6.2　相位比较伺服系统

相位比较伺服系统是数控机床中常用的一种伺服系统。其特点是指令脉冲信号和位置检测反馈信号都转换为相应的同频率的某一载波的不同相位的脉冲信号；在位置控制单元进行相位的比较。它们的相位差 $\Delta\theta$ 反映了指令位置与实际位置的差。图 5-61 是一个采用感应同步器作为位置检测元件的相位比较伺服系统原理框图。

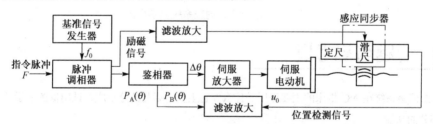

图 5-61　相位比较伺服系统原理框图

在该系统中，感应同步器取相位工作状态，以定尺的相位检测信号经整形放大后得到的 $P_B(\theta)$ 作为位置反馈信号。指令脉冲 F 经脉冲调相后，转换成相位和极性与 F 有关的脉冲信号 $P_A(\theta)$。$P_A(\theta)$ 和 $P_B(\theta)$ 为两个同频的脉冲信号，输入鉴相器进行比较。比较后得到它们的相位差 $\Delta\theta$。伺服放大器和伺服电动机构成的调速系统，接收相位差 $\Delta\theta$ 信号，以驱动工作台朝指令位置进给，实现位置跟踪，其工作原理概述如下。

当指令脉冲 $F=0$ 且工作台处于静止时，$P_A(\theta)$ 和 $P_B(\theta)$ 应为两个同频同相的脉冲信号，经鉴相器进行相位比较判别，输出的相位差 $\Delta\theta=0$。此时，伺服放大器的速度给定为 0，它输出到伺服电动机的电枢电压也为 0，工作台维持在静止状态。

当指令脉冲 $F\neq 0$ 时，若设 F 为正，经过脉冲调相器，$P_A(\theta)$ 产生正的相移 $+\theta$，由于工作台静止，$P_B(\theta)=0$，故鉴相器的输出 $\Delta\theta=\theta>0$，伺服驱动部分使工作台正向移动，此时 $P_B(\theta)\neq 0$，经反馈比较，$\Delta\theta$ 变小，直到消除 $P_B(\theta)$ 与 $P_A(\theta)$ 的相位差；反之，若设 F 为负，则 $P_A(\theta)$ 产生负的相移 $-\theta$，在 $\Delta\theta=-\theta<0$ 的控制下，伺服机构驱动工作台做反向移动。

5.6.3 幅值比较伺服系统

幅值比较伺服系统是以位置检测信号的幅值大小来反映机械位移的数值，并以此作为位置反馈信号与指令信号进行比较构成的闭环控制系统（简称幅值伺服系统）。该系统的特点之一是，所用的位置检测元件应工作在幅值工作方式。感应同步器和旋转变压器都可以用于幅值伺服系统。

图 5-62 所示的幅值伺服系统为半闭环控制系统。该系统由鉴幅器，电压频率变换器组成的位置测量信号处理电路，比较电路，励磁电路和由伺服放大器、伺服电动机组成的速度控制电路四部分组成。其工作原理与相位伺服系统基本相同，不同之处在于幅值伺服系统的位置检测器将测量出的实际位置转换成测量信号的幅值的大小，再通过测量信号处理电路，将幅值的大小转换成反馈脉冲频率的高低。反馈脉冲一路进入比较电路，与指令脉冲进行比较，从而得到位置偏差，经 D/A 转换后，作为速度控制电路的速度控制信号；另一路进入励磁电路，控制产生幅值工作方式的励磁信号。

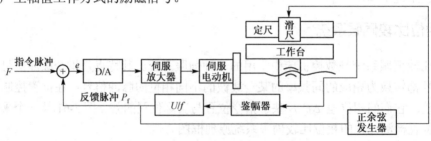

图 5-62 幅值比较伺服系统原理框图

5.7 习题与思考题

1. 进给伺服系统在 NC 机床的主要作用是什么？它主要由哪几部分组成？试用框图表示各部分，并简要介绍各部分的功能。

2. 简述反应式步进电动机的工作原理，并说明开环步进伺服系统是如何进行移动部件的位移量、速度和方向控制的。

3. 目前，进给伺服系统常用的驱动电动机有几种？试简述每种电动机的特点及适用范围。

4. 直流伺服电机的调速方法有哪些？说明它们的实现原理，数控直流伺服系统主要采用哪种方法？

5. 直流进给运动的 PWM 和晶闸管调速原理分别是什么？请比较它们的优缺点。

6. 交流伺服电机的调速方法有哪些？说明它们的实现原理，数控交流伺服系统主要采用哪种方法？

7. 简述 SPWM 调速的基本原理。

8. 比较分析数字脉冲比较、相位比较、幅值比较伺服系统的特点。

9. 请分析主轴直流伺服系统的调速原理。

10. 位置检测装置在 NC 机床中的作用是什么？

数控机床的机械结构与部件

工程背景

数控机床的机械结构及部件是实现数控加工的载体，数控机床在机械结构和主要部件上与普通机床存在着很大区别。深入了解这些部件的结构特点和工作原理对于掌握数控技术基本理论、编写正确的数控程序并加工出合格的工件、数控机床的日常维护和保养、机床机械故障诊断、数控机床选型乃至机床数控化改造和设计开发等工程应用和实践活动至关重要。

内容提要

本章主要介绍数控机床机械结构与主要部件的结构组成、工作原理和技术特点。主要内容包括数控机床机械结构组成和功能、数控机床主传动系统和主轴部件、进给传动系统、刀具和自动换刀系统以及数控分度和回转工作台等辅助装置。

学习方法

在学习本章内容时，应注重理论联系实际，可以先通过原理图了解各机构部件的基本组成和功能，然后再结合拆装实践，强化对本章内容的理解。

6.1 概述

数控机床是机械和电子技术相结合的产物。随着电子控制技术在机床上的普及应用，以及为了适应对机床性能和功能不断提出的技术要求，其机械结构逐步发展变化。从数控机床发展史来看，早期的数控机床主要是对普通机床的进给系统进行革新和改造。为了适应高精度和高生产率的需要，在进给驱动、主轴驱动和 CNC 系统发展的基础上，数控机床的机械结构已从初期对普通机床局部结构的改造，逐步发展形成数控机床的独特机械结构。尽管数控机床的机床本体基本构成与传统的机床十分相似，但由于数控机床在功能和性能上的要求与传统机床存在着巨大差别，因此，数控机床的机械结构有其自身的特点和要求。

1. 数控机床机械结构的主要组成

下面以立式加工中心（如图6-1所示）为例，介绍其主要组成和作用。

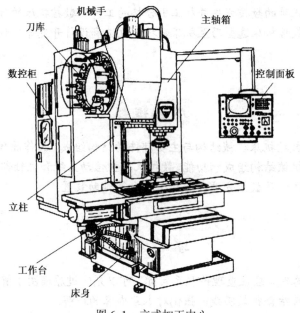

图 6-1 立式加工中心

1）基础部件

基础部件是数控机床的基础结构，由床身、立柱和工作台等组成，它们不仅要承受机床的静载荷，还要承受切削加工时产生的动载荷，所以要求数控机床的基础部件必须有足够的刚度。这些大件可以是铸铁件，也可以是焊接而成的钢结构件，它们是数控机床中体积和重量最大的部件。

2）主传动系统及主轴部件

由主轴箱、主轴电动机、主轴和主轴轴承等零件组成。主轴的启动、停止、变速等动作均由数控系统控制，并且通过装在主轴上的刀具参与切削运动，是切削加工的功率输出部件。对于加工中心，主轴是加工中心的关键部件，其结构的优劣对加工中心的性能有很大的影响，它决定着加工中心的切削性能、动态刚度和加工精度等。

3）进给传动系统

进给传动系统是将伺服电动机的旋转运动转变为执行部件的直线运动或回转运动的机电传动系统。现代数控机床的进给传动大都由高精度的伺服驱动控制系统驱动控制，它们的精度已很高。因此，进给传动系统的机械传动部分是保证进给传动系统的传动精度、灵敏度和稳定性的关键环节。

4）自动换刀系统

自动换刀系统是加工中心区别于其他数控机床的典型装置，它完成工件在一次装夹后多工序连续加工中工序与工序间的刀具自动存储、选择、搬运和交换的任务。由刀库、机械手、驱动机构等部件组成。刀库是存放加工过程所使用的全部刀具的装置。刀库有盘式、鼓式和链式等多种形式，容量从几把到几百把。当需换刀时，根据数控系统指令，由机械手（或换刀机构）将刀具从刀库取出装入主轴孔中。机械手的结构根据刀库与主轴的相对位置及结构的差异也有多种形式，如单臂式、双臂式、回转式、轨道式等。有的加工中心不用机械手而利用主轴箱或刀库的移动来实现换刀。

5）自动托盘交换系统

为了进一步实现无人化运行或进一步缩短非切削时间，有的加工中心采用多个自动交换工作台储备工件。当一个工件被安装在工作台上进行加工的同时，在另外一个或几个可交换的工作台面上还可以装卸别的工件。当完成一个托盘上工件的加工后，便自动交换托盘，进行新工件的加工，这样可以缩短辅助时间，提高加工效率。

6）其他辅助装置

其他辅助装置包括润滑、冷却、排屑、防护、液压、气动、检测系统等部分。这些装置虽然不直接参与切削运动，但对加工中心的加工效率、加工精度和可靠性起着保障作用。

2. 数控机床机械结构的主要特点

对数控机床机械结构的主要特点进行归纳，如表 6-1 所示。

表 6-1 数控机床机械结构的主要特点

特 点	说 明
支承件高刚度化	床身、立柱、导轨等采用高动静刚度及适当的阻尼比特性，能较好地支承构件
传动机构简约化	主运动系统采用主轴电动机，简化和缩短了传动结构，如果采用电主轴即可实现主轴"零传动"；进给运动系统采用交流伺服电动机和丝杠直连，取消了减速系统，如果采用直线电动机，不但可实现进给的"零传动"，而且速度高、动态性能好
传动元件精密化	采用效率、刚度和精度等各方面都较好的传动元件，如滚珠丝杠螺母副、滚动导轨、静压导轨等
辅助操作自动化	采用多主轴、多刀架结构，刀具与工件的自动夹紧装置，自动换刀装置，自动排屑装置，自动润滑冷却装置，刀具破损检测、精度检测和监控装置等。因此，改善了劳动条件，提高了生产率

3. 数控机床机械结构的基本要求

数控机床和普通机床一样具有床身、立柱、导轨、工作台、刀架等主要部件，但为了适应数控机床的高精度和高切削速度要求，这些部件必须具有高精度、高刚度、低惯量、低摩擦、高谐振频率、适当的阻尼比等特性。对数控机床机械结构的基本要求可总结为以下 3 点。

1）要提高数控机床构件的刚度

在机械加工过程中，数控机床将承受多种外力的作用，包括机床运动部件和工件的自重、切削力、加减速时的惯性力及摩擦阻力等，机床的受力部件在这些力的作用下将产生变形。这些变形都会直接或间接地影响机床的加工精度。数控机床的刚度就是机床结构抵抗这些变形的能力，是机床的基本技术性能。

根据所受载荷力的不同，机床刚度可分为静刚度和动刚度。机床的静刚度是指机床在稳定载荷（如主轴箱、拖板的自重、工件质量等）作用下抵抗变形的能力，它与机床系统构件的几何参数及材料的弹性模量有关。机床的动刚度是指机床在交变载荷（如周期变化的切削力、齿轮啮合传动的冲击力、旋转运动的动态不平衡力、间歇进给的不稳定力等）作用下防止振动的能力，它与机械系统构件的阻尼比有关。通常，为了提高机床系统的刚度，可以通过采用合理的机床结构布局、优化机床构件的截面形状和尺寸、合理选择和布置筋板、采用焊接构件及提高构件的局部刚度等方法来实现。

2）要提高数控机床结构的抗振性

提高数控机床结构的抗振性，可以减小振动对加工精度的影响。提高机床抗振性的具体措施包括采用减少机床内部振源、提高静刚度、提高阻尼比等方法。

3）要减小机床的热变形

数控机床由于各种热源散发的热量传递给机床的各个部件，引起温升，产生热膨胀，从而改变了刀具与工件的相对位置，影响了数控机床的加工精度。为了保证机床的加工精度，必须减小机床的热变形。常用的措施有控制热源和发热量、加强冷却和散热、改变机床布局和结构设计、恒温处理和热变形补偿等。

6.2 数控机床的主传动系统及主轴部件

6.2.1 主传动系统

数控机床的主传动系统包括主轴电机、传动系统和主轴组件等。主传动系统用来实现机床的主运动，它将主轴电机的原动力转变成可供主轴上刀具切削加工的切削力矩和切削速度。为适应各种不同的加工及各种不同工件的加工方法，数控机床的主传动系统应具有较大的调速范围，较高的精度与刚度，并尽可能降低噪声与热变形，从而获得最佳的生产率、加工精度和表面质量。

1. 主传动系统结构特点

1）具有较高的主轴转速、较宽的变速范围，并可实现无级变速

由于数控机床工艺范围宽、工艺能力强，为满足各种工况的切削，获得最合理的切削用量，从而保证加工精度、加工表面质量及高的生产效率，必须具有较高的转速和较宽的变速范围。特别是对于具有自动换刀装置的加工中心，为适应各种刀具、各种材料的加工，对主轴的变速范围要求更高。

2）具有较高的精度和较大的刚度

为了尽可能提高生产率和提供高效率的强力切削，在数控加工过程中，工件最好经过一次装夹就能完成全部或绝大部分切削加工，包括粗加工和精加工。在加工过程中机床是在程序控制下自动运行的，更需要主轴部件刚度和精度有较大余量，从而保证数控机床使用过程中的可靠性。

3）具有良好的抗振性和热稳定性

数控机床加工时，由于断续切削、加工余量不均匀、运动部件不平衡以及切削过程中的自激振等原因引起冲击力和交变力，会使主轴产生振动，影响加工精度和表面粗糙度，严重时甚至可能破坏刀具和主轴系统中的零部件，使其无法工作。主轴系统的发热使其中的零部件产生热变形，降低传动效率，破坏零部件之间的相对位置精度和运动精度，从而造成加工误差。因此，主轴部件要有较高的固有频率，较好的动平衡，且要保持合适的配合间隙，并需要进行循环润滑。

4）为实现刀具的快速或自动装卸，应具有专门的刀具安装结构

例如，在主轴上设计有刀具自动装卸、主轴定向停止和主轴孔内切屑清除装置。

2. 对主传动系统的性能要求

数控机床的工艺范围很宽，针对不同的机床类型和加工工艺特点，数控机床对其主传动系统提出了一些特定要求，可归纳如表 6-2 所示。

表 6-2 数控机床主传动系统的性能要点

性 能 要 点	说 明
变速范围要宽	多用途、通用性大的机床要求主轴的变速范围宽，不但有低速大转矩功能，而且还要有较高的速度；不但要求能够加工黑色金属材料，而且还要能加工铝合金等有色金属材料，这就要求变速范围宽，且能超高速切削
热变形要小	电动机、主轴及传动件都是热源。低温升、小的热变形是对主传动系统要求的重要指标
主轴的旋转精度和运动精度要高	主轴的旋转精度是指装配后，在无载荷、低速转动条件下测量主轴前端和距离前端 300 mm 处的径向圆跳动和端面圆跳动值。主轴在工作速度旋转时测量上述的两项精度称为运动精度，数控机床要求有高的旋转精度和运动精度
主轴的静刚度要高、抗振性要好	由于数控机床加工精度较高，主轴的转速也很高，因此对主轴的静刚度和抗振性要求较高。主轴的轴颈尺寸、轴承类型及配置方式、轴承预紧量大小、主轴组件的质量分布是否均匀以及主轴组件的阻尼等对主轴组件的静刚度和抗振性都会产生影响
主轴组件的耐磨性要好	主轴组件必须有足够的耐磨性，使之能够长期保持良好的精度。凡存在机械摩擦的部件，如轴承、锥孔等处都应有足够高的硬度，轴承处还应有良好的润滑

6.2.2 主轴变速方式

数控机床在实际生产中，并不需要在整个变速范围内均为恒功率。一般要求在中高速段为恒功率传动，在低速段为恒转矩传动。为了确保数控机床主轴低速时有较大的转矩和主轴的变速范围尽可能大，有的数控机床在交流或直流电动机无级变速的基础上配以齿轮变速，使之实现分段无级变速，如图 6-2(a)、(b)所示。

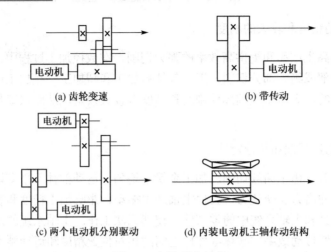

(a) 齿轮变速   (b) 带传动

(c) 两个电动机分别驱动   (d) 内装电动机主轴传动结构

图 6-2   主轴变速方式

1. 带有变速齿轮的主传动

如图 6-2(a)所示，这是大中型数控机床较常采用的变速方式，通过少数几对齿轮传动来扩大变速范围。由于电动机在额定转速以上的恒功率调速范围为 2~5，当需要扩大这个调速范围时常用变速齿轮的办法来扩大调速范围，滑移齿轮的移位大都采用液压拨叉变速机构来实现。

2. 通过带传动的主传动

如图 6-2(b)所示，这种传动主要用于转速较高、变速范围不大的机床。电动机本身的调整就能够满足要求，不用齿轮变速，可以避免由齿轮传动时所引起的振动和噪声。它适用于高速低转矩特性的主轴，常用的是同步齿形带（同步带的结构与传动如图 6-3 所示。带的工作面及带轮外圆上均制成齿形，通过带轮与轮齿相嵌合，进行无滑动的啮合传动。带内采用了加载后无弹性伸长的材料做强力层，以保持带的节距不变，可使主、从动带轮进行无相对滑动的同步传动）。

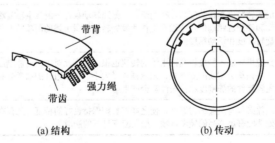

(a) 结构   (b) 传动

图 6-3   同步带的结构与传动

3. 用两个电动机分别驱动主轴

这是上述两种方式的混合传动，结合了上述两种性能特点，如图 6-2(c)所示。高速时，由一个电动机通过带传动；低速时，由另一个电动机通过齿轮传动，齿轮起到降速和扩大变速范围的作用，这样就使恒功率区增大，扩大了变速范围，避免了低速时转矩不够且电动机功率不能充分利用的问题。但两个电动机不能同时工作，会造成一定的浪费。

4．内装电动机主轴变速

这种主传动是电动机直接带动主轴旋转，如图 6-2(d)所示，大大简化了主轴箱体与主轴的结构，有效地提高了主轴部件的刚度，但主轴输出转矩小，电动机发热对主轴的精度影响较大。

近年来，出现了一种新式的内装电动机主轴，即主轴与电动机转子合为一体。其优点是主轴组件结构紧凑，质量小，惯量小，可提高启动、停止的响应特性，并利于控制振动和噪声。其缺点是电动机运转产生的热量易使主轴产生热变形。因此，温度控制和冷却是使用内装电动机主轴的关键问题。

【工程实例 6-1】 **日本研制的 ESA63V 型主轴组件**

图6-4所示的是 ESA63V 型主轴组件外观和结构原理图，主轴电动机选用 FANUC 公司的内装式电动机的定转子与定向装置，使主轴出力均匀，噪声低。主轴轴承选用超高速陶瓷轴承，轴承材料红硬性较高，保证主轴在很高速度下正常工作。采用超高精度磨削技术，主轴零件精度极高，整个主轴单元采用对称结构，回转部件动平衡等级为 G 0.4，确保主轴高速运行振动小，整体动态性能好。采用恒温油循环冷却结构，热变形小。其内装电动机主轴最大输出扭矩为 118 N·m，最高转数可达 20 000 r/min，恒功率转速达 8000 r/min，主轴端径向跳动误差小于 0.004 mm。

 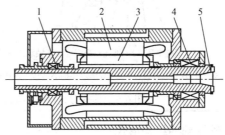

1—前轴承；2—电动机定子；3—电动机转子；4—后轴承；5—主轴

图 6-4　内装电动机主轴

6.2.3　数控机床的主轴部件

1．主轴箱的结构

数控机床的主轴部件包括主轴、主轴的支承轴承和安装在主轴上的传动零件等。要求主轴部件具有良好的回转精度、结构刚度、抗振性、热稳定性、耐磨性和精度的保持性。对于具有自动换刀装置的加工中心，为了实现刀具在主轴上的自动装卸和夹紧，还必须有刀具的自动夹紧装置、主轴准停装置等。

机床主轴的端部一般用于安装刀具或夹持工件的夹具。在结构上，应能保证定位准确、安装可靠、连接牢固、装卸方便，并能传递足够的扭矩。目前，主轴端部的结构形状都已标准化，而且主轴一般由专业厂生产。

【工程实例 6-2】 **国产某型数控镗铣床的主轴部件**

如图 6-5 所示，主轴前端的 7∶24 锥孔用于装夹锥柄刀具或刀杆。主轴的端面键用于传递切削扭矩，也可用于刀具的周向定位。主轴的前支承由锥孔双列圆柱滚子轴承 2 和双向向心球轴承 3 组成，可以修磨前端的调整半环 1 和轴承 3 的中间调整环 4 进行预紧。后支承采用两个向心推力球轴承 8，可以修磨中间调整环 9 实现预紧。

在自动交换刀具时要求能自动松开和夹紧刀具。图6-5为刀具的夹紧状态，碟形弹簧11通过拉杆7、双瓣卡爪5，在套筒14的作用下，将刀柄的尾端拉紧。当换刀时，要求松开刀柄，此时，在主轴上端油缸10的右腔 A 通入压力油，活塞12的端部推动拉杆7向左移动，同时压缩碟形弹簧11，当拉杆7左移到使双瓣卡爪5的左端移出套筒14时，在弹簧6的作用下，卡爪张开，喷气头13将刀柄顶松，刀具即可由机械手拔出。待机械手将新刀装入后，液压缸10的左腔 B 通入压力油，活塞12向右移，碟形弹簧11伸长将拉杆7和双瓣卡爪5拉着向右，双瓣卡爪5重新进入套筒14，将刀柄拉紧。活塞12移动的两个极限位置处都有相应的行程开关（LS_1、LS_2），以提供刀具松开和夹紧的状态信号。

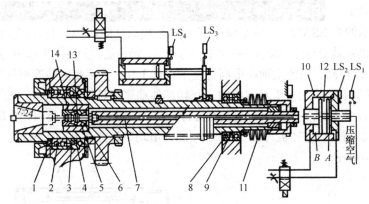

1—调整半环；2—锥孔双列圆柱滚子轴承；3—双向向心球轴承；4、9—调整环；5—双瓣卡爪；

6—弹簧；7—拉杆；8—向心推力球轴承；10—液压缸；11—碟形弹簧；12—活塞；13—喷气头；14—套筒

图 6-5　具有刀具自动加紧功能的数控镗铣床主轴部件

2．主轴端部的结构形式

主轴端部用于安装刀具或夹持工件的夹具，在设计要求上，应能保证定位准确、安装可靠、连接牢固、装卸方便，并能传递足够的转矩。主轴端部的结构形状都已标准化，图6-6所示的是普通机床和数控机床所通用的几种结构形式。

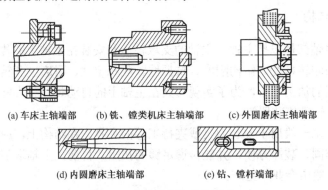

(a) 车床主轴端部　　(b) 铣、镗类机床主轴端部　　(c) 外圆磨床主轴端部

(d) 内圆磨床主轴端部　　(e) 钻、镗杆端部

图 6-6　主轴端部的结构形式

图6-6(a)为车床主轴端部、卡盘靠前端的短圆锥面和凸缘端面定位，用拨销传递转矩。卡盘装有固定螺栓。当卡盘装于主轴端部时，螺栓从凸缘上的孔中穿过，转动快卸卡板将数个螺栓同时栓住，再拧紧螺母将卡盘固定在主轴端部。主轴为空心，前端有莫氏锥度孔，用以安装顶尖或芯轴。

图6-6(b)为铣、镗类机床的主轴端部，铣刀或刀杆在前端 7∶24 的锥孔内定位。由于不能自锁，因此要用拉杆从主轴后端拉紧，而且由前端的端面键传递转矩。

图6-6(c)为外圆磨床砂轮主轴的端部；图6-6(d)为内圆磨床砂轮主轴的端部；图6-6(e)为钻床与普通镗杆端部。刀杆或刀具由莫氏锥孔定位，用锥孔后端第一个扁孔传递转矩，第二个扁孔用以拆卸刀具，但在数控镗床上要使用图6-6(b)的形式。图中7∶24的锥孔没有自锁作用，以便于自动换刀时拔出刀具。

3．主轴部件的支承方式

机床主轴带着刀具或夹具在支承中进行回转运动，应能传递切削转矩承受切削抗力，并保证必要的旋转精度。机床主轴多采用滚动轴承作为支承，对于精度要求高的主轴则采用动压或静压滑动轴承作为支承。下面着重介绍主轴部件所用的滚动轴承。

1）主轴部件常用滚动轴承的类型

表 6-3 中列出了主轴常用的几种滚动轴承。

表 6-3　数控机床主轴常用滚动轴承类型

类　型	简　图	说　明
锥孔双列圆柱滚子轴承	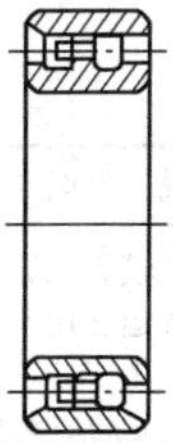	内圈为 1∶12 的锥孔，当内圈沿锥形轴颈轴向移动时，内圈胀大以调整滚道的间隙。滚子数目多，两列滚子交错排列，因而承载能力大，刚性好，允许转速高。它的内外圈均较薄，因此，要求主轴轴颈与箱体孔均有较高的制造精度，以免轴颈与箱体孔的形状误差使轴承滚道发生畸变而影响主轴的旋转精度。该轴承只能承受径向载荷
双列推力角接触球轴承	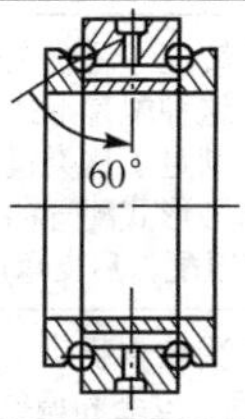	接触角为 60º，球径小，数目多，能承受双向轴向载荷。磨薄中间隔套，可以调整间隙或预紧，轴向刚度较高，允许转速高。该轴承一般与双列圆柱滚子轴承配套用做主轴的前支承，并将其外圈外径做成负偏差，保证只承受轴向载荷
双列圆锥滚子轴承	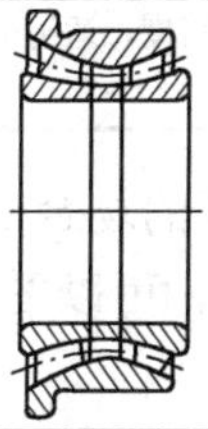	有一个公用外圈和两个内圈，由外圈的凸肩在箱体上轴向定位，箱体孔可以镗成通孔。磨薄中间隔套可以调整间隙或预紧，两列滚子的数目相差一个，能使振动频率不一致，明显改善了轴承的动态性，这种轴承能同时承受径向和轴向载荷，通常用做主轴的前支承
带凸肩的双列圆柱滚子轴承	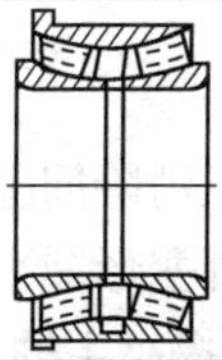	可用做主轴前支承；滚子做成空心的，保持架为整体结构，充满滚子之间的间隙，润滑油由空心滚子端面游向挡边摩擦处，可有效地进行润滑和冷却。空心滚子承受冲击载荷时可产生微小变形，能增大接触面积并有吸振和缓冲作用
带预紧弹簧的圆锥滚子轴承	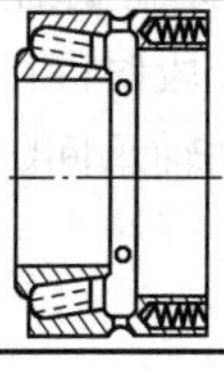	弹簧数目为 16～20 根，均匀增减弹簧可以改变预加载荷的大小

机床主轴带着刀具或夹具在支承件中作回转运动，需要传递切削扭矩，承受切削抗力，并保证必要的旋转精度。数控机床主轴支承根据主轴部件的转速、承载能力及回转精度等要求的不同而采用不同种类的轴承。一般中小型数控机床（如车床、铣床、加工中心、磨床）的主轴部件多数采用滚动轴承；重型数控机床采用液体静压轴承；高精度数控机床（如坐标磨床）采用气体静压轴承；超高转速（20 000～100 000 r/min）的主轴可采用磁悬浮轴承或陶瓷滚珠轴承。

2）滚动轴承的精度

主轴部件所用滚动轴承的精度有高级 E、精密级 D、特精级 C 和超精级 B。前支承的精度一般比后支承的精度高一级，也可以用相同的精度等级。普通精度的机床通常前支承用 C、D 级，后支承用 D、E 级。特高精度的机床前后支承均用 B 级精度。

3）主轴滚动轴承的配置

在实际应用中，数控机床主轴轴承常见的配置有三种形式，如表 6-4 所示。为提高主轴组件刚度，数控机床还常采用三支承主轴组件。尤其是前后轴承间跨距较大的数控机床，采用辅助支承可以有效地减小主轴弯曲变形，辅助支承常采用深沟球轴承。

表 6-4 数控机床主轴轴承的配置形式

配 置 方 式	简 图	说 明
前支承采用双列圆柱滚子轴承和双列 60° 角接触球轴承组合，后支承采用成对角接触球轴承		该配置形式能使主轴获得较大的径向和轴向刚度，可以满足机床强力切削的要求，普遍应用于各类数控机床的主轴，如数控车床、数控铣床、加工中心等。这种配置的后支承也可用圆柱滚子轴承，进一步提高后支承径向刚度
前后支承均采用高精度双列角接触球轴承		这种配置提高了主轴的转速，适合主轴要求在较高转速下工作的数控机床。目前，这种配置形式在立式、卧式加工中心机床上得到广泛应用，满足了这类机床转速范围大、最高转速高的要求。为提高这种形式配置的主轴刚度，前支承可以用四个或更多个轴承相组配，后支承用两个轴承相组配
前后支承采用双列和单列圆锥轴承		该配置形式能使主轴承受较重载荷（尤其是承受较强的动载荷），径向和轴向刚度高，安装和调整性好。但这种配置相对限制了主轴最高转速和精度，适用于中等精度、低速与重载的数控机床主轴

液体静压轴承和动压轴承主要应用在主轴高转速、高回转精度的场合，如应用于精密、超精密数控机床的主轴，数控磨床主轴。对于要求更高转速的主轴，可以采用空气静压轴承，这种轴承可达每分钟几万转的转速，并有非常高的回转精度。

4）主轴滚动轴承的预紧

所谓轴承预紧，就是使轴承滚道预先承受一定的载荷，不仅能消除间隙而且还可使滚动体与滚道之间发生一定的变形，从而使接触面积增大，轴承受力时变形减小，抵抗变形的能力增大。因此，对主轴滚动轴承进行预紧和合理选择预紧量，可以提高主轴部件的旋转精度、刚度和抗振性。机床主轴部件在装配时要对轴承进行预紧。使用一段时间以后，间隙或过盈有了变化，还得重新调整，所以要求预紧结构便于进行调整。滚动轴承间隙的调整或预紧，通常是使轴承内外圈相对轴向移动来实现的。

4．主轴的润滑和密封

1）主轴润滑

为了保证主轴有良好的润滑，减小摩擦发热，同时又能把主轴部件的热量带走，通常采用循环式润滑系统。为了适应主轴转速向更高速化发展的需要，新的润滑冷却方式相继开发出来。这些新的润滑冷却方式不仅要降低轴承温升，还要减小轴承内外圈的温差，以保证主轴的热变形小。

① 油雾润滑方式。利用经过净化处理的高压气体将润滑油雾化后，并经管道喷送到需润滑的部位。该方式由于雾状油液吸热性好，又无油液搅拌作用，所以能以较少油量获得较充分的润滑，常用于高速主轴的润滑。缺点是油雾容易被吹出，污染环境。

② 喷注润滑方式。如图6-7所示，它用较大流量的恒温油（每个轴承 3～4 L/min）喷注到主轴轴承上，以达到润滑、冷却的目的。这里需特别指出的是，较大流量喷注的油，不是自然回流，而是用排油泵强制排油，同时，采用专用高精度大容量恒温油箱，将油温变动控制在 ±0.5℃ 范围内。

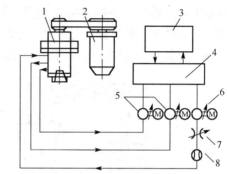

1—主轴系统；2—主轴电机；3—油温自动控制箱；4—油箱；

5—排油液压泵；6—给油液压泵；7—流量阀；8—流量计

图 6-7　喷注润滑方式

③ 油气润滑方式。这种润滑方式近似于油雾润滑方式，是连续供给油雾。所不同的是，油气润滑是定时定量地把油雾送进轴承空隙中，这样既实现了油雾润滑，又不至于因油雾太多而污染周围的空气。

2）密封

在密封件中，被密封的介质往往是以穿漏、渗透或扩散的形式越界泄漏到密封连接处的两侧。造成泄漏的基本原因是流体从密封面上的间隙中溢出，或是由于密封件内外两侧密封介质的压力差或浓度差，致使流体向压力低或浓度低的一侧流动。主轴的密封有接触式和非接触式，接触式密封主要有油毡圈和耐油橡胶密封圈密封；非接触式可利用轴承盖与轴的间隙密封，也可通过在螺母的外圆上开锯齿形环槽，当油向外流时，利用主轴转动离心力把油沿斜面甩回端盖空腔，流回油箱。

6.2.4　主轴的准停装置与 C 轴单元

1．主轴的准停装置

数控机床为了完成 ATC（刀具自动交换）的动作过程，必须设置主轴准停装置。由于刀具装在主轴上，切削时切削转矩不可能仅靠锥孔的摩擦力来传递，因此在主轴前端设置一个凸键，当刀具装入主轴时，刀柄上的键槽必须与凸键对准，才能顺利换刀。为此，主轴必须准确停在某固定的角度上。由此可知，主轴准停是实现 ATC 过程的重要环节。当主轴停止时，每次机械手自动装取刀具，必须保证刀柄上的键槽对准主轴的端面键，为了满足主轴这一功能而设计的装置称为主轴准停装置。

通常主轴准停装置分为机械控制式与电气控制式两种。机械控制式采用机械凸轮机构或光电盘方式进行粗定位，然后由一个液动或气动的定位销插入主轴上的销孔或销槽实现精确定位，完成换刀后定位销退出主轴才开始旋转。采用这种传统方法定位，结构复杂，在早期数控机床上使用较多。目前，大多数数控机床采用电气控制式定位。电气准停有三种方式，即磁传感器型、编码器型和数控系统控制完成的主轴准停。

【工程实例6-3】 国产某类电气式主轴准停装置

如图6-8所示，在传动主轴的带轮1的端面上安装一个厚垫片4，其上装有一个很小的磁体3，随主轴一起旋转。在主轴箱的准停位置上装有磁力传感器2。当发出准停指令后，主轴进入慢速状态，当磁体3与传感器2对准时，磁力传感器发出准停信号，该信号经过放大控制电动机准停在规定位置上。这种方法结构简单，准停可靠，动作迅速稳定，所以被广泛使用。

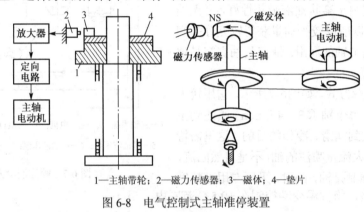

1—主轴带轮；2—磁力传感器；3—磁体；4—垫片

图6-8 电气控制式主轴准停装置

2. C 轴单元

车削中心的 C 轴单元与数控车床的主传动系统基本相同，只是增加了主轴的 C 轴坐标功能，以实现主轴的定向停车和圆周进给，并在数控装置控制下实现 C 轴、Z 轴联动插补，或 C 轴、X 轴联动插补，以进行圆柱面上或端面上任意部位的钻削、铣削、攻螺纹及曲面铣加工，图6-9 为 C 轴功能的示意图。图6-9(a)让 C 轴分度定位（主轴不转动）在圆柱面或端面上铣直槽；图6-9(b)让 C 轴、Z 轴实现插补进给，在圆柱面上铣螺旋槽；图6-9(c)让 C 轴、X 轴实现插补进给在端面上铣螺旋槽；图6-9(d)让 C 轴、X 轴实现插补进给在圆柱面或端面上铣直线和平面。

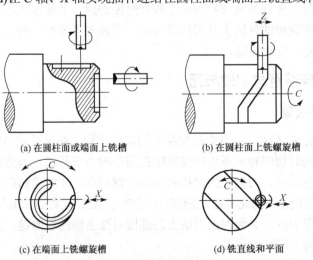

(a) 在圆柱面或端面上铣槽   (b) 在圆柱面上铣螺旋槽

(c) 在端面上铣螺旋槽   (d) 铣直线和平面

图6-9 C 轴的功能简图

6.2.5　高速电主轴

1.　高速电主轴的结构

自 20 世纪 80 年代以来，数控机床及加工中心的主轴向高速化发展。高速数控机床主传动的机械结构已得到极大的简化，取消了带传动和齿轮传动，机床主轴由内装式电动机直接驱动，从而把机床主传动链的长度缩短为零，实现了机床主运动的"零传动"，这种结构称为电主轴。它具有结构紧凑、机械效率高、可获得极高的回转速度、振动小等优点，因而在现代数控机床中获得了越来越广泛的应用。在国外，电主轴已成为一种机电一体化的高科技产品。中等规格的加工中心的主轴转速已普遍达到 10 000 r/min，甚至更高。美国福特汽车公司推出的 HVM 800 卧式加工中心电主轴单元采用液体动静压轴承，最高转速为 150 000 r/min；德国 GMN 公司的磁悬浮轴承电主轴单元的转速高达 100 000 r/min 以上。现在国内 10 000 ～150 000 r/min 的立式加工中心和 180 000 r/min 的卧式加工中心已开发成功并投放市场，生产的高速数字化仿形铣床最高转速达到了 40 000 r/min。

【工程实例 6-4】　**某国产电主轴**

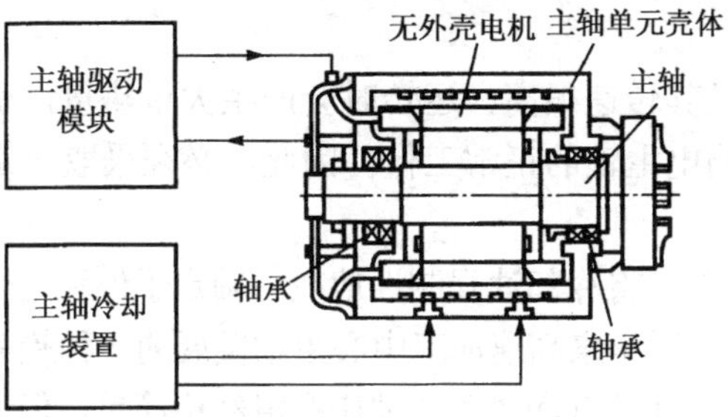

图 6-10　电主轴的结构

如图 6-10 所示，该电主轴由无外壳电动机、主轴、轴承、主轴单元壳体、驱动模块和冷却装置等组成。主轴由前后两套滚珠轴承来支承，电动机的转子用压配合的方法安装在机床主轴上，处于前后轴承之间，由压配合产生的摩擦力来实现大转矩的传递。电动机的定子通过冷却套安装于主轴单元的壳体中。这样，电动机的转子就是机床的主轴，电主轴的箱体就是电动机座，成为机电一体化的一种新型主轴系统。主轴的变速由主轴驱动模块控制，在主轴的后端装有测速、测角位移传感器，前端的内锥孔和端面用于安装刀具。

2.　高速电主轴的轴承

轴承是决定主轴寿命和承载能力的关键部件，其性能对电主轴的使用功能极为重要。目前，电主轴采用的轴承主要有陶瓷轴承和磁悬浮轴承。陶瓷球轴承已在加工中心机床上得到广泛应用，其轴承的滚动体是用陶瓷材料制成的，而内外圈仍用轴承钢制造。陶瓷材料为氮化硅，其优点是重量轻，热膨胀率低，弹性模量大。采用陶瓷滚动体，可大大减小轴承离心力和惯性滑移，有利于提高主轴转速。

磁悬浮轴承又称为磁力轴承。它依靠多幅在圆周上互为 180° 的电磁铁（磁极）产生径向方向相反的吸力（或斥力），将主轴悬浮在空气中。轴颈与轴承不接触，径向间隙为 1 mm 左右。当承受载荷后，主轴的空间位置发生微弱变化，由位置传感器测出其变化值，通过电子自动控制与反馈装置，改变相应磁极的吸力（或斥力）值，使其迅速恢复到原来的位置，使主轴始终绕其惯性轴作高速回转。故这种轴承又称为主动控制磁力轴承，其工作原理如图 6-11 所示。由于不存在机械接触，转轴可达到极高的转速。它具有机械磨损小、能耗低、噪声小、寿命长、无须润滑、无油污染等优点，而且磁悬浮轴承还是可控轴承，转子位置能够自律，主轴刚度和阻尼可调，这对于机械加工是十分有利的。

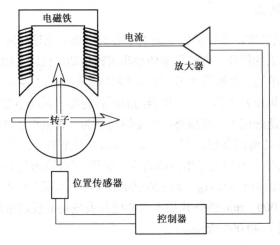

图 6-11 磁悬浮轴承工作原理

3. 高速电主轴的冷却润滑

由于电主轴将电动机集成于主轴单元中，且其转速很高，运转时会产生大量热量，引起电主轴温升，使电主轴的热特性变差，从而影响电主轴的正常工作。因此，必须采取一定措施控制电主轴的温度，使其恒定在一定值内。

一般采取强制循环冷却方式，即利用油冷却装置将冷却油强制性地在主轴定子外和主轴轴承外循环，带走主轴高速旋转产生的热量。这也是近年来高速加工中心主轴发展的一种趋势。

电主轴的润滑方式主要有油脂润滑、油雾润滑和油气润滑等。油脂润滑结构简单，但达不到很高的转速；油雾润滑效果较好，目前应用也最为广泛，它可以适应较高的转速，但它对环境有一定的影响；油气润滑效果最好，可适应更高的转速，对环境无污染，但油气润滑装置价格较高。此外，还有突入滚道式润滑方式。油雾、油气润滑采用的油品一般为32号汽轮机油。

4. 高速电主轴的驱动

当前，电主轴的电动机均采用交流异步感应电动机，由于是用在高速加工机床上，启动时要从静止迅速升至每分钟数转乃至数十万转，启动转矩大，因而启动电流要超出普通电动机额定电流5～7倍。其驱动方式有变频器驱动和矢量控制驱动器驱动两种。变频器的驱动控制特性为恒转矩驱动，输出功率与转矩成正比。最新的变频器采用先进的晶体管技术，可实现主轴的无级变速。矢量控制驱动器的驱动控制为在低速端为恒转矩驱动，在中高速端为恒功率驱动。

6.3 数控机床的进给运动系统

数控机床进给系统的机电部件主要有伺服电动机及检测元件、联轴节、减速机构（齿轮副和带轮）、滚珠丝杠螺母副（或齿轮齿条副）、丝杠轴承、运动部件（工作台、主轴箱、滑座、横梁和立柱等）。由于滚珠丝杠、伺服电动机及其控制单元性能的提高，很多数控机床的进给系统中已去掉减速机构而直接用伺服电动机与滚珠丝杠连接，因而整个系统结构简单，减少了产生误差的环节。同时，由于转动惯量减小，使伺服特性也有改善。在整个进给系统中，除了上述部件外，还有一个重要的环节就是导轨。虽然从表面上看导轨似乎与进给系统不十分密切，实际上运动摩擦力及负载这两个参数在进给系统中占有重要地位。因此，导轨的性能对进给系统的影响是不容忽视的。

6.3.1　对进给系统的性能要求

为了确保数控机床进给系统的传动精度和工作平稳性等，数控机床进给系统必须满足以下 5 点要求。

1）减小摩擦阻力

进给传动系统要求运动平稳、定位准确、快速响应特性好，必须减小运动件的摩擦阻力和动静摩擦系数之差。所以，导轨必须采用具有较小摩擦系数和高耐磨性的滚动导轨、静压导轨或滑动导轨等。此外，进给系统还普遍采用了滚珠丝杠螺母副。

2）减小各运动部件的惯量

进给传动系统由于经常需要启动、停止、变速或反向运动，若机械传动装置惯量大，就会增大负载并使系统动态性能变差。因此，在满足强度与刚度的前提下，应尽可能减小运动部件的自重及各传动零件的直径和自重。

3）提高传动精度与定位精度

提高传动精度与定位精度，主要是提高进给系统中传动零件的精度和支承刚度。首先要保证各个工件的加工精度，尤其是提高滚珠丝杠螺母副（或直线进给系统）、蜗杆副（或圆周进给系统）的传动精度。另外，通过在进给传动链中加入减速齿轮传动副，对滚珠丝杠和轴承进行预紧，消除齿轮、蜗杆等传动件的间隙等措施来提高进给精度和刚度。

4）提高响应速度

所谓快速响应特性是指进给系统对指令输入信号的响应速度及瞬态过程结束的迅速程度，即跟踪指令信号的响应要快；定位速度和轮廓切削进给速度要满足要求；工作台应能在规定的速度范围内灵敏而精确地跟踪指令，进行单步或连续移动，在运行时不出现丢步或越步现象。进给系统响应速度的大小不仅影响机床的加工效率，而且影响加工精度。可以通过使机床工作台及其传动机构的刚度、间隙、摩擦和转动惯量尽可能达到最佳值，来提高伺服进给系统的快速响应性。

5）方便使用维护

数控机床属高精度自动控制机床，主要用于单件、中小批量、高精度及复杂的生产加工。机床的开机率相应较高，因而进给系统的结构设计应便于维护和保养，最大限度地减小维修工作量，以提高机床的利用率。

6.3.2　滚珠丝杠螺母副

目前，广泛应用的进给运动的传动方式主要有两种：一种是回转伺服电机通过滚珠丝杠螺母副的间接传动的进给运动方式，另一种是采用直线电动机直接驱动的进给运动方式。后者多用于高速加工中。滚珠丝杠螺母副（简称滚珠丝杠副）是一种在丝杠与螺母间装有滚珠作为中间传动元件的丝杠副，是直线运动与回转运动能相互转换的传动装置。当丝杠旋转时，滚珠在滚道内既自转又沿滚道循环转动，因而迫使螺母（或丝杠）轴向移动。与传统丝杠相比，滚珠丝杠副具有高传动精度、高效率、高刚度、可预紧、运动平稳、寿命长、低噪声等优点，具体介绍如下。

1. 工作原理和特点

滚珠丝杠副是一种在丝杠与螺母间装有滚珠作为中间元件的丝杠副，其结构原理如图6-12所示。在丝杠1和螺母2上都有半圆弧形的螺旋槽，当它们套装在一起时便形成了滚珠的螺旋滚道。螺母上有滚珠回路管道4，将几圈螺旋滚道的两端连接起来，构成封闭的循环滚道，并在滚道内装满滚珠3。当丝杠旋转时，滚珠在滚道内既自转又沿滚道循环转动，因而迫使螺母（或丝杠）轴向移动。

1）滚珠丝杠副的特点

① 传动效率高，摩擦损失小。滚珠丝杠副的传动效率 $\eta = 0.92 \sim 0.96$，是普通丝杠螺母副的3～4倍。功率消耗只相当于普通丝杠螺母副的1/4～1/3。

② 定位精度高，刚度好。给予适当预紧，可消除丝杠和螺母的螺纹间隙，反向时就可以消除空程死区。

③ 运动平稳，无爬行现象，传动精度高。

④ 有可逆性，可以从旋转运动转换为直线运动，也可以从直线运动转换为旋转运动，即丝杠和螺母都可以作为主动件。

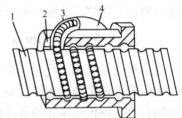

1—丝杠；2—螺母；3—滚珠；4—回路管道

图 6-12　滚珠丝杠副的结构组成

⑤ 磨损小，使用寿命长。

⑥ 制造工艺复杂。滚珠丝杠和螺母等元件的加工精度要求高，表面粗糙度也要求高，故制造成本高。

⑦ 不能自锁。特别是对于垂直丝杠，由于自重惯性力的作用，下降时当传动切断后，不能立即停止运动，故常需要附加制动装置。

2）滚珠丝杠副的循环方式

常用的循环方式有两种：外循环和内循环。滚珠在循环过程中有时与丝杠脱离接触的称为外循环；始终与丝杠保持接触的称为内循环。滚珠每一个循环闭路称为列，每个滚珠循环闭路内所含导程数称为圈数。内循环滚珠丝杠副的每个螺母有2列、3列、4列、5列等几种，每列只有一圈；外循环每列有1.5圈、2.5圈和3.5圈等几种。

（1）外循环

外循环是滚珠在循环过程结束后通过螺母外表面的螺旋槽或插管返回丝杠螺母间重新进入循环。如图6-13所示，外循环滚珠丝杠副按滚珠循环时的返回方式主要有端盖式、插管式和螺旋槽式等。

图6-13(a)所示是端盖式，在螺母上加工一个切向孔，作为滚珠的返回通道。螺母两端的盖板上开有滚珠的回程口，滚珠由此进入回程管，形成循环。

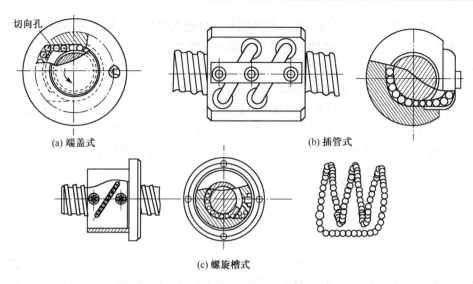

图 6-13　外循环滚珠丝杠螺母副

图 6-13(b)所示为插管式，它用弯管作为返回管道。这种结构工艺性好，但由于管道凸出于螺母体外，径向尺寸较大。

图 6-13(c)所示为螺旋槽式，它是在螺母外圆上铣出螺旋槽，槽的两端钻出通孔并与螺纹滚道相切，形成返回通道。这种结构比插管式结构径向尺寸小，但制造较复杂。

外循环滚珠丝杠外循环结构和制造工艺简单，使用较广泛。其缺点是滚道接缝处很难做得很平滑，影响滚珠滚道的平稳性，甚至会发生卡珠现象，噪声也较大。

（2）内循环

如图 6-14 所示为内循环滚珠丝杠副。内循环均采用反向器实现滚珠循环，反向器有两种类型。

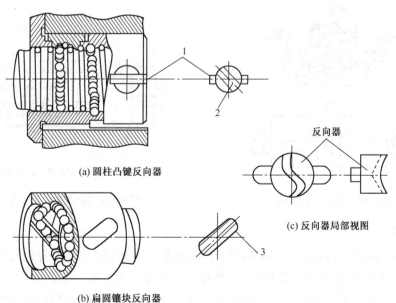

(a) 圆柱凸键反向器

(b) 扁圆镶块反向器

(c) 反向器局部视图

1—凸键；2、3—反向槽

图 6-14　内循环滚珠丝杠副

图 6-14(a)所示为圆柱凸键反向器，它的圆柱部分嵌入螺母内，端部开有反向槽 2。反向槽靠圆柱外圆面及其上端的圆凸键 1 定位，以保证对准螺纹滚道方向。

图 6-14(b)所示为扁圆镶块反向器，反向器为一般圆头平键形镶块，镶块嵌入螺母的切槽中，其端部开有反向槽 3，用镶块的外轮廓定位。两种反向器比较，后者尺寸较小，从而减小了螺母的径向尺寸及轴向尺寸。但这种反向器的外轮廓和螺母上的切槽尺寸精度要求较高。

内循环滚珠丝杠副的优点是径向尺寸紧凑，刚性好，因其返回通道较短，故摩擦损失小。适用于高灵敏、高精度传动，不宜用于重载传动。其缺点是反向器加工困难。

2．滚珠丝杠间隙的调整与预紧措施

常用的双螺母丝杠消除间隙方法如下。

1）垫片调隙式

如图6-15 所示，调整垫片厚度使左右两螺母产生方向相反位移，使两个螺母中的滚珠分别贴紧在螺旋滚道的两个相反的侧面上，即可消除间隙和产生预紧力。这种方法结构简单，刚性好，但调整不便，滚道有磨损时不能随时消除间隙和进行预紧。

2）螺纹调隙式

如图6-16 所示，右螺母 4 外端有凸缘，而左螺母 1 左端是螺纹结构，用两个圆螺母 2、3 把垫片压在螺母座上，左右螺母和螺母座上加工有键槽，采用平键连接，使螺母在螺母座内可以轴向滑移而不能相对转动。调整时，只要拧紧圆螺母 3 使左螺母 1 向左滑动，就可以改变两螺母的间距，即可消除间隙并产生预紧力。螺母 2 是锁紧螺母，调整完毕后，将螺母 2 和螺母 3 并紧，可以防止在工作中螺母松动。这种调整方法具有结构简单、工作可靠、调整方便的优点，但调整预紧量不能控制。

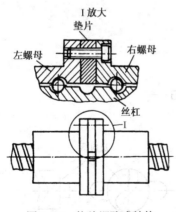

图 6-15　垫片调隙式结构

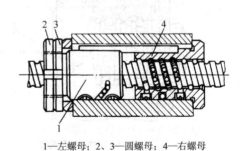

1—左螺母；2、3—圆螺母；4—右螺母

图 6-16　螺纹调隙式结构

3）齿差调隙式

如图6-17 所示，在左右两个螺母的凸缘上各加工有圆柱外齿轮，分别与左右内齿圈相啮合，内齿圈紧固在螺母座左右端面上，所以左右螺母不能转动。两螺母凸缘齿轮的齿数不相等，相差一个齿。调整时，先取下内齿圈，让两个螺母相对于螺母座同方向都转动一个齿，然后再插入内齿圈并紧固在螺母座上，则两个螺母便产生相对角位移，使两螺母轴向间距改变，实现消除间隙和预紧。设两凸缘齿轮的齿数分别为 Z_1 和 Z_2，滚珠丝杠的导程为 t，两个

螺母相对于螺母座同方向转动一个齿后，其轴向位移量 $S = (1/Z_1 - 1/Z_2)t$。例如，$Z_1 = 81$，$Z_2 = 80$，滚珠丝杠的导程为 $L = 6$ mm 时，则 $S = 6/6480 \approx 0.001$ mm。这种调整方法能精确调整预紧量，调整方便、可靠，但结构尺寸较大，多用于高精度的传动。

4）单螺母变位螺距方式

如图6-18 所示，它是在滚珠螺母体内的两列循环滚珠链之间使内螺纹滚道在轴向产生一个 ΔL 的导程变量，从而使两列滚珠在轴向错位实现预紧。这种调隙方法结构简单，但导程变量必须预先设定且不能改变。

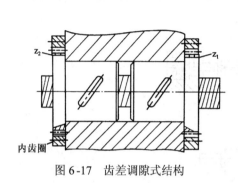

图 6-17　齿差调隙式结构　　　　　　　　图 6-18　单螺母变位螺距方式

3．滚珠丝杠的支承与制动

以下介绍滚珠丝杠的支承与制动方式。

1）支承方式

合理的支承结构及正确的安装方式对于提高传动刚度很重要。滚珠丝杠主要承受轴向载荷，径向载荷主要是卧式丝杠的自重，因此滚珠丝杠的轴向精度和刚度要求较高。其支承结构形式归纳在表 6-5 中。

表 6-5　滚珠丝杠副的支承结构形式

支承方式	简　图	说　明
一端固定、一端自由		固定端采用两个向心推力球轴承使支承在径向和轴向均有限制。向心推力球轴承采用 60°的大接触角，以增大轴承载荷能力。当轴向负荷较大时，可采用推力轴承。这种安装方式结构简单，但轴向刚度较小，只适用于丝杠较短的场合及垂直安装的滚珠丝杠
两端简支		两端安装的轴承均为向心球轴承。这种安装方式轴向刚度小，只适用于对刚度和位移精度要求不高的场合。同时，对丝杠的热变形较为敏感
一端固定、一端简支		一端装两个向心推力球轴承固定，另一端装向心球轴承支承。这种结构略为复杂，但轴向刚度大，适用于对刚度和位移精度要求较高的场合
两端固定		两端均安装两个向心推力球轴承固定，并经调整预紧，因而轴向刚度很大。丝杠热变形可转化为轴承的预紧力。适用于对刚度和位移精度要求高的场合

2）制动方式

由于滚珠丝杠副的传动效率高，无自锁作用（特别是滚珠丝杠处于垂直传动时），为防止因自重而下降，故必须装有制动装置。

【工程实例6-5】 ██ 国产某型数控卧式镗床主轴箱进给丝杠副制动装置 ██

如图6-19所示，当机床工作时，电磁铁通电，使摩擦离合器脱开。运动由步进电动机经减速齿轮传给丝杠，使主轴箱上下移动。当加工完毕或中间停车时，步进电动机和电磁铁同时断电，借压力弹簧作用合上摩擦离合器，使丝杠不能转动，主轴箱便不会下落。

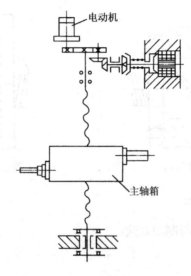

图6-19　数控卧式镗床主轴箱进给丝杠副制动装置

4．滚珠丝杠的选用

1）滚珠丝杠副结构的选择

根据防尘防护条件和对调隙及预紧的要求，可选择适当的结构形式。

【经验总结6-1】 滚珠丝杠副结构的选择

（1）当允许有间隙存在时（如垂直运动），可选用具有单圆弧形螺纹滚道的单螺母滚珠丝杠副；

（2）当必须有预紧和在使用过程中因磨损而需要定期调整时，应采用双螺母螺纹预紧或齿差预紧式结构；

（3）当具备良好的防尘条件，且只需在装配时调整间隙及预紧力时，可采用结构简单的双螺母垫片调整预紧式结构。

2）滚珠丝杠副结构尺寸的选择

选用滚珠丝杆副时，通常主要选择丝杠的公称直径和基本导程。公称直径应根据轴向最大载荷按滚珠丝杠副尺寸系列选择。螺纹长度在允许的情况下要尽量短。基本导程（或螺距）应按承载能力、传动精度及传动速度选取。基本导程大，承载能力也大；基本导程小，传动精度较高。当要求传动速度快时，可选用大导程滚珠丝杠副。

【经验总结 6-2】　滚珠丝杠副的选择步骤

在选用滚珠丝杠副时，必须知道实际的工作条件，应知道最大的工作载荷（或平均工作载荷）、最大载荷作用下的使用寿命、丝杠的工作长度（或螺母的有效行程）、丝杠的转速（或平均转速）、滚道的硬度及丝杠的工况，然后按下列步骤进行选择。

步骤一： 依据承载能力、精度要求、传动效率和寿命要求初步确定滚珠丝杠副的公称直径 d_0 和导程 l_0。

步骤二： 校核最大动载荷。对于静态或低速运转的滚珠丝杠，还要考虑最大静载荷是否已超过了滚珠丝杠的工作载荷。

步骤三： 刚度的验算。轴向变形会影响进给系统的定位精度及运动的平稳性，因此要确保刚度满足要求。

步骤四： 压杆稳定性核算。对已选定尺寸的丝杠，在给定的支承条件下，当承受最大的轴向负载时，应验算其有无产生纵向弯曲（失稳）的危险。

6.3.3　消除间隙的齿轮传动机构

数控机床在加工过程中，经常会变换移动方向。当机床的进给方向改变时，由于齿侧存在间隙会造成指令脉冲丢失，并产生反向死区，从而影响加工精度，因此必须采取措施消除齿轮传动中的间隙。

1. 直齿圆柱齿轮传动副

图6-20 所示的是最简单的偏心轴套式消除间隙结构。电动机 2 通过偏心套 1 安装在壳体上。转动偏心套使电动机中心轴线的位置向上，而从动齿轮轴线位置固定不变，所以两啮合齿轮的中心距减小，从而消除了齿侧间隙。

图6-21 为双片薄齿轮错齿调整法。在一对啮合直齿轮中，其中一个是宽齿轮（图中未示出），另一个由两薄片齿轮组成。薄片齿轮 1 和 2 上各开有周向圆弧槽并在两齿轮的槽内各压配有安装弹簧 4 的短圆柱 3。在弹簧 4 的作用下使齿轮 1 和 2 错位，分别与宽齿轮的齿槽左右侧贴紧，消除了齿侧间隙，但弹簧 4 的张力必须足以克服驱动转矩。由于齿轮 1 和 2 的轴向圆弧槽及弹簧的尺寸都不能太大，故这种结构不宜传递转矩，仅限于在读数装置中采用。

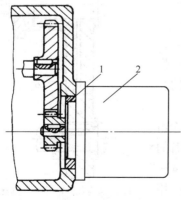

1—偏心套；2—电动机

图 6-20　偏心轴套式消除间隙结构

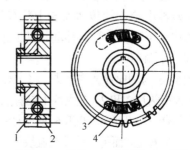

1—齿轮 1；2—齿轮 2；3—短圆柱；4—弹簧

图 6-21　双片薄齿轮错齿调整法

图6-22是用轴向垫片来消除间隙的结构。两个啮合着的齿轮1和2的节圆直径沿齿宽方向制成略带锥度形式，使其齿厚沿轴线方向逐渐变厚。装配时，两齿轮按齿厚相反变化走向啮合。改变调整垫片3的厚度，可使两齿轮沿轴线方向产生相对位移，从而消除间隙。

2. 斜齿圆柱齿轮传动副

图6-23所示的是斜齿轮垫片调整法，其原理与错齿调整法相同。斜齿轮1和2的齿形拼装在一起加工，装配时在两薄片齿轮间装入已知厚度为 t 的垫片3，这样它的螺旋线便错开了，使两薄片齿轮分别与宽齿轮4的左右齿面贴紧，消除了间隙。垫片3的厚度 t 与齿侧间隙Δ的关系可用下式表示。$t = \Delta \cot p$（式中 p 为螺旋角）。

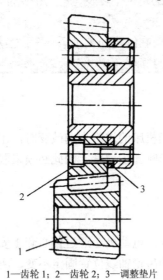

1—齿轮1；2—齿轮2；3—调整垫片

图 6-22　用轴向垫片来消除间隙的结构

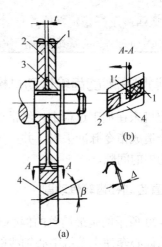

1、2—斜齿轮；3—垫片；4—宽齿轮

图 6-23　斜齿轮垫片调整法

图6-24所示的是轴向压簧错齿调整法，其原理同上，特点是齿侧间隙可以自动补偿，但轴向尺寸较大，结构不紧凑。

3. 锥齿轮传动副

锥齿轮同圆柱齿轮一样可用上述类似的方法来消除齿侧间隙。

图6-25为轴向压簧调整法。两个啮合着的锥齿轮1和2，其中在装锥齿轮1的传动轴5上装有弹簧3，锥齿轮1在弹簧力的作用下可稍作轴向移动，从而消除间隙。弹簧力的大小由螺母4调节。

图6-26为周向弹簧调整法。将一对啮合锥齿轮中的一个齿轮做成大小两片1和2，在大片上制有三个圆弧槽，而在小片的端面上制有三个凸爪6，凸爪6伸入大片的圆弧槽中。弹簧4一端顶在凸爪6上，而另一端顶在镶块3上。为了安装的方便，用螺钉5将大小片齿圈相对固定，安装完毕之后将螺钉卸去，利用弹簧力使大小片锥齿轮稍微错开，从而达到消除间隙的目的。

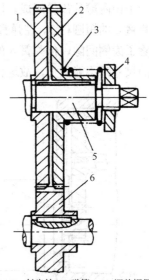

1、2—斜齿轮；3 弹簧；4—调整螺母；
5—轴；6—宽齿轮

图 6-24　轴向压簧错齿调整法

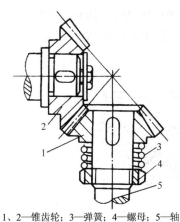

1、2—锥齿轮；3—弹簧；4—螺母；5—轴

图 6-25　轴向压簧调整法

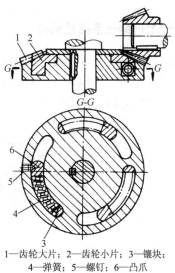

1—齿轮大片；2—齿轮小片；3—镶块；
4—弹簧；5—螺钉；6—凸爪

图 6-26　周向弹簧调整法

4. 预加负载双齿轮-齿条传动机构

在大型数控机床（如大型数控龙门铣床）中，工作台的行程很长，因此，它的进给运动不宜采用滚珠丝杠副传动。一般的齿轮齿条结构是机床上常用的直线运动机构之一，它的效率高，结构简单，从动件易于获得高的移动速度和长行程，适合在工作台行程长的大型机床上用做直线运动机构。但一般齿轮齿条传动机构的位移精度和运动平稳性较差，为了利用其结构上的优点，除提高齿条本身的精度或采用精度补偿措施外，还应采取措施消除传动间隙。

当负载小时，可用双片薄齿轮错齿调整法，分别与齿条齿槽左右侧贴紧，从而消除齿侧隙。但双片薄齿轮错齿调整法不能满足大型机床的重负载工作要求。预加负载双齿轮-齿条无间隙传动机构能较好地解决这个问题。

【工程实例6-6】 **国产某大型数控机床上所采用的双齿轮-齿条传动机构**

如图6-27(a)所示，进给电动机经两对减速齿轮传递到调整轴 3。轴 3 上有两个螺旋方向相反的斜齿轮 5 和 7，分别经两级减速传至与床身齿条 2 相啮合的两个小齿轮 1。轴 3 端部有加载弹簧 6，调整螺母，可使轴 3 上下移动。由于轴 3 上两个齿轮的螺旋方向相反，因而两个与床身齿条啮合的小齿轮 1 产生相反方向的微量转动，以改变间隙。当螺母将轴 3 往上调时，将间隙调小或预紧力加大，反之则将间隙调大和预紧力减小。传动间隙的调整也可以靠液压加负载的方式，如图6-27(b)所示。

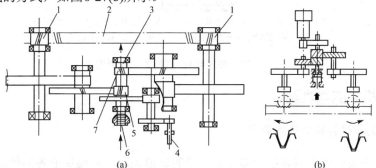

1—双齿轮；2—齿条；3—调整轴；4—进给电动机轴；5—右旋斜齿轮；6—加载弹簧；7—左旋斜齿轮

图 6-27　预加负载双齿轮–齿条无间隙传动机构示意图

5. 静压蜗杆-蜗轮条传动机构

蜗杆-蜗轮条机构是丝杠螺母机构的一种特殊形式。如图6-28 所示，蜗杆可看做长度很短的丝杠，其长径比很小。蜗轮条则可以看做一个很长的螺母沿轴向剖开后的一部分，其包容角常在 90°～120° 之间。

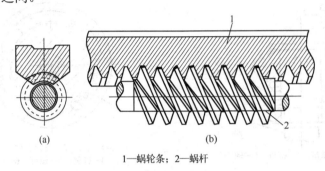

1—蜗轮条；2—蜗杆

图 6-28　蜗杆-蜗轮条传动机构

液体静压蜗杆-蜗轮条机构是在蜗杆蜗轮条的啮合面间注入压力油，以形成一定厚度的油膜，使两啮合面间成为液体摩擦，摩擦阻力小，启动摩擦系数小于 0.0005，功率消耗小，传动效率高，可达 0.94～0.98，在很低的速度下运动也很平稳，其工作原理如图6-29 所示。图6-29 中油腔开在蜗轮上，用毛细管节流的定压供油方式给静压蜗杆蜗轮条供压力油。从液压泵输出的压力油，经过蜗杆螺纹内的毛细管节流器 10，分别进入蜗杆-蜗轮条齿的两侧面油腔内，然后经过啮合面之间的间隙，再进入齿顶与齿根之间的间隙，压力降为零，流回油箱。由于既有纯液体摩擦的特点，又有蜗杆蜗轮条机构结构的特点，因此特别适合在重型机床的进给传动系统上应用。

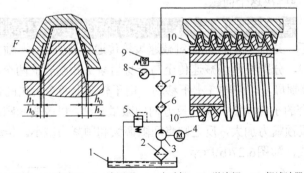

1—油箱；2—滤油器；3—液压泵；4—电动机；5—溢流阀；6—粗滤油器；
7—精滤油器；8—压力表；9—压力继电器；10—节流器

图 6-29　静压蜗杆-蜗轮条工作原理

6.3.4　数控机床的导轨副

1. 数控机床对导轨的基本要求

导轨主要用来支承和引导运动部件沿一定的轨道运动，从而保证各部件的相对位置和相对位置精度。导轨的性能对机床的刚度、加工精度和使用寿命有很大的影响。数控机床的导轨比普通机床的导轨要求更高，要求其在高速进给时不发生振动，低速进给时不出现爬行，且灵敏度高，耐磨性好，可在重载荷下长期连续工作，精度保持性好等。所以，数控机床要求导轨具有如下特性。

1）导向精度高

导向精度是指机床的运动部件沿导轨运动的轨迹与机床的相关基准面的相互位置的准确性。影响精度的主要因素有制造精度、结构形式、装配质量、导轨及其支承件的刚度和热变形。

2）耐磨性好

耐磨性直接影响机床的精度保持性。运动导轨面沿支承面长期运动会引起导轨不均匀的磨损，从而影响机床的加工精度。在选用导轨时，必须考虑到导轨的耐磨性，尽可能减小导轨磨损的不均匀量。影响耐磨性的因素有导轨的材料、摩擦性质、热处理及加工的工艺方法，工作中受力情况、润滑和防护等。

3）刚度要大

导轨受力后变形会影响到运动部件之间的相对位置和导向精度。因此，导轨要有足够的刚度，保证在受力后不产生过大的变形，从而影响加工精度。

4）良好的摩擦特性

导轨的摩擦系数要小，以减小摩擦阻力和导轨的热变形；动静摩擦系数尽量接近，使运动平稳，低速无爬行。

2. 数控机床导轨副的类型和特点

现代数控机床采用的导轨主要有塑料滑动导轨、滚动导轨和静压导轨。

1）塑料滑动导轨

塑料滑动导轨具有摩擦系数低，且动静摩擦系数差值小；减振性好，具有良好的阻尼性；耐磨性好，有自润滑作用；结构简单、维修方便、成本低等特点。数控机床用的塑料滑动导轨有铸铁-塑料滑动导轨和嵌钢-塑料滑动导轨。塑料滑动导轨常用在导轨副中活动的导轨上，与之相配的金属导轨则采用铸铁或钢质材料。根据加工工艺不同，塑料滑动导轨可分为注塑导轨和贴塑导轨，导轨上的塑料常用环氧树脂耐磨涂料和聚四氟乙烯导轨软带。

如图6-30所示的注塑导轨，其注塑层塑料附着力强，可加工性好，可以进行车、铣、刨、钻、磨削和刮削加工；具有良好的摩擦特性和耐磨性，塑料涂层导轨摩擦系数小，在无润滑油的情况下仍有较好的润滑和防爬行的效果；抗压强度高，固化时体积不收缩，尺寸稳定。特别是可在调整好固定导轨和运动导轨间的相关位置精度后注入塑料，可节省很多加工工时，特别适用于重型机床和不能采用导轨软带的复杂配合型面。

在导轨滑动面上贴一层抗磨的塑料软带，与之相配的导轨滑动面需要经过淬火和磨削加工。软带以聚四氟乙烯为基材，添加合金粉和氧化物制成。塑料软带可切成任意大小和形状，用胶黏剂粘接在导轨基面上。由于这类导轨软带用粘接方法，故称为贴塑导轨。

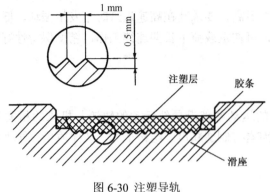

图 6-30 注塑导轨

2）滚动导轨

滚动导轨的特点是摩擦系数小，一般在 0.0025～0.005 的范围内，动静摩擦系数基本相同，启动阻力小，不易产生冲击，低速运动稳定性好；定位精度高，运动平稳，微量移动准确；磨损小，精度保持性好，寿命长。现代数控机床常采用的滚动导轨有滚动导轨块、滚珠直线滚动导轨和滚柱直线滚动导轨。

（1）滚动导轨块。滚动导轨块是一种以滚动体作循环运动的滚动导轨，其结构如图6-31所示。在使用时，滚动导轨块安装在运动部件的导轨面上，每一导轨至少用两块，导轨块的数目与导轨的长度和负载的大小有关。当运动部件移动时，滚柱在支承部件的导轨面与导轨体之间滚动，同时又绕导轨体循环滚动。滚动导轨块的特点是刚度高，承载能力大，便于拆装。

（2）滚珠直线滚动导轨。滚珠直线滚动导轨的结构如图 6-32 所示，主要由导轨、滑块、滚珠、保持器、端盖和密封件等组成。由于它将支承导轨和运动导轨组合在一起，由专门的生产厂家制造，在使用时，导轨固定在不运动的部件上，滑块固定在运动部件上。当滑块沿导轨运动时，滚珠在导轨和滑块之间的圆弧直槽内滚动，并通过端盖内的管道从工作负载区到非工作负载区，然后再滚回到工作负载区，不断循环，从而把导轨和滑块之间的滑动变成了滚珠的滚动。

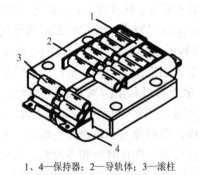

1、4—保持器；2—导轨体；3—滚柱

图 6-31　滚动导轨块

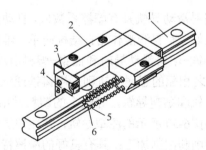

1—导轨；2—滑块；3—端盖；4—端部密封；

5—滚珠；6—保持器

图 6-32　滚珠直线滚动导轨

（3）滚柱直线滚动导轨。滚柱直线滚动导轨的结构与滚珠直线滚动导轨相似，不同之处在于滚动体和保持器。其刚度比滚珠直线滚动导轨要高很多，承载能力更大。

3）静压导轨

静压导轨的导轨面之间处于纯液体摩擦状态，不产生磨损，精度保持性好；摩擦系数低（一般为 0.0005～0.001），低速时不易产生爬行；承载能力大；刚性好，承载油膜有良好的吸振作用，抗振性好；但是其结构复杂，需配置一套专门的供油系统，制造成本较高。静压导轨可分为开式静压导轨和闭式静压导轨两种。

6.3.5　直线电动机传动

近年来，随着直线电动机技术的成熟，将直线电动机应用于伺服进给系统组成高速机床。此结构无中间传动链，精度高、进给快、无长度限制，但散热差、防护要求特别高。

在机床进给系统中，采用直线电动机直接驱动与原旋转电机传动的最大区别是取消了从电动机到工作台（拖板）之间的机械传动环节，把机床进给传动链的长度缩短为零，因而这种传动方式又被称为"零传动"。正是由于这种"零传动"方式，带来了原旋转电动机驱动方式无法达到的性能指标和优点。直线电动机的特点在于直接产生直线运动，与间接产生直线运动的"旋转电动机+滚动丝杠"相比，有以下优点。

① 没有机械接触，传动力是在气隙中产生的，除了导轨外没有其他摩擦；② 结构简单，体积小，以最少的零部件数量实现直线驱动，而且只有一个运动的部件；③ 行程在理论上不受限制，而且性能不会因为行程的改变而受到影响；④ 可以提供很宽的速度范围，从每秒几微米到数米，特别是高速是其一个突出的优点；⑤ 加速度很大，最大可达 $10g$；⑥ 运动平稳，这是因为除了起支撑作用的直线导轨或气浮轴承外，没有其他机械连接或转换装置的缘故；⑦ 精度和重复精度高，因为消除了影响精度的中间环节，所以系统的精度取决于位置检测元件，有合适的反馈装置可达亚微米级；⑧ 维护简单，由于部件少，运动时无机械接触，从而大大减小了零部件的磨损，只需很少甚至无须维护，使用寿命更长。

直线电动机与"旋转电动机+滚珠丝杠"传动性能比较如表 6-6 所示。

表 6-6　直线电动机与"旋转电动机+滚珠丝杠"性能比较

性　　能	旋转电动机+滚珠丝杠	直线电动机
精度/(μm/300 mm)	10	0.5
重复精度/μm	2	0.1
最高速度/(m/min)	90～120	60～200
最大加速度(×g)	1.5	2～10
静态刚度/(N/μm)	90～180	70～270
动态刚度/(N/μm)	90～180	160～210
调整时间/ms	100	10～20
寿命/h	6000～10 000	50 000

直线电动机对于促进机床的高速化有十分重要的意义和应用价值，由于目前尚处于初级

应用阶段，生产批量不大，因而成本很高。但可以预见，作为一种崭新的传动方式，直线电动机必然在机床工业中得到越来越广泛的应用。

6.4 数控机床自动换刀系统

数控机床为了能在工件一次装夹中完成多种甚至所有加工工序，缩短辅助时间，减小多次安装工件所引起的误差，必须带有自动换刀系统（装置）。各种数控机床的自动换刀装置的结构取决于数控机床的类型、工艺范围、使用刀具种类和数量等。

6.4.1 数控车床与车削中心刀架系统

1. 数控车床四方刀架

数控车床上使用的回转刀架是一种最简单的自动换刀装置，根据不同加工对象，可以采用四方刀架和六角刀架等多种形式。回转刀架上分别安装着四把、六把或更多的刀具，并按数控装置的指令换刀。

由于车削加工精度在很大程度上取决于刀尖位置，对于数控车床来说，加工过程中刀尖位置并不进行人工调整，因此更有必要选择可靠的定位方案和合理的定位结构，以保证回转刀架在每一次转位之后，具有尽可能高的重复定位精度（一般为 0.001～0.005 mm）。

数控车床回转刀架动作过程是：刀架抬起、刀架转位、刀架定位和夹紧刀架。为完成上述动作过程，要有相应的机构来实现。

【工程实例 6-7】 ▊ **国产 WZD4 型四方刀架**

如图 6-33 所示，当换刀指令发出后，小型电动机 1 启动正转，通过平键套筒联轴器 2 使蜗杆轴 3 转动，从而带动蜗轮丝杠 4 转动。刀架体 7 内孔加工有螺纹，与蜗轮丝杠 4 连接，蜗轮与丝杠为整体结构。当蜗轮开始转动时，由于加工在刀架底座 5 和刀架体 7 上的端面齿处在啮合状态，且蜗轮丝杠轴向固定，这时刀架体 7 抬起。当刀架体抬至一定距离后，端面齿脱开。转位套 9 用销钉与蜗轮丝杠 4 连接，随蜗轮丝杠一同转动，当端面齿完全脱开，转位套正好转过 160°。（如图 6-33 中 A–A 剖示所示），球头销 8 在弹簧力的作用下进入转位套 9 的槽中，带动刀架体转位。刀架体 7 转动时带着电刷座 10 转动，当转到程序指定的刀号时，粗定位销 15 在弹簧的作用下进入粗定位盘 6 的槽中进行粗定位，同时电刷 13 接触导体使电动机 1 反转，由于粗定位槽的限制，刀架体 7 不能转动，使其在该位置垂直落下，刀架体 7 和刀架底座 5 上的端面齿啮合实现精确定位。电动机继续反转，此时蜗轮停止转动，蜗杆轴 3 自身转动，当两端面齿增加到一定夹紧力时，电动机 1 停止转动。

译码装置由发信体 11、电刷 13、14 组成，电刷 13 负责发信，电刷 14 负责位置判断。当刀架定位出现过位或不到位时，可松开螺母 12，调好发信体 11 与电刷 14 的相对位置。

这种刀架在经济型数控车床及卧式车床的数控化改造中得到广泛的应用。回转刀架一般采用液压缸驱动转位和定位销定位，也有采用鼠盘定位，以及其他转位和定位机构。

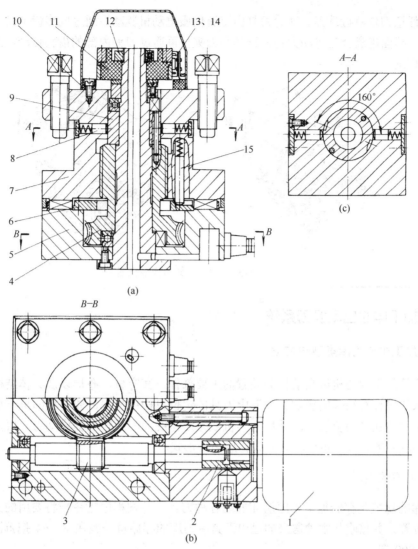

1—电动机；2—联轴器；3—蜗杆轴；4—蜗轮丝杠；5—刀架底座；6—粗定位盘；7—刀架体；

8—球头销；9—转位套；10—电刷座；11—发信体；12—螺母；13、14—电刷；15—粗定位销

图 6-33　数控车床刀架结构

2. 车削中心动力刀架

在车削中心机床上，为了适应更广泛的加工工艺要求，其刀架上带有动力装置（动力刀架），可驱动其上的某些刀具旋转运动，完成主动切削加工，以扩大工艺范围。

【工程实例6-8】 适用于全功能数控车及车削中心的动力转塔刀架

图6-34(a)中刀盘上既可以安装各种非动力辅助刀夹（车刀夹、镗刀夹、弹簧夹头、莫氏刀柄），夹持刀具进行加工，还可安装动力刀夹进行主动切削，配合主机完成车、铣、钻、镗等各种复杂工序，实现加工程序自动化、高效化。

图6-34(b)为该转塔刀架的传动示意图。刀架采用端齿盘作为分度定位元件，刀架转位由三相异步电动机驱动，电动机内部带有制动机构，刀位由二进制绝对编码器识别，并可双向

转位和任意刀位就近选刀。动力刀具由交流伺服电动机驱动，通过同步齿形带、传动轴、传动齿轮、端面齿离合器将动力传递到动力刀夹，再通过刀夹内部的齿轮传动，刀具回转，实现主动切削。

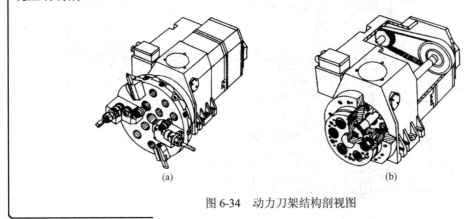

(a)   (b)

图 6-34　动力刀架结构剖视图

6.4.2　加工中心自动换刀系统

1．加工中心刀库类型与布局

刀库是加工中心机床自动换刀装置的主要部件，其容量、布局以及具体结构对数控加工中心机床的设计有很大的影响。刀库中刀具的定位机构用来保证要更换的每一把刀具或刀套都能准确地停在换刀位置上。采用电动机或液压系统为刀库转动提供动力。根据刀库所需要的容量和取刀的方式，可以将刀库设计成多种形式。

1）刀库的类型

刀库的功能是存储加工工序所需要的各种刀具，并按程序指令把将要用的刀具准确地送到换刀位置，并接收从主轴送来的已用刀具。刀库的存储量一般在 8～64 把范围内，多的可达 100～200 把。

（1）盘（鼓）式刀库。在盘式刀库结构中，刀具可以沿主轴轴向、径向、斜向安放，刀具轴向安装的结构最紧凑。但为了换刀时刀具与主轴同向，有的刀库中的刀具需要在换刀位置进行 90°翻转。在刀库容量较大时，为在存取方便的同时保持结构紧凑，可采取弹仓式结构，目前大多数情况下刀库安装在机床立柱的顶面或侧面。当刀库容量较大时，也有的安装在单独的地基上，以隔离刀库转动造成的振动。

盘式刀库的刀具轴线与盘（鼓）轴线平行，刀具环形排列，分径向、轴向两种取刀方式，其刀座（刀套）结构不同。这种盘式刀库结构简单，应用较多，适用于刀库容量较少的情况。为了增加刀库空间的利用率，可采用双环或多环排列刀具的形式。但盘（鼓）直径增大，转动惯量就增加，选刀时间也较长。图 6-35 所示为盘（鼓）式刀库。

（2）链式刀库。图6-36 所示的是链式刀库，通常其刀具容量比盘式的要大，结构也比较灵活和紧凑，常为轴向换刀。可根据机床的布局将链环配置成多种形状，也可将换刀位置或刀座凸出，以利于换刀。此外，还可以采用加长链带方式来加大刀库的容量，也可采用链带折叠回绕的方式来提高空间利用率，当要求刀具容量很大时还可以采用多条链带结构。

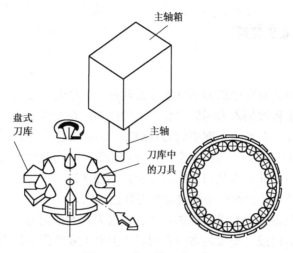

图 6-35　盘（鼓）式刀库

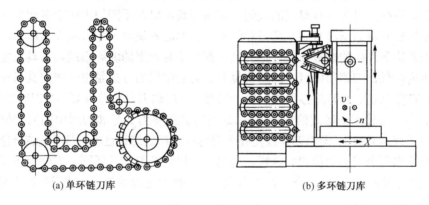

(a) 单环链刀库　　　　　　　　　　(b) 多环链刀库

图 6-36　链式刀库

（3）格子盒式刀库。有固定型格子盒式刀库和非固定型格子盒式刀库两种。固定型格子盒式刀库中刀具分几排直线排列，由纵、横向移动的取刀机械手完成选刀运动，将选取的刀具送到固定的换刀位置刀座上，由换刀机械手交换刀具。由于刀具排列密集，空间利用率高，因此刀库容量大。而非固定型格子盒式刀库中可换主轴箱的加工中心刀库由多个刀匣组成，可直线运动，刀匣可以从刀库中垂直提出，图 6-37 所示的是非固定型格子盒式刀库。

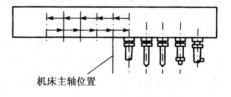

图 6-37　非固定型格子盒式刀库

2）刀库的容量

刀库的容量首先要考虑加工工艺的需要。一般情况下，并不是刀库中的刀具越多越好，太大的容量会增加刀库的尺寸和占地面积，使选刀时间增长。例如，立式加工中心的主要工艺为钻、铣。有关学者统计了 15 000 种工件，按成组技术分析，各种加工刀具所必需的刀具数的结果是：4 把刀的容量就可以完成 95%左右的铣削工艺，10 把孔加工刀具可完成 70%的钻削工艺。如果从完成工件的全部加工所需的刀具数目统计，所得结果是 80%的工件（中等尺寸，复杂程度一般）完成全部加工任务所需的刀具数在 40 种以下。所以，一般的中小型立式加工中心配 14～30 把刀具的刀库就能够满足 70%～95%工件加工的需要。

2. 刀具的识别及检测装置

1）刀具的选择方式

常见的刀具选择方式有顺序选刀和任意选刀两种。顺序选刀是在加工之前，将加工工件所需刀具按照工艺要求依次插入刀库的刀套中，顺序不能有差错，加工时按顺序调刀。当加工不同的工件时，必须重新调整刀库中的刀具顺序，因而操作十分烦琐，而且加工同一工件中各工序的刀具不能重复使用。这样就会增加刀具的数量，而且由于刀具的尺寸误差也容易造成加工精度的不稳定。其优点是刀库的驱动和控制都比较简单，因此，这种方式适合加工批量较大、工件品种数量较少的中小型自动换刀数控机床。

目前，大多数的数控系统都采用任选功能。任选刀具的换刀方式分为刀具编码、刀套编码和记忆式等。刀具编码或刀套编码需要在刀具或刀套上安装用于识别的编码条，一般都是根据二进制编码的原理进行编码的。刀具编码选刀方式采用了一种特殊的刀柄结构，并对每把刀具编码。每把刀具都具有自己的代码，因而刀具可以在不同的工序中多次重复使用，换下的刀具不用放回原刀座，有利于选刀和装刀，刀库的容量也可相应减少，而且可避免由于刀具顺序的差错所发生的事故。但每把刀具上都要带有专用的编码系统，刀具长度加长，制造困难，刚度降低，刀库和机械手的结构复杂。刀套编码的方式是用一把刀具只对应一个刀套，从一个刀套中取出的刀具必须放回同一刀套中，取送刀具十分麻烦，换刀时间长。目前，在加工中心中大量使用记忆式的任选方式。这种方式能将刀具号和刀库中的刀套位置对应地记忆在数控系统的 PC 中，无论刀具放在哪个刀套内部都始终记忆着。刀库上装有位置检测装置，可以检测出每个刀套的位置。这样，刀具就可以任意取出并送回。刀库上还设有机械原点，使每次选刀时就近选取。例如，对于盘式刀库，每次选刀运动正转或反转都不超过 180°。

2）刀具的检测装置

（1）机外对刀仪

机外对刀的本质是测量出刀具假想刀尖点到刀具台基准之间在 X 轴及 Z 轴方向的距离，即刀具 X 和 Z 向的长度。利用机外对刀仪可将刀具预先在机床外校正好，以便装上机床即可使用，缩短了对刀的辅助时间。

图6-38 所示的是一种比较典型的机外对刀仪。它适用于各种数控车床，针对某台具体的数控车床，应制作相应的对刀刀具台，将其安装在刀具台安装座上。这个对刀刀具台与刀座的联结结构及尺寸，应与机床刀架相应结构及尺寸相同，甚至制造精度也要求与机床刀架该部位一致。此外，还应制作一个刀座、刀具联合体，把此联合体装在机床刀架上，尽可能精确地对出 X 向和 Z 向的长度，并将这两个值刻在联合体表面，对刀仪使用若干时间后就应装上这个联合体进行一次调整。

机外对刀的大体顺序是：将刀具随同刀座一起紧固在对刀刀具台上，摇动 X 向和 Z 向进给手柄，使移动部件载着投影放大镜沿着两个方向移动，直至假想刀尖点与放大镜中十字线交点重合位置，如图6-39 所示。这时通过 X 向和 Z 向的微型读数器分别读出 X 和 Z 向的长度值，就是这把刀具的对刀长度。如果这把刀具马上使用，那么将它连同刀座一起装到机床某刀位上之后，将对刀长度输入到相应刀具补偿号或程序中就可以了。如果这把刀是备用的，应做好记录。

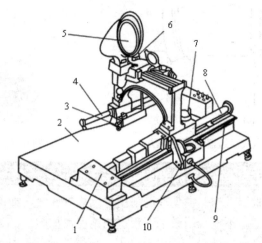

1—安装座；2—底座；3—光源；4、8—轨道；5—投影放大镜；

6—X 向进给手柄；7—Z 向进给手柄；9—刻度尺；10—微型读数器

图 6-38　机外对刀仪

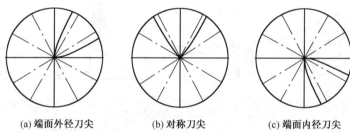

(a) 端面外径刀尖　　　　(b) 对称刀尖　　　　(c) 端面内径刀尖

图 6-39　刀尖在放大镜中的对刀投影

（2）寻边器

目前，寻边器在数控铣床或加工中心中应用较多。主要有机械式寻边器和光电式寻边器两种类型，如图6-40 (a)和(b)所示。

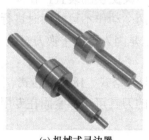
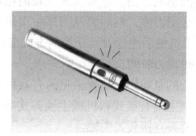

(a) 机械式寻边器　　　　　　(b) 光电式寻边器

图 6-40　寻边器

机械式寻边器价格低，但精度不高。光电式寻边器价格较高，精度比机械式寻边器高。在数控铣床或加工中心中主要用于 X 向和 Y 向的对刀。光电式寻边器的使用方法如图6-41 所示，其中图 6-41(a)为正确使用方法，图6-41(b)和(c)是错误方法，使用者应特别注意。

（3）Z 轴设定器

光电式 Z 轴设定器主要应用在数控铣床或加工中心的 Z 向对刀，同时也可用于 X 向和 Y 向的对刀。图6-42 所示的是光电式 Z 轴设定器。

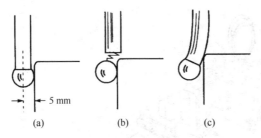

图 6-41　光电式寻边器的使用方法

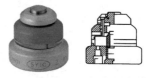

图 6-42　光电式 Z 轴设定器

【经验总结 6-3】　**光电式 Z 轴设定器的使用方法**

（1）探测面下方有微调机构，调整高度请用平行块规比测，如图6-43(a)所示。

（2）高精度工件加工，不适合用游标卡尺检测精度，如图6-43(b)所示。

（3）快速进刀至灯亮时，请轻微后退至灯熄，再慢速前进至灯亮，以利于确保掌握精度，如图6-43(c)所示。

（4）侧面探测时，请用刀刃的最高点接触探测面，如图6-43(d)所示。

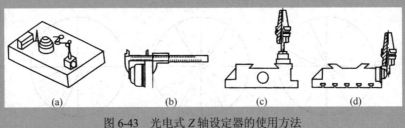

图 6-43　光电式 Z 轴设定器的使用方法

3. 加工中心自动换刀装置

　　加工中心自动换刀装置的形式通常分为由刀库与机床主轴的相对运动实现刀具交换和采用机械手交换刀具两大类。自动换刀装置的形式和它们的具体结构对机床的生产率和工作可靠性有直接的影响。由刀库与机床主轴的相对运动实现刀具交换的装置，在换刀时必须先将用过的刀具送回刀库，然后再从刀库中取出新刀具，这两个动作不可能同时进行，因此换刀时间长。采用机械手进行刀具交换的方式应用最广泛，这是因为机械手换刀有很大的灵活性，而且可以缩短换刀时间。

　　加工中心的自动换刀装置常见的有六种基本形式，即转塔式、180°回转式、回转插入式、二轴转动式、主轴直接式和机械手换刀式等。自动换刀的刀具可牢靠紧固在专用刀夹内，每次换刀时将刀夹直接装入主轴。

【工程实例 6-9】　**XH754 型卧式加工中心换刀过程**

　　如图6-44所示，该机床主轴在立柱上可以沿 Y 方向上下移动，工作台横向运动为 Z 轴，纵向移动为 X 轴。鼓轮式刀库位于机床顶部，有 30 个装刀位置，可装 29 把刀具，其换刀过程如下：

　　（1）在加工工步结束后，执行换刀指令，主轴实现准停，主轴箱沿 Y 轴上升。这时，机床上方刀库的空挡刀位正好处于交换位置，装夹刀具的卡爪打开。

　　（2）主轴箱上升到极限位置，被更换刀具的刀杆进入刀库空刀位，即被刀具定位卡爪钳住，与此同时，主轴内刀杆自动夹紧装置放松刀具。

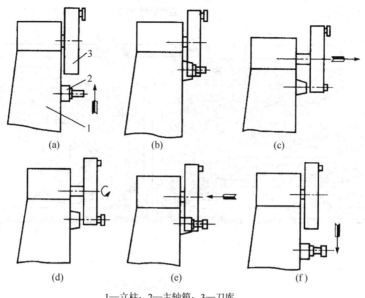

1—立柱；2—主轴箱；3—刀库

图 6-44　XH754 型卧式加工中心换刀过程

（3）刀库伸出，从主轴锥孔中将刀具拔出。

（4）刀库转动，按照程序指令要求将选好的刀具转到最下面的位置，同时压缩空气将主轴锥孔吹净。

（5）刀库退回，同时将新刀具插入主轴锥孔。主轴内由夹紧装置将刀杆拉紧。

（6）主轴下降到加工位置后启动，开始下一工步的加工。

这种换刀机构不需要机械手，结构简单、紧凑。由于交换刀具时机床不工作，所以不会影响加工精度，但会影响机床的生产效率。其次，因刀库尺寸限制，装刀数量不能太多。这种换刀方式常用于小型加工中心。

6.5　数控分度工作台和回转工作台

工作台是数控机床的重要部件，主要有矩形、回转式以及倾斜成各种角度的万能工作台等三种。回转工作台中又有 90° 分度工作台和任意分度数控工作台，以及卧式回转工作台和立式回转工作台等。此外，附加在数控机床上的还有交换工作台，在 FMS 中有工件缓冲台、工件上下料台、工件运输台等。本节主要介绍数控机床常用的分度定位、回转工作台的结构及工作原理。

6.5.1　数控分度工作台

分度工作台只完成分度辅助运动，即按照数控系统的指令当需要分度时，将工作台及其工件回转一定角度（45°、60° 或 90° 等），以改变工件相对于主轴的位置，从而加工工件的各个表面。分度工作台按其定位机构的不同分为定位销式和端面齿盘式两类，以下简单介绍端面齿盘式分度工作台的结构及工作原理。

端面齿盘式分度工作台是目前用得较多的一种精密的分度定位机构，可与数控机床做成整体的，也可以作为机床的标准附件。端面齿盘式分度工作台主要由工作台面、底座、夹紧液压缸、分度液压缸及端面齿盘等零件组成，如图6-45所示。

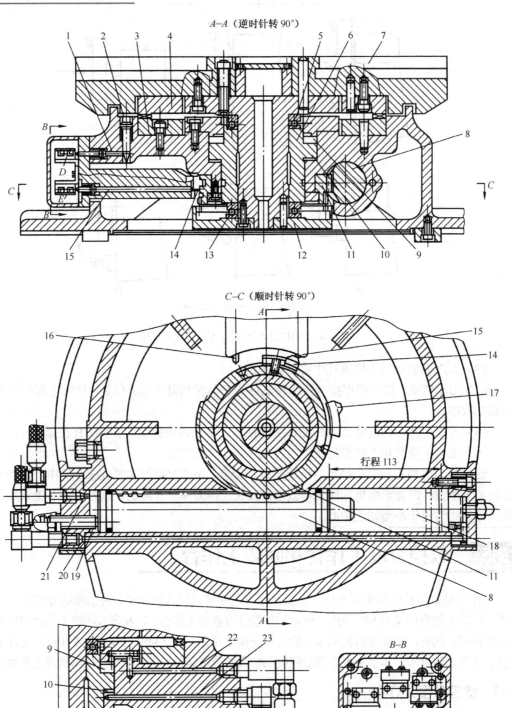

A—A（逆时针转90°）

C—C（顺时针转90°）

行程113

B—B

1、2、15、16—推杆；3—下齿盘；4—上齿盘；5、13—推力轴承；6—活塞；7—工作台；8—齿条活塞；9—升降液压缸上腔；10—升降液压缸下腔；11—齿轮；12—齿圈；14、17—挡块；18—分度液压缸右腔；19—分度液压缸左腔；20、21—分度液压缸进回油管道；22、23—升降液压缸进回油管道

图6-45　端面齿盘式工作台

当机床需要分度时，数控装置就发出分度指令，由电磁铁控制液压阀（图6-45 中未示出），使压力油经管道 23 至分度工作台 7 中央的夹紧液压缸下腔 10，推动活塞 6 上移（液压缸上腔 9 回油经管道 22 排回），经推力轴承 5 使工作台 7 抬起，上端面齿盘 4 和下端面齿盘 3 脱离啮合。工作台上移的同时带动内齿圈 12 上移并与齿轮 11 啮合，完成了分度前的准备工作。

当工作台 7 向上抬起时，推杆 2 在弹簧作用下向上移动，使推杆 1 在弹簧的作用下右移，松开微动开关 D 的触头，控制电磁阀（图6-45 中未示出）使压力油经管道 21 进入分度液压缸的左腔 19 内，推动齿条活塞 8 右移（右腔 18 的油经管道 20 及节流阀流回油箱），与它相啮合的齿轮 11 作逆时针转动。根据设计要求，当齿条活塞 8 移动 113 mm 时，齿轮 11 回转 90°，因此时内齿轮 12 已与齿轮 11 相啮合，故分度工作台 7 也回转 90°。分度运动的速度快慢可由油管道 20 中的节流阀来控制齿条活塞 8 的运动速度。

齿轮 11 开始回转时，挡块 14 放开推杆 15，使微动开关 C 复位，当齿轮 11 转过 90° 时，它上面的挡块 17 压推杆 16，使微动开关 E 被压下，控制电磁铁使夹紧液压缸上腔 9 通入压力油，活塞 6 下移（下腔 10 的油经管道 23 及节流阀流回油箱），工作台 7 下降。端面齿盘 4 和 3 又重新啮合，并定位夹紧，这时分度运动已进行完毕。管道 23 中有节流阀用来限制工作台 7 的下降速度，避免产生冲击。

当分度工作台下降时，推杆 2 被压下，推杆 1 左移，微动开关 D 的触头被压下，通过电磁铁控制液压阀，使压力油从管道 20 进入分度液压缸的右腔 18，推动活塞齿条 8 左移（左腔 19 的油经管道 21 流回油箱），使齿轮 11 顺时针回转。它上面的挡块 17 离开推杆 16，微动开关 E 的触头被放松。因工作台面下降夹紧后齿轮 11 下部的轮齿已与内齿圈脱开，故分度工作台面不转动。当活塞齿条 8 向左移动 113 mm 时，齿轮 11 就顺时针转 90°，齿轮 11 上的挡块 14 压下推杆 15，微动开关 C 的触头又被压紧，齿轮 11 停在原始位置，为下次分度做好准备。

端面齿盘式分度工作台的优点是分度和定心精度高，分度精度可达 $\pm(0.5\sim3)''$，由于采用多齿重复定位，从而可使重复定位精度稳定，而且定位刚性好，只要分度数能除尽端面齿盘齿数，都能分度，适用于多工位分度。除用于数控机床外，还用在各种加工和测量装置中。缺点是端面齿盘的制造比较困难，此外，它不能进行任意角度的分度。

6.5.2 数控回转工作台

为了扩大数控机床的加工范围，适应某些工件加工的需要，数控机床的进给运动，除 X、Y、Z 三个坐标轴的直线进给运动之外，还可以有绕 X、Y、Z 三个坐标轴的圆周进给运动，分别称为 A、B、C 轴。数控机床的圆周进给运动一般由数控回转工作台来实现。

数控机床回转工作台有传统数控回转工作台（由伺服电动机和回转传动机构组成）和直接驱动数控回转工作台。

1）传统数控回转工作台

传统数控回转工作台由伺服电动机、转角测量元件（圆光栅尺或圆感应同步器）、机械传动机构、夹紧机构及工作台等组成，其结构比直接驱动数控回转工作台复杂，而精度却低于直接驱动数控回转工作台。图6-46所示的是传统数控回转工作台。

直流伺服电动机 15 通过减速齿轮 14、16 及蜗杆 12、蜗轮 13 带动工作台 1 回转，工作台的转角位置用圆光栅尺 9 测量。测量结果发出反馈信号与数控装置发出的指令信号进行比较，若有偏差，经放大后控制伺服电动机朝消除偏差方向转动，使工作台精确定位。当工作台静止时，必须处于锁紧状态。台面的锁紧用均布的 8 个小液压缸 5 来完成，当控制系统发出夹紧指令时，液压缸 5 上腔进压力油，活塞 6 下移，通过钢球 8 推开夹紧瓦 3、4，从而把蜗轮 13 夹紧。当工作台回转时，控制系统发出指令，液压缸 5 上腔的压力油流回油箱，在弹簧 7 的作用下，钢球 8 抬起，夹紧瓦松开，不再夹紧蜗轮 13。然后按数控系统的指令，由直流伺服电动机 15 通过传动装置实现工作台的分度转位、定位、夹紧或连续回转运动。转台的中心回转轴采用圆锥滚子轴承 11 及双列圆柱滚子轴承 10，并预紧消除其径向和轴向间隙，以提高工作台的刚度和回转精度。工作台支承在镶钢滚柱导轨 2 上，运动平稳而且耐磨。

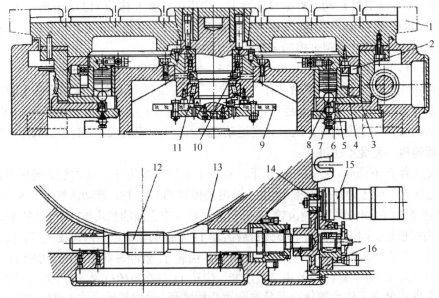

1—工作台；2—镶钢滚柱导轨；3、4—夹紧瓦；5—液压缸；6—活塞；7—弹簧；8—钢球；
9—圆光栅尺；10、11—轴承；12—蜗杆；13—蜗轮；14、16—齿轮；15—电动机

图 6-46　传统数控回转工作台

2）直接驱动数控回转工作台

直接驱动数控回转工作台动态性好、精度高、可靠性高，在高速铣削、高速磨削、车削及铣削加工中的需求日益增多。直接驱动数控回转工作台的核心单元是力矩电动机，直接驱动转轴而无须传动单元（如齿轮），并可根据不同的应用设计成外转子型和内转子型。

直接驱动数控回转工作台的性能特性如下：①直接驱动，因而无磨损；②大力矩，因而具有高的角加速度；③通过径向和轴向轴承预紧来消除间隙，工作台刚度高；④装有高精度测量系统，定位精度高；⑤连续操作速度高；⑥工作平稳；⑦液体冷却热稳定性好等。

直接驱动数控回转工作台分为水平式、垂直式和倾斜式。图6-47 所示的是水平式数控回转工作台，由工作台、力矩电动机、制动套、密封、转子径向和轴向轴承及角度测量系统等组成。垂

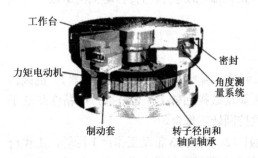

图 6-47　直接驱动水平式数控回转工作台

直式相当于水平式的台面铅垂放置，但底座和台面垂直。此外，工作台还有液压制动夹紧系统、电动机液体强制冷却系统。

下面通过一个案例——国产某经济型数控铣床进给传动系统参数设计进行分析。

数控机床的进给传动系统经常需要进行启动、停止、变速和反向运动。为了使其能运行稳定、工作可靠并具有良好的动态响应性能，在机床设计时必须分析和计算系统的转动惯量和转矩，并对一些关键零部件进行参数计算、选用和校核。

例如，国产某经济型数控铣床 X 向的进给传动系统如图 6-48 所示，各部分的设计参数如表 6-7 所示，若工作台与导轨间的摩擦系数 $\mu = 0.04$，启动时的加速时间为 0.25 s，则试完成以下设计计算工作。

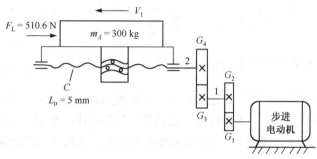

图 6-48　经济型数控铣床 X 向进给传动系统

（1）依据图 6-48 所示的工作及负载状况，试问当该步进电机带动工作台运动时，其输出的转矩应为多大？

（2）若该进给系统正常工作时的平均轴向负载 $P_m = 1000$ N，工作转速 $n = 60$ r/min，要求滚珠丝杠副的使用寿命 $T = 15\,000$ h，若运转系数 $f_w = 1$，试问该滚珠丝杠副的额定动负载应大于多少才可满足设计要求？

表 6-7　传动系统参数

	齿　　轮				轴		丝杠	电机
	G_1	G_2	G_3	G_4	1	2	C	M
转速/(r/min)	720	360	360	180	360	180	180	720
转动惯量/(J/kg·m²)	0.01	0.16	0.02	0.32	0.004	0.004	0.012	

问题分析与解答：

（1）数控机床的进给传动系统在工作过程中所受的力和力矩主要来源由三个部分组成：① 运动过程中产生的摩擦力和摩擦力矩；② 切削过程中产生的切削力；③ 启动、停止或变速时产生的惯性力。

为了求解工作过程中电动机的输出转矩，可以将进给系统各运动部件所受的力和力矩均转化成作用在电动机轴上的等效转矩，然后按工作时转矩平衡原则即可求出此种情况下电动机的输出转矩。

首先，假设电动机轴的转动惯量为零，其转速为 $n_M = 720$ r/min，各回转件的转动惯量和转速如表 6-7 所示。根据能量守恒定律，可推导出各回转件和移动件转化到电动机轴上的等效转动惯量 J_M 为

$$J_M = J_{G1} + (J_1 + J_{G2} + J_{G3})\left(\frac{n_1}{n_M}\right)^2 + (J_2 + J_{G4} + J_C)\left(\frac{n_1}{n_M}\right)^2 + M_A\left(\frac{v_1}{n_M}\right)^2$$

$$= \left[0.01 + (0.004 + 0.16 + 0.02)\left(\frac{360}{720}\right)^2 + (0.004 + 0.32 + 0.012)\left(\frac{180}{720}\right)^2 + \right.$$

$$\left. \frac{1}{4\pi^2} \times 300 \times \left(\frac{180 \times 5}{720 \times 1000}\right)^2 \right] \text{kg} \cdot \text{m}^2$$

$$= 0.077 \text{ kg} \cdot \text{m}^2$$

说明：$J_M = J_{M1} + J_{M2} = \sum_{i=1}^{m} J_i\left(\frac{n_i}{n_M}\right)^2 + \frac{1}{4\pi^2}\sum_{i=1}^{m} m\left(\frac{v_i}{n_M}\right)^2$，式中 $J_{M1} = \sum_{i=1}^{m} J_i\left(\frac{n_i}{n_M}\right)^2$ 表示 m（i

$=1,\cdots,m$）个回转件各自转换到电动机轴上的等效转动惯量之和；$J_{M2} = \frac{1}{4\pi^2}\sum_{i=1}^{m} m\left(\frac{v_i}{n_M}\right)^2$ 表示

n（$j=1,\cdots,n$）个移动件各自转换到电动机轴上的等效转动惯量之和。式中各参数的含义：J_i
为第 i 个回转件的转动惯量，n_i 为其转速；m_j 为第 j 个移动件的质量，v_j 为其速度；J_M 为转换
到电动机轴上的等效转动惯量总和，n_M 为电动机的转速。在此不做详细推导，读者可参阅相
关文献。

然后，按照做功相等原则，很容易推导出各回转件和移动件转换到电动机轴上的等效转
矩为

$$T = T_a + T_M$$

$$= J_M + \frac{2\pi n}{60t} + \frac{(umg + F_L)}{2\pi}\frac{v_i}{n_M}$$

$$= \left(0.077 \times \frac{2\pi \times 720}{60 \times 0.25}\right) + \left(\frac{0.04 \times 300 \times 9.81 + 510.6}{2\pi} \times \frac{180 \times 5}{720 \times 1000}\right)$$

$$= 23.352 \text{ N} \cdot \text{m}$$

说明：① $T_a = J_M\frac{2\pi n}{60t}$ 为由于系统等效转动惯量所产生的附加在电动机轴上的转矩；② $T_M =$

$T_{M1} + T_{M2} = \sum_{i=1}^{m} T_i\frac{n_i}{n_M} + \frac{1}{2\pi}\sum_{i=1}^{m} F_i\frac{v_i}{n_M}$，其中 $T_{M1} = \sum_{i=1}^{m} T_i\frac{n_i}{n_M}$ 表示 m（$i=1,\cdots,m$）个回转轴各自转

换到电动机轴上的等效转矩之和；$T_{M2} = \frac{1}{2\pi}\sum_{i=1}^{m} F_i\frac{v_i}{n_M}$ 表示 n（$j=1,\cdots,n$）个移动件各自转换

到电动机轴上的等效转矩之和。式中各参数的含义：T_i 为第 i 个回转轴的转矩，n_i 为其转速；
F_j 为第 j 个移动件所受的作用力，v_j 为其速度；T_M 为转换到电动机轴上的等效转矩总和，n_M
为电动机的转速。在此不做详细推导，读者可参阅相关文献。

（2）滚珠丝杠在工作过程中，在轴向负载作用下，滚珠和滚道型面间产生接触应力，
对滚道型面上某一点而言，其应力状态为交变接触应力。经过一定的循环次数后，滚珠或滚
道型面就会产生疲劳点蚀，而使滚珠丝杠副丧失工作性能。因此，在选用滚珠丝杠副的直径
d_0 时，必须保证在一定的轴向负载的作用下，丝杠在回转 100 万（10^6）转后，在它的滚道

上不产生点蚀现象。这个轴向负载的最大值即称为该滚珠丝杠能承受的最大动负载 C，求解如下。

寿命：

$$L = \frac{60nT}{10^6} = \frac{60 \times 60 \times 15\ 000}{10^6} = 54$$

最大动负载：

$$C = \sqrt[3]{L} f_w P_m = \sqrt[3]{54} \times 1 \times 1000 = 3780\ \text{N}$$

所以，该滚珠丝杠副要满足设计要求的额定动负载 C_a 应大于 3780 N。

说明：以上算式中 L 为寿命，以 10^6 为单位；f_w 为运转系数，当处于无冲击运转状态时取 1.0～1.2，当处于一般运转状态时取 1.2～1.5，当处于有冲击运转状态时取 1.5～2.5；P_m 为平均负载（N）；n 为丝杠转数（r/min）；T 为使用寿命（h），对于数控机床为 15 000 h。

6.6 习题与思考题

1. 数控机床的机械结构主要包括哪些内容？
2. 现代数控机床的主传动方式有哪些？
3. 主轴为何需要"准停"？如何实现"准停"？
4. 数控机床对进给传动系统有哪些要求？
5. 滚珠丝杠螺母副的特点是什么？
6. 滚珠丝杠螺母副在数控机床上的支承方式有哪些？
7. 齿轮传动间隙的消除有哪些措施？各有何特点？
8. 常用的刀具交换装置有哪些？各有何特点？
9. 数控回转工作台的功用如何？试述其工作原理。
10. 分度工作台的功用如何？试述其工作原理。

第 **7** 章 数控机床的故障诊断

工程背景

数控机床是涉及多个应用学科的复杂系统，加之数控系统和机床本身的种类繁多，功能各异，不可能找出一种适合各种数控机床、各类故障的通用诊断方法。本章仅对一些常用的一般性方法进行介绍。这些方法互相联系，在实际的故障诊断中要综合运用。

深入了解数控机床故障诊断也是实现数控加工的一项重要工作，理想的加工程序不仅应保证数控机床的功能得到合理的应用与充分的发挥，更重要的是，使数控机床安全、可靠、高效地工作。

内容提要

本章主要介绍数控机床维护和维修的基础、数控机床 CNC 单元常见故障诊断与维修、数控机床进给驱动系统常见故障诊断与维修、数控机床主轴驱动系统故障诊断与维修、数控机床机械部件的维修与调整、数控机床干扰故障及处理等内容。

学习方法

在学习本章内容时，应注重理论联系实际，可以先通过机床说明书了解该机床机械装配图、电气线路图和 PLC 梯形图的功能，然后再结合实际设备，利用机床自诊断功能或根据维修经验强化对本章内容的理解。针对不同的故障现象，把握机床故障诊断的一般步骤：观察故障现象—准备故障诊断工具—分析故障原因或工作过程—罗列可能的故障原因—采用恰当的诊断方法确定故障部位和原因—排除故障。通过对典型故障现象进行分析与排除，掌握故障诊断的方法和步骤。

7.1 概述

7.1.1 数控机床的可靠性与故障

1. 系统的可靠性

可靠性是指在规定的工作条件下（所谓的规定工作条件，是指环境温度、湿度、使用条件及使用方法等），产品执行其功能的长时间稳定工作而不产生故障的能力。即使出了故障，也可以在短时间内能恢复，重新投入使用。对可靠性研究的结果表明，任何产品的可靠性都符合图 7-1 所示曲线的变化规律。衡量可靠性的几个性能指标如下。

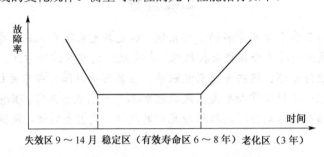

图 7-1 故障率随时间变化的曲线

（1）平均无故障时间（Mean Time Between Failure，MTBF）。平均无故障时间的含义是：可修复产品在两次故障之间能正常工作的时间的平均值，也就是产品在寿命范围内总工作时间与总故障时间的比，即

$$MTBF = \frac{总工作时间}{总故障时间}$$

当然，这个时间越长越好。

（2）平均修复时间（Mean Time To Restore，MTTR）。平均修复时间是指数控机床在寿命范围内，每次从出现故障开始维修，直至能正常工作所用的平均时间。显然，这个时间越短越好。除必要的物质条件之外，诊断人员的水平在这里起主导作用。

$$MTTR = \frac{总故障时间}{总故障次数}$$

（3）有效度 A。这是从可靠性和可维修度对数控机床的正常工作概率进行综合评价的尺度，是指一台可维修的数控机床在某一段时间内，维持其性能的概率。有效度 A 是一个小于 1 的数，但越接近 1 越好。

$$A = \frac{MTBF}{MTBF + MTTR}$$

2. 数控机床故障诊断的重要性

数控机床是一个融机、电、液等技术于一体的复杂系统，因此在使用过程中不可避免会出现故障，及时确定和排除故障对提高机床的工作效率、延长机床的使用寿命和保证产品质量具有极其重要的意义。

　　数控机床故障诊断就是在系统运行中或基本不拆卸的情况下，即可掌握系统运行状态的信息，查明产生故障的部位和原因，或预知系统的异常和劣化的动向，采取必要对策的技术。

　　数控机床故障诊断一般利用专用的计算机自动诊断系统进行，不增加硬件电路，也不增加系统的成本和复杂性。大规模多微处理器的发展，使诊断软件功能有了很大扩展，增加了许多新功能，CNC 装置一般都配置有自功能诊断系统。随着计算机软硬件技术和信号分析与处理方法的不断发展，数控机床故障诊断技术也在不断创新和完善，并正在向着多功能、数字化、智能化的方向发展。数控机床故障诊断能力已经成为评价当今 CNC 装置性能的一项重要指标。因此，研究数控机床的故障诊断技术和方法，培养一支素质精良的数控机床维修队伍，是十分必要并非常迫切的。

7.1.2　数控机床常见故障分类

　　数控机床的故障类型很多，归纳起来可按照发生的必然性和偶然性、故障产生时有无自诊断显示、故障有无破坏性、硬件故障和软件故障等分类。数控机床故障分类如表7-1 所示。

表 7-1　数控机床故障分类

分 类 依 据	故 障 类 型	定　义	实　例
故障出现的必然性和偶然性	系统性故障	是指只要满足一定的条件，机床或数控系统就必然出现的故障	网络电压过高或过低、切削量选择不合适而产生过载报警等
	随机性故障	是指在同样的条件下，只偶尔出现的故障。人为地使其再现则不太容易	机械结构的局部松动、错位，数控系统中部分元件工作特性的漂移、机床电气元件可靠性下降等
故障产生时有无自诊断显示	有报警显示故障	故障在显示器上显示报警号	报警号在显示器上不停闪烁
	无报警显示故障	无任何报警显示，但机床却在不正常状态，往往是机床停在某一位置上不能正常工作，甚至连手动操作都失灵	系统通电"清零"时间设计较短、元件性能稍有变化
故障有无破坏性	破坏性故障	此类故障产生会对机床和操作者造成侵害导致机床损坏或人身伤害	飞车、超程运动、部件碰边等
	非破坏性故障	这种故障往往通过"清零"即可消除	操作人员误操作等
硬件故障	永久性故障	对于给定的输入，都会出现稳定的错误响应。在某个输出端观察或检测出不变的故障信号，则就是一种永久性的故障	集成电路芯片失效、器件内部短路或断路、电源电压错误等
	间发性故障	在偶尔发生故障后再运行时又很少重复出现	大规模集成电路芯片，由于制造上的缺陷、过热或者外部短路等
软件故障	编程故障	程序编制错误造成的软件故障	如正反向符号标错、基点节点坐标输入错误等
	参数设置不当故障	参数设置不正确造成的软件故障	—

7.1.3　数控机床故障诊断的流程

1. 故障现场充分调查

　　如同医生看病一样，数控机床的故障诊断首先也要问诊，向机床操作者充分了解以下内容：

　　1）故障调查

　　（1）机床在什么情况下出现故障

　　① 是否在正常运行时突然出现故障；

　　② 是否在电源网络瞬间断电后产生故障；

③ 是否有大容量设备的启动造成故障；

④ 是否在手动操作过程中产生故障。

（2）故障产生时有什么外观现象

① 是否有撞击声音产生；

② 是否有电弧闪光现象；

③ 是否有特殊气味。

（3）故障产生后操作者采取了哪些措施

① 是否按过急停按钮；

② 是否按过复位按钮；

③ 是否移动过运动部件；

④ 是否断开机床总电源。

对操作者来讲，在故障出现后尽量保持好现场，及时记录故障现象，这样有利于维修人员在最短的时间内做出正确的故障诊断，缩短停机时间。

2）故障诊断

（1）观察是否有报警显示，如有报警显示，则较容易判断故障。

（2）用自诊断功能查找故障。

（3）检查零件加工程序有无错误。

（4）观察 CNC 系统，主轴驱动系统印制电路板上的指示灯有无不正常显示。

在确认为非破坏性故障后，可按"复位"按钮清除故障，重新进行与故障产生前相同的操作，观察现象，验证诊断的正确性。

2．排除可能引起故障的诸多因素

数控机床发生故障时．为了进行故障诊断，找出产生故障的根本原因，维修人员应遵循以下两条原则：

（1）充分调查故障现场。这是维修人员取得维修第一手材料的重要手段。调查故障现场，首先要查看故障记录单；同时应向操作者调查、询问出现故障的全过程，充分了解发生的故障现象，以及采取过的措施等。此外，维修人员还应对现场进行细致的检查，观察系统的外观、内部各部分是否有异常之处；在确认数控系统通电无危险的情况下方可通电，通电后再观察系统有何异常，CRT 显示的报警内容是什么等。

（2）认真分析故障的原因。数控系统虽有各种报警指示灯或自诊断程序，但不可能诊断出发生故障的确切部位，而且同一故障、同一报警可以有多种原因。在分析故障的原因时，一定要开阔思路，不仅要分析 CNC 部分，而且要对机床强电、机械、液压、气动等方面都进行详细的检查并进行综合判断，达到确诊和最终排除故障的目的。

3．确定故障产生原因的方法

1）直观法

这是一种最基本的方法。直观法就是利用人的感官注意发生故障时的现象，并判断故障可能发生的部位。比如，发生故障时是否有响声、火花、亮光发生，有无焦糊味、发热等异常现象。进一步检查元器件、熔断器及可能发生故障的印制电路板，观察是否有烧焦、熏黑和元件断裂等，以进一步缩小检查范围。这是一种最基本、最简单的方法，但要求维修人员有一定的实践经验。

2）利用 CNC 系统自诊断功能

现代数控系统大多已经具备了较强的自诊断功能，能随时监视数控系统的软硬件工作状况。一旦发现异常，采用 CRT 或发光二极管显示报警信息和故障代码。利用数控系统的自诊断功能，也能显示出系统与主机之间接口信号的状态，从而判断出故障发生在机械部分还是数控系统部分。

3）利用状态显示诊断功能

状态显示是指数控系统和机床之间所传递的信号的状态显示。所有的数控系统和机床之间的指令信号和机床的反馈信号都是按一定的模式相互传递的，利用机床 PLC 诊断功能可有效判定故障部位或类型。

4）功能测试法

功能测试法是通过功能测试程序检查机床的实际动作来判别故障的一种方法。可以对数控系统的功能 G、M、S、T、F 功能进行测试；或用手工编程方法编制一个功能测试程序，并通过运行测试程序来检查机床执行这些功能的准确性和可靠性，进而判断出故障发生的原因。功能测试法常用场合如下：

（1）机床加工造成废品而一时无法确定是编程、操作不当，还是数控系统故障。

（2）数控系统出现随机性故障，一时难以区别是外来干扰，还是数控系统稳定性不好。

（3）闲置时间较长的数控机床再投入使用时，或对数控机床进行定期检修时。

5）同类对调法

同类对调法就是将 CNC 系统中具有相同功能的两块印制线路板、模块、集成电路芯片或元器件互相交换，观察故障现象是否随之转移。

6）部件替换法

现代数控系统大都采用了模块化设计，按功能不同划分为不同的模块。随着现代数控技术的发展，使用的集成电路的集成规模越来越大，技术也越来越复杂。按照常规的方法，很难将故障定位在一个很小的区域，部件替换法成为常用的故障判别方法之一。

部件替换法是在大致确认了故障范围，并确认外部条件完全相符的情况下，利用装置上同样的印制电路板、模块、集成电路芯片或元器件来替换有疑点部分的方法。该方法简单、易行、可靠，能把故障范围缩小到相应的部件上。

采用部件替换法来检查判断故障时应注意其使用范围。如果使用不当，也会带来许多麻烦，造成人为的故障。因此，必须正确认识和掌握部件替换法的使用范围和操作方法。

部件替换法应注意以下几个方面：

（1）低压电器的替换应注意电压、电流和其他有关技术参数，尽量用相同规格的替换。

（2）如果没有相同规格的电子元件，应采用技术参数相近的，而且主要参数最好能覆盖被替换的元件。

（3）拆卸时应做好记录，特别是接线较多的地方，应防止接线错误引起的人为故障。

（4）在有反馈环节的线路中，更换时要注意信号的极性，以防反馈错误引起其他故障。

（5）从其他设备上拆卸相同的备件替换时，要注意方法，不要在拆卸中造成被拆件的损坏。如果替换电路板，在新板换上前要检查一下使用的电压是否正常。

（6）在备件交换之前，应仔细检查和确认部件的外部工作条件。在线路中存在短路、过电压等情况时，切不可以轻易替换备件。

（7）当电路板上有跳线及桥接调整电阻、电容时，应调整到与原板相同方可替换。

（8）模块的输入、输出必须相同。以驱动器为例，互换时型号要相同，若不同则要考虑接口、功能的影响，避免故障扩大。

此外，在替换 CNC 系统的存储器或 CPU 板时，通常还要对数控系统进行某些特定的操作，如存储器的初始化操作等，并重新设定各种参数，否则数控系统不能正常工作。这些操作步骤应严格按照数控系统的操作说明书、维修说明书进行。

4．数控设备的现代维护模式

数控设备在使用过程中不可避免地会发生故障。为了预防设备故障，防患于未然，需要以先进的现代维护理论为指导，进行维护决策，制订维护计划，实施有效维护。传统的设备维护观念和手工作业手段的束缚，使得目前的数控设备维护缺乏先进高效的维护计划编制、反馈和控制手段，也缺乏对设备使用和维护的历史信息的跟踪管理，不能满足竞争日益激烈的现代制造系统的需求。

所谓现代维护模式，是以可靠性为中心的维护，是根据设备的可靠性状况、不同的故障模式及后果，以最少的维护资源消耗，运用逻辑分析法进行维护决策，制订维护计划，高效率地完成维护工作，使制造企业获得最大的经济效益。

采用合理的设备维护系统可以显著降低设备的维护和运营成本，如美国民航和军用飞机自从采用现代维护模式后，在不降低设备可靠性的前提下，其维护工作量大大减小，备件库存量下降 50%以上，维护费用直线下降，取得了良好的经济效益。故障诊断技术是实现数控机床预知、预测维护等先进维护模式的基础，也是实现数控机床高效运行的保证。

7.2 数控系统故障自诊断技术

7.2.1 数控机床自身硬件的自诊断

为了提高系统的可维护性，在现代数控系统中设置有众多的硬件报警指示装置，如在 NC 主板、各轴控制板、电源单元、主轴伺服驱动模块、各轴伺服驱动单元等部件上均有发光二极管或多段数码管，通过指示灯的亮与灭、数码管的显示状态（如数字编号、符号等）来为维修人员指示故障所在位置及其类型。因此，在处理数控系统故障过程中，如果直观法不能奏效，即从外观上很难判断问题所在，或 CRT 屏幕不能点亮（电源模块有故障）时，可以借助审视上述各报警指示装置，观察有无报警指示，然后根据指示查阅说明书，依照指示来处理故障。

这一方法，对于通用型的各类数控系统，如 FANUC、三菱、西门子系统，因其系统设计较为完善，已充分考虑到系统中最常见的可能故障形式，内置较多硬件报警指示装置，所以尤为见效。但这一方法，是以手头上有详尽的报警指示说明书为前提的。

7.2.2　数控系统自身软件的自诊断

现今的 CNC 系统都具有自诊断功能。在系统工作期间，能定时用自诊断程序对系统进行快速诊断。一旦检测到故障，立即将故障以报警的方式显示在 CRT 上或点亮面板上报警指示灯。而且这种自诊断功能还能将故障分类报警，如误操作报警、有关伺服系统的报警、设定错误报警、各种行程开关报警等。维修时，可根据报警内容提示来查找问题的症结所在。但这一方法，同样是以手头上有详尽的报警指示说明书为前提的。

常用的数控系统软件自诊断方法有：启动自诊断、在线自诊断和离线自诊断。

1. 启动诊断

启动诊断（Start-Up Diagnostics）是 CNC 系统每次从通电开始到进入正常运行准备状态为止，系统内部诊断程序自动执行的诊断。诊断的内容为系统中最关键的硬件和系统控制软件，如 CPU、存储器、I/O 单元等模块及 CRT/MDI 单元、纸带阅读机、软盘单元等装置或外部设备。

2. 在线诊断

在线诊断（On-Line Diagnostics）是指通过 CNC 系统的内装程序，在系统处于正常运行状态时，对 CNC 系统本身及与 CNC 装置相连的各个伺服单元、伺服电动机、主轴伺服单元、主轴电动机及外部设备等进行自动诊断、检查。一般来说，它包括接口显示、内部状态显示和故障信息显示三部分。

（1）接口显示。为了区分故障是发生在数控内部，还是发生在 PLC 或机床，有必要了解 CNC 和 PLC 或 CNC 和机床之间的接口状态。

（2）内部状态显示。① 由于外因造成不执行指令的状态显示；② 复位状态显示；③ TH 报警状态显示，即纸带水平和垂直校验，显示出报警时的纸带错误孔的位置；④ 磁泡存储器异常状态显示；⑤ 位置偏差量显示；⑥ 旋转变压器或感应同步器的频率检测结果显示；⑦ 伺服控制信息显示；⑧ 存储器内容显示等。

（3）故障信息显示的内容一般有上百条，最多可达 600 条。大多数信息都以报警号和适当注释的形式出现。一般可分成下述几大类：① 过热报警类；② 系统报警类；③ 存储器报警类；④ 编程/设定类，这类故障均为操作、编程错误引起的软故障；⑤ 伺服类，即与伺服单元和伺服电动机有关的故障报警；⑥ 行程开关报警类；⑦ 印制电路板间的连接故障类。

3. 离线诊断

离线诊断（Off-Line Diagnostics）的主要目的是故障导通和故障定位，力求把故障定位在尽可能小的范围内。现代 CNC 系统的离线诊断使用软件来完成，一般多与 CNC 系统控制软件一起存在于 CNC 系统中，这样维修诊断时更为方便。其主要功能包括：① 通信诊断，用户只需在 CNC 系统中将专用"通信接口"连接到普通电话线上，而在西门子公司维修中心的专用通信诊断计算机的"数据电话"也连接到电话线路上，然后由计算机向 CNC 系统发送诊断程序，并将测试数据输回到计算机进行分析并得出结论；② 自修复系统，系统能自动使故障模块脱机而接通备用模块，从而使系统较快地进入正常工作状态；③ 具有 AI（人工智能）功能的专家故障诊断系统，在处理实际问题时，通过具有某个领域专门知识的专家进行分析和解释数据并做出决定；专家系统利用具有专家推理方法的计算机模型来解决问题，并且得到的结论与专家相同。

7.2.3 数控机床外部信号的自诊断

1．利用状态显示的诊断功能

现代数控系统不但能将故障诊断信息显示出来，而且能以诊断地址和诊断数据的形式提供诊断的各种状态。以 FANUC 系统为例，系统提供指示系统与机床之间接口的 I/O 信号状态，或 PC 与 CNC 装置之间、PC 与机床之间接口的 I/O 信号状态"D"（Diagnosis Parameter）参数，也就是说，可以利用 CRT 画面的状态显示来检查数控系统是否将信号输入机床，或是机床侧各种主令开关、行程开关等通断触发的开关信号是否按要求正确输入数控系统中。总之，通过列出上述状态情况，可将故障区分出是在机床一侧还是右数控系统一侧，从而可将故障锁定在某一元件上，进而解决问题。这一切都得益于系统提供完善的状态显示功能，为故障诊断打开了一扇明了的"窗口"。运用这一方法，对诊断动作复杂机构的故障，如换刀机构，起到极大作用。它也是诊断故障的基本方法之一，但使用的前提是系统提供状态显示功能。

2．发生故障时，应及时核对数控系统参数

系统参数变化会直接影响机床的性能，甚至使机床发生故障，整机不能正常工作。在设计和制造数控系统时，虽已考虑到系统的可靠性问题，但不可能排除外界的一切干扰，而这些干扰有可能引起存储器内个别参数的变化。同时，人为误操作使得系统参数变更也是可能的，编者在工作中，就碰到过因误操作使得系统出现动作异常的情况。所以，在诊断故障的过程中，如果尝试上述几项方法后问题仍不能得到解决，则可以核对系统参数，看是否是由参数变更而导致的，这类故障称为"软"故障。

3．伺服系统的诊断方法

采用发光二极管来揭示故障可能产生的原因，如过热报警、过流报警、过压报警、欠压报警、I_{2t} 值监控（用于电源电路）等。

7.3 数控机床的故障诊断

7.3.1 数控机床的机械故障诊断

1．数控机床主传动系统故障诊断与维修

机床主传动系统主要包括主轴部件、主轴箱和调速主轴电动机。其中主轴部件包括主轴、主轴轴承、工件或刀具自动松夹机构，对加工中心还包括主轴定向准停机构等。主轴箱内除主轴部件外，对标准型数控机床还有齿轮或带轮自动变速机构，与无级调速的主轴伺服电动机配合达到扩大变速范围的目的。

1）主传动链的维护

（1）熟悉数控机床主传动链的结构、性能和主轴调整方法，严禁超性能使用。当出现不正常现象时，应立即停机排除故障。

（2）使用带传动的主轴系统，应定期调整主轴驱动带的松紧程度，防止因带打滑造成的丢转现象。

（3）注意观察主轴箱温度，检查主轴润滑恒温油箱，调节温度范围，防止各种杂质进入油箱，及时补充油量。每年更换一次润滑油，并清洗过滤器。

（4）经常检查压缩空气气压，调整到标准要求值，足够的气压才能使主轴锥孔中的切屑和灰尘清理干净，保持主轴与刀柄连接部位的清洁。主轴中刀具夹紧装置长时间使用后，会产生间隙，影响刀具的夹紧，因此需要及时调整液压缸活塞的位移量。

（5）对采用液压系统平衡主轴箱重量的结构，需要定期观察液压系统的压力。当油压低于要求值时，要及时调整。

2）主传动系统的常见故障及排除方法

数控机床对主轴要求在很宽范围内转速连续可调，恒功率范围宽。

主传动常见的故障如表 7-2 所示。

表 7-2　主传动常见故障诊断

序号	故障现象	故障原因	排除方法
1	主轴发热	主轴轴承伤或轴承不清洁	更换轴承，清除脏物
		主轴前端盖与主轴箱体压盖研伤	修磨主轴前端盖，使其压紧主轴前轴承，轴承与后盖有 0.02～0.05 mm 间隙
		轴承润滑油脂耗尽或涂抹太多	涂抹润滑油脂，每个 3 ml
2	主轴在强力切削时停转	电动机与主轴连接的皮带过松	移动电动机机座，拉紧皮带，然后将电动机机座重新锁紧
		皮带表面过油	用汽油清洗后擦干净，再装上
		皮带使用过久失效	更换新皮带
		摩擦离合器调整过松或磨损	调整摩擦离合器，修磨或更换摩擦片
3	主轴噪声	缺少润滑	涂抹润滑油脂，保证每个轴承涂抹润滑脂量不超过 3 ml
		小带轮与大带轮传动不平稳	带轮上的平衡块脱落，重新进行动平衡
		齿轮啮合间隙不均匀或齿轮损坏	调整啮合间隙或更换新齿轮
		传动轴承损坏或传动轴弯曲	修复或更换轴承，校直传动轴
4	主轴没有润滑油循环或润滑不足	油泵转向不正确或间隙太大	改变轴承转向或修理油泵
		吸油管没有插入油箱的油面下面	将吸油管插入油面以下 2/3 处
		油管和滤油器堵塞	清除堵塞物
		润滑油压力不足	调整供油压力

3）主传动系统故障维修举例

【工程实例 7-1】　数控机床主传动系统主轴定位不良的故障维修

故障现象：加工中心主轴定位不良，引发换刀过程发生中断。

分析及处理过程：某数控加工中心主轴定位不良，引发换刀过程发生中断。开始时，出现的次数不是很多，重新开机后又能工作，但故障反复出现。在故障出现后，对机床进行了仔细观察，发现故障的真正原因是主轴在定向后发生位置偏移，且主轴在定位后如用手碰一下（和工作中在换刀时当刀具插入主轴时的情况相近），主轴则会产生相反方向的漂移。检查电气单元无任何报警，该机床的定位采用的是编码器，从故障的现象和可能发生的部位来看，电气部分出现故障的可能性比较小；机械部分又很简单，最主要的是连接，所以决定检查连接部分。在检查到编码器的连接时，发现编码器上连接套的紧定螺钉松动，使连接套后退造成与主轴的连接部分间隙过大，从而使旋转不同步。将紧定螺钉按要求固定好后故障消除。

注意：当发生主轴定位方面的故障时，应根据机床的具体结构进行分析处理。先检查电气部分，确认正常后再考虑机械部分。

2. 进给部件故障诊断

1）滚珠丝杠螺母副的维护与故障诊断

滚珠丝杠副是进给传动的主要部件，其运行正常与否，直接影响工件的加工质量。

滚珠丝杠螺母副的日常维护如下。

（1）轴向间隙的调整。为了保证反向传动精度和轴向刚度，必须消除轴向间隙。双螺母滚珠丝杠副消除间隙的方法是，利用两个螺母的相对轴向位移，使两个滚珠螺母中的滚珠分别贴紧在螺旋滚道的两个相反的侧面上。当用这种方法预紧来消除轴向间隙时，应注意预紧力不宜过大，预紧力过大会使空载力矩增大，从而降低传动效率，缩短使用寿命。此外，还要消除丝杠安装部分和驱动部分的间隙。常用的双螺母丝杠消除间隙的方法有：① 垫片调隙式；② 螺纹调隙式；③ 齿差调隙式。

（2）支承轴承的定期检查。应定期检查丝杠支承与床身的连接是否松动和支承轴承是否损坏等。如有以上问题，要及时紧固松动部位并更换支承轴承。

（3）滚珠丝杠副的润滑。润滑剂可提高耐磨性及传动效率。润滑剂可分为润滑油和润滑脂两大类。润滑油一般为全损耗系统用油，润滑脂可采用锂基润滑脂。润滑脂一般加在螺纹滚道和装螺母的壳体空间内，而润滑油则经过壳体上的油孔注入螺母的空间内。每半年对滚珠丝杠上的润滑脂更换一次，清洗丝杠上的旧润滑脂，涂上新的润滑脂。用润滑油润滑的滚珠丝杠副，可在每次机床工作前加油一次。

（4）滚珠丝杠的防护。滚珠丝杠副和其他滚动摩擦的传动元件一样，应避免硬质灰尘或切屑污物进入，因此，必须装有防护装置。如果滚珠丝杠副在机床上外露，应采用封闭的防护罩，如采用螺旋弹簧钢带套管、伸缩套管和折叠式套管等。安装时将防护罩的一端连接在滚珠螺母的端面，另一端固定在滚珠丝杠的支承座上。如果处于隐蔽的位置，则可采用密封圈防护，密封圈装在螺母的两端。接触式的弹性密封圈用耐油橡胶或尼龙制成，其内孔做成与丝杠螺纹滚道相配的形状，接触式密封圈的防尘效果好，但由于存在接触压力，使摩擦力矩略有增加。非接触式密封圈又称为迷宫式密封圈，它用硬质塑料制成，其内孔与丝杠螺纹滚道的形状相反，并稍有间隙，这样可避免摩擦力矩，但防尘效果差。工作中应避免碰击防护装置，防护装置一旦有损坏应及时更换。

滚珠丝杠螺母副的定期维护如下。

（1）定期检查、调整丝杠螺母副的轴向间隙，保证反向传动精度和轴向刚度。

（2）定期检查丝杠支承与床身的连接是否松动和支承轴承是否损坏。如果有以上问题，要及时紧固松动部位，更换支承轴承。

（3）采用润滑脂润滑的滚珠丝杠，每半年清洗一次丝杠上的旧润滑脂，换上新的润滑脂。用润滑油润滑的滚珠丝杠，每次机床工作前加油一次。

（4）注意避免硬质灰尘或切屑进入丝杠防护罩和工作中碰击防护罩，防护装置一旦有损坏要及时更换。

滚珠丝杠副的故障诊断见表 7-3。

表 7-3　滚珠丝杠副的故障诊断

序号	故 障 现 象	故 障 原 因	排 除 方 法
1	滚珠丝杠螺母副有噪声	丝杠支承轴承的压盖压合情况不好	调整轴承压盖，使其压紧轴承端面
		丝杠支承轴承可能损坏	如果轴承损坏，可更换轴承
		电动机与丝杠联轴器松动	拧紧联轴器锁紧螺钉
		丝杠润滑不良	改善润滑条件，使润滑油量充足
		滚珠丝杠螺母副滚珠有破损	更换新滚珠
2	滚珠丝杠运动不灵活	轴向预加载荷太大	调整轴向间隙和预加载荷
		丝杠与导轨不平行	调整丝杠支座的位置，使丝杠与导轨平行
		螺母轴线与导轨不平行	调整螺母座的位置
		丝杠弯曲变形	校直丝杠
3	滚珠丝杠螺母副传动不良	滚珠丝杠螺母副润滑状况不良	用润滑脂润滑的丝杠需要移动工作台，取下套罩，涂上润滑脂
4	加工曲面有刀痕	各轴反向间隙过大	调整各轴反向间隙

2）导轨副的维护与故障诊断

（1）导轨副的维护

① 间隙调整。对于导轨副的维护，很重要的一项工作是保证导轨面之间具有合理的间隙。

② 滚动导轨的预紧。为了提高滚动导轨的刚度，对滚动导轨应预紧。预紧可提高接触刚度和消除间隙。在立式滚动导轨上，预紧可防止滚动体脱落和歪斜。

③ 导轨副的润滑。在导轨面上进行润滑后，可减小摩擦系数，减小磨损，并可防止导轨面锈蚀。导轨常用的润滑剂有润滑油和润滑脂，前者用于滑动导轨，而对于滚动导轨，两种润滑剂都使用。导轨面上进行润滑最简单的方法是人工定期加油或用油杯供油。这种方法简单、成本低，但不可靠，一般用于调节或辅助导轨及运动速度低、工作不频繁的滚动导轨。对运动速度较高的导轨大多采用润滑泵润滑，并有专门的供油系统。

④ 导轨的防护。为了防止切屑、磨粒或冷却液散落在导轨面上而引起磨损、擦伤和锈蚀，导轨面上应有可靠的防护装置。常用的刮板式、卷帘式和叠层式防护罩，大多用在长导轨上。在机床使用过程中，应防止损坏防护罩，叠层式防护罩应经常用刷子蘸机油清理其移动接缝。

（2）导轨副的故障诊断

表 7-4 为导轨副的故障诊断方法。

表 7-4　导轨副故障诊断

序号	故障现象	故 障 原 因	排 除 方 法
1	导轨研伤	机床经长时间使用，地基与床身水平度有变化，使得导轨局部单位面积负荷过大	定期进行床身导轨的水平调整，或者修复导轨精度
		长期加工短工件或承受过分集中的负荷，使得导轨局部磨损严重	注意合理分布短工件的安装位置，避免负荷过分集中
		导轨润滑不良	调整导轨润滑油量，保证润滑油压力
		导轨材质不佳	采用电加热自冷淬火对导轨进行处理，导轨上增加锌铝铜合金板，以改善摩擦情况

（续表）

序号	故障现象	故障原因	排除方法
1	导轨研伤	刮研质量不符合要求	提高刮研修复质量
		机床维护不良，导轨里面落入脏物	调整导轨润滑油量，保证润滑油压力
2	导轨上移动部件运动不良或不能移动	导轨面研伤	用 170″ 砂布修磨导轨面上的研伤部分
		导轨压板研伤	卸下压板，调整压板与导轨间隙
		导轨镶条与导轨间隙太小，调得太紧	松开镶条防松螺钉，调整镶条螺栓，使得运动部件运动灵活，但保证 0.03 mm 的塞尺不得塞入，然后锁紧防松螺钉
3	加工面接刀处不平	导轨直线度超差	调整或刮研导轨允差 0.015/500
		工作台镶条松动或镶条弯度太大	调整镶条间隙，镶条弯度在自然状况下小于 0.05 mm/全长
		机床水平度差，使得导轨发生弯曲	调整机床安装水平度，保证平行度和垂直度 0.02 mm/1000 mm

3）进给系统故障维修举例

【工程实例 7-2】　进给轴频繁报警的故障维修

　　故障现象： 一台配套 FAGOR 8025MG，型号为 XK5038—1 的数控机床，机床频繁出现进给轴报警，多则一天一次，少则 5～6 天一次，停机断电半小时后开机又正常。

　　分析及处理过程： 根据故障现象，判断电气连接有问题。先查供电，将机床停下用万用表测伺服电源 BUG 电压正常，+24 V 供电正常；再查控制线路，CNC 到 PLC、到 X 轴伺服单元电缆接连良好，X 轴伺服到 X 轴电动机电缆正常；测电动机也无断路、短路、发热现象，故确认电气无问题。再查机械传动，用手拧 X 轴丝杠，转动轻松、灵活，无阻滞、卡死现象，则判断机械应该没问题。鉴于伺服断电半小时后开机又正常，有时几天不报警，故判断伺服及电动机不应有大问题，检查陷入困境。因任务紧，机床暂时带病工作。后加工时无意中测量一控制变压器进线 380 V 电压，发现只有 290 V，比正常值低 90 V 左右，且不稳定；跟踪查到电柜总空气开关，测开关进线电压正常，开关出线有两线线电压偏低且波动较大；机床各轴停下时，电压又上升至 380 V 左右。至此，故障根源终于找到。停电拆下总空气开关，发现有一触点烧蚀，造成接触不良。机床不加工时，总电流小，空气开关不良触点压降小，看上去供电正常，不易察觉；机床切削加工时，总电流大，不良触点压降相应增大，造成伺服单元电源不正常而报警停机。

3. 自动换刀部件故障诊断

1）刀库与换刀机械手的维护要点

（1）严禁把超重、超长的刀具装入刀库，防止在机械手换刀时掉刀或刀具与工件、夹具等发生碰撞。

（2）顺序选刀方式必须注意刀具放置在刀库中的顺序要正确，其他选刀方式也要注意所换刀具是否与所需刀具一致，防止换错刀具导致事故发生。

（3）用手动方式往刀库上装刀时，要确保装到位、装牢靠，并检查刀座上的锁紧装置是否可靠。

（4）经常检查刀库的回零位置是否正确，检查机床主轴回换刀点位置是否到位，发现问题要及时调整否则不能完成换刀动作。

（5）要注意保持刀具刀柄和刀套的清洁。

（6）开机时，应先使刀库和机械手空运行，检查各部分工作是否正常，特别是行程开关和电磁阀能否正常动作、检查机械手液压系统的压力是否压常，刀具在机械手上锁紧是否可靠，发现不正常时应及时处理。

2）刀库与换刀机械手的故障诊断

刀架、刀库及换刀常见故障及排除如表7-5所示。

表 7-5　刀架、刀库及换刀常见故障及排除

序号	故障现象	故障原因	排除方法
1	普通刀架不能锁紧	刀架反转信号没有输出	检查线路是否有误
		刀架锁紧时间过短	增加锁紧时间
		机械故障	重新调整机械部分
2	刀具交换时掉刀	换刀时主轴箱没有回到换刀点或换刀点漂移；机械手抓刀时没有到位就开始拔刀	重新操作主轴箱运动，使其回到换刀点位置，重新设定换刀点
3	刀库换刀动作不能完成	松刀感应开关或电磁阀损坏或失灵	更换松刀感应开关或电磁阀
		压力不足，液压系统出现问题，液压缸因液压系统压力不足或漏油而不动作，或行程不到位	检查液压系统
		PLC调试出错，换刀条件不满足	重新调试PLC，观察PLC的输入/输出状态
		主轴系统出错	主轴驱动器是否报错
4	刀具夹紧后不能松开，主轴刀柄取不下来	松刀力不够	调整机械部分
		气液压阀松或者拉力气缸损坏	维修或更换
		拉杆行程不够或者拉杆位置变动	调整机械部分
		7：24锥为自锁与非自锁的临界点	重新调整
		刀具松夹弹簧过紧	调整刀具松夹弹簧
		液压缸压力和行程不够	对液压缸进行检查
5	刀具不能夹紧主轴，不能拉上刀柄	拉杆行程不够	对拉杆进行调整
		松刀接近开关位置变动	调整接近开关的位置
		拉杆头部损坏	更换拉杆
		阀未动作、卡死或者未上电	检查阀是否有动作或有电输出
		拉紧螺钉	拉紧螺钉并更换
		碟形弹簧位移量太小	调整碟形弹簧
		刀具夹紧弹簧上螺母松动	紧固螺钉

4. 液压与气压传动系统的故障诊断

1）液压传动系统

液压系统的维护如下：

（1）定期对油箱内的油液进行取样化验，检查油液质量，定期过滤或更换油液。

（2）定期检查冷却器和加热器的工作性能，控制液压系统中油液的温度在标准要求之内。

（3）定期检查、更换密封件，防止液压系统泄漏。

（4）定期检查、清洗或更换液压件、滤芯，定期检查清洗油箱和管路。

严格执行日常点检制度，检查系统的泄漏、噪声、振动、压力和温度等是否正常，将故障排除在萌芽状态。

2）气动传动系统

气动传动系统的维护如下：

（1）选用合适的过滤器，清除压缩空气中的杂质和水分。

（2）注意检查系统中油雾器的供油量，保证空气中含有适量的润滑油来润滑气动元件，以防止因生锈、磨损而造成的空气泄露和元件动作失灵。

（3）定期检查、更换密封件，保持系统的密封性。

（4）注意调节工作压力，保证气动装置具有合适的工作压力和运动速度。

（5）定期检查、清洗或更换气动元件、滤芯。

经验总结【7-1】　数控机床机械故障诊断及处理技巧

（1）动作性故障。动作性故障主要指机床各执行部件动作故障，如刀具夹不紧或松不开，刀库刀盘不能定位或不能被松开，旋转工作台不转等，这类故障一般有报警提示。诊断这类故障，需要根据报警提示的内容和执行部件的动作原理及顺序进行相关的检查，找到故障点后对产生故障点的零部件进行修复或更换即可。

（2）功能性故障。功能性故障主要指工件加工精度方面的故障，表现在加工精度差，运动方向误差大，机床无任何报警显示。诊断这类故障，必须从不合格零件的特征，或运动误差大小的程度及误差的特点，从运动传动的原理及传动链的传动副的特点等来分析可能的原因，进而有针对性地进行一些检查，从中找出故障原因。

（3）结构性故障。主要指主轴电动机发热，运行噪声大，速度不稳定，切削时产生振动等，这类故障主要与主轴安装、润滑、挡位、动平衡和轴承有关，找出故障点，进行相应的处理即可。

7.3.2　数控机床位置检测装置故障诊断

数控机床伺服系统最终是以位置控制为目的的。对于闭环控制的伺服系统，位置检测元件的精度将直接影响到机床的位置精度。目前，闭环控制的位置检测元件多用光栅尺，半闭环控制的位置检测元件多用光电编码器、测速机。当位置控制出现故障时，一般在CRT上显示报警号及报警信息。

1．光栅尺

1）防污

光栅尺由于直接安装于工作台和机床床身上，因此，极易受到冷却液的污染，从而造成信号丢失，影响位置控制精度。

（1）冷却液在使用过程中会产生轻微结晶，这种结晶在扫描头上形成一层薄膜且透光性差，不易清除，故在选用冷却液时要慎重。

（2）加工过程中，冷却液的压力不要太大，流量不要过大，以免形成大量的水雾进入光栅尺。

（3）光栅尺最好通入低压压缩空气（105 Pa左右），以免扫描头运动时形成的负压把污物吸入光栅尺。压缩空气必须净化，滤芯应保持清洁并定期更换。

（4）光栅尺上的污物可以用脱脂棉蘸无水酒精轻轻擦除。

2）防振

光栅尺拆装时要用静力，不能用硬物敲击，以免引起光学元件的损坏。

【工程实例7-3】 某加工中心光栅尺故障的故障维修

故障现象： 某配套 SIEMENS 8M 系统的进口加工中心，出现 114# 报警，手册提示为 *Y* 轴测量有故障，电缆损坏或信号不良。

分析及处理过程： 该机床检测元件采用海德汉直线光栅尺，根据故障内容查 *Y* 轴电缆正常。为了判断光栅尺是否正常，将 *Y* 轴光栅尺插到与其能配用的光栅尺数显表上通电，用手转动 *Y* 轴丝杠，发现 *Y* 轴坐标不变，则说明光栅尺有故障。拆下该光栅尺，发现一光电池线头脱落；重新焊接好后，通电检查，数显表显示跟随光栅尺变化；再将光栅尺装回机床，开机报警消除，机床恢复正常。

2．光电脉冲编码器

编码器的维护主要注意如下两个问题。

（1）防振和防污。由于编码器是精密测量元件，使用环境和拆装时要与光栅尺一样注意防振和防污问题。污染容易造成信号丢失，振动容易使编码器内的紧固件松动脱落，造成内部电源短路。

（2）连接松动。脉冲编码器用于位置检测时有两种安装形式：一种是与伺服电动机同轴安装，称为内装式编码器，如西门子 1FT5、1FT6 伺服电动机上的 ROD320 编码器；另一种是将编码器安装于传动链末端，称为外装式编码器，当传动链较长时，这种安装方式可以减小传动链累积误差对位置检测精度的影响。不管是哪种安装方式，都要注意编码器连接松动的问题。因为连接松动，往往会影响位置控制精度。另外，在有些交流伺服电动机中，内装式编码器除了位置检测外，同时还具有测速和交流伺服电动机转子位置检测的作用，如三菱 HA 系列交流伺服电动机中的编码器。因此，编码器连接松动还会引起进给运动的不稳定，影响交流伺服电动机的换向控制，从而引起机床的振动。

【工程实例7-4】 数控机床产生飞车的故障维修

故障现象： 所谓飞车是指机床的速度失控。该机床伺服系统为西门子 6SC610 驱动装置，采用 1FT5 交流伺服电动机。在机床运行中，*X* 进给轴很快从低速升到高速，产生速度失控报警。

故障分析： 在排除数控系统、驱动装置和速度反馈等故障因素后，将故障定位在位置检测装置。经检查，编码器输出电缆及连接器均正常，拆开编码器（ROD320），发现一紧固螺钉脱落，造成 +5 V 与接地端之间短路，编码器无信号输出，数控系统位置环处于开环状态，从而引起速度失控的故障。

故障处理： 重装紧固螺钉，并检查所有的连接件，故障消除。

3．感应同步器

感应同步器是一种电磁感应式的高精度位移检测元件，它由定尺和滑尺两部分组成且相对平行安装。定尺和滑尺上的绕组均为矩形绕组，其中定尺绕组是连续的，滑尺上分布着两个励磁绕组，即正弦绕组和余弦绕组，分别接入交流电。对感应同步器的维护应注意如下几点：

（1）安装时，必须保持定尺和滑尺相对平行，且定尺固定螺栓不得超过尺面，调整间隙在 0.09～0.15 mm 为宜。

（2）不要损坏定尺表面耐切削液涂层和滑尺表面带绝缘层的铝箔，否则会腐蚀厚度较小的电解铜箔。

（3）接线时要分清滑尺的正弦绕组和余弦绕组，其阻值基本相同，这两个绕组必须分别接入励磁电压。

4．旋转变压器

对旋转变压器的维护应注意如下几点：

（1）接线时，定子上有相等匝数的励磁绕组和补偿绕组，转子上也有相等匝数的正弦绕组和余弦绕组，但转子和定子的绕组阻值却不同，一般定子电阻阻值稍大，有时补偿绕组自行短接或接入一个阻抗。

（2）由于结构上与绕线转子异步电动机相似，因此，炭刷磨损到一定程度后要更换。

5．磁栅尺

对磁栅尺的维护应注意如下几点：

（1）不能将磁性膜刮坏，防止铁屑和油污落在磁性标尺和磁头上，要用脱脂棉蘸酒精轻轻地擦其表面。

（2）不能用力拆装或撞击磁性标尺和磁头，否则会使磁性减弱或使磁场紊乱。

（3）接线时要分清磁头上激磁绕组和输出绕组，前者绕在磁路截面尺寸较小的横臂上，后者绕在磁路截面尺寸较大的竖杆上。

6．位置检测装置的故障诊断举例

【工程实例7-5】 **FANUC 3M Z 轴报警故障**

某数控立式铣床配备 FANUC 3M 数控系统，位置检测装置为与伺服电动机同轴连接的编码器。

故障现象： 在运行过程中 Z 轴产生 31 号报警。

故障分析及处理： 查维修手册，31 号报警为误差寄存器内容大于规定值，根据 31 号报警提示，将误差寄存器的设定极限值放大，也就是将对应的参数由 2000 改为 5000，然后用手摇脉冲发生器给 Z 轴发移动指令，又发生 32 号报警。32 号报警表示误差寄存器的内容超过 ±32 767，或数模转换指令值超过了 −8192 ～ +8191 的范围，这种故障需要检查系统的位置偏差。

误差寄存器是用来存放指令值和反馈值之差的。当位置检测装置或位置控制单元发生故障时，就会引起误差寄存器的超差，为此，将故障定位在位置控制装置上。位置控制信号可以用诊断号 800（X 轴）、801（Y 轴）、802（Z 轴）来诊断。将三个诊断号调出，用手摇脉冲发生器分别给各轴发出指令，观察其变化。给 X、Y 轴发出指令，位置偏差变化的过程与机床的移动是一致的。给 Z 轴发出指令，偏差不消失。进一步定位故障是在 Z 轴控制单元还是在编码器上，采用交换法，将 Z 轴和 Y 轴驱动装置和反馈信号同时互换，发现同样的故障现象出现在 Y 轴上，这说明 Z 轴控制单元没问题，故障出现在与 Z 轴伺服电动机同轴连接的编码器上。

（1）检查位置检测元件是否损坏或松动，若损坏，则换新的元件或拧紧该元件。

（2）检查位置检测元件的接线有没有断开或短路现象，若有，则应及时处理。

（3）检查位置检测元件是否有脏物，若有，则应及时清除，尤其是光栅尺和接近开关等。

7.3.3　数控机床伺服系统故障诊断

1. 主轴伺服系统故障诊断

数控机床对主轴的要求是在很宽的范围内转速连续可调，且恒功率调速范围宽。主轴驱动变速目前主要有两种形式：一是主轴电动机带齿轮换挡，目的在于降低主轴转速，增大传动比，放大主轴功率以适应切削的需要；二是主轴电动机通过同步齿形带或皮带驱动主轴，该类主轴电动机又称为宽域电动机或强切削电动机，具有恒功率调速范围宽的特点。

1）常用主轴伺服系统介绍

（1）FANUC 公司主轴伺服系统

从 20 世纪 80 年代开始，该公司已使用了交流主轴伺服系统，直流伺服系统已被交流伺服系统所取代。目前，三个系列的交流主轴电动机为：S 系列电动机，额定输出功率范围为 1.5～37 kW；H 系列电动机，额定输出功率范围为 1.5～22 kW；P 系列电动机，额定输出功率范围为 3.7～37 kW。该公司交流主轴伺服系统的特点为：① 采用微处理器控制技术，进行矢量计算，从而可实现最佳控制；② 主回路采用晶体管 PWM 逆变器，使电动机电流非常接近正弦波形；③ 具有主轴定向控制、数字和模拟输入接口等功能。

（2）SIEMEN 公司主轴伺服系统

SIEMENS 公司生产的直流主轴电动机有 IGG5、IGF5、IGL5 和 IGH5 四个系列，与这四个系列电动机配套的 6RA24、6RA27 系列伺服系统，采用晶闸管控制。

20 世纪 80 年代初期，该公司又推出了 IPH5 和 IPH6 两个系列的交流主轴电动机，功率范围为 3～100 kW。伺服系统为 6SC650 系列交流主轴伺服系统或 6SC611A（SIMODRIV611A）主轴伺服系统，主回路采用晶体管 SPWM 变频控制的方式，具有能量再生制动功能。另外，采用微处理器 80186 可进行闭环转速、转矩在制动磁场计算，从而完成矢量控制。通过选件实现 C 轴进给控制，在不需要 CNC 的帮助下，实现主轴的定位控制。

2）主轴伺服系统的故障形式及诊断方法

当主轴伺服系统发生故障时，通常有三种表现形式：一是在 CRT 或操作面板上显示报警内容或报警信息；二是在主轴驱动装置上用报警灯或数码管显示主轴驱动装置的故障；三是主轴工作不正常，但无任何报警信息。主轴伺服系统常见的故障如下：

（1）外界干扰

由于电磁干扰、屏蔽和接地措施不良，主轴转速指令信号或反馈信号会受到干扰，使主轴驱动出现随机和无规律性的波动。判别有无干扰的方法是：当主轴转速指令为零时，主轴仍往复转动，调整零速平衡和漂移补偿也不能消除故障。

（2）过载

切削用量过大，频繁正反转等均可引起过载报警。具体表现为主轴电动机过热、主轴伺服系统显示过电流报警等。

（3）主轴定位抖动

主轴准停用于刀具交换、精镗退刀及齿轮换挡等场合，有三种实现方式：

① 机械准停控制。由带 V 形槽的定位盘和定位用的液压缸配合动作。

② 磁性传感器的电气准停控制，将发磁体安装在主轴后端，磁传感器安装在主轴箱上，其安装位置决定了主轴的准停点，发磁体和磁传感器之间的间隙为（1.5±0.5）mm。

③ 编码器型的准停控制。通过主轴电动机内置安装或在机床主轴上直接安装一个光电编码器来实现准停控制，准停角度可任意设定。

上述准停均要经过减速的过程，如果减速或增益等参数设置不当，则均可引起定位抖动。

（4）主轴转速与进给不匹配

当进行螺纹切削或用每转进给指令切削时，会出现停止进给、主轴仍继续运转的故障。要执行每转进给的指令，主轴必须有每转一个脉冲的反馈信号，一般情况下是主轴编码器有问题。可用以下方法来确定：① CRT 画面有报警显示；② 通过 CRT 调用机床数据或 I/O 状态，观察编码器的信号状态；③ 用每分钟进给指令代替每转进给指令来执行程序，观察故障是否消失。

（5）转速偏离指令值

当主轴转速超过技术要求所规定的范围时，要考虑：① 电动机过载；② CNC 系统输出的主轴转速模拟量（通常为 0～±10 V）没有达到与转速指令对应的值；③ 测速装置有故障或速度反馈信号断线；④ 主轴驱动装置故障。

（6）主轴异常噪声及振动

首先要区别异常噪声及振动是发生在主轴机械部分，还是发生在电气驱动部分。区别方法：① 在减速过程中发生，一般是由驱动装置造成的，如交流驱动中的再生回路故障；② 在恒转速时产生，可通过观察主轴电动机自由停车过程中是否有噪声和振动来区别，若存在，则主轴机械部分有问题；③ 检查振动周期是否与转速有关，若无关，一般是主轴驱动装置未调整好，若有关，则应检查主轴机械部分是否良好，测速装置是否不良。

（7）主轴电动机不转

CNC 系统至主轴驱动装置除了转速模拟量控制信号外，还有使能控制信号，一般为 DC+24 V 继电器线圈电压。① 检查 CNC 系统是否有速度控制信号输出，检查使能信号是否接通；② 通过 CRT 观察 I/O 状态，分析机床 PLC 梯形图（或流程图），以确定主轴的启动条件，如润滑、冷却等是否满足；③ 主轴驱动装置故障；④ 主轴电动机故障。

3）直流主轴驱动的故障诊断

由于直流调速性能的优越性，直流主轴电动机在数控机床的主轴驱动中得到了广泛应用，主轴电动机驱动多采用晶闸管调速的方式。

（1）控制回路

控制回路采用电流反馈和速度反馈的双闭环调速系统，其中内环是电流环，外环是速度环。主轴电动机为他励式直流电动机，励磁绕组与电枢绕组无连接关系，由另一路直流电源供电。

双闭环调速系统的特点是，速度调节器的输出作为电流调节器的给定信号来控制电动机的电流和转矩。其优点在于，可以根据速度指令的模拟电压信号与实际转速反馈电压的差值及时控制电动机的转矩，在速度差值大时，电动机转矩大，速度变化快，以便尽快地使电动机的转速达到给定值；而当转速接近给定值时，又能使电动机的转矩自动减小，这样可以避免过大的超调，使转速很快达到给定值，保证转速稳态无静差。电流环的作用是，当系统受到外来干扰时，能迅速做出抑制干扰的响应，保证系统具有最佳的加速和制动的时间特性。另外，双闭环调速系统以速度调节器的输出作为电流调节器的输入给定值，速度调节器的输出限幅值就限定了电流环中的电流。在电动机启动或制动过程中，电动机转矩和电枢电流急剧增加，电枢电流达到限定值，使电动机以最大转矩加速，转速直线上升。当电动机的转速达到甚至超过了给定值时，速度反馈电压大于速度给定电压，速度调节器的输出从限幅值降下来，它作为电流调节器的输入给定值将使电枢电流下降，随之电动机的转矩也将下降，开始减速。当电动机的转矩小于负载转矩时，电动机又会加速直到重新回到速度给定值，因此双闭环直流调速系统对主轴的快速启停和保持稳定运行等功能是很重要的。

磁场控制回路由励磁电流设定回路、电枢电压反馈回路及励磁电流反馈回路组成，二者的输出信号经比较后控制励磁电流。以FANUC 直流主轴电动机为例，当电枢电压低于 210 V，电枢反馈电压低于 6.2 V 时，磁场控制回路中电枢电压反馈相当于开路不起作用，只有励磁电流反馈作用，维持励磁电流不变，实现调压调速；当电枢电压高于 210 V，电枢反馈电压高于 6.2 V 时，此时励磁电流反馈相当于开路不起作用，而引入电枢反馈电压。随着电枢电压的稍许提高，调节器即对磁场电流进行弱磁升速，使转速上升。这样，通过速度指令，电动机转速从最小值到额定值对应电动机电枢的调压调速，实现恒转矩控制，从额定值到最大值对应电动机励磁电流减小的调压调速，实现恒功率控制。

直流主轴驱动装置一般具有速度到达和零速检测等辅助信号输出，同时还具有速度反馈消失、速度偏差过大、过载及失磁等多项报警保护措施，以确保系统安全可靠工作。

（2）主电路

数控机床直流主轴电动机由于功率较大，且要求正反转及停止迅速，故驱动装置往往采用三相桥式反并联逻辑无环流可逆调速系统，这样在制动时，除了缩短制动时间外，还能将主轴旋转的机械能转换成电能送回电网。

逻辑无环流可逆系统是利用逻辑电路，使一组晶闸管在工作时，另一组晶闸管的触发脉冲被封锁，从而切断正反两组晶闸管之间流通的电流（俗称环流）。

命令级电路的作用是防止正反向两组晶闸管同时导通，它要检测电枢电路的电流是否到达零值，判别旋转方向命令，向逻辑电路提供正组或反组晶闸管允许开通信号，这两个信号是互斥的，由逻辑电路保证不同时出现。

逻辑电路必须保证系统满足下列条件：① 只允许向一组晶闸管提供触发脉冲；② 只有当工作的那一组晶闸管断流后才能撤销其触发脉冲，以防止晶闸管处于逆变状态时，未断流就撤销触发脉冲，以致出现逆变颠覆现象，造成故障；③ 只有当原先工作的那一组晶闸管完全关断后，才能向另一组晶闸管提供触发脉冲，以防止出现过大的电流；④ 任何一组晶闸管导通时，要防止晶闸管输出电压与电动机电动势方向一致，导致电压相加，使瞬时电流过大。

逻辑无环流可逆调速系统除了用在数控机床直流主轴电动机的驱动外，还可用在功率较大的直流进给伺服电动机上。

【工程实例 7-6】　加工中心主轴启动故障

某加工中心采用直流主轴电动机、逻辑无环流可逆调速系统。

故障原因：当用 M03 指令启动时有"咔、咔"的冲击声，电动机换向片上有轻微的火花。启动后，无明显的异常现象。当用 M05 指令使主轴停止运转时，换向片上出现强烈的火花，同时伴有"叭、叭"的放电声，随即交流回路的保险丝熔断。火花的强烈程度与电动机的转速有关，转速越高，火花越大，启动时的冲击声也越明显。用急停方式停止主轴，换向片上没有任何火花。

分析及处理过程： 该机床的主轴电动机有两种制动方式：① 电阻能耗制动，只用于急停；② 回馈制动用于正常停机（M05）。主轴直流电动机驱动系统是一个逻辑无环流可逆控制系统，任何时候不允许正反两组晶闸管同时工作，制动过程为"本桥逆变—电流为零—反桥逆变制动"。根据故障特点，急停时无火花，而用 M05 时有火花，说明故障与逆变电路有关。反桥逆变时，电动机运行在发电机状态，导通的晶闸管始终承受着正向电压，这时晶闸管触发控制电路必须在适当时刻使导通的晶闸管受到反压而被迫关断。若是漏发或延迟了触发脉冲，已导通的晶闸管就会因得不到反压而继续导通，并逐渐进入整流状态，其输出电压与电动势成顺极性串联，造成短路，引起换向片上出现火花、熔丝熔断的故障。同理，启动过程中的整流状态，若漏发触发脉冲，已导通的晶闸管会在经过自然换向点后自行关断，这将导致晶闸管输出断续，造成电动机启动时的冲击。因此，本故障是由晶闸管的触发电路故障引起的。

4）交流主轴驱动的故障诊断

交流伺服主轴驱动系统通常采用感应电动机作为驱动电动机，由伺服驱动器实施控制，有速度开环或闭环控制两种方式。也有的采用永磁式同步交流伺服电动机作为驱动电动机，由伺服驱动器实现速度环的矢量控制，具有快速的动态响应特性，但其恒功率调速范围较小。

与交流伺服驱动系统一样，交流主轴驱动系统也有模拟式和数字式两种类型，交流主轴驱动系统与直流主轴驱动系统相比，具有如下特点：

（1）由于驱动系统采用微处理器和现代控制理论进行控制，因此其运行平稳，振动和噪声小。

（2）驱动系统一般都具有再生制动功能，在制动时，既可将能量反馈回电网，起到节能的效果，又可以加快启/制动速度。

为了保证驱动器安全、可靠地运行，在主轴伺服系统出现故障和异常等情况时，设置了较多的保护功能，这些保护功能与主轴驱动器的故障检测与维修密切相关。当驱动器出现故障时，可以根据保护功能的情况分析故障原因。

常见故障及处理如表 7-6 所示。

表 7-6　通用变频器常见故障及处理

序号	故障现象	故障原因	排除方法
1	过流	加速中过流	电动机是否短路或局部短路，输出线绝缘是否良好
			延长加速时间
			检查变频器配置若不合理，增大变频器容量
			降低转矩短提升设定值
		恒速中过流	检查电动机是否短路或局部短路，输出线绝缘是否良好
			检查电动机是否堵转，机械负载是否有突变
			检查变频器容量是否太小，若是，则增大变频器容量
			检查电网电压是否有突变
		减速中或停车时过流	检查输出连线绝缘是否良好，电动机是否有短路现象
			延长减速时间
			更换容量较大的变频器
			直流制动量太大，减小直流制动量
			机械故障，送厂维修

（续表）

序号	故障现象	故障原因	排 除 方 法
2	过压	停车中过压	延长减速时间或加装刹车电阻；改善电网电压，检查是否有突变电压产生
		加速中过压	
		恒速中过压	
		减速中过压	
3	低压	低压	检查输入电压是否正常
			检查负载是否突变
			检查是否缺相
4	变频器过热	变频器过热	检查风扇是否堵转，散热片是否有异物
			检查环境温度是否正常
			检查通风空间是否足够，空气是否能对流
5	变频器过载	连续超负载 150% 1 min 以上	检查变频器容量是否过小，若是，则加大容量
			检查机械负载是否有卡死现象
			若 V/F 曲线设定不良，则重新设定
6	电动机过载	连续超负载 150% 1 min 以上	检查机械负载是否有突变
			电动机配置加大
			检查电动机发热绝缘是否变差
			检查电压是否波动过大
			检查是否存在缺相
			检查机械负载是否增大
7	电动机过转矩	电动机过转矩	检查机械负载是否有波动
			检查电动机配置是否偏小

2．进给伺服系统故障诊断

1）故障形式

（1）超程。当进给运动超过由软件设定的软限位或由限位开关决定的硬限位时，就会发生超程报警。一般会在 CRT 上显示报警内容。根据数控系统说明书，即可排除故障，解除报警。

（2）过载。当进给运动的负载过大，频繁正反向运动以及传动链润滑状态不良时，均会引起过载报警。一般会在 CRT 上显示伺服电机过载、过热或过流等报警信息。同时，在强电柜中的进给驱动单元上，指示灯或数码管会提示驱动单元过载、过电流等信息。

（3）窜动。在进给时出现窜动现象，其原因包括：① 测速信号不稳定，如测速装置故障、测速反馈信号干扰等；② 速度控制信号不稳定或受到干扰；③ 接线端子接触不良，如螺钉松动等。当窜动发生在由正向运动与反向运动的换向瞬间时，一般是由于进给传动链的反向间隙或伺服系统增益过大所致。

（4）爬行。发生在启动加速阶段或低速进给时，一般是由于进给传动链的润滑状态不良、伺服系统增益低和外加负载过大等因素所致。尤其要注意的是，伺服电动机和滚珠丝杠连接用的联轴器，由于连接松动或联轴器本身的缺陷，如裂纹等，造成滚珠丝杠转动和伺服电动机的转动不同步，从而使进给运动忽快忽慢，产生爬行现象。

（5）振动。机床以高速运行时，可能产生振动，这时就会出现过流报警。机床振动问题一般属于速度问题，所以应去查找速度环，即凡是与速度有关的问题，应该去查找速度调节器。因此，振动问题应查找速度调节器。主要从给定信号、反馈信号及速度调节器本身这三方面去查找故障。

① 首先检查输入给速度调节器的信号，即给定信号。给定信号由位置偏差计数器发出，经 D/A 转换器转换成模拟量 VCMD、再送入速度调节器。应查一下这个信号是否有振动分量，如它只有一个周期的振动信号，可以确认速度调节器没有问题，而是前级的问题，即应到 D/A 转换器或位置偏差计数器中去查找问题。如果正常，就转向查找测速发电机和伺服电动机的问题。

② 检查测速发电机及伺服电机。当机床振动时，说明机床速度在振荡，测速发电机反馈回来的波形一定也在振荡，观察它的波形是否出现有规律的大起大落。这时，最好能测一下机床的振动频率与电动机旋转的速度是否存在一个准确的比例关系，如振动的频率是电动机转速的四倍频率，这时就应考虑电动机或测速发电机有故障。

首先要检查电动机有无故障，查其碳刷、换向器表面状况，如果没有问题，就再检查测速发电机。

③ 速度调节器故障。若采用上述方法还不能完全消除振动，甚至无任何改善，就应考虑速度调节器本身的问题，应更换速度调节器板或换下后彻底检测各处波形。

④ 检查振动频率与进给速度的关系。若二者成比例，除机床共振原因外，多数是因为 CNC 系统插补精度太差或位置检测增益太高引起的，需要进行插补调整和检测增益的调整。如果与进给速度无关，则可能原因有：速度控制单元的设定与机床不匹配，速度控制单元调整不好，该轴的速度环增益太大或速度控制单元的印制电路板不良。

【工程实例 7-7】 **_X_ 轴振荡的故障维修**

故障现象：一台配套 FANUC OMC，型号为 XH754 的数控机床，加工中 _X_ 轴负载有时突然上升到 80%，同时 _X_ 轴电动机嗡嗡作响；有时又正常。

分析及处理过程：现场观察发现 _X_ 轴电动机嗡嗡作响的频率较低，故判断 _X_ 轴发生低频振荡。发生振荡的原因有：

（1）轴位置环增益不合适；

（2）机械部分间隙大，传动链刚性差，有卡滞；

（3）负载惯量较大。

经查 _X_ 轴位置增益未变，负载也正常。此机床由于一直进行重切削加工，_X_ 轴间隙较大，刚进行过间隙补偿。经查 _X_ 轴间隙补偿参数 0535，设定值为 250，用百分表测得 _X_ 轴实际间隙为 0.22，补偿过渡；直到将设定值改为 200 后，_X_ 轴振荡才消除。

（6）伺服电动机不转。数控系统输入至进给驱动单元的除了速度控制信号外，还有伺服使能控制信号，一般为 DC + 24 V 继电器线圈电压。① 检查数控系统是否有速度控制信号输出；② 检查使能信号是否接通，通过 CRT 观察 I/O 状态，分析机床 PLC 梯形图（或流程图），以确定进给轴的启动条件，如润滑、冷却等是否满足；③ 对带电磁制动的伺服电动机，应检查电磁制动是否释放；④ 进给驱动单元故障；⑤ 伺服电动机故障。

（7）位置误差。当伺服轴运动超过位置允差范围时，数控系统就会产生位置误差过大的报警，包括跟随误差、轮廓误差和定位误差等。主要原因有：① 系统设定的允差范围小；② 伺服系统增益设置不当；③ 位置检测装置有污染；④ 进给传动链累积误差过大；⑤ 主轴箱垂直运动时平衡装置（如平衡油缸等）不稳。

（8）漂移。当指令值为零时，坐标轴仍移动，从而造成位置误差。通过漂移补偿和驱动单元上的零速调整来消除。

（9）回参考点故障。回参考点故障一般分为找不到参考点和找不准参考点两类。前一类故障一般是回参考点减速开关产生的信号或零位脉冲信号失效，可以通过检查脉冲编码器零标志位或光栅尺零标志位来确定是否有故障；后一类故障是参考点开关挡块位置设置不当引起的，需要重新调整挡块位置。

（10）伺服电动机开机后即自动旋转。主要原因有：① 位置反馈的极性错误；② 由于外力使坐标轴产生了位置偏移；③驱动器、测速发电机、伺服电动机或系统位置测量回路不良；④ 电动机或驱动器有故障。

2）故障定位

由于伺服系统是由位置环和速度环组成的，当伺服系统出现故障时，为了快速确定故障的部位，常用模块交换法或外接参考电压法。

（1）模块交换法

数控机床有些进给轴的驱动单元具有相同的当量，如立式加工中心，X 轴和 Y 轴的驱动单元往往是一致的。当其中的某一轴发生故障时，可以用另一轴来替代，观察故障的转移情况，快速确定故障的部位。

（2）外接参考电压法

当某轴进给发生故障时，为了确定是否为驱动单元和伺服电动机的故障，可以脱开位置环，检查速度环。如 SIMODRIVE611A 进给驱动模块，首先断开闭环控制模块上 X331-56 速度给定输入正端和 X331-14 速度给定输入负端两接点，外加由 9 V 干电池和电位器组成的直流回路；再短接该模块上 X331-9 使能电压+24 V 和 X331-65 使能信号两接点接通机床电源，启动数控系统，再短接电源和监控模块上 X141-63 脉冲使能和 X141-9 使能电压+24 V 两接点，X141-64 驱动使能和 X141-9 使能电压+24 V。

只有当三个使能信号都有效时，电动机才能工作。当使能端子 63 无效时，驱动装置立即禁止所有进给轴运行，伺服电动机无制动地自然停止；当使能端子 64 无效时，驱动装置立即置所有进给轴的速度定值为零，伺服电动机进入制动状态，200 ms 后电动机停转；当使能端子 65 无效时，对应轴的速度给定值立即置零，伺服电动机进入制动状态，200 ms 后电动机停转。正常情况下，伺服电动机就在外加的参考电压控制下转动，调节电位器可控制电动机的转速，参考电压的正负则决定电动机的旋转方向。这时可判断驱动装置和伺服电动机是否正常，以判断故障是在位置环，还是在速度环。

3）进给驱动的故障诊断

（1）直流进给驱动

PWM 调速是利用脉宽调制器对大功率晶体管的开关时间进行控制的。将速度控制信号转换成一定频率的方波电压，加到直流伺服电动机电枢的两端，通过对方波宽度的控制来改变电枢两端的平均电压，从而达到控制电枢电流，进而控制伺服电动机转速的目的。晶闸管调速则是利用速度调节器对晶闸管的导通角进行控制的，通过改变导通角的大小来改变电枢两端的电压，从而达到调速的目的。

① CRT 有报警显示的故障

对于 FANUC 系统，CRT 显示的伺服报警为 400～457 号伺服系统错误报警和 702～704 号过热报警。引起过热报警的原因有：① 机床切削条件苛刻及机床摩擦力矩增大，引起主回路中的过载继电器动作；② 切削时伺服电动机电流太大或变压器本身故障，引起伺服变压器热控开关动作；③ 伺服电动机电枢内部短路或绝缘不良、电动机永久磁体去磁或脱落及电动机制动器不良，引起电动机内的热控开关动作。

② 报警指示灯指示的故障

对于 FANUC 系统和 Siemens 系统速度控制单元中的印制线路板上有报警灯，其功能、故障原因及排除方法可参看相应机床说明书。

③ 无报警显示的故障

● 机床失控。速度反馈信号为正反馈信号，多发生在维修调试过程中，通常是电缆信号线连接错误所致。

● 机床振动。与位置控制有关的系统参数设定错误，如指令倍率 CRM 和检测倍率 DMR 的设定错误等。检查机床振动周期，如机床振动周期随进给速度变化，特别是快速移动时，伴有大的冲击，多为测速装置有故障，如伺服电动机上的测速发电机电刷接触不良；若机床振动周期不随进给速度变化，则调节增益电位器，使增益降低，观察振动是否减弱。若减弱，且振动频率是几十赫兹到几百赫兹，也即机床的固有振动频率，则可通过印制线路板上的有关设定来解决。若振动不减弱，则是印制线路板有故障。

● 定位精度低。除机床进给传动链误差大外，还与伺服系统增益太低有关，调节增益电位器，增大增益，以确认能否消除故障。

● 电动机运行时噪声过大。伺服电动机换向器的表面粗糙度不好或有损伤，油液或灰尘等侵入电刷或换向器，电动机轴向存在窜动。

● 伺服电动机不转。电动机永久磁铁脱落；带电磁制动器的伺服电动机，制动器失灵，通电后未能脱开。

④ 直流伺服电动机的维护

不要将直流伺服电动机长期存放在室外，还要避免存放在湿度高、温度有急剧变化和多尘的地方。如需要存放一年以上，应将电刷从电动机上取下来，否则容易腐蚀换向器，损坏电动机。当机床长达几个月不开动时，要对全部电刷进行检查，并要认真检查换向器表面是否生锈。若有锈，要用特别缓慢的速度，充分、均匀地运转。经过 1～2 h 后再行检查，直至处于正常状态方可使用机床。在机床运行时每天的维护检查有：在运行过程中要注意观察旋转速度；是否有异常的振动和噪声；是否有异常臭味；检查电动机的机壳和轴承的温度。定期维护有：由于直流伺服电动机带有数对电刷，旋转时，电刷与换向器摩擦而逐渐磨损；电刷异常或过度磨损，会影响工作性能，所以对直流伺服电动机的日常维护也是相当必要的。要每月定期对电刷进行清理和检查。数控车床、铣床和加工中心的直流伺服应每年检查一次，频繁加减速的机床（如冲床等）中的直流伺服应每两个月检查一次，检查步骤如下：

● 在数控系统处于断电状态且已经完全冷却的情况下进行检查；

● 取下橡胶刷帽，用螺钉旋具刀拧下刷盖取出电刷；

● 测量电刷长度，如 FANUC 直流伺服电动机的电刷由 10 mm 磨损到小于 5 mm 时，必须更换同型号的新电刷；

● 仔细检查电刷的弧形接触面是否有深沟或裂痕，以及电刷弹簧上有无打火痕迹，如有上述现象，则要考虑工作条件是否过分恶劣或本身是否有问题；

● 用不含金属粉末及水分的压缩空气倒入装电刷的刷窝孔，吹净粘在刷窝孔壁上的电刷粉末，如果难以吹净，可用螺钉旋具尖轻轻清理，直至孔壁全部干净为止，但要注意不要碰到换向器表面；

- 重新装上电刷，拧紧刷盖，如果更换了新电刷，要使空运行跑合一段时间，以使电刷表面与换向器表面温和良好。

（2）交流进给驱动

① 交流伺服电动机的基本检查。原则上说，交流伺服电动机可以不需要维修，因为它没有损坏。但由于交流伺服电动机内含有精密检测器，因此，当发生碰撞、冲击时可能会引起故障，维修时应进行如下检查：

- 是否受到任何机械损伤；
- 旋转部分是否可用手正常转动；
- 带制动器的，制动器是否正常；
- 是否有任何松动螺钉或间隙；
- 是否安装在潮湿、温度变化剧烈和有灰尘的地方。

② 交流伺服电动机的安装注意事项。维修完成后，安装伺服要注意以下几点：

- 由于伺服系统防水结构不是很严密，如果切削液、润滑油等渗入内部，会引起绝缘性能降低或绕组短路，因此，应注意尽可能避免切削液溅入；
- 当伺服电动机安装在齿轮箱上时，加注润滑油时应注意齿轮箱的润滑油油面高度必须低于伺服的输出轴，防止润滑油渗入内部；
- 当固定伺服联轴器、齿轮、同步带等连接件时，在任何情况下，作用在上面的力不能超过允许的径向、轴向负载；
- 按说明书规定，对伺服和控制电路之间进行正确的连接。

③ 交流伺服电动机常见的故障。包括以下几点：

- 转子位置检测装置故障。当霍尔开关或光电脉冲编码器发生故障时，会引起失控，进给有振动。
- 用万用表或电桥测量电枢绕组的直流电阻，检查是否断路，并用兆欧表查绝缘是否良好。
- 将与机械装置分离，用手转动转子，正常情况下感觉有阻力，转一个角度后手放开，转子又返回；如果用手转动转子时能连续转几圈并自由停下，则该电动机已损坏；如果用手转不动或转动后无返回，则机械部分可能有故障。
- 脉冲编码器的更换。若交流伺服的脉冲编码器不良，就应更换脉冲编码器。

④ 交流电动机维护。

交流伺服电动机与直流伺服电动机相比，最大的优点是不存在电刷维护的问题。应用于进给驱动的交流伺服电动机多采用交流永磁同步电动机，其特点是磁极是转子，定子的电枢绕组与三相交流电枢绕组一样，但它有三相逆变器供电，通过转子位置检测其产生的信号来控制定子绕组的开关器件，使其有序轮流地导通，从而实现换流作用，使转子连续不断地旋转。转子位置检测器与转子同轴安装，用于转子的位置检测。检测装置一般为霍尔开关或具有相位检测的光电脉冲编码器。

（3）步进电动机驱动

步进电动机驱动是开环控制系统中最常选用的伺服驱动系统。开环进给系统的结构较简单，调试、维修、使用都很方便，工作可靠，成本低廉。在一般要求精度不太高的机床上曾得到广泛应用。

使用过程中，步进电动机驱动系统有如下常见故障：

① 电动机过热报警。可能是工作环境过于恶劣，环境温度过高；参数选择不当，如电流过大、超过相电流和可重新设置参数等。

② 工作中，尖叫后不转，具体情况为加工或运行过程中，驱动器或步进电动机发出刺耳的尖叫声。可能的原因是输入脉冲频率太高，引起堵转，可通过降低输入脉冲频率来排除；输入脉冲的突调频率太高，可通过降低输入脉冲的突调频率来排除。

③ 工作过程中停车，在工作正常的状况下，发生突然停车的故障。

④ 步进电动机失步或多步，此故障引起的可能现象是工作过程中，配置步进电动机驱动系统的某轴突然停顿，而后，又继续走动。此故障的可能原因具体如表 7-7 所示。

表 7-7 步进电动机失步或多步故障

序号	可 能 原 因	检 查 步 骤	排 除 措 施
1	负载忽大忽小	是否毛坯余量分配不均匀等	调整加工条件
2	负载的转动惯量过大，启动时失步、停车时过冲	可在不正式加工的条件下进行试运行，判断是否有此现象发生	重新考虑负载的转动惯量
3	传动间隙大小不均	进行机械传动精度的检验	进行螺距误差补偿
4	电动机工作在振荡失步区	分析电动机速度及电动机频率	调整加工切削参数
5	干扰		处理好接地，做好屏蔽处理
6	电动机故障，如定子与转子相擦	对于严重的情况，听声音可以感觉出来	更换电动机

⑤ 运转不均匀，有抖动。反映在加工中是加工的工件有振纹，表面粗糙度大。引起此故障的可能原因及排除措施如表 7-8 所示。

表 7-8 数控装置显示故障

序号	可 能 原 因	检 查 步 骤	排 除 措 施
1	指令脉冲不均匀	用示波器观察指令脉冲	从数控系统找故障，去排除
2	指令脉冲太窄		
3	指令脉冲电平不正确	用万用表观测指令脉冲电平	
4	指令脉冲电平与驱动器不匹配	用万用表测量指令脉冲电平后比较，看是否与驱动器匹配	选择电平匹配或确定电平匹配
5	脉冲信号存在噪声	用示波器观测脉冲信号	注意观察电平是否变化频繁
6	脉冲频率与机械发生共振	可目测	调节数控系统参数，避免共振

⑥ 电动机定位不准。反映在加工中的故障就是加工工件尺寸有问题。

数控机床在批量加工零件时，会因换班而断电和停车或者因其他原因而断电和停车，这时所加工的零件尺寸会有偏差。可以通过检测步进电动机驱动单元的初始相信号，使机床在初始相处断电和停车来解决这个问题。另一种解决方法是在数控机床上安装机床回参考点。

【工程实例 7-8】　加工大导程螺纹堵转故障分析及排除

故障诊断和处理过程： 开环控制数控机床的 CNC 装置脉冲当量一般为 0.01 mm，Z 坐标轴 G00 指令速度一般为 2000～3000 mm/min。开环控制的数控车床的主轴结构一般有两类：

一类是由普通车床改造的数控车床，主轴的机械结构不变，仍然保持换挡有级调速；另一类是采用通用变频器控制数控车床主轴实现无级调速。这种主轴无级调速的数控车床在进行大导程螺纹加工时，进给轴会产生堵转，这是高速低转矩特性造成的。

如果主轴无级调速的数控车床当加工 10 mm 导程的螺纹时，主轴转速选择 300 r/min，那么刀架沿 Z 坐标轴需要用 3000 mm/min 的进给速度配合加工，Z 坐标轴步进电动机的转速和负载转矩是无法达到这个要求的，因此会出现堵转现象。如果将主轴转速降低，刀架沿 Z 坐标轴加工的速度减慢，Z 坐标轴步进电动机的转矩增大，螺纹加工的问题似乎可以得到改善，然而由于主轴采用通用变频器调速，使得主轴在低速运行时转矩变小，主轴会产生堵转。

对于主轴保持换挡变速的开环控制的数控车床，在加工大导程螺纹时，主轴可以低速正常运行，大导程螺纹加工的问题可以得到改善，但是表面粗糙度受到影响。如果在加工过程中，切削进给量过大，也会出现 Z 坐标轴堵转现象。

经验总结【7-3】　数控机床伺服系统故障诊断及处理

一般常见的有以下几种：

（1）修理或更换元器件。

（2）重新安装或插接相关的连接状况。

（3）调整相关参数。数控系统、PLC 及伺服驱动系统都设置了许多可修改的参数，以适应不同机床、不同工作状态的要求。这些参数不仅能使各电气系统与具体机床相匹配，而且能使机床各项功能达到最佳化。因此，任何参数的变化（尤其是模拟量参数）甚至丢失都是不允许的；而随机床的长期运行所引起的机械或电气性能的变化，会打破最初的匹配状态和最佳化状态，需要重新调整相关的一个或多个参数给予排除。这种方法对维修人员的要求很高，不仅要对具体系统主要参数十分了解，即知晓其地址和熟悉其作用，而且要有较丰富的电气调试经验。

（4）特殊处理法。当今的数控系统已进入 PC 和开放化的发展阶段，其中软件含量越来越丰富，有系统软件、机床制造者软件，甚至还有使用者自己的软件。由于软件逻辑的设计中存在一些不可避免的问题，使得有些故障状态无法分析，如死机现象。对于这种故障现象可以采取特殊手段来处理，如整机断电，稍作停顿后再开机，有时就可将故障消除。维修人员可以在自己的长期实践中摸索其规律或者其他有效的方法。当故障分析结果集中于某一印制电路板上时，由于电路集成度的不断扩大，要把故障落实于其上某一区域乃至某一元件是十分困难的。为了缩短停机时间，在具有相同备件的条件下，可以先将备件换上，然后再去检查修复故障板。但在拔出旧板更换新板之前，一定要先仔细阅读相关资料，弄懂要求和操作步骤之后再动手，以免出现更大的故障。

7.3.4　PLC 检测伺服系统故障及处理

在数控机床中，除了对各坐标轴的位置进行连续控制外，还需要对诸如主轴正转和反转、启动和停止、刀库及换刀机械手控制、工件夹紧松开、工作台交换、气液压、冷却和润滑等辅助动作进行顺序控制。顺序控制的信息主要是 I/O 控制，如控制开关，行程开关，压力开关和温度开关等输入元件，继电器、接触器和电磁阀等输出元件；同时还包括主轴驱动和进给伺服驱动的使能控制和机床报警处理等。现代数控机床均采用可编程逻辑控制器（PLC）来完成上述功能。

1. 一般 PLC 故障诊断及处理

当数控机床出现有关 PLC 方面的故障时，一般有三种表现形式：① 故障可通过 CNC 报警直接找到故障的原因；② 故障虽有 CNC 故障显示，但不能反映故障的真正原因；③ 故障没有任何提示。对于后两种情况，可以利用数控系统的自诊断功能，根据 PLC 的梯形图和输入/输出状态信息来分析和判断故障的原因，这种方法是解决数控机床外围故障的基本方法。

（1）根据报警号诊断故障

现代数控系统具有丰富的自诊断功能，能在 CRT 上显示故障报警信息，为用户提供各种机床状态信息。充分利用 CNC 系统提供的这些状态信息，就能迅速准确地查明和排除故障。

（2）根据动作顺序诊断故障

数控机床上刀具及托盘等装置的自动交换动作都是按照一定顺序来完成的，因此，观察机械装置的运动过程，比较正常和故障时的情况，就可发现疑点，诊断出故障的原因。

（3）根据控制对象的工作原理诊断故障

数控机床的 PLC 程序是按照控制对象的工作原理来设计的。通过对控制对象工作原理的分析，再结合 PLC 的 I/O 状态，是故障诊断很有效的方法。

（4）根据 PLC 的 I/O 状态诊断故障

在数控机床中，输入/输出信号的传递，一般都要通过 PLC 的 I/O 接口来实现，因此，许多故障都会在 PLC 的 I/O 接口上反映出来。数控机床的这种特点为故障诊断提供了方便，只要不是数控系统硬件故障，可以不必查看梯形图和有关电路图，直接通过查询 PLC 的 I/O 接口状态，找出故障原因。这里的关键是要熟悉有关控制对象的 PLC 的 I/O 接口的通常状态和故障状态。

（5）通过 PLC 梯形图诊断故障

根据 PLC 的梯形图来分析和诊断故障是解决数控机床外围故障的基本方法。用这种方法诊断机床故障首先应该搞清机床的工作原理、动作顺序和连锁关系，然后利用 CNC 系统的自诊断功能或通过机外编程器，根据 PLC 梯形图查看相关的输入/输出及标志位的状态，从而确认故障的原因。

2．动态跟踪梯形图诊断故障

有些 PLC 发生故障时，查看输入/输出及标志状态均为正常，此时必须通过 PLC 动态跟踪，实时观察输入/输出及标志状态的瞬间变化，根据 PLC 的动作原理做出诊断。

经验总结【7-4】　PLC 程序法检测数控机床伺服系统故障

PLC 程序法的步骤如下：

（1）按 PLC 报警号或程序停止的环节，找出报警点的输入与输出点及其对应的标志位、计数器或计时器；

（2）查找与报警点有关的所有的程序段/块梯形图或动作控制流程图，获得相关信号的标准逻辑状态；

（3）调用诊断画面或编辑器，读取相关的实时状态；

（4）将两种信号状态对比，判断出异常信号位置，即故障点；

（5）查出故障点对应的元器件，进行故障点测试；

（6）排除故障。

综上所述，PLC 故障诊断的关键是：① 要了解数控机床各组成部分检测开关的安装位置，如加工中心的刀库、机械手和旋转工作台，数控车床的旋转刀架和尾架，机床的气、液压系统中的限位开关、接近开关和压力开关等，弄清检测开关作为 PLC 输入信号的标志；② 了解执行机构的动作顺序，如液压缸、气缸的电磁换向阀等，弄清对应的 PLC 输出信号标志；③ 了解各种条件标志，如启动、停止、限位、夹紧和放松等标志信号；④ 借助必要的诊断功能，必要时用编程器跟踪梯形图的动态变化，搞清故障的原因，根据机床的工作原理做出诊断。

因此，作为用户来讲，要注意资料的保存，做好故障现象及诊断记录，为以后的故障诊断提供数据，提高故障诊断的效率。

7.4 习题与思考题

1. 试述数控机床故障及故障诊断的定义。
2. 试述数控机床故障的类型。
3. 电源引起的常见故障有哪些?
4. 列举进行数控系统故障诊断的一般步骤。
5. 容易造成数控系统软件故障的原因有哪些? 如何排除软件故障?
6. 数控系统硬件故障的诊断方法有哪些? 简要说明如何应用这些方法指导维修操作。
7. 列举直流主轴驱动系统的主要故障及诊断方法。
8. 列举交流伺服主轴驱动系统的主要故障及诊断方法。
9. 试述数控机床故障诊断技术的发展趋势。

现代数控技术

工程背景

全球制造模式对制造系统底层的加工单元提出了更高的要求。数控机床正向着高速度、高精度、多功能、智能化和高可靠性等方面迅速发展。无论是数控技术本身，还是加工单元，都在发生着日新月异的变化。封闭性结构已经阻遏了数控技术的前进步伐。深入了解、分析当前开放式数控系统的发展状况及面临的问题，对学习数控系统的软硬件结构，理解数控系统工作原理及流程等方面具有很大的益处。

内容提要

本章主要介绍开放式数控系统和在机床结构技术上的突破性进展——并联机床。主要内容包括开放式数控系统的产生背景、基本特征，国内外开放式数控系统的研究动向及其涉及的关键技术，并联机床的发展历程、相关的设计理论、关键技术和控制技术。

学习方法

学习本章时，应注意联系前面章节的内容，对比当前数控系统实现技术的变化，结合数控实验来了解开放式数控系统的开发方法。

8.1 开放式数控系统

8.1.1 开放式数控系统的产生背景

现代机床多功能、网络化的发展趋势，要求控制器能够重新配置、修改、扩充和改装，甚至重新生成。业界对数控系统因"开放"而满足上述需求充满了期望。数控系统"开放"的要求来自生产方式的发展、用户和机床厂对附加技术的要求以及控制器生产厂商追求高质量、低成本和提高产品竞争力的需要。

1. 生产系统的分散化和开放化促进了控制器的开放化

计算机集成制造加快了制造企业信息化的发展。随着计算机技术的发展，特别是网络技术的发展，CIMS 的实现形式也将从以大型主计算机和大规模数据库为中心的集中型，向以个人计算机为主的小型计算机互相连接、配置成网络的分散型发展。这一变化不仅拥有技术上的优势，而且更符合实际生产方式的需要。在生产现场，投资适中、组织简单、与需求相适应的分散型局部生产系统比需要庞大投资的集中型生产系统更受欢迎。分散的控制系统可以分为若干个子系统，可以分别设计、实现，降低了设计和实施的难度。在分散型的生产系统中，即使变更部分产品及管理方式也不会改变整个系统，但是要实现分散型的生产系统尚有几个问题要解决。

（1）为了充分利用成熟的基于 PC 的计算机网络技术，要求低层的制造设备能够与 PC 兼容，且具有一定的开放性。

（2）分散型的生产系统中必然存在大量的 PC。如果分别开发 PC 上针对不同业务的软件，则会造成比集中式生产系统更大的投资。这就要求在分散化的生产系统中使用标准软件以降低成本，即要求各个单元能够在共同的操作环境中独立地进行数据处理，相互之间能通过标准通信接口进行数据交换。

生产系统的开放也对 CNC 提出了"开放"的要求。在"分散网络化制造系统"模型下，以数控机床为代表的底层制造设备将成为网络中的一个节点，要求数控系统能方便地接入网络，并自主地完成一定的任务（包括简易的 CAD/CAM 集成、局部的调度和工艺规划、局部的故障监控，以及向上一级控制器汇报工作情况等）。上述目标要求数控系统要与 PC 兼容或至少能方便地联网。此外，还要求数控系统能充分利用第三方软件实现 CAD/CAM 集成或其他的功能。因此，生产系统的发展自然地提出了制造设备开放化的要求。

2. "开放"来自生产设备的客观需要

工业生产中机床设备的种类很多，许多机床是直接根据用户的需要设计的。控制器生产商提供的数控系统大多是全功能的数控系统。数控系统中的许多参数都需要根据机床的实际情况设定，系统要提供设定参数的接口，以供机床制造商调整和修改。在有些情况下，机床制造商并不需要全功能数控系统中的所有功能，而是希望选装自己所需要的功能。在这些情况下，都希望数控系统具有一定的"开放性"，即具有高度的模块化，可以重新配置、修改、扩充和改装。

在生产过程中，控制器也有重新配置，甚至重新生成的需求。这一需求来自于组合机床的发展。传统组合机床和数控技术的结合，形成模块化柔性生产系统。这种生产系统保持了原有的高精度与短节拍的优点，又具有柔性和易扩充的优点，特别适用于汽车行业等要求高生产效率和具有一定的响应市场变化能力的生产环境。模块化柔性生产系统在需要时可以进行重组，以适应新的加工要求。此时，就要求机床控制器能重新配置，即要求数控系统具有"开放性"。

3. 机床制造厂推动控制器的"开放化"

长期以来，数控设备制造厂和机床制造厂是各自独立开发产品的。数控厂商不断丰富系统的功能，但是在数控机床实际工作中并不一定需要使用如此庞大的系统功能支持。另一方面，机床制造厂和最终用户有许多加工经验，而这些经验由于商业利益不可能与数控装置的生产厂共享，很难融入到已有的数控系统中去。

在这种情况下，在 PC 技术的推动下，产生了一种数控发展的新趋势——机床制造厂商进入数控系统的制造领域。例如，大隈铁工、三菱重工等，都放弃了 FANUC 的系列 CNC 系统，转而开发自己的数控系统。其中，大隈铁工生产的 OSP 系列 CNC 磨削数控系统，融入了该厂多年的开发经验，在市场中很受欢迎。

不能将推进数控技术的希望全部寄托于机床生产厂，因为不是所有的机床厂商都有研制数控系统的能力。所以，市场呼吁机床生产厂和数控系统生产厂联手，开发新一代的数控系统。理想中的数控系统应具有高度的模块化，支持用户二次开发，能够将用户和机床生产商的经验放入数控系统。

实际制造生产对数控系统的开放化提出了新的要求。

综上所述，开放体系结构数控系统的设计目标是提供快速而有创造性的数控加工和系统集成问题的解决方案，最大限度地满足数控系统生产厂、机床设备生产厂和最终用户对开放性的要求，使设备可以自由选型，更新或重构数控系统，配备合适的伺服执行部件、传感器、PMC 等外设，并且使系统与外设之间具有强大的信息通信能力，灵活运用于综合化制造系统环境之中。

8.1.2　开放式数控系统的基本特征

开放式数控系统已经成为当前控制器研究的热点。但关于"开放式"的定义并没有统一的定义和标准。从当前世界各国的有关开放式控制器的研究计划中看，开放式控制器应当具有以下基本特征。

1. 模块化

开放式数控系统首先应当具有高度模块化的特征。模块化的含义有两层：首先是数控功能的模块化，可以根据机床厂的要求选装各个功能；另一层含义是系统体系结构的模块化，即数控系统内部实现各功能的算法是可分离的、可替换的。例如，可以单独替换数控系统的核心插补算法，或替换数控系统的操作界面。系统体系结构模块化是功能模块化的基础，也是系统配置、重组的基础。只有模块化的数控系统才能谈得上开放。

2. 标准化

"开放"从来都不是毫无约束的开放，而是在一定的规范下的开放。如同 PC 领域中一样，任何硬件厂都可以设计制造PC中使用的硬件，但都要符合PC的各种标准。只有这样，才能实现PC系统的开放。控制器的开放也要在标准化的约束下实现。

美国、欧洲和日本研制开放式控制器的步骤都是这样：由机床控制器领域的多家公司和研究所组成联盟，全面制定控制器的标准，包括硬件和软件的各种接口，然后在行业内或联盟内公布这些标准。此后，各公司可以根据标准和自己的技术特长，开发控制器中的部件或功能模块。不同公司的产品可以拼装成一部集多家公司智慧的、功能完整的控制器。这样的控制器可以实现部分的升级，而不会影响系统的其他功能。对于同一功能的部件，也可以有多家公司的产品进行选择，可以实现"互易操作性"。"标准化"的基础是模块化，因为标准的制定要建立在模块合理划分的基础上。

3. 平台无关性

开放式控制器应当具有平台无关性。所谓平台无关性是指控制器不依赖特定的硬件平台和操作系统平台。对于平台无关性的理解也不是绝对的，因为跨平台的程序移植总是有许多工作要做，就如同Mac机的应用程序不能直接应用于PC，而NT下的应用程序不能直接应用于UNIX下一样。开放式控制器的平台无关性是指控制器与计算机平台之间的接口明确，只要使用具体平台的API（应用程序接口）编写接口，在支持API的编译环境中重新编译就可以实现控制器的跨平台移植。这样将大大缩短控制器及其应用程序的移植。实现这一功能的基础是在设计控制器时将需要调用计算机系统功能的接口进行明确定义，以供在具体系统设计时用API实现。

4. 可再次开发

开放式控制器应当允许用户进行二次开发。二次开发是具有不同层次的。比较简单的二次开发包括用户根据实际情况调整系统的参数设置和进行模块配置。进一步的二次开发包括对用户界面的重新设计。更深层的开发应当允许用户将自己按照规范设计的功能部件集成到系统中去。为了实现上述功能，系统应具有可扩展性。所以系统应当提供接口标准，包括访问和修改系统参数的机制以及控制系统提供的API和其他工具。

5. 适应网络操作方式

作为开放式控制器，应当考虑到迅速发展的网络技术及其在工业生产领域中的应用。目前，比较简单的网络应用尚停留在通过网络向数控系统传递零件程序、加工指令或进行一些远程监控的工作，网络技术尚没有有机地融入控制器的体系结构中。可以预见，随着网络技术逐步融入PC及其后续机型，网络技术也必将融入开放式控制器的体系结构中。未来的开放式控制器可能是在网络技术支持下的多处理器并行计算的控制器。目前，网络技术的发展可以高速传递大量数据，完全可以适应实时控制的需要。

8.1.3 国内外开放式数控系统的研究动向

为解决传统的数控系统封闭性和数控应用软件的产业化生产存在的问题，目前许多国家对开放式数控系统进行了研究，如美国的NGC（Next Generation Controller）计划、欧共体的OSACA（Open System Architecture for Control within Automation Systems）、日本的OSEC（Open System Environment for Controller），中国的ONC（Open Numerical Control System）等。

1．美国——开放式的发起者

美国政府为了增强其制造业的持久发展能力和在国际市场上的竞争力，在 1989—1994 年，由国防部委托马丁-马瑞塔航天研究所（Martin Marietta Astronautics）研究出 NGC 计划，作为具有开放性结构的提案，受到了广泛的关注。NGC 被看做是一个计划、一种规范、一种产品和一种基本原理。NGC 的主要技术课题是开放系统结构（SOSAS）和中性语言。NGC 计划标志控制器开放化时代的开始，其后的许多关于控制器开放化的研究计划都受到它的影响。

NGC 的系统体系结构是在虚拟机械的基础上建立起来的，通过虚拟机械把子系统的模块连接到计算机平台上，如图8-1所示。

代表 NGC 技术的重要功能概念是策略，其构成如图8-2所示。

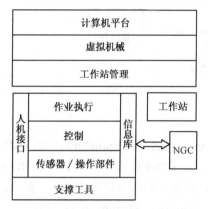

图 8-1　NGC 系统体系结构图

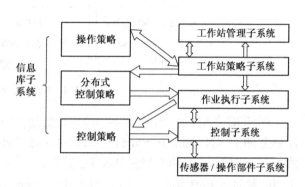

图 8-2　NGC 技术中的策略

NGC 的成功实现取决于几个重要因素：需求定义、SOSAS 开发、初始技术开发（Initial Technology Development，ITD）、技术论证及技术推广。

（1）需求定义是在需求分析和技术评价预测的基础上，编制一个需求定义文件（Require-ments Definition Document，RDD）。

（2）SOSAS 开发活动将在三个不同的体系结构层次，即系统、子系统和模块上解决需求问题。NGC 系列产品将在这三个主要层次上实现一致性。

（3）为支持 ITD 任务所做的努力，将集中在商业研究、概念设计和样机上。在机床、机器人、实时控制和工作站中，需要进行方案论证工作。

NGC 实现过程概括如下。

（1）SOSAS 开发，如图8-3所示。

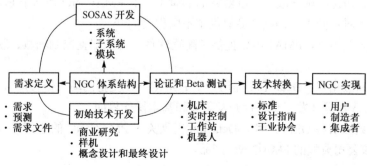

图 8-3　SOSAS 的开发

（2）技术推广：标准、设计指南、工业协会。

（3）NGC 实现：用户、制造者、集成者。

SOSAS 为广泛的应用提供了柔性和不同等级。复杂工作站的集成通过 NGC 的标准接口和开放式系统体系结构是容易调整的。所有 NGC 产品的范围将使用人机接口、外部通信和 I/O 装置的公共标准接口。这将降低费用，提供 NGC 技术的扩展能力，并简化集成。NGC 集成的过程如图8-4所示。

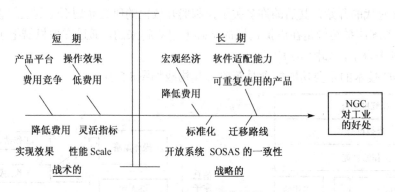

图 8-4　NGC 集成的过程

在 NGC 之后，另一个有影响的研究计划是 EMC（Enhance Machine Controller）计划。EMC 计划由 NIST（National Institute of Standards and Technology）负责实施，提出了适合于 SOSAS 的 NC 分级模型，利用市售的 IBM PC 兼容机和 NC 插件，试制了两种结构的控制器。此外，美国能源部自 1993 年起，开始了 TEAM（Technology Enabling Agile Manufacture）计划。

目前，美国三大汽车工业巨头：GM、Ford 和 Chysler 正在与控制器厂商合作，开发以 PC 为基础的开放式模块化控制器，命名为 OMAC（Open Modular Architecture Control）。OMAC 的目标是实现以下要求：

（1）开放性。把现成的硬件部件集成到实际的标准控制环境中。

（2）模块化。允许部件"即插即用"，最大限度地满足特殊的应用控制的要求。

（3）可塑性。当要求的控制器变化时，能方便而有效地进行再构造。

（4）可维护性。支持最长机床在线时间和最短机床离线时间，易于维修。

在众多研究组织进行大规模研究计划的同时，有些控制器厂商已按照自己对开放的理解，推出了"开放式"控制器。

【工程实例8-1】　PMAC-NC 数控系统

Deta Tau 公司是美国开放式控制器方面的旗手，其 PMAC-NC 是基于 PC+NC 板卡结构的数控系统。针对不同用户，该产品提供了不同程度的开放。

（1）对于一般用户，PMAC-NC 提供了配置软件，可以配置控制轴数、联动轴、伺服参数和 I/O 表；

（2）对于高级用户，Deta Tau 提供关于 PMAC-NC 支持的动态链接库（DLL），可供用户使用 VC++、VB 等开发工具自行开发菜单和基本操作界面；

（3）对于数控装备 OEM 厂商，Deta Tau 提供关于 PMAC-NC 的全部 C++代码。

图8-5是该公司典型的 PMAC-NC 产品。

图 8-5　Deta Tau 公司的典型 PMAC 产品

Deta Tau 提供的数控开放的解决方案，在一定程度上解决了用户对数控系统开放的要求，但也存在着一定的局限性，如缺少二次开发工具、硬件专用等，极大地局限了控制器的开放性。因为谈不上"互换性"和"互易操作性"，系统的升级也受到了专用卡的限制，而且也很难形成标准和拥有大量基于标准的工具软件。

2. 欧洲——从危机中奋起直追

20 世纪 90 年代以来，特别是 1993 年是欧洲机床业的低谷。无论是在美洲、亚洲还是在欧洲，日本的产品已经较大范围地夺走了他们的市场。欧洲在竞争中总结失利的原因有三点：① 机床生产的萎缩导致市场竞争的加剧，欧洲内部各家厂商的竞争自相残杀；② 从控制软件上看，缺少具有持久开发能力的体系结构，从而不能进行高可靠性软件的扩充来及时响应市场的变化；③ 适应亚洲市场的能力差。亚洲特别是中国即将成为世界机床市场中最重要的组成部分，而占领该市场的因素除了质量外，更主要的是价格因素。

针对以上问题，欧洲采取的对策是：联合起来发挥各家的长处，积极吸收世界上各种新技术，开发满足世界市场尤其是亚洲市场的产品。1987 年 11 月，在德国机床制造厂联合会（VDW）的支持下，由斯图加特大学的制造控制技术研究所开始了对"未来控制技术"的研究，提出了新一代控制器的原则：可组配、模块化和开放式。1991 年 10 月，在 ESPRITIII 中开始了一项整个欧洲的控制系统计划 OSACA，研究目标是自动化系统中的开放式控制系统体系结构，参加单位来自欧洲各国 11 家机床厂、控制器厂商和高等院校。

OSACA 对开放式的定义为：开放式系统应包括一组逻辑上可分的部件，部件间的接口及部件与执行平台间的接口要定义完备，并可实现不同开发商开发的部件可协调工作并组成一个完整的控制器，该控制器可运行于不同的平台，并实现对用户和其他自动化系统一致的接口。图 8-6 是 OSACA 的体系结构示意图。

从图 8-6 中可以看出结构中的三个关键问题：

（1）参考体系结构（Reference Architecture）。参考体系结构是指全面描述控制器组织结构的模型，包括控制器功能模块的划分、控制器软件功能模块的划分和模块之间的接口定义。参考体系结构应当是具有平台无关性的，它通过系统平台的 API 与系统交换信息。

（2）通信系统（Communication System）。通信系统将支持控制器中各模块间的数据交换。通信系统将控制器软件同计算机平台隔离，使数据交换与系统无关。

（3）配置系统（Configuration System）。配置系统将记录控制系统组成、描述系统启动自举所需要的信息和操作。配置系统与开放式控制器的关系与 Windows 操作系统和系统注册表的关系相同。

OSACA 采用面向对象的分析方法，先从逻辑上建立控制器功能逻辑模型（如图 8-7 所示），在此基础上再考虑系统软件实现模型。数控系统控制核心功能模块由任务域（Task Area）划分→功能单元（FU）划分→软件模块（AO）的划分如图 8-8 所示。

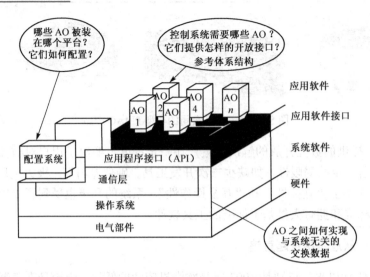

图 8-6 OSACA 开放式系统体系结构

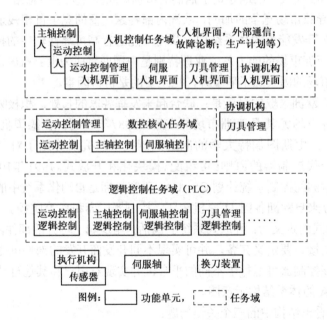

图 8-7 OSACA 参考体系结构的功能模块

OSACA 模型的目标是在标准平台上建立由可以自由组合的模块组成的系统，是诸多开放式控制器研究计划中最具理想化的模型。至今 OSACA 已有若干实验原形，但尚未形成完全遵循 OSACA 模型的产品。这从一定程度上说明，要迅速实现这种理想还有一定的难度，而且在系统的实时性方面也尚存疑问。

部分参与 OSACA 的厂商已经推出了具有一定开放特性的产品。如西门子 840D 提供了一系列工具，可以修改用户界面，添加功能键，设定具有用户特色的输入方式。由此可见，虽然开放式数控系统是控制器发展的趋势，但全面实现开放式的结构还需要解决许多问题。

3. 日本——积极而不盲从

日本的 OSEC（OSE for Controller）计划是由 6 家日本公司（东芝、丰田、MAZAK、日

本 IBM、三菱电机和 SML 公司，其中有 3 家机床制造商）于 1995 年组成的一个工作组提出的，其目的在于提出一个国际性的工厂自动化（Factory Automation，FA）控制设备标准。

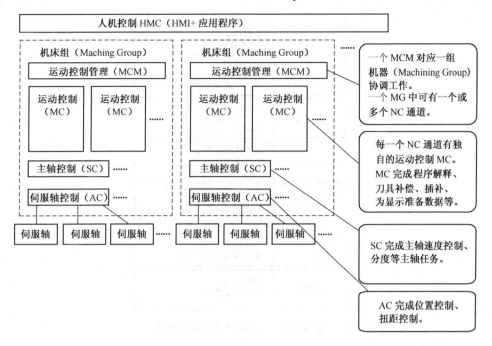

图 8-8　NC 控制核心功能模块结构简图

OSEC 讨论的重点集中在 NC（数字控制器）本身和分布式控制系统上。OSEC 认为，从制造的观点看，NC 是分布式制造系统中的一个服务器。OSEC 所谓的开放式系统本身被认为是一个分布式系统，它能满足用户对制造系统不同配置的要求、最小化费用的要求和应用先进控制算法及基于 PC 的标准化人机界面的要求。

OSEC 认为，实现开放式 CNC 有两种解决方法：第一种是理想的和革命性的，将不同的功能单元在基于信息的通信平台上连接起来（这正是OSACA 采用的方法）；第二种是现实的和进化性的，该方法将功能单元分组并结构化在一些功能层中，OSEC 采用了这种方法。OSEC 的开放 CNC 系统体系结构如图8-9所示，包括了3 个功能层和 7 个处理层。

OSEC 的研究分两步进行：第一步是 OSEC—I 的设计研究，议论的中心问题是开放式控制器的意义和方向，但是作为其体系结构是比较抽象的；第二步是进行 OSEC—II 的设计研究，目标是达到能实际安装、集成度高的体系结构。OSEC—I 设计主要就以下几个问题进行了研究：

① 开放式 NC 的基本体系结构；

② 使用 FA 记述语言——加工记述语言（Factory Automation Description Language，FADI）；

③ 伺服控制的函数程序库。

OSEC 的结构虽有它独到之处，但到目前为止，与其他开放体系结构一样，也只是处于试验阶段，并未形成商业化的产品。

目前，在我国已有开放式控制系统出现，如华中、航天等，它们虽然有着各自的优点，但从数控系统的长远发展看，还有许多要改进的地方。如相互之间缺乏兼容性，对体系结构的阐述局限于具体的实现层面，没有提高到一种理论的抽象的层面上。同时各个系统虽然模块化了，但没有标准化、层次化，没有用到国际上的新技术，和国外相比在开发思想上还有很大的差距。

7	CAD/CAM 层	工件设计 工程设计 NC 程序准备
6	操作计划层	生产日程 管理控制 监控、品质管理
5	通信层	操纵控制盘的输出输入 生产日程实行 过程状态与警报表示
4	形状控制层	加工轨迹的生成 切削条件的修正 装置控制层
3	装置控制层	插补处理、加减速处理 分散的 I/O 输出 伺服和 DI、DO 的同步处理
2	电气层	指令的实行 马达驱动控制 梯形图的实行
1	机械层	工作机械 附加装置单元

图 8-9 OSEC—I 系统体系结构参考模型

总之，开放化的趋势在全球制造业中已成为不可逆转的潮流。欧、美、日等国目前都在进行自动化领域的开放式体系结构的研究，纷纷出台各自的开放式体系结构规范。控制系统的开放将导致新一代控制器的诞生，这将成为未来制造业的一大支柱。我国开放式数控系统的国家标准工作存在很大滞后，造成软件上重复开发和硬件上的落后，阻碍了我国数控技术的发展。

8.1.4 开放式数控系统的关键技术和研究方法

纵观世界各国关于开放式数控系统的研究，可以看出研究的关键是建立开放的数控体系结构并确定开放式的标准。

开放式控制器的体系结构是全面描述控制器组织结构的模型，包括控制器功能模块的划分、控制器软件功能模块的划分。在建立此模型的过程中，要充分考虑到各种机床控制器的共性和可能具有的个性。其中，共性部分应当成为开放式考虑的主体，个性化的部分应当成为体系结构中考虑可扩展性时的主要考虑的因素。此外，在考虑数控体系结构时，还要充分考虑到技术的发展，特别是计算机技术的发展，使在利用体系结构模型实现新型控制器设计时，可以顺利、合理地使用最新的计算机技术。

在研究方法上，有两种技术路线：一种是以欧洲 OSACA 为代表，从建立理想模型入手，逐步保证新开发的控制器产品遵循理想模型；另一种技术路线是以日本的 OSEC 为代表，试图建立中性语言，在现有的数控系统的基础上，通过这种机制使数控系统部分地向用户开放。在这两种技术思路中，第一种属于理想化的技术路线，第二种技术路线相比之下更加现实，但并不是最完美的解决方法。

无论采用 OSACA 的技术路线还是 OSEC 的技术路线，都需要确定严格的接口定义，即确定开放式的标准。关于开放式的标准，首先应当是科学合理，而且还要具有一定的前瞻性。此标准应当详细地定义软件模块和硬件结构的接口。只有详细定义了标准，才能谈得上互易操作性，才能实现多家公司开发的模块集成唯一一台控制器。

关于标准，最重要的是得到业界的支持和严格遵守。无论 OSACA 还是 OSEC，都拥有一大批有实力的控制器厂商和机床厂商参与。当然，形成开放式标准也需要政府部门支持和参与。因为开放式控制器不可能在短期取代传统控制器，开放式的趋势代表着机床行业的长远利益，所以不能完全依靠市场驱动。

8.2　并联机床

8.2.1　并联机床的产生与发展

为了提高对生产环境的适应性，满足快速多变的市场需求，近年来全球机床制造业都在积极探索和研制新型多功能的制造装备与系统，其中在机床结构技术上的突破性进展当属20 世纪90 年代中期问世的并联机床（Parallel Machine Tool），又称为虚拟轴机床（Virtualaxis Machine tools）或并联运动学机器（Parallel Kinematics Machine）。

并联机床实质上是机器人技术与机床结构技术结合的产物，其原型是并联机器人操作机。与实现等同功能的传统五坐标数控机床相比，并联机床具有如下优点：

（1）刚度重量比大。因采用并联闭环静定或非静定杆系结构，且在准静态情况下，传动构件理论上是仅受拉压载荷的二力杆，故传动机构的单位重量具有很高的承载能力。

（2）响应速度快。运动部件惯性的大幅度降低，有效地改善了伺服控制器的动态品质，允许动平台获得很高的进给速度和加速度，因而特别适于各种高速数控作业。

（3）环境适应性强。便于可重组和模块化设计，且可构成多种布局和自由度组合。在动平台上安装刀具可进行多坐标铣、钻、磨、抛光以及异型刀具刃磨等加工，若装备机械手、高能束源或 CCD 摄像机等末端执行器，还可完成精密装配、特种加工与测量等作业。

（4）技术附加值高。并联机床具有"硬件"简单，"软件"复杂的特点，是一种技术附加值很高的机电一体化产品，因此可望获得高额的经济回报。

目前，国际学术界和工程界对研究与开发并联机床非常重视，并于 20 世纪 90 年代中期相继推出结构形式各异的产品化样机。1994 年在芝加哥国际机床博览会上，美国 Ingersoll 铣床公司、Giddings&Lewis 公司和 Hexal 公司首次展出了称为"六足虫"（HexaPod）和"变异型"（VARIAX）的数控机床与加工中心，引起轰动。此后，英国 Geodetic 公司，俄罗斯 Lapik 公司，挪威 Multicraft 公司，日本丰田、日立、三菱等公司，瑞士 ETZH 和 IFW 研究所，瑞典 Neos Robotics 公司，丹麦 Braunschweig 公司，德国亚琛工业大学、汉诺威大学和斯图加特大学等单位也研制出不同结构形式的数控铣床、水射流机床、坐标测量机和加工中心。

我国已将并联机床的研究与开发列入国家"九五"攻关计划和 863 高技术发展计划，相关基础理论研究连续得到国家自然科学基金和国家攀登计划的资助。1997 年 12 月，我国第一台镗铣类虚拟轴机床原型样机 VAMTIY 在清华大学研制成功。

并联机床在机械加工、医疗手术、运动训练等方面得到了一定范围的应用，其机构也有很多种，如动平台运动就有液压、气动和电机等不同驱动方式。机械加工方面并联机床的典型结构如图 8-10 所示，其中运动平台（简称动平台）采用伺服电机驱动。

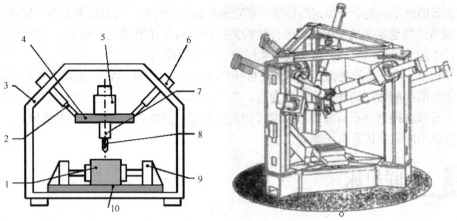

1—工件；2—驱动杆；3—机架；4—动平台；5—主轴电动机；6—伺服电动机；7—主轴；8—刀具；9—夹具；10—静平台

图 8-10 并联机床的典型结构

8.2.2 并联机床的设计理论与关键技术

1. 概念设计

概念设计是并联机床设计的首要环节，其目的是在给定所需自由度的条件下，寻求一个主刚体（动平台）的并联机构杆副配置、驱动方式和总体布局的各种可能组合。

按照支链中所含伺服驱动器数目不同，并联机床可大致分为并联、串并联和混联三种类型。前两者在一条支链中仅含一个或一个以上的驱动器，以直接生成3～6个自由度；而后者则通过两个或多个少自由度并联或串联机构的串接组合生成所需的自由度。按照驱动器在支链中的位置不同，并联机床可采用内副和外副驱动，且一般多采用线性驱动单元，如伺服电动机—滚珠丝杠螺母副或直线电动机等。机架结构的变化可使并联机床的总体布局具有多样性，但同时也使工作空间的大小、形状以及运动灵活度产生很大的差异。因此，在制定总体布局方案时，应采用概念设计与运动学设计交互的方式，并根据特定要求做出决策。

通过更换末端执行器便可在单机上实现多种数控作业，这是并联机床的优点之一。然而由于受到铰约束、支链干涉，特别是位置与姿态耦合等因素的影响，致使动平台所实现的姿态能力有限，这是各种六自由度纯并联机构固有的缺陷，因此难以适应大倾角、多坐标数控作业的需要。目前，并联机床一个重要的发展趋势是采用混联机构分别实现平动和转动自由度。这种配置不但可使平动与转动控制解耦，而且具有工作空间大和可重组性强等优点。特别是由于位置正解存在解析解答，故为数控编程和误差补偿提供了极大的方便。应该强调，传统机床的发展已有数百年的历史，任何希望从纯机构学角度创新而试图完全摒弃传统机床结构布局与制造工艺合理部分的设想，都将是有失偏颇的。

2. 运动学设计

并联机床运动学设计包括工作空间定义与描述以及工作空间分析与综合两大内容。

合理地定义工作空间是并联机床运动学设计的首要环节。与传统机床不同，并联机床的工作空间是各支链工作子空间的交集。为了适合多坐标数控作业的需要，通常将灵活（巧）度工作空间的规则内接几何形体定义为机床的编程工作空间。对于纯六自由度并联机床，动平台实现位置和姿态的能力是相互耦合的，即随着姿态的增加，工作空间逐渐缩小。因此，为了实现动平台实现位姿能力的可视化，往往还需用位置空间或姿态空间进行降维描述。

工作空间分析与综合是并联机床运动学设计的核心内容。广义地，工作空间分析涉及在已知尺度参数和主动关节变量变化范围条件下，评价动平台实现位姿的能力；尺度综合则是以在编程空间内实现预先给定的位姿能力并使得操作性能最优为目标，确定主动关节变量的变化范围和尺度参数。

工作空间分析可借助数值法或解析法。前者的核心算法是根据工作空间边界必为约束起作用边界的性质，利用位置逆解和 K-T 条件搜索边界点集；后者的基本思路是将并联机构拆解成若干单开链，利用曲面包络论求解各单开链子空间边界，再利用曲面求交技术得到整体工作空间边界。

尺度综合是实现并联机床运动学设计的最终目标，原则上需要兼顾动平台实现位姿的能力、运动灵活度、支链干涉等多种因素。针对六自由度并联机床，目前可以利用的尺度综合方法可以分为基于各向同性条件的尺度综合、兼顾各向同性条件和动平台姿态能力的尺度综合以及基于总体灵活度指标的加权综合三种方法：

（1）第一种方法仅依赖于满足各向同性条件时的尺度参数关系，故存在无穷多组解答；

（2）第二种方法针对动平台在给定工作空间中实现预定姿态能力的需要，通过施加适当约束，可有效地解决多解问题；

（3）第三种方法较为通用，通常以雅可比矩阵条件关于工作空间的一次矩最小为目标，将尺度综合问题归结为一类泛函极值问题。

值得指出的是，第二种方法仅适用某些并联机构（如 Stewart 平台），而第三种方法除计算效率低外，还不能兼顾动平台实现姿态的能力。因此，针对不同类型的并联机床，研究兼顾多种性能指标的高效尺度综合方法将是一项极有意义的工作。

3．动力学问题

刚体动力学逆问题是并联机床动力分析、整机动态设计和控制器参数整定的理论基础。这类问题可归结为已知动平台的运动规律，求解铰内力和驱动力。相应的建模方法可采用几乎所有可以利用的力学原理，如牛顿—欧拉法、拉格朗日方程、虚功原理、凯恩方程等。由于极易由雅可比和海赛矩阵建立操作空间与关节空间速度和加速度的映射关系，并据此构造各运动构件的广义速度和广义惯性力，因此有理由认为，虚功（率）原理是首选的建模方法。

动态性能是影响并联机床加工效率和加工精度的重要指标。并联机器人的动力性能评价完全可以沿用串联机器人的相应成果，即可用动态条件数、动态最小奇异值和动态可操作性椭球半轴长几何均值作为指标。与机器人不同，金属切削机床动态特性的优劣主要基于对结构抗振性和切削稳定性的考虑。动态设计目标一般可归结为提高整机单位重量的静刚度；通过质量和刚度的合理匹配使低阶主导模态的振动能量均衡；有效降低刀具与工件间相对动柔度的最大负实部，以改善抵抗切削颤振的能力。

由此可见，机器人与机床二者间动态性能评价指标是存在一定差异的。事实上，前者没有涉及对结构支撑子系统动态特性的影响和对工作性能的特殊要求；而后者未考虑运动部件惯性及刚度随位形变化的时变性和非线性。因此，深入探讨并联机床这类机构与结构耦合的、具有非定长和非线性特征的复杂机械系统动力学建模和整机动态设计方法，将是一项极富挑战性的工作。这项工作对于指导控制器参数整定、改善系统的动态品质也是极为重要的。

4．精度设计与运动学标定

精度问题是并联机床能否投入工业运行的关键。并联机床的自身误差可分为准静态误差和动态误差。前者主要包括由零部件制造与装配、铰链间隙、伺服控制、稳态切削载荷、热变形等引起的误差；后者主要表现为结构与系统的动特性与切削过程耦合所引起的振动产生的误差。机械误差是并联机床准静态误差的主要来源，包括零部件的制造与装配误差。目前，由于尚无有效的手段检测动平台位姿信息，因而在无法实现全闭环控制条件下，通过精度设计与运动学标定改善机床的精度就显得格外重要。

精度设计是机床误差避免技术的重要内容，可概括为精度预估与精度综合两类互逆问题。精度预估的主要任务是：按照某一精度等级设定零部件的制造公差，根据闭链约束建立误差模型，并在统计意义下预估刀具在整个工作空间的位姿方差，最后通过灵敏度分析修改相关工艺参数，直至达到预期的精度指标。工程设计中，更具意义的工作是精度综合，即精度设计的逆问题。精度综合是指预先给定刀具在工作空间中的最大位姿允差（或体积误差），反求应分配给零部件的制造公差，并使它们达到某种意义下的均衡。精度综合一般可归结为一类以零部件的制造公差为设计变量，以关于误差灵敏度矩阵的加权欧氏范数最大为目标，以公差在同一精度等级下达到均衡为约束的有约束二次线性规划问题。

运动学标定，又称为精度补偿或基于信息的精度创成，是提高并联机床精度的重要手段。运动学标定的基本原理是：利用闭链约束和误差可观性，构造实测信息与模型输出间的误差泛函，并用非线性最小二乘技术识别模型参数，再用识别结果修正控制器中的逆解模型参数，进而达到精度补偿的目的。

高效准确的测量方法是实现运动学标定的首要前提。根据测量输出的不同，通常可采用两类运动学标定方法：① 利用内部观测器所获信息的自标定方法，其一般需要在从动铰上安装传感器（如在胡克铰上安装编码器）；② 检测刀具位姿信息的外部标定方法，其原则上需要高精度检具和五坐标检测装置。

5．数控系统

从机床运动学的观点看，并联机床与传统机床的本质区别在于动平台在笛卡儿空间中的运动是关节空间伺服运动的非线性映射（又称为虚实映射）。因此，在进行运动控制时，必须通过位置正解模型，将事先给定的刀具位姿及速度信息变换为伺服系统的控制指令，并驱动并联机构实现刀具的期望运动。

由于构型和尺度参数不同，导致不同并联机床虚实映射的结构和参数不尽相同，因此采用开放式体系结构建造数控系统是提高系统适用性的理想途径。

为了实现对刀具的高速高精度轨迹控制，并联机床数控系统需要高性能的控制硬件和软件。系统软件通常包括用户界面、数据预处理、插补计算、虚实变换、PLC 控制、安全保障等模块，并需要简单、可靠、可作底层访问、可完成多任务实时调度的操作系统。

友好的用户界面是实现并联机床工业运行不可忽视的重要因素。由于操作者已习惯传统数控机床操作面板及有关术语和指令系统，故为了方便终端用户的使用，在开发并联机床数控系统用户界面时，必须将其在传动原理方面的特点隐藏在系统内部，而使提供给用户或需要用户处理的信息尽可能与传统机床一致。这些信息通常包括操作面板的显示、数控程序代码和坐标定义等。

实时插补计算是实现刀具高速、高精度轨迹控制的关键技术。在以工业 PC 和开放式多轴运动控制卡为核心搭建的并联机床数控系统中，常用且易行的插补算法是：根据精度要求在操作空间中离散刀具轨迹，并根据硬件所提供的插补采样频率，按时间轴对离散点进行粗插补，然后通过虚实变换将数据转化到关节空间，再送入控制器进行精插补。注意到在操作空间中，两离散点间即便是简单的直线匀速运动，也将被转化为关节空间中各轴相应两离散点间的变速运动，因此若仍使关节空间中各轴两离散点间作匀速运动，则将在操作空间中合成复杂的曲线轨迹。为此，必须对离散点密化，以创成高速、高精度的刀具轨迹。这不仅需要大幅度提高控制器的插补速率，而且需要有效地处理速度过渡问题。

8.2.3 并联机床的控制技术

1. 运动学方程的建立

虚拟轴机床运动学方程是并联机床控制的基础，利用基础平台（简称定平台）和运动平台（简称动平台）的八参数虚拟轴机床机构模型建立具有一般意义的并联机构运动学方程。

清华大学研制的 VAMT1Y 采用静平台和动平台水平旋转，每个平台上的六个铰链点构成两个正三角形，以满足数控机床工作空间的对称性要求（即机床在水平的各个方向要尽可能地具有相同的加工能力）。对构成两个平台的四个三角形的结构参数进行优化设计，使该原型样机具有较大的作业空间，并使作业空间中不出现奇异位形。

图8-11 为 VAMT1Y 的结构模型。六根伸缩杆一端通过胡克铰与基础平台连接，另一端用球角与运动平台连接，各杆的伸缩采用交流伺服电动机和滚珠丝杠副驱动。刀具安装在动平台上，由主轴电动机驱动。在伸缩杆伺服进给电动机驱动下，动平台及刀具可实现六自由度的空间运动。

利用具有典型意义的虚拟轴机床的机构模型——八参数模型（如图8-11所示）对虚拟轴机床的运动学进行描述，运动平台和基础平台俯视图如图8-12所示。六根可主动伸缩的支链（简称腿）分别通过胡克铰和球铰与定平台和动平台相连。

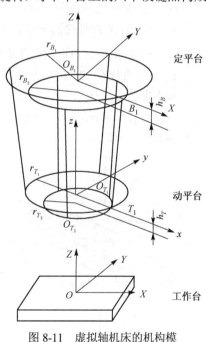

图 8-11 虚拟轴机床的机构模型——八参数模型

定平台的六个胡克铰（$B_1 \sim B_6$）分布在两个平行平面上，并构成两个正三角形。两个正三角形中心连线垂直于这两个平面。$\Delta B_1 B_3 B_5$ 外接圆中心为点 O_{B_1}，$\Delta B_2 B_4 B_6$ 外接圆中心为点 O_{B_2}。定平台结构参数定义如下：

r_{B1} ——$\Delta B_1 B_3 B_5$ 外接圆半径；

r_{B2} ——$\Delta B_2 B_4 B_6$ 外接圆半径；

h_B ——两个正三角形所在平面的距离；

α_B ——直线 $O_{B_1} B_1$ 与 $O_{B_2} B_2$ 的夹角。

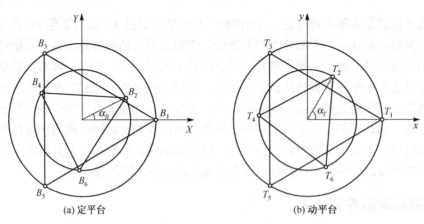

图 8-12　虚拟轴机床俯视图

类似地，动平台的六个球铰（$T_1 \sim T_6$）分布在两个平行平面上，并构成两个正三角形。两个正三角形中心连线垂直于这两个平面。$\Delta T_1 T_3 T_5$ 外接圆中心为 O_{T_1} 点，$\Delta T_2 T_4 T_6$ 外接圆中心为点 O_{T_2}。定平台结构参数定义如下：

r_{T_1}——$\Delta T_1 T_3 T_5$ 外接圆半径；

r_{T_2}——$\Delta T_2 T_4 T_6$ 外接圆半径；

h_T——两个正三角形所在平面的距离；

α_T——直线 $O_{T_1} B_1$ 与 $O_{T_2} B_2$ 的夹角。

基本参数 r_{B_1}、r_{B_2}、h_B、α_B、r_{T_1}、r_{T_2}、h_T、α_T 从机构学上完全定义了该模型。该模型是一个很具代表性的模型，适当地设置这八个参数，可以得到许多研究论文中讨论的一些常见 Stewart 平台模型。

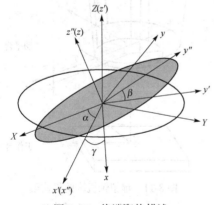

图 8-13　终端姿势描述

建立如图 8-12 所示的定平台坐标系 $O_B XYZ$ 和运动坐标系 $O_{T_1} xyz$。运动坐标系原点 O_{T_1} 在基础坐标系中的位矢为

$$r_T = [X_T, Y_T, Z_T]^T \tag{8-1}$$

虚拟轴机床动平台坐标系在机床坐标系中的描述方法很多，可以用球面旋矢、RPY 角或者欧拉角来描述。由于在该机床的设计与控制中均采用欧拉角描述，所以下面对这种描述方法做简单介绍。

姿势变换矩阵可以通过连续的三次旋转来实现：首先绕 $O_B XYZ$ 的 Z 轴转 α 角，达到 $x_1 y_1 z_1$ 的姿势；再绕当前的 z_2 轴转 γ 角，达到 $x_2 y_2 z_2$ 的姿势；最后绕 x_1 轴转 β 角，达到终端姿势 $O_{T_1} xyz$。终端姿势如图 8-13 所示，α、β、γ 分别为动平台的进动角、章动角和自转角。

上述姿势变换矩阵可表示为

$$
\begin{aligned}
\boldsymbol{R} &= \boldsymbol{R}(Z, \alpha)\boldsymbol{R}(X, \beta)\boldsymbol{R}(Z, \gamma) \\
&= \begin{bmatrix}
\cos\alpha\cos\gamma - \sin\alpha\cos\beta\sin\gamma & -\cos\alpha\sin\gamma - \sin\alpha\cos\beta\cos\gamma & \sin\alpha\sin\beta \\
\sin\alpha\cos\gamma - \cos\alpha\cos\beta\sin\gamma & -\sin\alpha\sin\gamma - \cos\alpha\cos\beta\cos\gamma & \cos\alpha\sin\beta \\
\sin\beta\sin\gamma & \sin\beta\cos\gamma & \cos\beta
\end{bmatrix}
\end{aligned}
\tag{8-2}
$$

　　另一方面，考虑到插补误差分析与机床标定的实际应用中常采用 *RPY* 角描述。*RPY* 角是描述船舶在海中航行时姿态的一种方法。将船的行驶方向取为 Z 轴，则绕 Z 轴的旋转称为滚动（roll）；把绕 Y 轴的旋转称为俯仰（pitch）；而把铅直方向取为 X 轴，将绕该轴的旋转称为偏转（yaw）。这种描述坐标系 $O_{T_1}xyz$ 方位的法则为：$O_{T_1}xyz$ 的初始方位与参考坐标系 $O_{B_1}XYZ$ 重合，先将 $O_{T_1}xyz$ 绕 X_{B_1} 转 α 角，再绕 Y_{B_1} 转 β 角，最后绕 Z_{B_1} 转 γ 角，得到相应的旋转矩阵为

$$
\begin{aligned}
\boldsymbol{R} &= \boldsymbol{R}(Z_A,\gamma)\boldsymbol{R}(Y_A,\beta)\boldsymbol{R}(X_A,\alpha) \\
&= \begin{bmatrix}
\cos\gamma\cos\beta & \cos\gamma\sin\beta\sin\alpha - \sin\gamma\cos\alpha & \cos\gamma\sin\beta\cos\alpha + \sin\gamma\sin\alpha \\
\sin\gamma\cos\beta & \sin\gamma\sin\beta\sin\alpha + \cos\gamma\cos\alpha & \sin\gamma\sin\beta\cos\alpha - \cos\gamma\sin\alpha \\
-\sin\beta & \cos\beta\sin\alpha & \cos\beta\cos\alpha
\end{bmatrix}
\end{aligned} \tag{8-3}
$$

　　如图8-13所示，可以得到定平台上各铰接点在基础坐标系中的坐标为

$$
\begin{cases}
X_i = r_{B_1}\cos\theta_i \\
Y_i = r_{B_1}\sin\theta_i \\
Z_i = H
\end{cases} \tag{8-4}
$$

记为 $\boldsymbol{B}_i$，其中 $\theta_i = (i-1)\pi/6$，$i = 1, 3, 5$。

$$
\begin{cases}
X_j = r_{B_2}\cos(\theta_j + \alpha_B) \\
Y_j = r_{B_2}\sin(\theta_j + \alpha_B) \\
Z_j = H - h_B
\end{cases} \tag{8-5}
$$

记为 $\boldsymbol{B}_j$，其中 $\theta_j = (j-2)\pi/6$，$i = 2, 4, 6$。

　　类似地，可以得到运动平台上的各铰接点在运动坐标系中的坐标为

$$
\begin{cases}
x_i = r_{T1}\cos\theta_i \\
y_i = r_{T1}\sin\theta_i \\
z_i = H
\end{cases} \tag{8-6}
$$

记为 $\boldsymbol{T}_i$，其中 $\theta_i = (i-1)\pi/6$，$i = 1, 3, 5$。

$$
\begin{cases}
x_j = r_{T2}\cos(\theta_j + \alpha_B) \\
y_j = r_{T2}\sin(\theta_j + \alpha_B) \\
z_j = H - h_B
\end{cases} \tag{8-7}
$$

记为 $\boldsymbol{T}_j$，其中 $\theta_j = (j-2)\pi/6$，$i = 2, 4, 6$。

　　根据旋转变换，动平台坐标系中动平台各铰链位置矢量在基础坐标系中为

$$
\boldsymbol{s}_i = \boldsymbol{R}\boldsymbol{T}_i \qquad (i = 1, 2, \cdots, 6) \tag{8-8}
$$

　　运动平台上各铰接点在基础坐标系中的坐标为

$$
\boldsymbol{T}_i^B = \boldsymbol{R}\boldsymbol{T}_i + \boldsymbol{r}_T \qquad (i = 1, 2, \cdots, 6) \tag{8-9}
$$

于是，支链矢量为

$$
l_i\boldsymbol{l}_i = \boldsymbol{R}\boldsymbol{T}_i + \boldsymbol{r}_T - \boldsymbol{B}_i \qquad (i = 1, 2, \cdots, 6) \tag{8-10}
$$

其中，l_i 为第 i 支链长度，$\boldsymbol{l}_i$ 为第 i 支链单位方向矢量，$\boldsymbol{B}_i = [X_i, Y_i, Z_i]^{\mathrm{T}}$，$\boldsymbol{T}_i = [x_i, y_i, z_i]^{\mathrm{T}}$。

式(8-9)即为运动学逆解方程。可以看出，并联机构的逆解具有唯一性，只要知道了刀具的空间位置，就可以唯一地确定六条腿的长度，从而通过伺服电动机实现各条腿的长度控制。

8.2.4 典型并联机床 CNC 系统

并联机床运动控制是指通过位置逆解模型，将事先给定的刀具位姿和速度信息转换为伺服系统的控制指令，并驱动并联机构实现刀具的期望运动。下面介绍一种基于 PMAC 多轴运动控制卡研制的五坐标并联机床数控系统的硬件结构和软件构成。

1．五坐标并联机床的运动模型

该机床主要由工作台、床身及一个 4 自由度的并联操作机组成，如图 8-14 所示。机床的主运动由安装在并联操作机动平台上的电主轴带动刀具做旋转运动实现。在 5 个进给运动中，安装工件的工作台实现 X 方向的进给运动，而余下的 4 个进给运动（F、Z、A、B）由并联操作机的动平台带动来实现刀具运动。逆运动学问题可描述为：给定动平台的位置和姿态，求能实现该位置、姿态的驱动关节位移。

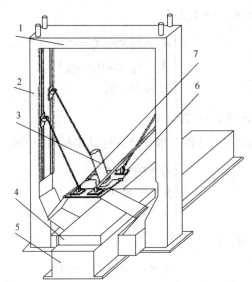

1—横梁；2—滑块；3—刀具主轴；4—工作台；5—床身；6—平面六杆机构；7—运动平台

图 8-14　五坐标并联机床结构图

2．数控系统的硬件结构

该系统采用主从式控制方式，其中上位机选用工业 PC，以完成人机对话，内部数据处理及系统资源的管理；下位机则选用以 DSP 芯片为核心的 PMAC 多轴运动控制器，以完成位置、速度、加速度等伺服控制及其他辅助 I/O 控制。底层的 PC 及其上插接的 PMAC 卡构成了"PC + PMAC"的双 CPU 的硬件结构。

1）PMAC 多轴运动控制器的控制方式及特点

美国 Delta Tau 公司的可编程多轴运动控制器（PMAC）核心为 Motorola 的 DSP56001/56002

数字信号处理器,是世界上功能最强大的运动控制器之一。PMAC 可以同时操纵 1～8 个轴;能够对存储在它内部的程序进行单独运算,执行运动程序、PLC 程序,进行伺服环更新,并以串口、总线两种方式与主计算机进行通信,而且它还可以自动对任务进行优先等级判别,从而进行实时的多任务处理,提高了整个控制系统的运行速度和控制精度。

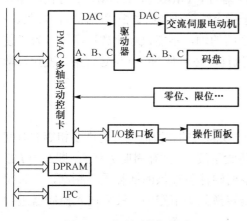

图 8-15　控制系统框图

2)系统的控制结构

控制系统(如图 8-15 所示)以基于工业 PC 的 PMAC 为核心,采用松下数字式交流伺服系统构成一个开放式数控系统。利用 PMAC 的多轴运动控制功能,将 5 套交流伺服系统与 PMAC 的 5 个通道分别相连,实现电动机转速信号的输出及光点编码器反馈信号的采集,以控制各轴的运动。通过 PMAC 卡的 I/O 接口来实现 PLC 功能,如检测行程、限位、机床回零等信号,控制机床的冷却、换刀等功能。此外,利用其 PLC 功能进行面板操作、控制程序运行和手动调整机床。

PMAC 必须与 PC 通信才能完成机床的控制任务。通过 PC 的外设可实现程序的输入、编辑、参数的设置、运动状态的实时显示及软件仿真等功能。利用 PC 的通信口还可以使并联机床成为柔性生产线上的一个制造单元。

双端口 RAM(DPRAM)用于解决主控制处理器与 PMAC 的通信瓶颈问题,实现 PMAC 与主控制处理器之间高速重复且无须握手的数据通信。

3. 数控系统软件构成

1)工作原理

由于此并联机床以兼容普通加工中心的加工能力为主要目标之一,因而在数控加工程序编制上遵循使用传统的 NC 代码指令,以便于编程和程序的移植与交流。由于机床结构的根本不同,使得与传统机床直接控制 X、Y、Z 轴不同,在并联机床上不能用 NC 代码直接伺服控制,要实现一定的刀具位置,必须转换为控制空间时刻变化的滑块位置,这里面就包含了 NC 代码格式变换、插补、坐标变换及运动学变换等(如图 8-16 所示),这些就构成了并联机床数控系统不同于传统机床数控系统的软件功能模块,实现了数控系统模块化在一定意义上就是实现了数控软件的开放性,即不同构型的并联机床只需要改变坐标变换和运动学变换模块就可以了。

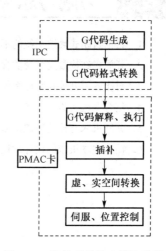

图 8-16　数控系统核心模块流程

2)造型及 NC 代码生成

数控系统充分发挥了 PC 软件资源丰富的优势,吸收了现有 CAD/CAM 技术的成果,采用 UG 完成实体造型及 NC 代码生成。UG 具有丰富的曲线、曲面造型功能,可对三维模型进行放大、缩小、旋转、渲染等,可对加工过程进行手动、连续及真实感仿真,还具有 IGES 及

DXF 等接口，可按多种加工方法进行不同的后置处理以生成 NC 代码，这为在并联机床上实现 CAD/CAM 一体化奠定了基础。

3）NC 代码格式变换

PMAC 允许执行机床类型的 RS-274（NC 代码）程序，PMAC 把 G、M、T 等代码作为子程序来调用。造型软件生成的 NC 代码中可能由于指令续效功能而省去代码标志，如 "X…Y…Z…" 程序段。并联机床控制的轴不是笛卡儿空间的轴，不能执行此类程序段。为了使 PMAC 可以识别这些程序段并进而调用相应的程序执行，必须对 NC 代码进行格式变换，增加所有因续效而省去的代码标志。

4）插补

系统采用时间分割插补算法，即把加工一段直线或圆弧的整段时间分为许多相等的时间间隔，即插补周期。每一插补周期内进给步长 ΔL 与进给速度 F、插补周期 T 有关，即 $\Delta L = FT$。根据精度要求，在操作空间中离散刀具轨迹，并根据硬件所提供的插补采样频率，按时间轴对离散点进行粗插补，然后通过虚实变换将数据转换到关节空间，最后送入控制器进行精插补。

5）用户界面

由于操作者已习惯传统数控机床操作面板及有关术语和指令系统，故为了方便终端用户的使用，在开发并联机床数控系统用户界面时，将其在传动原理方面的特点隐藏在系统内部，而使提供给用户或需要用户处理的信息尽可能与传统机床一致。这些信息包括操作面板的显示、数控程序代码和坐标定义等。

8.3　习题与思考题

1. 讨论封闭式数控系统的不足，以及当前的解决方法。
2. 开放式结构数控系统的含义是什么？其基本特征有哪些？
3. 对比各国开放式数控系统发展计划的技术特点。
4. 结合课程实验（或实践环节），谈谈你对开放式数控的理解。
5. 并联机床与传统数控机床相比存在哪些优势？
6. 简述并联机床的设计理论及关键技术。

第9章 实　　验

9.1 数控车床的操作与加工实验

【实验目的】

（1）了解数控车床的基本结构。

（2）了解数控车床的加工特点。

（3）了解数控车床的面板操作。

（4）了解数控车床功能指令。

【实验要求】

（1）实验前做好理论知识学习，明确实验目的、实验方法、实验步骤和实验内容。

（2）严格遵守实验操作规程，注意设备及人身安全。

（3）按要求完成实验操作，做好实验记录，认真做好实验报告。

（4）实验结束，整理好实验工具，保持实验室整洁卫生。

【实验装置】

（1）数控车床（华中数控世纪星系统、广州数控系统）。

（2）刀具：90°外圆硬质合金车刀 YT15。

（3）量具：0～125 游标卡心、25～50 千分尺、0～150 钢尺。

（4）材料：45 号钢、$\phi45 \times 83$。

【实验内容】

1. 教师介绍机床并调试程序。

（1）介绍数控车床结构、系统、加工特点及操作。

（2）启动机床、装夹刀具和工件。

（3）介绍数控车床的操作要点和主要功能指令特点，并演示主要指令的运行效果。

（4）对刀操作。

（5）运行以下程序，并观察零件的加工过程（可以根据实验实际情况适当简化程序，如去掉精加工）。

```
%0002
N01 T0101;（换一号刀，确定其坐标系）
N02 G00 X80 Z80;（到程序起点或掐刀点位置）
N03 M08 M03 S800;（冷却液开，主轴正转，转速为 800 r/min）
N04 G00 X44 Z2;（刀尖快速定位到φ44 直径，距端面 2 mm 处）
N05 G71 U1 R0.5 P1 Q2 X0.4 Z0.2 F100;（外径粗车复合循环加工）
```

N06 M03 S1600；（主轴以1600 r/min 正转）
N07 N1 G00 Z0；（精加工轮廓起始行，到Z0处）
N08 G01 X-0.5 F80；（直线插补加工到X-0.5处）
N09 X0；（退回X0处）
N10 G03 X28 Z-14 R14；（精加工R14圆弧）
N11 G01 X29；（精加工距零点-14处的端面）
N12 G03 X32 Z-15.5 R1.5；（精加工R1.5圆弧）
N13 G01 Z-19；（精加工ϕ32外圆）
N14 G02 X37.33 Z-25.8 R10；（精加工R10圆弧）
N15 G03 X40 Z-29.2 R5；（精加工R5圆弧）
N16 G01 Z-39；（精加工ϕ40外圆）
N17 N2 X43 C0.5；（精加工0.5×45°倒角）
N18 G00 X80 Z80；（返回程序起点位置）
N19 M05 M09；（主轴停，冷却液关）
N20 M30；（主程序结束并复位）

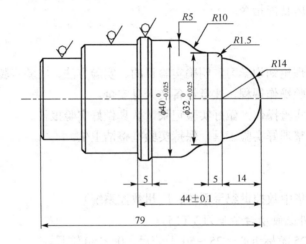

2．学生完成例2-3程序调试。

【讨论问题】

（1）和普通车床比较数控车床的结构特点有哪些？
（2）数控车床一般应用于哪些零件的加工？
（3）数控车床的操作方式（写出仿真操作步骤）有哪些？
（4）数控车床主要功能代码的作用是什么？

9.2 数控铣床的操作与加工实验

【实验目的】

（1）通过编写数控铣床加工程序，加深理解数控G代码的功能。
（2）学习数控加工直线插补和圆弧插补等功能的编程与加工。
（3）通过数控铣床手动编程操作演示，掌握数控面板各个功能键的功能和G代码的应用。
（4）了解数控铣床加工过程。

【实验要求】

（1）实验前做好理论知识学习，明确实验目的、实验内容和实验步骤。

（2）严格遵守实验操作规程，注意设备及人身安全。

（3）按要求完成实验操作，做好实验记录，认真做好实验报告。

（4）实验结束，整理好实验工具，保持实验室整洁卫生。

【实验装置】

（1）数控铣床（北京 FANUC 数控）。

（2）蜡模或金属毛坯一块（长×宽×高）：180 mm×120 mm×50 mm。（此规格材料仅为参考，若现场有其他规格，则程序应进行相应修改。）

（3）量具：0～125 游标卡尺、25～50 千分尺、0～150 钢尺。

（4）圆柱（ϕ12 mm）平底铣刀一把。

【实验内容】

1．掌握基本知识。

（1）了解数控铣床的结构、操作特点。

（2）了解直线插补指令、圆弧插补指令、G92 工件坐标系设定指令、绝对值和相对值指令的含义。

（3）练习以下内容：

① 01 组代码的格式用法

```
G00 X_ Y_ Z_
G01 X_ Y_ Z_ F_
G02(03) X_ Y_ Z_
```

② 00 组代码的格式用法

```
G92 X_ Y_ Z_
```

③ 03 组代码的格式用法

```
G90
G91
```

④ 对半径为 30、缺口角度为 90° 的优弧、劣弧及整圆编程。

⑤ G54 X_ Y_ Z_（建立第一工件坐标系）。

⑥ G55 X_ Y_ Z_（建立第二工件坐标系）。

2．完成工程实例 2-4 调试。

【讨论问题】

（1）为什么在加工零件前必须进行对刀操作？

（2）简述绝对值编程和相对值编程方法的区别及使用场合。

（3）简述 G54 等坐标系设定代码功能及使用方法。

（4）简述 G 代码中直线插补、圆弧插补的功能及使用方法。

9.3 数控系统组成及其外设接口实验

【实验目的与要求】

（1）熟悉数控系统各组成部件的接口。

（2）掌握数控系统的上电顺序及基本操作。

（3）读懂电气原理图，通过电气原理图能独立进行数控系统各部件之间的连接。

（4）掌握数控系统的调试及运行方法。

【实验仪器及设备】

（1）具有二维或三维数控系统的数控机床或数控平台。

（2）万用表及数字示波器。

（3）百分表与磁力表架一套。

（4）标准直角尺及检测平尺。

（5）活动扳手、内六角扳手等工具。

【实验内容】

（1）实验前分析数控系统组成及工作流程，画出其原理图或数据流图。

（2）数控系统的连接：

① 电源回路的连接；

② 数控系统继电器和输入、输出开关量的连接；

③ 数控装置与手摇单元；

④ 变频主轴、步进或伺服电动机驱动器，以及刀架电动机的连接。

（3）数控系统调试：

① 检查系统电路；

② 上电进行系统调试；

③ 手动进给、回零及程序控制测试，对数控装置功能进行检查。

（4）编写简单数控程序，进行仿真或加工测试。

【实验总结】

（1）简述数控系统的组成及原理。

（2）列举一些数控系统应用的实例。

（3）总结数控装置连接和调试的一般步骤与方法。

（4）简述步进及交流伺服驱动系统采用的控制方式，分析这两种控制方式的区别和特点。

（5）总结专有数控系统和基于 PC+运动控制卡的优缺点。

（6）根据实验过程中出现的问题，写出数控系统故障的一般分析和判断的方法。

【实验报告】

（1）画出实验选用的数控系统结构框图。

（2）列举数控系统实验台或数控机床的主要部件，并简述其作用。

（3）简述数控系统与外设接口的连接及基本操作。

（4）画出本实验数控系统的电气控制回路、电源回路连接的电气原理图。

（5）若实验过程中出现故障，写出关于故障现象及所采取的措施的处理报告。

（6）用运动控制卡（如固高的四轴伺服闭环运动控制卡 GT-400-SV-PCI-G）、松下交流伺服驱动器 MSDA023A1A、松下交流伺服电动机 MSMl022A 及光栅尺设计一个全闭环控制系统，画出电气原理图。

9.4　机床用可编程控制器（PLC）编程与调试实验

【实验目的与要求】

（1）了解 PLC 的基本原理和结构，熟悉内置式 PLC 的实现原理。

（2）了解用 C 语言编写 PLC 程序的方法，掌握数控系统 PLC 的调试方法。

【实验仪器及设备】

（1）华中数控系统的（如 HNC-21 系列）数控车床或数控铣床。

（2）万用表及数字示波器。

（3）专用连接线一套。

【实验内容】

（1）实验前分析数控系统 PLC 的功能，熟悉编程步骤及规则。

（2）PLC 编程。用华中数控系统内置式 PLC 实现主轴控制等简单逻辑控制。

（3）PLC 调试。首先，操作数控装置，进入输入/输出开关量显示状态，对照机床电气原理图，逐个检查 PLC 输入/输出点的连接和逻辑关系是否正确；其次，检查机床超程限位开关是否有效，报警显示是否正确（各坐标轴的正、负超程限位开关的一个常开触点，已经接入输入开关量接口）。

【实验总结】

（1）简述可编程控制器编程语言及各自的特点。

（2）简述华中数控内置式 PLC 的结构及原理。

（3）简述华中数控 PLC 程序的编写及编译。

（4）简述车床标准 PLC 系统的配置。

【实验报告】

（1）分别用梯形图、指令语句表编程，实现主轴正反转等简单控制逻辑。

（2）用 C 语言编程，用华中数控系统内置式 PLC 实现主轴正反转等控制逻辑。

（3）简述 PLC 调试的内容和方法。

（4）画出华中数控 PLC 程序调试的流程图。

9.5 插补原理实验

【实验目的】

（1）掌握逐点比较法、数字积分法、数据采样法等直线和圆弧插补的插补原理及其实现方法。

（2）利用运动控制器的基本控制指令实现直线和圆弧插补。

（3）掌握基本数控插补算法的软件实现方法。

【实验要求】

（1）实验前做好理论知识学习，明确实验目的、实验内容和实验步骤。

（2）严格遵守实验操作规程，注意设备及人身安全。

（3）按要求完成实验操作，做好实验记录，认真做好实验报告。

（4）实验结束，整理好实验工具，保持实验室整洁卫生。

【实验装置】

（1）数控两维平台二套；

（2）数控三维平台二套；

（3）GT-400-SV 卡二块；

（4）GT-400-SG 卡二块；

（5）PC 四台；

（6）配套笔架；

（7）绘图纸若干张；

（8）VC 软件开发平台。

【实验内容】

（1）逐点比较法直线插补实验；

（2）逐点比较法圆弧插补实验；

（3）数字积分法直线插补实验；

（4）数字积分法圆弧插补实验；

（5）数据采样法直线插补实验；

（6）数据采样法圆弧插补实验；

（7）插补算法的高级语言编程实验。

【讨论问题】

（1）根据实验现象，分析逐点比较法和数字积分法的精度和局限性。

（2）根据实验结果，说明寄存器位数对数字积分法插补精度和速度控制的影响，并分析其原因。

（3）列出直线插补和圆弧插补运动所需参数，结合实验记录，分析不同映射设置对插补轨迹的影响，并理解其在实际应用中的意义。

（4）根据实验现象，分析数据采样法插补中插补周期对加工轮廓误差的影响。

9.6　加减速控制及其实现实验

【实验目的】

（1）掌握数控系统前加减速和后加减速控制原理及其实现方法。

（2）理解数控系统加、减速控制的基本原理及其常见实现方式（直线加减速、指数加减速模式）。

（3）掌握实现数控系统加减速运动模式的方法和设置。

【实验要求】

（1）实验前做好理论知识学习，明确实验目的、实验内容和实验步骤。

（2）严格遵守实验操作规程，注意设备及人身安全。

（3）按要求完成实验操作，做好实验记录，认真做好实验报告。

（4）实验结束，整理好实验工具，保持实验室整洁卫生。

【实验装置】

（1）数控三维平台二套；

（2）GT-400-SG 卡二块；

（3）PC 两台。

【实验内容】

（1）直线加减速和指数加减速运动模式实验；

（2）运动速度控制模式实验。

【讨论问题】

（1）根据实验现象，分析直线加减速和指数加减速运动模式的特点和应用场合。

（2）根据实验现象，分析运动速度控制模式的特点和应用场合。

9.7　伺服电动机控制实验

【实验目的】

（1）掌握伺服电动机、驱动装置及数控系统之间的连接。

（2）掌握伺服电动机及驱动器的控制特性。

（3）掌握伺服电动机的试运行及速度控制方式的设置。

（4）掌握伺服电动机位置控制方式的设置。

（5）了解交流伺服系统的动态特性及参数调制方法。

【实验要求】

（1）实验前做好理论知识学习，明确实验目的、实验内容和实验步骤。

（2）严格遵守实验操作规程，注意设备及人身安全。

（3）按要求完成实验操作，做好实验记录，认真完成实验报告。

（4）实验结束，整理好实验工具，保持实验室整洁卫生。

【实验装置】

（1）数控系统一套；

（2）交流伺服电机一台；

（3）交流伺服驱动装置一套；

（4）连接线一套；

（5）*X-Y*轴工作台一套；

（6）负载试验台一套；

（7）双通道数字存储示波器一台；

（8）信号发生器一台。

【实验内容】

（1）记录永磁式同步交流伺服电机给定转速和实际转速，计算转速误差；

（2）永磁式同步交流伺服电动机转速动态响应特性的测试；

（3）永磁式同步交流伺服电动机稳速误差的测试；

（4）永磁式同步交流伺服电动机频带宽度的测试；

（5）永磁式同步交流伺服电动机稳态刚度的测试；

（6）位置控制方式下运行电动机，绘制永磁式同步交流伺服系统工作在位置控制方式下，伺服电动机转速与位置滞后量的关系曲线。

【讨论问题】

（1）描述永磁式同步交流伺服系统的控制框图。

（2）绘制永磁式同步交流伺服系统电气连接图。

（3）区分永磁式同步交流伺服系统的强、弱电连接。

（4）说明交流伺服电动机驱动器投入运行的操作步骤。

（5）如何调制速度环参数以优化系统响应？

（6）如何调制位置环参数以优化系统响应？

9.8 数控机床位置检测装置实验

【实验目的】

（1）了解位置检测装置的基本概念。

（2）掌握脉冲编码器、光栅尺的连接及输出信号特点。

（3）掌握脉冲编码器、光栅尺的使用方法和信号处理方法。

（4）掌握数控机床开环、半闭环控制系统的原理和应用。

（5）了解机床误差的测量和补偿方法。

【实验要求】

（1）实验前做好理论知识学习，明确实验目的、实验内容和实验步骤。

（2）严格遵守实验操作规程，注意设备及人身安全。

（3）按要求完成实验操作，做好实验记录，认真完成实验报告。

（4）实验结束，整理好实验工具，保持实验室整洁卫生。

【实验装置】

（1）数控系统一套；

（2）装有增量式光电编码器的交流伺服电动机一台；

（3）装有光栅尺的 X-Y 轴工作台一套；

（4）交流伺服驱动装置一套；

（5）双线示波器一台；

（6）连接线一套。

【实验内容】

（1）手摇单元波形、脉冲编码器波形、光栅波形的测试；

（2）手摇脉冲发生器的进给控制；

（3）反向间隙误差的测量及补偿；

（4）螺距误差的测量及补偿。

【讨论问题】

（1）由波形图分析 A、$\overline{A}$、B、$\overline{B}$、Z、$\overline{Z}$ 信号之间的相位关系，结合所学理论知识说明各自作用。

（2）交流伺服轴换向后，A、B 相信号的波形有何变化？

（3）交流伺服轴由低速逐渐加速运动后，A、B 相信号的波形有何变化？

（4）用手摇脉冲发生器控制坐标轴正向与负向移动时，A、B 相信号的波形有何变化？

（5）简述半闭环控制系统和全闭环控制系统的优缺点及应用场合。

（6）误差补偿能够提高数控机床的哪些精度？

9.9 数控机床典型机械结构拆装实验

【实验目的】

（1）了解数控机床的机械结构与传统机床相比进行了哪些改进。

（2）掌握数控机床机械机构中典型零部件的工作原理及特点。

（3）掌握数控机床进给传动机构中典型零部件的工作原理及其特性。

（4）了解自动换刀机构的组成及其工作原理。

（5）掌握换刀机械手的工作原理和工作过程。

【实验要求】

（1）实验前做好理论知识学习，明确实验目的、实验内容和实验步骤。

（2）严格遵守实验操作规程，注意设备及人身安全。

（3）按要求完成实验操作，做好实验记录，认真做好实验报告。

（4）实验结束，整理好实验工具，保持实验室整洁卫生。

【实验装置】

（1）滚珠丝杠螺母副一套；

（2）滚动导轨副一套；

（3）贴塑导轨模型一副，塑料带（50 mm×100 mm）一条；

（4）消除间隙双片齿轮装置一套；

（5）变齿厚蜗杆蜗轮一副（或变齿厚蜗杆一件）；

（6）联轴器（无间隙传动）一套；

（7）同步齿形带及带轮一套；

（8）60°角接触滚珠轴承一个；

（9）数控车床四方转位刀架一套；

（10）电动机内藏式电主轴一件；

（11）通用工具：① 活动扳手两个，② 木柄起子两个，③ 内六角扳手一套，④ 紫铜棒或木质手锤一个，⑤ 齿厚卡尺一个。

【实验内容】

（1）观察贴塑导轨的外形及其结构；

（2）拆装一种滚动导轨副，掌握其工作原理及结构特点和精度要求；

（3）观察同步齿形带及其带轮的结构；

（4）拆装一种滚珠丝杠螺母副，掌握其工作原理及结构特点和精度要求；

（5）拆装一种消除齿轮传动间隙的结构；

（6）观察并检测双导程变齿厚蜗杆，了解其工作原理和结构特点；

（7）拆装一种无间隙传动的联轴器，掌握它的工作原理；

（8）拆装转位刀架，了解其内部结构，观察刀具位置与分度定位机构间的关系；

（9）观察主轴和滚珠丝杠用的角接触轴承，掌握其受力和定位特点；

（10）观察一种结构形式的电主轴。

【讨论问题】

（1）绘制所见部件的工作原理简图，并说明其工作原理。

（2）根据拆装的部件结构提出改进意见。

（3）如果要将齿轮固定在轴上，如何实现无间隙固定？

（4）了解转位刀架工作过程，分析每一步如何保证刀具的位置精度。

（5）分析齿轮消除传动间隙与双导程变齿蜗杆-涡轮消除传动间隙的异同点。

参 考 文 献

[1] 叶培华. 数字控制技术. 北京：清华大学出版社，2002.

[2] 赵玉刚. 数控技术. 北京：机械工业出版社，2003.

[3] 周济，周艳红. 数控加工技术. 北京：国防工业出版社，2002.

[4] 廖效果. 数控技术. 湖北：湖北科学技术出版社，2000.

[5] 王爱玲. 现代数控原理及控制系统. 北京：国防工业出版社，2005.

[6] 全国数控培训网络天津分中心. 数控原理. 北京：机械工业出版社，2003.

[7] 周德俭. 数控技术. 重庆：重庆大学出版社，2001.

[8] 杜君文，邓广敏. 数控技术. 北京：机械工业出版社，2002.

[9] 焦振学. 微机数控技术. 北京：北京理工大学出版社，2000.

[10] 邵俊鹏. 机床数控技术. 哈尔滨：哈尔滨工业大学，2003.

[11] 杜君文，邓广敏. 数控技术. 天津：天津大学出版社，2003.

[12] 蔡厚道. 数控机床构造. 北京：北京理工大学出版社，2007.

[13] 李勇. 机械设备数控技术. 北京：国防工业出版社，2007.

[14] 杨继昌，李金伴. 数控技术基础. 北京：化学工业出版社，2004.

[15] 邓三鹏. 数控机床结构及维修. 北京：国防工业出版社，2008.

[16] 刘武. 机床数控技术. 北京：化学工业出版社，2007.

[17] http://www.hj9411.com/post/6410.html

[18] http://www.uggd.com

[19] 陈吉红. 数控机床实验指南. 武汉：华中科技大学出版社，2003.

[20] 娄锐. 数控应用关键技术. 北京：电子工业出版社，2005.

[21] 周宏. 开放式数控系统设计与实例. 湖南：湖南大学出版社，2007.

[22] 北京 FANUC 公司 http://www.bj-fanuc.com.cn

[23] 中国数控在线网 http://www.cncol.com

[24] 华中数控 http://www.huazhongcnc.com

[25] 航天数控 http://www.casnuc.com.cn/show.asp?uver=cn

[26] 蓝天数控 http://lt-cnc.sict.ac.cn

[27] 广州数控 http://www.gsk.com.cn

[28] 模具学习视频教程网 http://www.fst3.com/index.asp

[29] 模具学习网 http://www.totop.com.cn

[30] 数控学习网 http://www.cncabc.com/bbs/index.php

[31] 陈蔚芳，王宏涛. 机床数控技术及应用. 北京：科学出版社，2005.

[32] 罗学科，谢富春. 数控原理与数控机床. 北京：化学工业出版社，2004.

[33] 杨有君. 数控机床. 北京：机械工业出版社，2005.

[34] 何玉安. 数控技术及其应用. 北京：机械工业出版社，2004.

[35] 韩建海．数控技术及装备．武汉：华中科技大学出版社，2007.

[36] 娄锐．数控应用关键技术．北京：电子工业出版社，2007.

[37] 易红．数控技术．北京：机械工业出版社，2005.

[38] 杜君文，邓广敏．数控技术．天津：天津大学出版社，2002.

[39] 孙志用，赵砚江．数控与电控技术．北京：机械工业出版社，2002.

[40] 闫占辉，刘宏伟．机床数控技术．武汉：华中科技大学出版社，2008.

[41] 王仁德，赵春雨，张耀满等．机床数控技术（第二版）．沈阳：东北大学出版社，2007.

[42] 吴玉厚．数控机床电主轴单元技术．北京：机械工业出版社，2006.

[43] 陈子银．数控机床结构、原理与应用．北京：北京理工大学出版社，2006.

[44] 夏田．数控加工中心设计．北京：化学工业出版社，2006.

[45] 谢红．数控机床机器人机械系统设计指导．上海：同济大学出版社，2004.

[46] 李雪梅．数控机床．北京：电子工业出版社，2005.

[47] 李善术．数控机床及其应用．北京：机械工业出版社，2004.

[48] 林其骏．数控技术及其应用．北京：机械工业出版社，2001.

[49] 郑小年，杨克冲．数控机床故障诊断与维修．北京：华中科技大学出版社，2005.

[50] 牛志斌，扬秋晓．数控机床故障诊断与维修．北京：机械工业出版社，2006.

[51] 任建平．现代数控机床故障诊断及维修．北京：国防工业出版社，2002.

[52] 夏庆观．数控机床故障诊断与维修．北京：高等教育出版社，2006.

[53] 罗良玲，刘旭波．数控技术及应用．北京：清华大学出版社，2008.

[54] http://articles.e-works.net.cn/cnc/article108261.htm

[55] 毕承恩．现代数控机床．北京：机械工业出版社，1991.

[56] 廖效果．数字控制机床．武汉：华中理工大学出版社，1992.

[57] 富大伟．数控系统．北京：化学工业出版社，2007.

[58] 任玉田．机床计算机数控技术．北京：北京理工大学出版社，2002.

[59] 陈吉红．数控机床实验指南．武汉：华中科技大学出版社，2008.

[60] 陈蔚芳．机床数控技术及应用．北京：科学出版社，2005.

反侵权盗版声明

电子工业出版社依法对本作品享有专有出版权。任何未经权利人书面许可，复制、销售或通过信息网络传播本作品的行为；歪曲、篡改、剽窃本作品的行为，均违反《中华人民共和国著作权法》，其行为人应承担相应的民事责任和行政责任，构成犯罪的，将被依法追究刑事责任。

为了维护市场秩序，保护权利人的合法权益，我社将依法查处和打击侵权盗版的单位和个人。欢迎社会各界人士积极举报侵权盗版行为，本社将奖励举报有功人员，并保证举报人的信息不被泄露。

举报电话：（010）88254396；（010）88258888

传　　真：（010）88254397

E-mail：　dbqq@phei.com.cn

通信地址：北京市海淀区万寿路 173 信箱
　　　　　电子工业出版社总编办公室

邮　　编：100036